青海大学教材建设项目（2022年资助）

● 马　辉　主编

中华农耕文化

中国农业科学技术出版社

图书在版编目（CIP）数据

中华农耕文化 / 马辉主编. ––北京：中国农业科学技术出版社，2023.12
ISBN 978-7-5116-6302-3

Ⅰ.①中…　Ⅱ.①马…　Ⅲ.①传统农业—文化研究—中国　Ⅳ.①F329

中国国家版本馆CIP数据核字（2023）第104007号

责任编辑　马维玲
责任校对　李向荣
责任印制　姜义伟　王思文

出　版　者　中国农业科学技术出版社
　　　　　　北京市中关村南大街 12 号　　邮编：100081
电　　　话　（010）82109194（编辑室）　（010）82106624（发行部）
　　　　　　（010）82106624（读者服务部）
网　　　址　https://castp.caas.cn
经　销　者　各地新华书店
印　刷　者　北京中科印刷有限公司
开　　　本　185 mm×260 mm　1/16
印　　　张　23
字　　　数　480 千字
版　　　次　2023 年 12 月第 1 版　2023 年 12 月第 1 次印刷
定　　　价　68.00 元

━━◆◄ 版权所有·侵权必究 ►◆━━

《中华农耕文化》
编　委　会

主　任　　马　辉

编　委　　马　辉　芦光新　朱惠琴

　　　　　王金贵　杨莉娜

主　编　　马　辉

编写人员　马　辉　芦光新　朱惠琴

　　　　　王金贵　杨莉娜

前　言

　　2011 年 10 月 18 日在中国共产党第十七届中央委员会第六次全体会议通过的《中共中央关于深化文化体制改革、推动社会主义文化大发展大繁荣若干重大问题的决定》提出："文化是民族的血脉，是人民的精神家园。在我国五千多年文明发展历程中，各族人民紧密团结、自强不息，共同创造出源远流长、博大精深的中华文化，为中华民族发展壮大提供了强大精神力量，为人类文明进步作出了不可磨灭的重大贡献。"

　　文化是国家和民族之魂，也是国家治理之魂。文化是国家重要软实力，文化兴则国运兴，文化强则民族强。没有高度的文化自信和文化的繁荣兴盛，就没有中华民族伟大复兴。在全面推进乡村振兴的过程中，文化是其中关键一环；农业生产不仅为中华民族的繁衍生息提供了丰富多样的衣食产品，也为中华文化的发展提供了巨大的精神财富，同时也奠定了坚实的物质基础和文化基础。2013 年 12 月 23 日，习近平总书记在中央农村工作会议上指出："农耕文化是我国农业的宝贵财富，是中华文化的重要组成部分，不仅不能丢，而且要不断发扬光大。"弘扬中华农耕文化，拓展农业多功能，不仅是弘扬优秀传统文化的重要举措，也是共建美丽乡村和美丽中国的具体行动。

　　农耕文化，是人们在长期从事植、耕、种、养生产实践中形成的文化集成，是世界上最早的及对人类影响最大的文化之一。习近平总书记多次强调保护中华优秀农耕文化，2018 年 9 月 21 日在中共十九届中央政治局第八次集体学习时指出："我国农耕文明源远流长、博大精深，是中华优秀传统文化的根……要在实行自治和法治的同时，注重发挥好德治的作用，推动礼仪之邦、优秀传统文化和法治社会建设相辅相成。"2018 年中央一号文件中指出："深入挖掘农耕文化蕴含的优秀思想观念、人文精神、道德规范，充分发挥其在凝聚人心、教化群众、淳化民风中的重要作用。划定乡村建设的历史文化保护线，保护好文物古迹、传统村落、民族村寨、传统建筑、农业遗迹、灌溉工程遗产。支持农村地区优秀戏曲曲艺、少数民族文化、民间文化等传承发展。"如何将祖先的农耕智慧融入现代农业生产和现代生活方式之中，使其成为助推农业绿色发展的重要力量，成为慰藉人们心灵的文化源泉，是全面推进乡村振兴的时代命题。

2022年10月28日，习近平总书记考察河南安阳殷墟遗址时强调，中华优秀传统文化是我们党创新理论的"根"，我们推进马克思主义中国化时代化的根本途径是"两个结合"。我们要坚定文化自信，增强做中国人的自信心和自豪感。

习近平总书记在中国共产党第二十次全国代表大会上的报告中明确提出，推进文化自信自强，铸就社会主义文化新辉煌，并强调："我们要坚持马克思主义在意识形态领域指导地位的根本制度，坚持为人民服务、为社会主义服务，坚持百花齐放、百家争鸣，坚持创造性转化、创新性发展，以社会主义核心价值观为引领，发展社会主义先进文化，弘扬革命文化，传承中华优秀传统文化，满足人民日益增长的精神文化需求，巩固全党全国各族人民团结奋斗的共同思想基础，不断提升国家文化软实力和中华文化影响力。"

为了贯彻落实党的二十大精神，推进文化自信自强，为全面建设社会主义现代化国家提供思想保证、舆论支持、精神动力和文化条件；传承和弘扬中华农耕文化，促进农村文化繁荣发展，更好地服务中国式现代化和社会主义新农村建设，我们以立德树人为根本、以强农兴农为己任，组织从事教学一线的相关教师编写了《中华农耕文化》，本书主要在内容上坚持系统性、传承性、实用性原则，并增加"青海地区古代农业的起源与发展""青海农业畜牧业谚语""青海在地文化遗产""青海古（镇）村落""小高陵梯田红色农业文化遗产""河湟文化的保护、传承与发展""青海河湟地区美食文化的源泉与特色"等内容；主要目标读者为高校在校学生，考虑教学安排和学生需求，尽量做到简洁、实用。

本书是在参考国内大量相关文献基础上编写而成的。绪论系统地讲述了农耕文化的概念、含义、弘扬农耕文化的现实意义、中华农耕文化在世界文化史中的地位。第一章介绍了古代农耕技术的发展历程、与农耕文化相关的典籍、古代重要的农书，黄土高原的农耕文化、青海地区古代农业的起源与发展。第二章介绍了传统农业概述、保护耕作措施与技术经验。第三章介绍了农耕社会与游牧社会的发展变迁。第四章介绍了农业谚语的概念与由来、农业谚语与时令。第五章介绍了工业化农业、传统农耕文化对现代农业的借鉴意义。第六章介绍了乡土文化概述与美丽乡村建设。第七章介绍了休闲农业、农耕文化在休闲农业中的作用。第八章介绍了农业文化遗产概念、特征、保护与乡村振兴。第九章介绍了新中国红色农耕文化的典型成就、农业"八字宪法"。第十章介绍了农耕文化的优良传统、传承途径、与建设美丽乡村。第十一章介绍了河湟地区文化的历史渊源、传承与发展。第十二章介绍了青海农耕美食文化的源泉与特色。第十三章介绍了农耕教育的背景及意义、必要性。《中华农耕文化》全面阐述了在中国式现代化中如何传承弘扬中华传统农耕文化，同时，就中华农耕文化的传承价值、传承途径、与建设美丽乡村的关系等方面内容进行了较为详细的介绍。

全书共计十四章（包括绪论），由马辉撰写大纲并组织编写、统稿、修改。具体分工如下：马辉（绪论、第一章、第二章、第四章、第六章、第七章、第八章、第九章、第十章、第十二章），芦光新（第三章），朱惠琴（第五章），王金贵（第十一章），杨莉娜（第十三章）。本书获青海大学教材建设基金项目资助（编号：2022-5）。

本书参考的有关中华农耕文化的诸多论著，为本书的编写提供了大量的帮助，在此谨向各位作者和前辈们致以诚挚的谢意！另外，《中华农耕文化》的出版，得到青海大学教务处、农牧学院的大力支持和帮助，还要特别向帮助和支持过此书编写和出版的同人和朋友们致以最衷心的感谢！

鉴于我们对中华农耕文化的认识和研究有限，由于时间仓促，书中定有缺欠、疏漏和不足之处，恳请各位学者、同人赐教、指正。

马辉

2023 年 11 月 16 日

目　录

绪 论

第一节　中华文化

一、中华文化

中华文化简写为"CCNGC"，指以春秋战国诸子百家为基础，并不断演化发展而成的中国特有文化。历经千年以上的历史演变，中国各大古代文明长期相互影响融合，其特征是以中华文化的诸子百家文化尤其是儒家文化与儒家思想为其核心，概括为以天为根，以人为本，以德为要，以和为贵。如今，一个拥有灿烂文化的中国，蕴含丰富多彩的文化元素而屹立在世界东方。

中华文化又称"中国传统文化""华夏文化"和"中华古文化"，包含民俗、戏曲（主要是昆曲、秦腔、豫剧、京剧和黄梅戏等）、棋艺、茶文化、中国传统乐器、文人字画等。

"中国""中华""华夏"为同义词，源于黄河、长江流域一带，以及中原地区指黄河中下游一带，其流传年代久远，与古埃及、古巴比伦、古印度的其他三大古文明同时期产生。中国各朝代的统治者虽然由许多民族有所更替，但是中华文化却始终延续，所以中华文化是持续至今的古老文化之一。流传地域广至东亚与东南亚地区，影响层面包含政治意识、思想宗教、教育、生活文化。其文化概念亦被称为"华夏文化"与"汉文化圈"；中国传统文化是中华文明演化而汇集成的一种反映民族特质和风貌的民族文化，是民族历史上各种思想文化、观念形态的具体表现，是指居住在中国地域内的中华民族及其祖先所创造的、为中华民族世世代代所继承和发展的，具有鲜明民族特色、历史悠久、内涵博大精深、传统优良的文化。

文化是民族的血脉，也是人民的精神家园，更是民心的纽带，从广泛意义上讲，文化是人类在原始的自然界基础上所创造的一切，物质文化、制度文化和精神文化是其主要的内容。文化是一个国家、一个民族的灵魂，文化兴则国家兴、文化强则民族强，文化自信是更基础、更广泛、更深厚的自信，是一个国家、一个民族发展中最基本、最深沉、最持久的力量，没有高度文化自信、没有文化繁荣兴盛就没有中华民族伟大复兴。一个民族的强盛，总是以文化兴盛为支撑的，中华民族伟大复兴需要以中华文化发展繁荣为条件；物质文明和精神文明是实现中华民族伟大复兴中国梦的双翼，缺一不可；我们要将满足人民群众精神文化需求作为工作的出发点和落脚点。党的十八大报告提出，"建设优秀传统文化传承体系，弘扬中华优秀传统文化"，反映了国家对传统文化的高度重视，这表明弘扬传统文化要不断推陈出新。中国是历史最悠久的文明古国之一，中华民族几千年文明的结晶，除了儒家文化这个核心内涵外，还包含有其他文化形态，如道家文化、佛教文化、伊斯兰教等。

二、儒家"五常"

儒家"五常"贯穿于中华伦理的发展中，是中国古代传统价值体系中的核心要素，"仁、义、礼、智、信"为儒家"五常"，孔子提出了"仁、义、礼"，孟子延伸为"仁、义、礼、智"，董仲舒发展为"仁、义、礼、智、信"，后称"五常"。这"五常"贯穿于中华伦理的发展过程之中，成为中国古代传统价值体系中最核心的要素。中国是世界上仅有的文明型国家，中国既有现代国家的一切职能，也继承了文明古国留下的全部文化遗产，中国的家概念、儒家思想都是刻在骨子里面的文化"基因"。中华传统文化之所以能够经久不衰，是因为"五伦""四维""五常""八德"的深远影响。它是中国人的传世之宝，是行之有效的"伦常大道"，维护了中华民族几千年的兴旺发展。

五伦是"父子有亲、长幼有序、夫妻有别、君臣有义、朋友有信"，它的核心是"仁义忠恕，真诚慈悲"，其核心是"孝悌"。

四维是"礼、义、廉、耻"。而一个人有了孝悌之心，才会懂得"礼、义、廉、耻"的含义，以礼义对待父母长辈和兄弟姐妹及朋友，不会去做让人不齿的坏事。

五常是"仁、义、礼、智、信"。有了孝悌之心的人，会行使仁义忠恕之事，并会以礼以信维系各种社会关系，才会有真正的智慧。

八德是"孝、悌、忠、信、仁、爱、和、平"。只有遵守和行使"孝悌"的人，才会是一个具有仁爱和忠信的好人，这样世间才会和谐共处，一片太平景象。

故，"五伦""四维""五常""八德"是中华民族的传世之宝，而"孝悌"文化则是中国人的道德灵魂。

农耕文化敬重自然、效法自然的价值倾向反映在家庭中就是非常重视基于血缘关系基础上的亲情关系。像《周易》八卦所代表的八种自然现象，反映在家庭中就是父母兄弟姐妹关系，所以孝悌便成为一种自然之理。由孝悌出发，仁爱、忠信、谦和便成为农耕文化的应有之义，慎终追远便成为农耕文化的内在精神品质，被一代代地传承、一代代地演绎。在优秀的传统文化中，孝顺父母、善待兄弟姐妹作为一个重要组成部分，它为我们的个人修养提出了最内在的要求。如果一个人真的懂得孝顺父母，善待兄弟姐妹，那么他们就会将这些经验推广到朋友和社会中去。如果让他们管理一个地方，或者一个国家，就会张弛有度，最终带领人民走向繁荣、富强。

三、中华文明区域

一般认为，中华文明的直接源头有多个，而其中又以黄河文明和长江文明为主，中华文明是多种区域文明交流、融合、升华的成果，学术界一般称为"多源一体"的文明形成模式。中国地域辽阔，各地文化经过几千年的发展，逐渐带有鲜明的地方特色，并且具有中华文化的共性。除了主体民族汉族外，藏族、蒙古族等少数民族也拥有具有自己特色的地方文化。中华文化主要可分几个地区：晋、冀、秦、鲁、豫一带的黄河流域；四川、云贵一带的长江上游流域；两湖、江西一带的长江中游流域；安徽、江浙一带的长江下游流域；东北地区；内蒙古地区；新疆地区；西藏、青海以及四川西部等地的藏区；两广一带的珠江流域，福建的闽江流域等。

第二节　农耕文化

农业是人类衣食之源、生存之本，是一切生产的首要条件，是以满足人们最基本的生存需要（衣、食、住、行）为目的的，它决定着中华民族的生存方式，在中华民族几千年的农耕社会演进中，人们所倡导的协调和谐的"三才"观、趋时避害的农时观、辨土肥田的地力观、种养"三宜"的物性观、变废为宝的循环观、御欲尚俭的节用观等，内涵和外延体现的哲学精髓正是中华优秀传统文化、核心价值观念的重要精神资源，先民们在千年稼穑中，以春耕为稼，秋收为穑，即播种与收获劳动生产过程中形成了人与自然"天人合一"理念的农耕文化。

农耕文化是农业生产实践活动所创造出来的与农业有关的物质文化和精神文化的总和。内容可分为农业思想、农业科技、农业制度与法令、节气与农事、饮食文化等。其发展可分为原始农业、古代农业、近代农业、现代农业。

农耕文化中的许多理念、思想和对自然规律的认知（例如，二十四节气、阴阳五行等）在现代仍具有一定的现实意义和应用价值。

一、汉字"农"的文化解读

农业（農業、蕽業）：指栽培农作物和饲养牲畜的科学和技术；农业是利用动植物的生长发育规律，通过人工培育来获得产品的产业。农业的劳动对象是有生命的动植物，获得的产品是动植物本身。

農：主要有以下几个意思：种庄稼，属于种庄稼的，务农。

蕽：会意。甲骨文字形，从林，从辰。古代森林遍野，如要进行农耕，必先伐木开荒，故，从"林"；古代以蜃蛤的壳为农具进行耕耨，故，从"辰"。小篆认为从晨，囟（xìn）声，从"晨"，取日出而作、日落而息之意。本义：耕，耕种，耨为古代 锄草的农具。

二、"五谷""六畜"

1. "五谷"

"谷"原来是指有壳的粮食；如稻、粟（古称稷、亦称粱即谷子，俗 称小米）；黍（糜子亦称黄米，亦称大黄米，软黄米、夏小米）等外面都有一层壳，故，称为"谷"。谷字的音，就是从壳的发音来的。

"五谷"原是中国古代所称的五种谷物，后泛指粮食类作物。关于"五谷"，古代有多种不同说法，最主要的有两种：一种指粟、黍、麦、菽、稻；另一种指粟、黍、麦、菽、麻。两者的区别是：前者有稻无麻，后者有麻无稻。

南宋时期古代经济文化中心从黄河流域，转移到长江流域，故，就有了"苏湖熟、天下足"的谚语。稻的主要产地在南方，而北方种稻有限，所以，"五谷"中最初无稻。

2. "六畜"

"六畜"泛指家畜。《周礼·天官·庖人》："庖人掌共六畜、六兽、六禽，辨其名物。"《左传·昭公二十五年》："为六畜、五牲、三牺，以奉五味。"南宋王应麟所著的《三字经》中也有："马牛羊，鸡犬豕。此六畜，人所饲。"《百家姓》《千字文》同为旧时童蒙必读识字课本，因此，"六畜"一词可谓妇孺皆知。

如果没有马，则称"五畜"。《汉书·地理志》："民有五畜，山多麋鹿。"（唐）颜师古注："五畜：牛、羊、豕、犬、鸡。"《灵枢经》："牛甘、犬酸、猪咸、羊苦、鸡辛。""六畜"一词，今天仍"活"在人们口头上，有云："五谷丰登，六畜兴旺"。《现代汉语词典》："指猪、牛、羊、马、鸡、狗。"

"六畜"在传统文化中一般泛指家畜，除了马、牛、羊、猪、狗、鸡六种家畜外，还包括骆驼、驴、鸭、鹅等家畜家禽。马、牛、羊多见于青铜时代的文化遗址；猪、狗、鸡常见于新石器时代的文化遗址。"六畜"概念始见于春秋战国时代文献，"六畜"在传统中有丰富的文化内涵。《荀子·王制》："万物皆得其宜，六畜皆得其长……"五谷丰登、六畜兴旺是中国人的美好愿望之一，亦是中国文化的特点之一。

三、社稷的内涵

后稷，姬姓，名弃，是黄帝的第五代玄孙，帝喾的嫡长子。在尧舜时期为掌管农业之官，被认为是周朝的始祖。后稷为童时，好种麻、菽。成人后，有相地之宜，善种谷物稼穑，教民耕种。尧舜之相，司农之神。后稷第一个建立粮食储备库和畎亩法，放粮救饥，赐百姓种子，被认为是禹最倚重的三公之一。被尊为稷王（也称作稷神）、农神、耕神、谷神。农耕始祖，五谷之神。与"社"并祭祀，合称"社稷"，后稷祠位于陕西武功老城武功镇境内稷山之巅上阁寺，后稷祠是专门供奉农神后稷的祭殿。

在东汉时期的《白虎通义·社稷》记载有："王者所以社稷何？为天下求福报功。人非土不立，非谷不食。土地广博，不可遍敬也；五谷众多，不可一一祭也。故封土立社示有土尊；稷，五谷之长，故立稷而祭之也。"是说在中国古代帝王、诸侯为何设立土地神与五谷神呢？没有土地，人就不能生存；没有五谷，人就没有食物。土地广大，不可能全都礼敬；五谷众多，不可能全都祭祀。封土为坛，立土地神以表示土地的尊贵；稷（谷子）是五谷中最重要的粮食，立稷为五谷神而予以祭祀。为了祈求国事太平、五谷丰登，祈求神的赐福天下百姓、祭祀报答神的功德。因此，每年都要祭祀土地神和五谷神，"社稷"便成为国家与政权的象征。用"社稷"一词来指代国家，可以说是恰如其分。

中华文明是从农耕社会开始的，由于人们崇拜大地和能生长谷物的神灵，于是产生了"社稷"的概念，并形成了从中央政权到地方百姓的祭祀活动。

四、夏、商王朝的"粟文化"

谷子在我国种植已有 7 500 ～ 8 700 年的历史，江山社稷的稷就是来源于谷子。"粟"，也指小米、稞子、黏米。别称小米（谷子去壳），粟米、白粱粟、籼米、黄粟、北方称"谷子"。古农书称粟为粱，糯粟为秫。"粟就是谷子俗称小米，穗主要是棒状的，紧穗形、穗大；黍穗非常松散，是散穗形、穗小；还有就是粟的成熟期比较晚。黍非常早熟，黍的种子表面以红褐色为多，也有少量为浅黄色，表面非常有光泽，粟则没有光泽，以浅黄色为主。"

粟：俗称小米，称粟，泛称禾，中国古称"稷"。脱壳制成的粮食，因其粒小，直径 2mm 左右，故名。原产于中国北方黄河流域，粟生长耐旱，品种繁多，俗称"粟有五彩"，有白、红、黄、黑、橙、紫各种颜色的小米，也有黏性小米。中国最早的酒也是用小米酿造的。粟适合在干旱而缺乏灌溉的地区生长。其茎、叶较坚硬，可以作饲料，一般只有牛能消化。粟在中国北方俗称谷子。西方语言一般对粟、黍、御谷和其他一些粒小的杂粮有统称，非农业专家一般不分，如英语均称"millet"。现在人们也用小米做早点，稀饭等食谱。

据史料记载：粟是中国古代最重要的粮食作物，位居五谷之首，故，夏朝、商朝也被称为"粟文化"的王朝，江山社稷的稷就是来源于谷子。它是黄河流域农耕时代的开始，农业文明的发端，在史前新石器时代，华夏祖先就已经开始大面积种植并食用粟了，中国最早的酒、醋就是用小米酿造的，在小麦传入中国，水稻跨长江进入黄河流域的数千年中，正是粟与谷等带有硬壳的本土作物养育了中华民族，滋养了华夏文明，正是粟谷具有的逆境抗争、不屈不挠、自强不息精神，终使华夏文明成为同时代最辉煌的古代文明之一。粟文化是谷子、糜子产业发展的"历史和民族感情"动力，或称非物质动力。谷子是中国起源的特色作物，是哺育中华民族的作物、新中国的缔造作物，也是应对未来干旱形势和全球气候变暖的战略储备物。

从社会层面看，粟在古代的官府和政务系统中居于举足轻重的地位，首先，粟是古代政府税收的来源之一，是社会财富的重要象征，《周礼·地官》记载"仓人"的职业是"掌粟人之藏，办九谷之藏，以待邦用"，东汉郑玄注："九谷尽藏焉，以粟为主"。唐朝初年，租庸调制的"租"和义仓地税都规定要纳粟，只有没有粟的稻，麦地区可以通过折算，以稻，麦来代替粟，"多粟"成为国家富裕的象征。《管子·治国》记载"民事粟，则田垦，田垦则粟多，粟多则国盛"。唐玄宗年间，稻米、粟米堆满官府和私人的粮仓，仍为国家富庶的标志之一。其次，政府以粟米作为支付不同等级官员薪俸的主要形式，故，称"秩粟"或"粟秩"。此外，在我国封建社会开始阶段，秦朝有"治粟内史"，汉朝设置"搜粟都尉"，都从另一侧面反映了粟在当时的重要地位。作为世界四大文明古国之一，我国自古以农立国，对谷神的崇拜和祭祀之风相沿已久，粟在古代也称"稷"。《尚书·舜典》记载，"弃"黎民阻饥，汝后稷，播时百谷，意思是舜帝说"弃"（人名，周的始祖），人们在困苦于饥饿，你做稷官主持农业，教人们播种各种谷物，后来稷再由人间之官变为五谷之神。《礼记·祭法》记载，夏之衰也，周弃稷之，故，祀以为稷。稷生于土，土神为"社"古代稷神与社神祭祀往往并提，"社稷"也最终成为国家的象征。

从文化层面看，粟谷以其抗干旱、耐贫瘠、适应性强、耐贮存等生物学特征，培育出中华儿女坚韧不拔，艰苦奋斗的优秀品质，在漫长的历史长河中粟不仅为中华民族提供了丰富的食粮，也孕育了中华民族的品格和精神特性，古有伯夷、叔齐"不食周粟"，饿死于首阳山。唐朝诗人李绅《古风二首》诗云："春种一粒粟，秋成万颗子。四海无闲田，农夫犹饿死。锄禾日当午，汗滴禾下土。谁知盘中餐，粒粒皆辛苦。"时至今日，仍有这种关注民生、珍惜粮食的情怀。

在中华民族五千多年光辉灿烂的文明史中，农业占有着举足轻重的地位，中华人民共和国成立后，随着工业化进程的迅速发展，传统农耕文化也渐行渐远，在当代社会中，粟作为小杂粮，但作为传统农耕文化重要组成部分的粟文化，在国人的精神世界中留下了深深的烙印，并深刻影响着人们的思维方式和人文情怀。抗日战争时期，革命根据地延安的物资极为匮乏，毛泽东主席提出了"自己动手，丰衣足食"的伟大思想，北方地区缺水，谷子耐旱对土壤和空气条件要求不高，谷子便于加工，用石块甚至手掌既能脱壳，蒸煮皆宜，因此，人们形象地称为"小米加步枪"，解放战争年代，战士们的军粮主要依靠的就是小米。

在古代，"粟"大到可与江山社稷齐列，它不可须臾离，不可或缺的条件，粟滋养了中华民族与中华文明，在政治、经济、文化等方面都产生了深远的影响，甚至在近代抗日战争期间"小米加步枪"抒写过军事史上的辉煌。它百折不屈，冲破干旱瘠薄的束缚，迸发出无穷的力量去抵抗恶劣的环境，它谦逊坚韧，谷穗越沉，弯得越深，在长达万年的岁月里与天地和谐共生，在抗争中寻求与外界的逆境和解。谷子坚韧，抗逆，从不向恶劣的自然环境低头，谷子又是一种环境友好型作物，与自然维系着天然的平衡，一面是需要有坚强的信念和无畏的抗争，奋进精神，一面是宽和，仁厚，这是粟谷的魂，也是中华民族之魂。

五、农耕文化

农耕文化是指由农民从事植、耕、种、养生产实践过程中形成发展的一种风俗文化，并且适应农业生产、生活需要的国家制度、礼俗制度、文化教育等的文化集合。汉族农耕文化集合了儒家文化、宗教文化于一体，形成了自己独特的文化内容和特征，其主体包括国家管理理念、人际交往理念，以及语言、戏剧、民歌、风俗、婚丧嫁娶及各类祭祀活动等，是世界上存在最为广泛的文化集成。它决定了汉族文化的特征。它以不同形式延续下来的精华浓缩并传承至今，与现代化农业技术紧密结合产生的一种文化形态。其精华是"天人合一"的和谐发展观，这是我国农本思想之脉，是历代文士和现代许多民众审美意向生活情趣之根，在当前中国仍是影响很大的主流文化。通常认为农耕教育就是在教育在过程中，由社会、学校、家庭成员等对其实施的传统农业知识、经验、方法、技术、习俗等进行的农耕文化教育。

2013 年 12 月 23 日，习近平总书记在中央农村工作会议上指出："农耕文化是我国农业的宝贵财富，是中华文化的重要组成部分，不仅不能丢，而且要不断发扬光大。"弘扬农耕文化，拓展农业多功能，不仅是弘扬优秀传统文化的重要举措，也是共建美丽乡村和美丽中国的具体行动。

农耕活动对中华文化的形成、发展和延续具有至关重要的作用，在绵延不断的历史长河中，中华民族世代种植五谷，饲六畜，农桑并举，耕织结合，形成了渔樵耕读、富国强民的优良传统，创造了上下五千年灿烂辉煌的中华文化，为中华民族发展壮大奠定了万代基业。例如，稻作文明起源地之一的浙江省宁波市余姚市河姆渡文化、粟作文明起源地西安半坡文化，属黄河中游地区新石器时代的仰韶文化，是北方农耕文化的典型代表。1952 年发现于陕西省西安市半坡村，从陶器上发现了 22 种符号，可能是汉字最初的形态。商朝的协田耕作方式、汉朝的耕作发明二牛抬杠、魏晋旱地耕作模式耕耙耱、唐宋时期的水田耕作典范耕耙耖和明清的生态农业——农、桑、牧、渔等，这些农耕活动不仅揭示出中华民族在作物育种和耕作方面为人类作出的特殊贡献，而且为文化事业的繁荣发展夯实了基础。事实表明，农业是社会进步的阶梯，农业生产的不断演进促进了整个社会的进步，农业与文化之间存在着天然的血缘联系，农业发展过程中孕育和产生了文化，文化发展反过来又推动了农业的进步。没有农业，文化就是无源之水、无本之木。

农耕文化无时无处不在，并且融入了本源文化的内核。农耕文化的深厚土壤直接培育造就了包容、和谐、内敛、天人合一的儒家文化，是本源文化发育成长的摇篮，同时，人们的日常生活包括衣、食、住、行、医药等均离不开农业生产活动。书法艺术的"文房四宝"除砚以外，纸、笔、墨的原材料，例如，造纸的纤维、胶合剂、工具、制笔的毛、竹管，制墨的烟料、胶以及中药等均都来自农业。建筑所需要的木材、油漆以及烧制砖瓦的燃料同样都依赖农产品。中国长期流行"厚葬"，而其"农、衾、棺、椁"没有农业作后盾是不行的。许多文化现象和说法也来源于农事活动，诸如"仓廪实而知礼节，衣食足而知荣辱""得谷者昌，失谷者亡""阴阳五行，相生相克""顺天时，量地利""天地位焉，万物育焉""种瓜得瓜，种豆得豆"的概念，都是取之于农业生产活动。传统哲学作为中国古代智慧之宗深受农耕文化的启发，是其抽象而来的结晶。中国哲学无论是朴素辩证的自然哲学或者是带着伦理特征的社会哲学均脱胎于农业生产过程，特别是反映"天、地、人"关系的三才观，与"民惟邦本""食为民天"的民本观念。因此，协调和谐的农业发展观，趋时避害的农时观，用地养地的农田地力观，因地制宜的作物种植观，变废为宝综合利用的循环农业观，御欲尚俭的节用观，为传统文化提供了源源不断的思想养分。

农耕文化来自生产生活实践，培育出了丰富多彩的艺术门类。中华文化是一种集大成的文化，集合儒、道、佛于一体，形成了自己独特的文化内容和特征，包括语言、诗歌、科技、戏剧、民歌、风俗及各类祭祀活动等，这些都与农耕文化有着千丝万缕的联系。古时的农业生产活动是一个相当繁重的体力劳动，人们为了舒缓劳作之苦，从中获得乐趣，于是乎，歌舞因之产生。比如，秧歌就是发源于农业生产，本意是插秧时为协作劳动节奏，消除疲劳而唱的歌，最后走出了田野，进入都市人们的生活之中。此外，还有樵歌、牧歌、渔歌等，这些反映农事活动各个方面的民歌又成为中国诗歌发展的源泉，我国第一部诗歌总集《诗经》就吸收了丰富的民歌营养。再比如，社日，原是祭祀社神祈求丰收的仪式，后来也发展为一种舞蹈艺术。远古时代人们创造了大量的岩画、石刻、彩陶，那些精美的纹饰图案显露出古老的艺术，包括农业与自然图腾崇拜，渔猎、采集、农耕与编制情景，生产与生活图景等，从中可追寻到雕刻、绘画、手工制造等文化形式萌芽与发展的轨迹。

聚族而居、精耕细作的农耕文化，培育了中华文化内敛式自给自足的生活方式、文化传统、农政思想、乡村管理制度等，与今天提倡的和谐、环保、低碳的理念不谋而合。以渔樵耕读为代表的农耕文化源远流长、博大精深，是千百年来中华民族生产生活的实践总结，是华夏儿女以不同形式延续下来的浓缩精华并传承至今的一种文化形态，对中华民族的生存生产方式、价值观念和文化传统都产生了极其深刻的影响，应时、取宜、守则、和谐的理念已深入人心，所体现的哲学精髓正是传统文化核心价值观的重要精神资源。农耕文化的地域多样性、民族多元性、历史传承性和乡土民间性，不仅赋予中华文化重要特征，也是中华文化绵延不断、长盛不衰的重要原因。华夏文明之所以成为世界上唯一从未中断过的古老文明，现代中国之所以选择不同于西方的发展道路、制度和模式，农耕文化中聚族而居、向往统一、追求安定、和谐共生的文化基因和民族心理，以及中华历史传统文化的凝聚力、向心力和本质特性起了极其重要的作用。

追溯中国农耕文化起源有一句"男耕女织"之说，它不仅是指早期的劳动分子，也是农耕文化形成的基础。早在河姆渡时期，出土的谷物化石，则说明"农耕"由此（或更早）产生。从此，人们的活动便以"男耕女织"为中心，而随时间推移，长期沉淀形成的文化内涵及外延、各种表现形式等与农业生产有关的文化类型。

我国古代神话传说中有炎帝号称"神农氏"，神农即神农氏。传说中农业、商业、音乐和医药的发明者。战国时传说神农为"人身牛首"，据说神农氏之前，人们吃的是爬虫走兽、果菜螺蚌，后来人口逐渐增加，食物不足，迫切需要开辟新的食物来源。神农氏为此尝遍百草，历尽艰辛，多次中毒，找到了解毒办法，终于选择出可供人们食用的谷物。接着又观察天时地利，创制斧斤耒耜，教人播种五谷，发明农业生产工具，传授打井技术，视为农业神，又曾"尝百草"而知医药，视为医药神，于是农业出现了。这种传说是农业发生和确立的时代留下的史影。

农耕文化是基于一定的生产力和生产关系基础上所形成的文化，因此，它由此具有以下特征。

（一）敬自然、信天命

农耕文化是建立在一种因循自然规律基础之上的文化，因此具有比较强的自然崇拜倾向。崇拜天、地，似乎山川形胜都由神灵主宰，特别是重视关乎农事活动，更是如此。在现代社会古老村落仍然保留着供奉着土地庙、雷神庙、牛王爷庙、马王爷庙等庙宇。与此相应，相信命运冥冥之中都由神来主宰，所谓"天命难违"，就是老百姓通过努力而未能如愿以偿时，往往把这归于天命。人们感悟天时、调整生产生活，都是实现人追求与自然和谐统一的一种方式，体现"天人合一"的追求。

中华民族自有史书记载以来，就倡导人和自然的和谐相处，古圣先贤，敬畏自然、敬畏天地、敬畏生命，这是古圣先贤写进经典里的谆谆教诲，也是人类社会走进文明经久不衰的基石。人只有心存敬畏，重新回归与自然和谐相处的美好状态，人类文明才能充满理性、良知与道德感，人类的生命存在才更有价值、更有保障，健康、有序地传承下去。将"天道"视为中华民族的共同核心理念，将"天人合一"视为文明进步的道德标准，将"天地人和"视为人与自然高度和谐的社会大同理想。

《庄子·天道》篇说："天地固有常矣，日月固有明矣，星辰固有列矣，禽兽固有群矣，树木固有立矣""夫明白于天地之德者，此之谓大本大宗，与天和者也；所以均调天下，与人和者也。与人和者，谓之人乐；与天和者，谓之天乐"。"天道"思想是中华传统文化的根脉和精髓，塑造了中华民族独具一格的文明特质，影响和培育着中华儿女的思维方式、价值观念、行为准则、生活习俗和信仰形成。人只有心存敬畏，才能感知天地、自然的广袤、浩瀚、无边无垠，才能感知命运与天道的神奇、博大、丰富多彩，才能感知自身的渺小、卑微、力有不逮；从而唤醒内心的自律和良知，扬善止恶，慎独修心，培养出高尚的情操。

因此，人类不仅要敬畏自然、敬畏天道、敬畏生命、敬畏民众，还要感恩自然、感恩天道、感恩生命，由此，人类的文明才能不断进步，人类社会的发展才能欣欣向荣。

（二）重农事、顺节气

农耕文化的主要内容是基于传统的农事。在每年农历二月十五左右春耕时节，青海省海南藏族自治州贵德县拉西瓦镇的藏族村民要举办传统的开耕仪式开启了春耕的序幕。这天人们身着盛装，端着寓意风调雨顺、五谷丰登的馍馍（藏语称为"彤糕"）来到田间，参加传统春耕仪式。仪式上，民众撒种祈福，再现当地农耕从人力耕作到人畜耕作，再到机械耕作的发展过程，并用"二牛抬杠"的传统方式开启新春第一犁，寄托对国泰民安、五谷丰登的美好期望，以期待新的一年风调雨顺、五谷丰登。在夏收季节，要举行开镰仪式，以示对天地的感恩，以期颗粒归仓。在秋收季节，喜获丰收，自然更是要举办庆典，以庆丰收。与重农事相应的二十四节气文化便成为农耕文化的重要内容。在传统农业社会，每个农民基本都对与节气相应的农事活动烂熟于心，优秀的农民必然也是节气方面的专家。一些节气因此成为中华民族的重要节日，受到普遍重视，其中包括了对自然的敬畏。节气是每一位农民最看重的，历来农事都是根据节气进行播种、田间管理、收获；古时靠天吃饭的道理，是我们现代人可能不懂的，但我们敬佩古人的智慧，故，我们要把中华民族的传统文化、传统文明、智慧延续传承下去。农耕文化都是结合天时的，雨水节气就像是春天来临的一个标志，古人认为此时阳气上升、阴气下降，万物勃勃生机，与自然和谐共生，为生命注入力量，到了生机盎然春天，未来属于孩子、年轻人。民间要举行闹社火、闹元宵、闹花灯都是寓意着人对未来的关注和期盼，不仅给他们祝福，还鼓励他们走出户外，健康成长。走进自然、去感受社会、自然给人们带来的无穷魅力和审美想象。

（三）尽孝悌之道

古时候，孝悌是立足之道，做人之本，一个人不懂孝道之义，不懂孝悌之礼，会为世人所不齿。因此，在千古之训中，圣人曾把孝悌奉为万善之首，孔子认为，孝悌是做人和做学问的根本。一个人只有做到"父慈子孝，兄友弟恭"才能在世间立足，成就一番事业。同时，孝悌也是相对的，并非单方面地顺从、尊敬。孝悌不是教条，是培养人性光辉的爱，是中华文化的精神所在。"孝悌"是一种感恩，也是一种回赠。中华传统文化之所以能够经久不衰，是因为"五伦""五常""四维""八德"文化的深远影响。它是中国人行之有效的"伦常大道"，维护了中华民族几千年的兴旺发展。

（四）重乡规民约、重教尚文

与传统农业生产力水平相适应，传统农业社会是一个非常重视宗族势力培植与宗族关系的社会。那么怎么达到这一目的，立家法、定族规便成为一个宗族要做的重要一件事。这件事往往由族中最具权威的人来制定，通过宗族会议后最终确定，宗族成员一旦违背，则可能受到族规的惩戒。传统社会又是崇尚耕读传家，故，一个宗族地位显赫与否，或一个人、一个家庭在宗族中的地位往往与这个家庭有无读书人，有无通过读书取仕的人有关。故，农耕社会中总体上相对比较重视文教。

在中国的"乡治"传统中，乡规民约占据着重要的地位。北宋年间的《吕氏乡约》是我国最早的成文乡约，对后世明清的乡村治理模式影响甚大。它是"蓝田四吕"（吕大忠、吕大钧、吕大临、吕大防）于北宋神宗熙宁九年（公元 1076 年）所制定和实施的我国历史上最早的成文乡约，尤其是到明代，吕坤对《吕氏乡约》做了进一步发展，他提出《乡甲约》的突破，是把乡约、保甲都纳入一个组织中进行综合治理，它对后世影响极大，为现代乡村自治奠定了理论和实践基础。

《吕氏乡约》重道德教化，在陕西关中推行没有多久，北宋就被金人所灭，昙花一现的乡约也被人遗忘了。《吕氏乡约》到了南宋时，重新发现了这个乡约，考证出其作者是吕大钧，后经大儒朱熹（公元 1130—1200 年）编考增损，编写了《增损吕氏乡约》。由于朱熹在学术上的名气，加上他对乡约热心地编辑和改写，使吕氏乡约在面世后的一百年，重又声名远播。

为此后历代沿袭。明代时期，出现了乡约讲读制度，不只讲枯燥的国家律令条文，而是辅之以道德事迹、格言谚语，使得乡村民众能喜闻乐见。清朝的乡村治理继续沿用乡约讲读的方式，虽然基层推行中难免出现形式化，但仍有不少村民受到教化的事例。坚持着尚文信念，传承着尚文精神，坚守着"做高尚的文化人"。传统乡规民约在乡村治理中能发挥独特的作用，是因为自《吕氏乡约》以来，它就主要是民间性的，是"人民的公约"，是村民、族人共同约定的规范，自然会认同它、遵从它。同时，传统的乡规民约虽然也不乏惩罚条款，但更主要是"德治"性的规范，德业相劝、患难相助等，包括明清时期的讲读制度，都诉诸道德教化，通过内化的道德影响众人。当然，在社会经济层面，传统的小农经济和儒家的伦理道德，以及乡村中宗族组织的强大影响力，也是其效力发挥重要的保障。

六、中原农耕文化

中原农耕文化，是中国农耕文化的一个重要发源地，是中国农业文化的基础，中原农耕文化源远流长。又是宋代以前中国农业文化的轴心。

中原文化则以得天独厚的地理优势崛起，率先进入文明时代。使用木石农具、刀耕火种，撂荒耕作制，是原始农业生产工具和生产技术的主要特点。农业生产以使用畜力牵引或人力操作的金属工具为标志，生产技术是建立在直观经验的积累上，而以铁犁牛耕为其典型形态。我国在夏朝（公元前2070—前1600年）进入阶级社会，黄河流域也就逐步从原始农业过渡到传统农业。从那时起，中原农业逐步形成精耕细作的传统。如果说这一时期的农业技术和方法初步奠定了中原农业的优秀传统和技术体系的话，那么到了两汉和南北朝，则是这种优秀传统和技术体系的基本形成时期。

两汉时期，铁范铸造金属器类已相当普遍。到魏晋南北朝时，北方旱作以保墒防旱为中心的精耕细作的技术体系基本形成，主要标志是"耕—耙—耱—压—锄"相结合的农业耕作技术系统化。这一技术体系是当时中国乃至世界上的领先技术，至今仍是中国北方农业中重要的增产措施之一。后来随着大量中原人的南迁，这些技术措施也随之传播过去，南方水田形成以耕—耙—耖相结合从而奠定了南方水田耕作技术的基础。应该说，中原古代先进的农耕技术，对中国传统农耕文化的发展产生了重大影响，从而奠定了中国传统农业文化的基础。作为中国农业文化主要的内容之一，农作物品种的选育、栽培和粮食的加工贮藏，还有果蔬、肉蛋奶类、油脂等中原地区在中国传统农业文化的发展中也处于前列。麻类作物的种植促进麻织业的发展，也大大推动了中华民族文化的形成和发展。

中原古代农业制度包括农业耕作制度与农业土地制度等，农业耕作制度是指农作物栽培中土地利用方式和保证农作物高产、稳产而有关农业技术措施的总和，在古代农业生产中都占有重要地位。它的核心是正确处理用地和养地的矛盾，使土地保持肥沃。中原古代的耕作制度大体经历了西周至战国时期的熟荒耕作与休耕制、秦汉至隋唐时期的轮作复种制、宋元至明清时期的轮作复种制和间作套种制三个发展阶段。轮作复种制和间作套种制等仍然延续至今。

中国古代土地所有制的"井田制"起源于夏朝，盛行于西周，春秋战国（东周）时期开始走向衰落，其核心内容是：土地为国家所有，耕者有其田，向国君纳税。井田制"平均分配土地"，这种理念出现在奴隶社会，着实不易，秦朝统一以后，井田制被封建的土地所有制所代替即形成国家土地所有制，地主所有制和农民土地所有制三种类型。

中原传统农业是建立在实践经验基础上形成的农学理念，表现为若干富于哲理性的指导原则，因而又可称为农学思想。战国末期吕不韦主持撰写的《吕氏春秋》和北魏末年贾思勰所著的《齐民要术》是古人所著两部农业著作，前者是中国古代农耕文化的核心，是古代的天、地、人"三才"理论在实践中的指导和运用。"三才"是哲学，也是宇宙观，古代用以解释各种有关问题，用在农业生产上，是一种合乎生态原理的思想。"三才"在中国农业上的运用，并表现为中国农业特色的是二十四节气、地力常新和精耕细作，这三者便是对应于天、地、人的"三才"思想的产物。《吕氏春秋》中的四篇是融通天、地、人"三才"的相互关系而展开论述的。这种思想贯穿于后来的《齐民要术》等所有关于农业生产方面的书籍。"三才"理论是精耕细作技术的重要指导思想，精耕细作的基本要求是在遵守客观规律的基础上，发挥人的主观能动性，以争取作物的高产。精耕细作技术是建立在对农业生物和农业环境诸因素之间辩证关系认识基础之上的。

英国著名的中国科技史专家李约瑟认为，中国的科学技术观是一种有机统一的自然观。这大概没有比在中国古代农业科技中表现更为典型的了。"三才"理论正是这种思维方式的结晶。这种理论与其说是从中国古代哲学思想中移植到农业生产中来的，不如说是长期农业生产实践经验的升华。它是在我国古代农业实践中产生，并随着农业实践向前发展的。

中原农耕文化虽然反映了黄河流域旱作农业的本身特点，但它在发展过程中确实也吸收和融合了其他地区的文化因素。当然，中原农耕文化的技术和精神方面也毫不吝惜地传入和影响着其他地区，并推动这些地区文化的发展和农业的进步。

中华文明的初始阶段是多元化的。在中原的周边，如北方的红山文化、南方的良渚文化等也曾兴盛一时。但持续的趋势却有不同，如南方的良渚文化在进入原始社会晚期后，社会生产和社会组织的发展似乎处于停滞的局面，并没有依靠自己的力量独立进入文明和建立国家。中原地区最适宜于人类获取生活资料和发展生产，故而在这里最先发展起了原始农业。

我们的祖先创造的文化被后人称为"农耕文化"，陕西省西安半坡遗址和浙江省余姚河姆渡遗址是我国古代农耕文化的典型代表。其主要特征是：普遍使用磨制石器；建筑房屋，过定居的生活，饲养家畜；种植农作物。农耕文化是我国从未间断的一种文化，是中国劳动人民几千年生产生活智慧的结晶，它体现和反映了传统农业的思想理念、生产技术、生活希望与向往、耕作制度、中华文明的内涵。长期以来，人们为了适应生产和发展的需要，创造了多样性农业生产和丰富博大的农耕文化，在它的形成和发展过程中，浸透着历代先贤的血汗，凝聚着中华民族的智慧。它集中升华了亿万民众的实践经验、教训和成功，反映了中华民族对人与自然之间的关系、规律的认识与把握。是人们在长期农业生产中形成的一种风俗文化，以为农业服务和农民自身娱乐为中心。内容可分为农业科技、农业思想、农业制度与法令、农事节日习俗、饮食文化等。因此，保护、传承和利用好传统的农耕文化、人文精神与和谐理念，不仅在保护生物多样性、改善和保护生态环境、保障食品安全、促进资源持续利用、传承民族文化、保护独特景观、推动乡村旅游等方面具有重要的意义，而且在保持和传承民族特色文化、地方特色、传统特色文化，丰富文化生活与促进社会和谐等方面发挥着十分重要的基础性作用。

作为中华文明立足传承之根基，长达数千年的农耕文化是祖先留给我们的宝贵遗产。丰富的农业生物多样性、传统的知识与技术体系、独特的生态和文化景观都充分体现了人与自然和谐共处的生存智慧。习近平总书记多次强调保护中华优秀农耕文化，指出我国农耕文明源远流长、博大精深，是中华优秀传统文化的根，深入挖掘优秀传统农耕文化蕴含的思想观念、人文精神、道德规范。如何将祖先的农耕智慧引入现代化农业生产和现代生活方式之中，使其成为助推农业绿色发展的重要力量，成为慰藉人们心灵的文化源泉，是全面推进乡村振兴的时代命题。

七、农耕文化的特点

农耕文化传承是一项长期的、复杂的系统工程，农业农村部门要在"怎么传承"中主动思考、积极作为。我国地域广阔、生态环境复杂多样，由此造就了种类繁多、形态各异的农业文化遗产，其鲜明的生态属性和社会文化属性是我们认识"三农"问题和研究乡村社会的理论基点。农耕文明决定了中国文化的特征。中国的文化是有别于欧洲游牧文化的一种文化类型，农业在其中起着决定作用。游牧文明具有掠夺式特征，诞生于此前的狩猎文化，与滥觞于种植的中国文明存在明显的差别。聚族而居、精耕细作的农业文明孕育了自给自足的生活方式、文化传统、农政思想、乡村管理制度等，与我们当下提倡的和谐、环保、低碳的理念不谋而合。历史上，游牧式的文明经常因为无法适应环境的变化而突然消失。而农耕文明的地域多样性、历史传承性和乡土民间性，不仅赋予了中华文化重要特征，也是中华文化之所以绵延不断、长盛不衰的重要原因。

以渔樵耕读为代表的农耕文明是千百年来中华民族的生产生活，但中国南北方农耕生产具有不同格局，南方农业以稻作型农耕文化为主，主要标志是栽培水稻和整修田埂、水渠、使用水车等，桑蚕业也很发达；北方农业以麦黍型农耕文化为主，主要标志是栽培麦子、黍子、高粱、玉米、谷子、豆类，以犁耕为主和井渠双灌等。从此，人们的活动便以"男耕女织"为中心，而随时间的推移，长期沉淀形成的文化内涵及外延、各种表现形式（如前方所述语言、戏剧、民歌、风俗及各类祭祀活动）等与农业生产有关的文化类型。从传统到现代，农耕文化始终是推动乡风文明、生态宜居、治理有效的重要凝魂聚力点。乡愁是农耕文化可持续发展的内生动力，其功能在于更好地保护、传承优秀农耕文化，需对乡愁进行完善又有创新的阐释。要在物质与意识相统一之上，激活传统文化所潜藏的凝聚力和发展力，共同推进高质量的乡村振兴，实现优秀农耕文化的可持续发展。

时至今日，农耕文化中的许多理念在人们的生活和农业生产中仍具有现实意义。

（一）农耕文化具有极强的传承性

文化传承性就是将具有价值的文化留下来并发扬光大，文化是一个民族的灵魂，起着传承文明、修复人心的作用。当前，传统文化和现代文明碰撞交融带来的新文化，让生活在这片土地上的人们对未来有了更多信心。

从国家层面看，我国是农业大国，具有悠久的农业文明，原始农业起源可以追溯到一万年前的新石器时代。我国也是文明古国，源自乡土的华夏文明传承千年从未间断，创造了世界上独一无二的文明奇迹。农耕文化是人类最古老的原生性文化遗产，在今天仍具有现实意义，例如，二十四节气和农事谚语被广泛用于指导农业耕种采收。

文化的传承主体是人，农民是农耕文化的创造者和使用者。现在乡村工匠、镇村干部以及村民们提及最多、最担忧的问题源于主体断层、人才流失，而正是"谁来传承"的问题。乡村人口的不断减少，使得农耕文化的传承主体与消费主体流失，阻碍农耕文化的延续传播。农民特别是新生代农民受工业文明、城市文明影响较深，逐渐失去对传统农耕文化的认同感。一大批艺人、工匠或凭一技之长进城谋生，或转行转产，仍在坚守的人普遍年龄偏大，口传心授、家族继承等传承方式难以为继。民间许多手艺人因后继无人，导致其手艺面临失传。

传统村落在城镇化进程中的问题源于村庄衰落、载体缺失。乡村是乡土文化的根，村庄是农耕文明的载体。随着工业化、城镇化的推进，农村人口加快向城镇转移，加剧了村庄衰落速度，农耕文化的生存根基被动摇。数据显示，2000—2015年，我国自然村平均每年减少10万个，最近20年，乡村数量逐渐减少，但只要传统文化兴盛的地方，往往农耕文化遗产保存较为完好。"中国历史文化名镇"拥有保存完好的明清建筑群、古民居、古巷道、老行当、老字号，被称为"活着的古镇"，衍生于农耕文化的传承，正是得益于古老村镇的保存。因此，必须把农耕文化传承放到重要位置，引起重视、看清差距、找准弱项，从历史本源、发展轨迹，找到"传承什么"的答案。

农耕文化传承是一项长期的、复杂的系统工程，农业农村部门要在"怎么传承"中主动思考、积极作为。传承在于初心使然。民族要复兴，乡村要振兴。农耕文明承载着华夏文明的基因密码，是中华民族永远的精神家园。若失去了农耕文化，乡村振兴就失去了底蕴和灵魂。我们应将农事节庆、农耕文化馆、村史馆、乡土人才等列出抢救性、继承性、开发性遗产，把这些清单予以挖掘、培养传承人。当今，县、乡两级都建一个博物馆，但全国也仅四万座，这与五千多年历史的文明古国不相称，与十四亿多人口的大国也极不相称。我们应鼓励、提倡、支持有条件的富裕村及有能力的企业或个人围绕农耕文化兴建博物馆，以多种渠道和方式抢救即将湮灭的历史遗存。传统的古村落应成立文史资料组，整理历史遗存、修缮修复村史、村落的历史遗迹，对于无法恢复和展现的精神财富，各地方政府则需整理成历史文化故事，写入乡土文化书籍。

农耕文化传承发展必须以农民为主体，让经验农民、文化农民和乡贤等自觉参与，切实发挥农民在乡村振兴中的主体作用，从根本上"留人留村"。一是改变人们关于农耕文化的轻视以及错误的思想观念，以社会主义核心价值观为标准对农耕文化的传承发展进行引导，增强农耕文化的自信心和自豪感。城市不可能无限扩大、不可能把所有农村都变为城市，不可能没有农村为其提供生产、生活的基础，要始终以"自力更生、开拓创新"的理念引导农民，扎实培育农民的农耕文化素质，保护好农耕文化的传承主体。二是政府要加大财政资金投入力度，寻找农耕文化的创新点，提升农村产业发展水平，吸引农村人口回流，特别是鼓励农村大学生回乡就业反哺农村、扎根农村。例如，政府部门通过制定具有强大吸引力的人才引进政策，鼓励从本地毕业的农科大学生返乡工作、创业，进而为农村的发展提供更多高学历、高水平和强能力的青年人才。三是多主体嵌入，实现农耕集群治理。建立农户、龙头企业、合作社和农创客等多重联结的网络组织，凝聚乡村各方力量，提升多方协同作用以增强产业的集群治理力，营造共建共享的良好氛围。

传承基于使命所在。一个时代有一个时代的主题，一代人有一代人的使命，作为农业农村部门要做好接力棒。深入挖掘、继承、创新优秀传统乡土文化，让历史悠久的农耕文明在新时代展现魅力和风采。党中央将每年农历秋分设立中国农民丰收节，就是在新时代背景下对农业文明、农耕文化的再一次强调。下一步，要在推进农村人居环境整治、农业遗产申报、传统村落保护、乡村治理体系建设、农房改造等工作时，突出农耕文化与现代文明要素的有机融合，让村民在富有乡土味道的田园乡韵中享受现代化生产和生活。

传承始于自信的铸就，农耕文化承载着中华民族历史进程与兴盛的自豪，是永不过时的文化资源，是坚定中国特色社会主义文化自信的依托。近年来，传统民俗节日重新流行，农家乐、乡村旅游人气火爆，农耕文化成为新的时尚，要加大对创意休闲农业、农家乐、农事节庆等的宣传力度，鼓励在村级建设农耕体验基地或实践场所，推动农耕文化教育纳入各类农业院校、农业高职院校、职业农民培育等课程体系，增强全社会对农耕文化的理性认知和情感认同。加大对乡土文化人才的培育挖掘力度，鼓励他们开发收集整理农业谚语、乡村音乐、乡村民谣、民间曲艺、民族舞蹈等农民群众喜闻乐见的文创产品，弘扬和践行社会主义核心价值观，焕发乡村文明新气象。

农村是我国传统文化的发源地，乡土文化的根不能断，农村不能成为荒芜的农村，留守农村，记忆中的故园，乡村振兴、塑形又铸魂、补文化短板、优文化供给、重文化传承、公共文化体系更加健全，农民生活更加多彩、文明乡风劲吹广袤田野。

传统农耕文化中所蕴含的"礼让和谐""同甘共苦"的伦理准则和以"耕"养家糊口，以"读"修身养性的耕读文化，致力于个人能力与品行的双向协调发展，有利于化解自我矛盾，实现身心和谐。传统农耕文化资源为日渐趋同的现代生活增添了新色彩，提供了更多可能性，并进一步拓展了乡村文化的内涵。随着社会的不断发展进步、互联网的飞速发展，各地相继在此基础上形成了技术互学、价值延伸等多种传统农耕文化。

人们对乡愁的寄托，推进城镇化要突出独特的村居风貌、传统的风土人情和田园风光，尊重农耕文明，推进传统村落保护发展，是因为精神产品离不开物质载体，传统文化是维系民族生存和发展的精神纽带和支柱。

（二）农民对土地具有强烈的依赖性

土地是人类赖以生存和发展的基本资源，土地制度是一个国家基础性、根本性、全局性的制度，是构成生产关系和一切经济关系的重要基石。土地是农民最重要的生产资料，农民世代依赖于土地，向土地讨要生计。乡下人离不了泥土，因为在乡下住，种地是最普通的谋生方法。农民对土地的眷恋像爱惜自己的生命，因为土地是守护他们的寄托和希望的源泉。即使是靠佃田为生的人，也绝不会因为土地不属于自己而加以践踏，他们渴望有朝一日能拥有一片属于自己的土地。人口的不断增长和制度许可下的土地自由流转，也助长了农民对土地充满留恋的心理。在农耕社会，唯有土地才能为庞大的官僚系统和军队给养提供稳定的财政来源。为维护其统治的长治久安，统治阶级无不以农为本。乡土观念与四海为家观念相对应，其直接的表现就是重土难迁。在几千年的中国历史上，除了灾荒、战争等非常时期出现的"流民"外，移民很少见。即使被迫迁移，在异地他乡首先要寻找的也是故乡人，他们牵挂着养育自己的故土。乡土观念犹如一根永不会断的红线，将乡土社会维系，其中农民与土地、家园、村落的地缘关系起着重要的纽带作用。乡村俗语中诸如"在家千日好，出门百事难""落叶归根"等思想观念，正是乡土观念根深蒂固的生动体现。深沉的恋土情结对农民的社会心理及行为方式产生了巨大的影响。

在新民主主义革命时期，中国共产党始终把解决农民土地问题作为中国革命的中心问题，团结带领广大人民群众彻底消灭了封建剥削的土地所有制，建立了农民土地所有制，实现了广大农民"耕者有其田"的理想，满足了劳动人民拥有自己土地的根本诉求。这一阶段，中国共产党通过解决土地问题赢得了农民的信任和支持，废除了封建性及半封建性剥削的土地制度，通过"耕者有其田"使广大农民获得了土地权利，调动广大人民的革命和生产的积极性，进而形成了最广泛和充分的革命力量，并在广大人民拥护下取得了新民主主义革命的最终胜利。正如毛泽东同志1936年在延安回答美国记者埃德加·斯诺提问时所说，"谁赢得了农民，谁就会赢得中国""谁能解决土地问题，谁就会赢得农民"。

在社会主义革命和建设时期，中国共产党不断探索社会主义土地公有制的实现形式，顺利完成过渡时期农业的社会主义改造，通过合作化、集体化建立起了农村集体土地所有制，联合农民快速实现了国家工业化和构建起比较完整的国民经济体系。这一阶段，中国共产党建立了国家所有土地和农民集体所有土地并行的土地公有制制度，从生产资料公有制上巩固了中国特色社会主义制度。同时，在社会主义建设探索过程中也曾因经验不足而在农业集体化中出现过急、偏快的现象，农村集体土地所有制最终退回到"三级所有、队为基础"。这些经验教训被下一代中国共产党人认真汲取总结，为改革开放后的土地制度改革提供了历史借鉴。

改革开放以来，党中央、国务院尊重农民的首创精神，顺应农民家庭经营的愿望，以赋予农民更加充分而有保障的土地使用权为重点，不断完善以家庭承包经营为基础、统分结合的双层经营体制，极大地解放了农村劳动力，推动农村社会面貌发生了翻天覆地的变化，满足了人民渴望物质生活水平提高的根本诉求。这一阶段，农村土地制度在坚持集体所有制和保障国家粮食安全的前提下，通过坐实集体成员土地权利，确立农户家庭的经营主体地位，有效提高了农民的生产积极性，带动粮食和主要农产品产量大幅增长。农村集体建设用地的"两权"分离为农民以集体土地参与城镇化、工业化打开了渠道，农民得以分享改革开放以来经济社会高速发展带来的巨大红利。

新时代以来，解决好土地问题仍然是中国共产党带领中国人民开启全面建设社会主义现代化国家新征程的重要议题。以习近平同志为核心的党中央坚持城乡融合发展，以"三权"分置为主线，全面深化农村"三块地"制度改革，赋予农民更充分更完整的土地权利，切实保障农民的土地权益，以加快实现农业农村现代化和共同富裕。如创新农村承包地"三权"分置，赋予经营主体更有保障、预期稳定的土地经营权，推动经营权有序流转，促进多种形式适度规模经营和新型农业经营体系的构建，巩固完善了农村基本经营制度。开展农村土地承包经营权确权登记颁证，明确现有土地承包关系长久不变的内涵，第二轮土地承包到期后再延长 30 年，依法赋予土地承包权、土地经营权、用益物权权能。探索实施农村集体经营性建设用地入市制度，坚持同等入市、同权同价，赋予了农村集体经营性建设用地和国有建设用地平等的市场地位，建立公平、合理的增值收益分配机制。征地制度改革缩小征地范围、规范征地程序、采取多元化保障机制，以便更公平、合理地保障农民的财产权利。探索宅基地所有权、资格权、使用权分置有效实现的形式，探索赋予宅基地使用权作为用益物权更加充分的权能，确保农民居者有其屋的同时提高农民财产性收入。这一阶段，我国社会主要矛盾已经转化为人民日益增长的美好生活需要和不平衡不充分的发展之间的矛盾，农村土地制度也逐步转型以新发展理念为指引，以生态文明和乡村振兴为目标，注重人地协调发展，促进城乡要素双向流动，全面保障农村生态友好、经济发展和民生幸福，满足农民最深层次的根本诉求，让农民依托更充分、更完整的土地权利获得更多的"满足感"。

中国共产党百年土地政策变迁史，是一部以土地赢得农民和富裕农民、以土地稳固和壮大江山的历史，充分折射出中国共产党人始终为中国农民谋幸福的初心和使命。"耕者有其田"是中国农民自古以来的朴素愿望，百年来中国共产党坚持以人民为中心，依靠广大农民，把广大农民作为革命、建设、改革和复兴的推动力量，合理确定土地产权归属，科学配置土地资源，实现了"民有恒产"这一千年理想。

时至今日，许多致力于实现现代化的发展中国家，正是在经历了长久的现代化阵痛和难产后，才逐渐意识到国民的心理和精神还被牢固地锁在传统意识之中，构成了对经济与社会发展的严重阻碍。对于经历了两千多年封建社会的中国而言，更是如此。深沉的恋土情结、浓厚的家族观念是中国农民传统心理形成的两大基石。封建专制制度下，作为社会中最弱势的群体，农民的个性在很大程度上受到压抑，造成了其多方面彼此矛盾的两重性心理特征。这些心理习惯历经朝代更替与世事洗礼，不仅未曾动摇，而且历久弥坚。在中国社会从传统向现代转型的过程中，农民的传统心理虽然受到前所未有的冲击，但我们依旧能发现传统心理习惯仍在左右着农民的思想和行为。

当今时代，工业化、商业化、城镇化、信息化浪潮席卷神州大地，农民从土地上获取的收益相比较从前已经不算主要部分了，土地不再是许多农民主要或唯一的收入来源，农民对土地不再那么依恋了，他们对土地的感情已经淡漠，他们的心理状态随之发生了巨大变化，这一变化还在持续。在工业化、城镇化过程中，农民群体急剧萎缩，社会主义市场经济体制正重塑农民的心理图景，传统心理的痕迹越来越少。

2021年4月，习近平总书记在广西考察时强调，要严格实行粮食安全党政同责，压实各级党委和政府保护耕地的责任，稳步提高粮食综合生产能力。耕地是我国最为宝贵的资源。我国人多地少的基本国情，决定了我们必须把关系十几亿人吃饭大事的耕地保护好，绝不能有闪失。

2022年10月16日习近平总书记在中国共产党第二十次全国代表大会报告中提出："全方位夯实粮食安全根基，全面落实粮食安全党政同责，牢牢守住18亿亩耕地红线，确保中国人的饭碗牢牢端在自己手中。"土地是农业的命根子，耕地是粮食生产的命根子，严守18亿亩（1亩≈667 m^2，全书同）耕地红线，逐步把永久基本农田全部建成高标准农田，深入实施种业振兴行动，强化农业科技和装备支撑，健全种粮农民收益保障机制和生产区利益补偿机制，必须实至名归，农田就是农田，而且必须是良田。地为粮之本，要求把最严格的耕地保护制度落实到位。

（三）农耕社会轻迁徙、重稳定

在农耕社会，要经过几十个人甚至更多的人辛苦劳作几年，才能使一块生地变成熟地。为了旱涝保收，就要兴修水利，而水利工程一家一户根本做不了，就需要更大范围的合作。当这些农业基础设施经过艰苦努力做好后，人们绝不愿意轻易放弃自己辛勤劳动的果实，卷起铺盖到别的地方重新开荒。所以农耕文化轻迁徙、重稳定。

农耕文化从价值观念、道德意识、思维方式等方面来看，农耕文化的负面影响主要指的就是小农意识，具体表现在：小富即安，不思进取；讲究宗亲，缺乏自律；安土重迁，不愿开拓；轻视科学，注重经验；均平意识，平均主义；皇权主义，崇尚权势。在人类历史发展进程中，农耕文化的出现有其合理性，它所表现出来的小农意识，对于原始社会和奴隶社会而言，应当是一种进步的思想观念，而对于工业革命以来的思想而言，又是一种相对落后的思想观念。农耕文化的内涵中优秀文化是主要部分，负面的影响只是次要部分。应当客观、全面、辩证地看待农耕文化，既不能以偏赅全，对其彻底否定，一无是处，也不宜走向极端，对其负面影响视而不见，一味地讴歌。

继承和弘扬农耕文化的精华内容，规避和破除农耕文化的负面影响，应当采用"扬弃"的方法，即取其精华，去其糟粕，这是我们对待农耕文化的正确态度。

农耕社会的文化精神，积极的一面是吃苦耐劳、生生不息；消极的一面是，常常表现为不思进取、自给自足的心理、缺少冒险精神、重农轻商等。传统社会家庭成员一般不远离家庭。孔子曰："父母在，不远游。"如果一个家庭的成员长时间出离在外，称为"游子"。唐代诗人王维的《九月九日忆山东兄弟》，原句是"独在异乡为异客，每逢佳节倍思亲"。该句表达了诗人每到重阳佳节倍加思念远方亲人之情。唐代诗人孟郊的《游子吟》："慈母手中线，游子身上衣。临行密密缝，意恐迟迟归。谁言寸草心，报得三春晖。"唐代诗人王勃《送杜少府之任蜀州》："城阙辅三秦，风烟望五津。与君离别意，同是宦游人。海内存知己，天涯若比邻。无为在歧路，儿女共沾巾。"唐代诗人王维的《送元二使安西》："渭城朝雨浥轻尘，客舍青青柳色新。劝君更尽一杯酒，西出阳关无故人。"唐代诗人贺知章《回乡偶书》："少小离家老大回，乡音无改鬓毛衰。儿童相见不相识，笑问客从何处来。"这些诗不仅有依依惜别的情谊，而且包含着对远行者处境、含蓄地表现了诗人回乡欢愉之情和人世沧桑之感，包含着前路珍重的殷勤祝愿。古代文人墨客留下了无法统计的怀念家乡，感人至深的诗篇。离家一般是因为要处理公事或者私事。离家之后，无论是在异国，还是在他乡，总有一种被流放感，容易思乡。无论家乡多么落后，也愿意回乡。到了近代，在外闯荡的中国人，历经磨难，他所想的最大的心愿仍然是返回故土，颐养天年，叶落归根。不仅是源于对国家的爱，更是源于对故乡的眷恋。

（四）农耕文化促进形成了中央集权制的国家制度

早在春秋时期，秦楚诸国就在边远地区设县。县之原意为"悬"，即"系而有所属"。也就是在距国都较远的地区设立军事、行政合一的机构，由中央派遣官吏负责一方事务。揆诸县字本义，最初颇含权宜之意。不过，由于县官可以任免，从根本上不同于封建世袭制，有利于中央集权统治。

由秦、楚诸国最先兴起的郡县制度。商鞅变法普遍实行县制，成为地方政权的基本组织形式，有力地稳定了统治秩序，促进了经济发展。商鞅"集小乡邑聚为县"，摧毁了残存于乡、邑、聚中的地方特权和割据势力，破坏了贵族领主经济赖以存在的社会条件，在客观上有利于新兴地主经济的巩固与发展。这是商鞅将"为田，开阡陌封疆，而赋税平"与普遍实行县制同时颁发的主要原因之一。商鞅这一举措从本质上确立了土地私有制。实行县制建立直属于中央的地方行政组织，由此也带来了中国古代相关政治体制的根本性变化。由封国建藩发展到中央集权；由世卿世禄制发展到官僚体制；由领地封邑发展到郡县机构。这一套行政体制，在秦统一后发展为郡县制历数千年而不衰，有力地保障了中国古代社会、农业经济的繁荣与发展。

中央集权制度是一种国家政权的制度，以国家职权统一于中央政府，削弱地方政府力量为标志的政治制度。公元前221年，秦始皇在统一六国以后就着手建立和健全专制主义的中央集权制度，以巩固其对全国的统治，且彻底打破了传统的贵族分封制，奠定了古代大一统王朝制定的基础，提高了行政效率，强化了对地方的统治，但明清时期，制度的强化，严重阻碍了资本主义萌芽的发展，从而阻碍了中国社会的转型。此后，这种政治体制在中国延续了两千多年。封建专制主义是一种决策方式，是与民主政体相对立的概念，指一个人或少数几个人独裁的政权组织形式，是体现在帝位终身制和皇位世袭制上，其主要特征是皇帝个人的专断独裁，汇集国家最高权力于一身，从决策到行使军政财政大权都具有独断性和随意性。而中央集权是相对于地方分权而言，其特点是地方政府在政治、经济、军事等方面没有独立性，必须严格服从中央政府的命令，一切受控于中央。中央集权制度对中国历史发展的影响的消极作用就是皇权专制极易形成暴政、腐败现象，是阻碍历史发展的因素。在思想上表现为独尊一家，钳制了思想，压抑了创造力。助长了官僚作风和贪污腐败之风。在封建社会末期，阻碍了新兴的资本主义生产关系萌芽的发展，束缚了社会生产力的发展，妨碍了中国社会的进步，造成渐渐落后于西方的局面。

农耕民族具有吃苦耐劳、邻里相助、尊老爱幼、恭谦礼让、忠孝仁义等优良的品性与传统，决定了它相对仁柔的民族特质。马克思认为，小农的政治影响表现为行政权支配社会，小农经济的分散性要求有一个强有力的中央集权来维护国家统一和社会稳定。

农民需要中央集权以维护社会稳定。地主需要中央集权维护他的剥削镇压农民反抗中央集权与郡县制度，确立了中华文明的体制与组织保障。国家的职能是对外以应对外患、处理外交、抵御外敌、保护人民，对内以利用中央集权建章立制、规划发展、投资建设、规范度量衡、币制、统一文字，保障了社会经济文化的有序发展。百代皆行秦政事，秦汉的制度建设保障了此后两千多年中国社会经济与文化的发展。郡县制废除了贵族的世袭特权，解除了地方割据对国家政权的威胁，形成了中央对地方的垂直管理。中央集权的大一统局面能避免纷争、割据，为经济发展提供有利的社会、政治环境；有利于利用国家力量组织兴建一些大型基本建设工程，改善人民的生产与生活的环境条件；有利于大范围的科技、经济、文化交流与传播，对我国古代多民族国家的形成与发展具有决定性作用。

八、农耕文化的功能

我国是一个农业大国，源远流长的农耕文明是孕育中华文明的母体和基础。光辉灿烂的农耕文化，不但决定了中华民族历史的进程，至今仍然渗透在我们的生活中，特别是乡村社会生活的各个方面。但是，农耕文化一直受到工业化和城市化的冲击，在当今全球化的浪潮中，更面临着传统中断和特征丧失的威胁。因此，深入挖掘农耕文化的内涵及其当代价值，保护、传承和利用农耕文化，具有十分深远的历史意义和现实重要意义。

（一）构筑坚实的生态屏障

生态已成为当今无法绕开的"中国命题"，农耕文明构筑坚实的生态屏障；农耕文化历来注重精耕细作，大量施用有机肥，兴修农田水利发展灌溉，实行轮作倒茬、复种间作，秸秆还田、农田防护林、种植豆科作物和绿肥以及农牧结合等。传统农业特别注重整体、协调、良性循环、区域差异，充分利用农业生态系统的自我调控机制和自然生态净化过程，利用生物间相生相克的关系，达到尽量避免滥用化肥、农药、生长剂、除虫剂等，减少对生态环境的污染。农业对于生物多样性保护的意义主要体现在遗传多样性与栖息地。

采用现代文明方式耕种作业，是构筑良好生态的途径。另外，种植树木和花草是改善村容村貌，提升农村空气质量、生态质量和建设环境优美、宜居的关键。在大力开展村庄植树造林，建设环村绿化带的同时，要保护好古树。因为古树是记忆中故乡的是乡愁的符号，百年千年古树就是一部村（堡）史。古树却是有生命的文物。古树是活化石，是绿色文物，没有古树的古建筑缺乏生机和灵气，显得暮气沉沉，单调压抑，古树赋予了古建筑生命感。古树是古建筑的灵魂所在，古建筑离开了古树，对游客就会缺乏持久的吸引力，有古树衬托的古建，会吸引更多的游客。古树保护对于古建筑保护具有重要意义，两者之间是密不可分的关系。古建和古建筑群，只具有文化价值，没有生态价值，古建筑同样需要绿化，需要有生态，古树和古建筑共处，是生态文明和历史文化的天然结合，没有古树的古建筑群、古村景区，是有生态缺憾的景区，这样的景区无法真正体现生态与历史浑然天合的感觉。对古树，要像对待人的生命一样倍加保护。改造好自然生态，使一个一个村庄，成为一团一团绿洲，让"绿树村边合，青山郭外斜"乡村优美如画的景象重现在人们眼前。农耕文化源远流长而来的勤劳耕作、丰衣足食等农耕文明，是孕育中华文明的基础。

（二）创造了地域的多样性

我国地域辽阔，各地的土壤类型、地形、地貌和生态环境、气候环境千差万别。

中国古人很早知道"因地制宜、因时制宜、因物制宜"地创造了多种农业生产种植的模式。从南方的热带农业，到北方的寒带农业、高原冷凉地区农业；从东部的沿海平原，到西南山地丘陵、西部高原，农业的地域类型丰富多样、千差万别。

各地区采取"因地制宜、因时制宜、因物制宜"不同的经营方式，中国传统农业非常注重多作物的搭配与布局并创造了间作、混作、套作等多层次农业生产的种植模式，提高农田生物多样性，使农田生态系统复合化，提高稳定性。并利用相生相克原理，把两种或两种以上的生物种群合理组合在一起，利用相生组合使种间互利共生，使用相克达到生物防治的作用。这种农耕文化带有很强的生态环境特点多样性，从而形成南北方、东西部各有差异、各具特色地域性特征；我们经常说到的"一方水土养一方人，一方山水有一方风情"，还有"五里不同风、十里不同俗"等，这些都表明了农耕文化的地域性特征。

（三）保持了历史延续性

农耕文化是中华民族形成最早的文化，它持续时间最久，内容也最丰富。是人类最古老的原生性遗产文化，至今我们依然可以在乡村的风俗中发现有原始农耕文化的踪迹，如祈风求雨、祭拜天地、开犁开镰、丰收庆典等习俗，这里人们敬畏自然、懂得感恩自然、回馈自然、按时令从事农业生产的最原始农耕文化的踪影。人必须要有所敬畏，不能天不怕、地不怕，重农国家的人们都敬天地、敬自然。由于环境、经济、文化等方面的差异，中国各民族的农耕文明进程具有明显的历史阶梯性。有的地区发展程度较高，而有一些地区发展进程较慢，但构成中国各民族的农耕文化的文化链一直延续发展，从未间断过。它是中国劳动人民几千年生产生活的实践，并以不同形式延续下来的精华浓缩，反映了传统农业的思想理念、生产技术、耕作制度和中华文明的内涵。农耕文化景观，是人类认识自然、适应自然、利用自然的历史见证。作为人类文明的历史见证，它是历经漫长历史不断发展、演变和积累而逐渐形成的，它兼具自然环境和人类文化两种不同要素和特征，凸显了人和自然之间长期而深刻的关联，表现出极大的地域性、民族性、复杂性、多样性和延续性。

（四）乡土民间性

农耕文化产生于乡土乡村，它与农民和土地紧密相连，与平民百姓共生共存。农耕文化的民间性特点，使它在历史风云变幻中，既不完全受王朝演替的影响，也不全部因时尚文化而改变。这就是农耕文化的生命力。它在一定程度上能抗御文化进程中的都市文化和时尚文化的冲击与同化，保持自己的特色，在日常生产生活中延续传承，深深植根于乡村生活的土壤之中。

中华农耕文化、传统文化是给人以积极向上的、充满希望的、美好享受的，花好、月圆、人长寿的人文理念。让人的灵魂提升而不是下降，给人希望而不是绝境；它如灯火一样照亮人们心中的幽暗，给你以光明，它如船工的号子给疲惫的心灵以力量。古今中外，能够打动人心、让人难以忘怀、给人以生活的智慧和生命勇气的民间传统文学故事，大多是有温暖的文化品质和文化精神的。这种温暖和精神是一种力量，它能够超越时空，直抵心灵；它是一种慰藉，能使冷漠的情感火热起来；它是一种生命，能够感染乃至唤醒另一个生命。农耕文明积淀深厚的乡土情结。乡土是乡愁最集中的元素，她在人们心中扎根已久，在国人心中积淀深厚。我们在进行新农村建设中就是要建设记得住的乡愁的新农村，乡土元素不可或缺。中华农耕文化、传统文化、中华文明是一个人、一个团队、一个民族之魂、之脉、之根，乃至国家都具有灵魂的作用，中华农耕文化、传统文化具有很强的传承性和延续性，永远影响、照耀和激励着后人。

随着农村居民收入的持续增加，水清、村净、景美的农村人居环境也逐渐成为农村居民日益增长的美好生活需要的重要内容，农村人居环境整治的意义不仅在于改善农村人居环境本身，更在于其重要的时代价值。事关众多农民的获得感和幸福感，事关农村社会文明和谐，改善农村人居环境，让留在村里的人开心。把农村人居环境整治与发展乡村绿色、休闲旅游、庭院经济等有机结合，既美化环境又促进农民增收，实现了百姓富、生态美的有机统一。让"小桥流水人家"、陶渊明笔下的"桃花源"意境、诗意景象重回现实。

九、创造了民族多元性

我国是一个由 56 个民族组成的国家，各民族都对我国的农业发展作出了特殊的贡献。一部中国农业史，就是各民族的独特文化多元交汇的农业发展史，各民族在其繁衍生息过程中，依据不同的自然环境资源特点，因地制宜创造了自己民族独特的农耕文化。如西南的梯田文化、北方的游牧文化、东北的狩猎文化、江南的圩田文化、蚕文化与茶文化等，都是自成体系的农业生产方式，都有与之相应的生产生活习俗。同时，各民族之间，各地区之间，在文化的传播和传承中，相互借鉴，相互学习，形成了多元融合的特点。比如，各地的动植物品种、生产工具、生产技术和生活习俗等，都有文化交流传播的印记。其中既包括中国各民族之间的农耕文化传播，也包括中华民族与世界其他民族之间的农耕文化传播。在中华文明探源工程中，通过植物考古、动物考古，已确认了在我国的主要粮食作物中，小麦、玉米、马铃薯、燕麦、魔芋、蓖麻、亚麻、三叶草、甘薯、番茄、胡萝卜、菠萝、葡萄等均来自域外；在主要油料作物中，芝麻、向日葵、油菜籽、花生、向日葵等也来自域外。山羊、绵羊等并非我国本土的产物，而是来自中亚或东亚。水牛也是热带和亚热带地区特有的牛种，喜水耐热。家养水牛包括河流型和沼泽型两个品种，野生祖先是野水牛，其驯化起源于印度河流域（哈拉帕城市遗址），时间为距今五千年前。中国现生水牛均为家养，属沼泽型，考古和古 DNA 研究表明，它可能是在距今三千年由南亚西北部地区传入中国境内的。这些域外作物的传入大多经由丝绸之路，对中华农业文明的形成与发展产生了十分重要的影响。

第三节　农耕文化的含义

农耕文化曾经覆盖了中国社会的方方面面，是中华优秀传统文化的主干成分，也是构建中华民族核心价值观的重要精神文化源泉，农耕文化一直是中国文化的显性文化、主导文化，它滋润着中国文明发展的方方面面，农耕文化的含义，主要有以下方面观点。

一、农耕文化是中华文化之母

农耕文化就是建立在传统的自给自足自然经济基础上的文化形态，即指传统农业基础之上的生产关系、社会关系、典章制度，以及与之相适应的道德、风俗、文化、习惯等意识形态总和，它所反映的思想意识、思维方式和价值观念是其本质内容。

农耕文化门类众多，包括古代农学思想、精耕细作传统、农业技术文化、农业生产民俗、治水文化、物候与节气文化、节庆文化、农业生态文化、农产品加工文化、茶文化、渔文化、蚕桑文化、畜牧文化、饮食文化、酿酒文化、服饰文化、民间艺术、农民艺术、农业文化遗产、涉农诗词歌赋等，农耕文化作为一种生产方式、思想理念、价值观念、道德意识和思维方式，其本身也是传统文化的重要组成部分。中华大地众多遗址出土的大量文物，涉及人们发明和创作的工具、器物和艺术品，涵盖政治、军事、经济、文化、艺术、科技、法律、宗教、民俗等诸多领域。据此证明，农耕文化与中华文化渊源极深，农耕文化支撑了中华文化的发展，农耕文化是中华文化之母，是中华文化发展的重要根脉和基础，是现代社会发展中永远挖掘不尽的精神宝藏。

二、农耕实物文化与农耕意识文化

所谓农耕实物文化是指以实物形式保留及流传下来的因素。具体形式有传统村落、寨容寨貌、农耕遗址、农作物（小麦、青稞、马铃薯、蚕豆、藜麦、胡麻、水稻、玉米、油菜等）、耕作方式、礼仪祭祀器物、农耕器具、作物种类与饮食、农耕服饰、农用建筑等物化形态是人们在日常生活中最易感知的传统农耕文化存在。

例如，农耕服饰种类繁多，各个民族各个支系的服饰不同。例如，青海土族服饰是土族社会文化的显现，是民族文化的"文字史书"。作为以农耕劳作为主的民族，土族彩虹花袖衫是具代表性的服饰，其服饰图案主要为红、黄、蓝、绿、白、黑、紫的色彩是装饰、更是一种象征，象征以自然崇拜和多神崇拜为主原始宗教信仰的反映。土族头饰"扭达尔"中有较多类似于鸟或鸟羽毛的装饰，据说这就是从早期先民对鸟的图腾转化而来的。再如，土族装饰图案中"卐"字等佛教符号的移植，丰富了土族服饰的式样，也强化了服饰文化的内涵。可见，萨满教、佛教、道教本身丰富的文化内容，使土族的服饰文化具有了较为强烈的宗教性。青海土族服饰是土族社会文化的显现，是民族文化的"文字史书"。作为以农耕劳作为主的民族，其服饰图案其价值取向和审美观点始终离不开农耕文化主题。

传统村落、农耕遗址、农耕器具等物化形态是人们在日常生活中最易感知的传统农耕文化存在。因此，以物质生产为主的现代产业成为传统农耕文化传承创新的重要方式。首先，是资源的开发与重组。借助现代技术与管理手段，对乡村社会的传统村落、特色农产品、传统民间工艺等资源进行开发与产业重组，并以此为依托发展特色农耕旅游业、农产品加工、工艺产品生产、田园景观业等相关产业，促使传统农耕文化资源转为现代工业生产要素中的一部分，充分发挥传统农耕文化资源的经济价值，这既丰富了传统农耕文化资源的表现形式，又为农耕文化的传承创新提供了坚实的经济基础。其次，融入现代理念，优化产品形象。根据现代消费市场的需求，结合现代包装设计理念优化产品形象与外观设计。通过打造农耕文化相关周边产品，扩展消费者选择空间，更好地传播农耕文化，提升传统农耕文化内涵，实现传统农耕文化的传承与创新。最后，实施品牌战略，打造品牌经济。依托现代品牌营销策略，萃取农耕文化相关产品的核心价值理念，培养专业的品牌运营团队，借助"报、网、端、微、屏"这些多元化平台与游客等多种途径进行品牌宣传与营销，打开传统农耕文化相关产品的知名度。同时，推进文化创意，积极开发农耕文化系列组合产品，借此形成集聚效应，进而带动一系列附带产品生产，打造品牌经济，在现代产业中进一步丰富传统农耕文化表现形式。

所谓农耕意识文化是指建立于农耕生产方式基础而产生的各种意识形态的文化因素，具体包括对农时节日（例如，贵德梨花节、民和桃花节等）、农具节、农事礼仪、农耕制度、神话传说、民谣、农业谚语等。

青海是多民族聚集地区，农耕文化多姿多彩、农事礼仪多种多样，原始性强，农耕劳作仍然留于刀耕火种的原始形态，保留了很多古代农具、耕作方式等，例如，在青海省藏族春耕祭祀时，村民端着制作精美馍馍，来到田间地头，并给耕牛头上披上经幡，村民们手捧哈达，把一条条洁白的哈达献给开"第一犁"的青年男女、耕牛、盛满青稞良种的农器具，来感谢土地神保佑青稞生长之功德。

又如，甘青河湟地区的青苗会是汉、土、藏等多民族共同传承、共同参与的重大传统节日。土族青苗会是河湟青苗会的重要组成部分，它是汉族的农耕生产方式和地方神信仰传入土族地区后逐渐形成的，以保护农业生产为主旨的集体性农事祭祀节日，具有涵盖地区广、信仰色彩浓厚、区域和民族特色鲜明等特点。"青苗会"青海互助县龙王山一带土族的传统节日。每年农历三月至六月，由巫师择日举行。源自明洪武年间（公元1368—1398年），龙王显灵，庇佑土族牧民的传说。节日早晨人们先到广福寺点灯焚香，顶礼膜拜，请出龙神轿杆、护法神箭，然后组成仪仗队前行，队伍排成单行，有的击鼓鸣金，有的吹海螺牛角，随行的众人手持柳条，直到大东岭休息，野餐，漫花儿，随后登山踏青，巡视田禾，并借用神的名义约束乡民不准在田地里放牧牲畜，不许砍树践踏青苗。此节是多元文化碰撞下形成的文化瑰宝，它就像一个隐秘的文化密码，既传递着土族历史演进和文化变迁的模糊信息，又鲜活展现了土族传统文化在当下的传承与存活现状，实为保护农业生产的一项活动。

再如，"祭神农"是青海省民和一带土族传统节日，每年春耕播种时节择一吉日举行。届时，各家各户带一些麦草到自家地中烧黄表纸，烧香并跪拜磕头祭祀神农爷。每家还牵牛架犁，人和牛都吃一些油馍。然后在地中犁出一个圆圈，圆圈中再犁一个十字。一人赶牛，一人扶犁，后面一妇女在犁过的圆圈和十字沟中都撒上种子。敬过神农，便可以春种了。

青海地区由农耕文化衍生出来的农事礼仪等带有不可捉摸的神秘色彩，可将地方特色农耕意识文化资源通过实物展示、图文资料以及声光电多媒体技术充分表达，让人们体验不同于其他地区的耕作方式、乡村习俗等农耕意识文化特色。比如，青海地区的藏族糌粑的传统加工技艺，这种礼仪具有较强吸引力、极高的观赏性，让客人亲自参与、体验其独特之处。这种神秘色彩充斥人们的生理和心理感官，引起强烈的吸引力和好奇心，增加大众旅游的审美情趣。

三、现代化农耕文化诠释

传统农耕文化是以农业生产为基础的生活方式，它是我国传统社会生活的基本模式，在国人心中根深蒂固。其特点是以农为本，辅助以渔樵，伴随着读书明理的农耕文化。它孕育着民族性格、生活理念，并且随着现代生活水平的提高，还是让人牵肠挂肚。现代化农耕文化是指现代生产方式下的"三农"文化，这种文化的基本含义包括农业生产和农村生活的现代方式、绿色生态环境和人与自然的和谐共处，现代化农耕文化有四个要素：尊重土地、尊重环境、现代生产生活观念和文化传承。

1. 现代化农耕文化的第一要素是对土地的尊重

这是法国在 20 世纪 90 年代提出来的一个新概念。实际上，在中国古代人们早就已经尊重土地，如，战国秦汉时期的"休耕"和"轮作"的种植方式，近代以来农村广为流行的"换茬""歇地"等种植方法，以及肥田、改良土壤等手段也是对土地的尊重。现在发展绿色高效肥料已成为当前全世界肥料行业发展的主流，各地实行的科学有效施肥、轮作倒茬、秸秆还田、退耕还林等耕地保护措施，同样是对土地的尊重，因此，尊重土地，是现代化农耕文化的第一核心要素。

2. 现代化农耕文化的第二要素是对环境的尊重

环境（包括自然、人文）的尊重。自然环境要尊重、要保护，这是中国共产党领导人民建设社会主义生态文明，树立尊重自然、顺应自然、保护自然的生态文明理念，增强（绿水青山就是金山银山）的意识，坚持节约资源和保护环境的基本国策。

以传统村落选址和建筑格局而言，数千年或数百年来在住居以及和环境的和谐相处中，我们的祖先已经创造了不少宝贵的经验和模式，如"依山傍水""坐北朝南""四合院"等观念其实早已深入人心，并以"风水"的名义形成固定模式，存在了相当长的时间，有着悠久的历史，形成了风情浓郁独特的地域风格，并最终成为典型的住居文化。这种住居环境甚至对孕育安静随和的心态、培养和善宽宏的性格脾气都有着极为重要的意义。

又如，古村落之所以成为当今十分热门的旅游景点景区，最主要的就是它们尊重了自然环境，和谐了人类的生活方式，让人们通过古村落，感受传统农耕文化，感受过去的居住环境。尊重自然环境，就是根据自然规律去顺应自然环境，达到"天人合一"的和谐目标，对于约定俗成的人文环境，更应该加强保护，积极吸收其优秀合理的成分，发扬光大。这就是将"非物质文化遗产"作为和文物保护加强保护的根本原因。古镇古街古村都是一本厚重的书，都有各自的特色和历史文化内涵，只有保留和保护好，才有下一步的传承。我们要怀着敬畏之心，悉心阅读、用心品味。一个国家、一个地区、一个村落如果对自己的历史不重视，对祖先创造的优秀的生活方式不重视，那就会导致集体无意识，导致生活的紊乱和思想的混乱，最终贻害社会、贻害自己。

3. 现代化农耕文化的第三个要素是现代生产生活观念

现代生产和生活观念的实质表现应该是简单、简约。现代生产的简单首先是理念的简单，那就是像古人一样，"五谷杂粮"就足够传宗接代了，用不着再去追求作物品种的复杂化和无限化。以古代埃及为例，五六千年前，生活在尼罗河流域的古埃及人就耕种一种粮食作物小麦，水果则是葡萄，外加放养牛马和水中捕捞。面包加烤肉、烤鱼，硬是筑造出了世界奇迹金字塔。如果品种简化，生产工具也就相应简化，生产方式也因此而简单化，生产成本自然下降。现代生产的简单化，就是生产工艺的简单、生产机械的操作简单，这样一来，能源耗费得必然很少，体力劳动强度也同样会减少，就可以减轻劳动负担，提高生产劳动的兴趣和乐趣。但是，简单的生产，并不是忽视产量和质量，而是运用现代科学技术，更多地提高产量，提高作物的品质，为人们提供最佳产品，也就是人们所希望的绿色、环保、生态的生活必需品。但是，生产手段现代化的前提是无污染，不破坏环境。

现代生活观念的简单是不过多浪费资源，少制造生活垃圾，不因生活而污染环境。实际上传统农耕文化生活并不复杂。以西周时期贵族们的生活标准而言，作为天子的生活水准虽然是最高等级，但也不过肉、饭两种。虽然其排场是"九鼎八簋"，但九个"鼎"里煮的不过是九种肉类，八个簋里盛的是八种米饭。诸侯比天子级别低一等，"七鼎六簋"，大夫们"五鼎四簋"，元士"三鼎二簋"，差别就是鼎簋的数量，也就是肉和饭的品种多少而已，远没有我们现在那么多丰富的菜品。古人如此，现代化程度很高的发达国家的生活，也不过是牛奶面包加鱼或肉，再加一点汤或沙拉蔬菜，同时，生活的简单，也可以净化我们的心灵，少耗费我们的非分追求。中国的佛教从南朝以来，推行素食主义，这不仅是简单生活的实践，也是对自然资源的保护，是不过分耗费资源的一种选择，还是对自然的尊重。借鉴古人的生活理念，建立简单的生活方式，应该是现代化农耕文化的新生活理念。

4. 现代化农耕文化的第四个要素是文化传承。

现代化农耕文化传承的是技艺的继续，其内涵除了体现文化素养的"忠厚传家久，诗书继世长"生活方式，传统的农耕文化所追求的是"自给自足""万事不求人"，由此开发了与生活密切相关的各种手工技艺，这技艺既有生产生活必需品的制造技术和手艺，也有非物质文化的琴棋书画、歌舞音乐杂技，还有形形色色的剪纸、刺绣、唐卡、年画、农民画、泥塑、面塑、传统棉纺织技艺等民间艺术。这些是现代化农耕文化得以耳濡目染的标志符号，记载了人们对现实社会的认识和理解，也表达民间艺人的情感和爱憎。因此，可以成为一个地区、一个村落的形象记忆，成为文化遗产世代传承下去，也可以作为地方品牌产品对外交流传播。例如，青海省黄南藏族自治州同仁市的唐卡与堆绣、泥塑等"热贡艺术"被列入联合国教科文组织非物质文化遗产名录。在这里，有两万余人投身非遗文化产业。这种完全依靠人力资源的手工艺术，在现代化社会中，它又成了一种民间艺术商品，走出了原野，走进了城市，走上了大雅之堂。发展这种没有任何污染、也基本不消耗能源的文化产业，不但深受现代社会的青睐，而且也是就地消化劳动力的最佳方式。同时对于提高当地从业人员的文化素质也具有不可估量的重要意义。可以想象，一个长期从事书画制作的人员，在美的物品制作过程中，其思想品德一定会受到熏陶，受到影响，最终养成良好的品质和生活习惯，成为道德和品行高尚的人。

作为青海地区来说，应依托利用区位的优势，发展青藏高原手工艺术为主的现代文化产业，使之成为现代化农耕文化的保存和展示区域，为世界了解中国农业和农村了解传统中国的发展作出示范。

四、农耕文化的实践原则

农耕文化主要指中国劳动人民几千年生产生活的实践，且以不同形式延续下来的精华浓缩并传承至今的文化形态，它的时空特征表现为地域多样性、民族多元性、历史延续性、乡土普遍性（包括花儿少年、民歌、船工号子、花好月圆、人长寿的人文理念），实践原则表现为天道、地道、人道的协调和谐观、趋利避害的农时观、辨土肥田的物力观、种养"三宜"的物性观、变废为宝的循环观、御欲尚俭的节用观。

由于我们的祖先在农业的实践中认识和摆正了三大关系：即天、地、人的关系。人与自然的关系，经济规律与生态规律的关系，发挥主观能动性和尊重自然的关系，即天道、地道、人道的和谐观。

中国农业有着很强的农时观念，把掌握农时当作解决民食的关键。"不误农时""不违农时"是中国农民几千年来从事农业生产的重要指导思想趋利避害的农时观。

中国的土地几千年来地力基本上没有衰竭，是由于先民们通过用地与养地相结合的办法，采取多种方式和方法改良土壤、培肥地力即辨土肥田的地力观，使得"地力常新壮"。

农作物各有不同特点，需要采取不同的栽培技术和管理措施。人们把这种概括为"物宜""时宜"和"地宜"，即种养"三宜"的物性观。

在中国传统农业中，施肥是废弃物质资源化、实现农业生产系统内部物质良性循环的关键一环。中国传统农业是一个没有废物产生的系统，几乎所有的副产品都被循环利用，以弥补农田养分输出的损耗。即变废为宝的循环观。

古代在农业生产中对物力的使用不能超越自然和老百姓所能负荷的限度，否则就会出现难以为继的危机。与"节用"相联系的是"御欲"，即御欲尚俭的节用观。

第四节　弘扬农耕文化的现实意义

我国古代先民发现并利用生物之间的互生关系，创造了包括农田间作套种、稻鱼共生、稻田养鱼养鸭、桑基果基鱼塘、植物病虫害的生物防治等模式；形成了中国独特的农业生态文化。我国传统农业中的精耕细作、以虫治虫、旱作梯田、农业谚语、农田水利基础设施（如都江堰）等，至今仍然具有实用价值。桑基、蔗基、果基等鱼塘是珠江三角洲地区传统的农业景观和被联合国推介的典型生态循环农业模式。

农耕文化作为中华文化的重要根基之一，对于传统文化的形成以及民族性格的塑造，发挥了重要作用。研究、保护、开发、传承和弘扬这些富有民族特色的农耕文化精神，是构建社会主义核心价值体系的应有之义。总之，农耕文明是中国劳动人民几千年生产生活的实践，并以不同形式延续下来的精华。改革开放以来，我国的农业虽然有了长足的发展，但是，资源的大量消耗，化肥、农药和农膜的大量投入，造成农业发展中生态环境恶化、农产品质量安全性下降，可持续性发展问题也随之而凸显。因此，我们必须克服急功近利思想，传承农耕文明，以保持农业的可持续发展。必须秉承精耕细作的集约化耕作制度，改进农业生产技术，以保障国家粮食产量和质量安全。必须拓展农业功能，发展休闲旅游农业和农村服务业，以增加农民收入。必须改善农村生态环境，推进农村节能减排，促进循环农业发展，给子孙后代留下一片可以赖以生存的沃土。

可以说，古代农业生态理念的建立以及生态农业的实践，对于协调发展与环境之间、资源利用与保护之间的矛盾，形成社会经济发展的良性循环具有重要的历史、现实意义。

一、发展农耕文化产业

随着农民从单纯向城市提供粮、油、肉、蛋、奶、菜等实物农产品发展到同时向城市提供"文化农产品"，民间锣鼓、高跷社火、舞龙、皮影、剪纸、泥塑、陶艺、藏式木雕、藏族原生态锅庄舞等在城市居民文化生活中呈现，为农民增收和农村经济可持续发展提供强大支撑。民间工艺加工、民间艺术表演、民俗风情展演、乡村文化旅游等休闲娱乐性"文化农产品"，已经成为农村的新兴产业，甚至成为龙头和支柱产业。农耕文化产业园开展节气体验、农耕展示、民俗婚庆、戏曲展演、陶艺制作等系列互动活动，为前来旅游参观的游客打造体验式农耕旅游新模式。因此，通过农耕文化，促进品牌建设与农业文化遗产产业发展是农村产业结构调整的现实、可行性选择，是增强农村可持续发展内驱力的富有成效手段之一。

二、构建农村和谐社会

通过弘扬农耕文化，丰富农民的精神文化生活，提高农民文化素质，传承优秀乡贤文化，提升乡村治理水平，培育新型农民，促进农村精神文明建设，全面构建农村和谐社会。发展农耕文化可以凝聚农民，营造和谐的农村人文环境，重振乡村精神。

富有特色的农耕文化产品根植于农村，具有自然的亲切感、广泛性和传承的自发性，最适合农民的认知方式和审美习惯和情趣，培养提高其审美能力、从而提升自身的文化修养水平和思想道德境界，潜移默化地陶冶情操，增强处理社会生活中各种关系的能力，为培育新型农民提供了一个交流、交往、沟通的平台，对发展农村文化建设必将发挥积极的作用。农耕文化是我国文化的本源，有着深厚的历史渊源和广泛的群众基础，弘扬中华农耕文化，保护和传承优秀的民族民间技艺，提高自豪感、使命感、责任感，激励农民群众的自强精神，营造属于自己的娱乐文化，促进中华民族共有、美好精神家园建设。

三、国家的文化软实力

软实力是文化和意识形态吸引力体现出来的力量，是世界各国制定文化战略和国家战略的一个重要参照系。表面上文化确乎很"软"，但却是一种不可忽略的伟力。任何一个国家在提升本国政治、经济、军事等硬实力的同时，提升本国文化软实力也是更为特殊和重要的。提高国家文化软实力不仅是我国文化建设的一个战略重点，也是我国建设和谐世界战略思想的重要组成部分，更是实现中华民族伟大复兴的重要前提。

2013年12月30日习近平总书记指出，提高国家文化软实力，关系"两个一百年"奋斗目标和中华民族伟大复兴中国梦的实现。提高国家文化软实力，要努力夯实国家文化软实力的根基，传播当代中国价值观念，展示中华文化的独特魅力，提高国际话语权，因此，深入挖掘农耕文化的内涵及其当代价值，保护、传承和利用农耕文化，具有十分深远的历史意义和现实重要意义。

中华文明根植于农耕文明。习近平总书记指出，农村是我国文明的发源地，耕读文明是我们的软实力""要让历史悠久的农耕文明在新时代展现其魅力和风采。

只有民族的，才是世界的，我们要掌握民族文化的灵魂和核心要素，立足本国、本民族的文化，保持本国民族特色，才可能借助独特的民族文化使世界认识自己，从而走向世界。如何在对外文化传播和交往中既体现中国文化的民族特色和精神，又符合世界的视角，成为中国在传统文化走向世界所面临的必须解决的问题。

农耕文化是提高农民科学文化素养，提升了国家文化软实力。农耕文化是在长期农耕社会活动的基础上形成的，是特定条件下人民群众的共同精神财富，是民族凝聚力形成的直接动力，是村规民约的集中体现。从而提升农民恋家的情结、激发村民的荣誉感、自豪感、群体认同感和集体责任感，更好地以饱满的热情投入家乡建设。乡村振兴的内在动力也来源于乡土自信，这是农耕文明的精髓，同时也是中华民族优秀文化的源泉。当前我国正处于农业与文化及其他领域不断融合，农业由"温饱产业"向"挣钱产业"转化。农业功能开始由传统的生产农产品，向生态农业、有机农业、休闲农业、旅游观光农业等领域伸展。随着社会发展、环境的变化一些文化遗产已经或正在我们身边悄悄地消失，许多珍贵农耕文化资源现在就应全面地进行农耕文化资源摸查，系统梳理各地区传统名优产品、农耕技术、生产工具、农耕知识和农业文化遗产等农耕资源，摸清各地农耕文化现状、分布、形态等资源，这样才有利于更好地传承、保护、发展各地区农耕文化资源。因此，加强对我国丰富多彩，具有历史、文化、科学价值的农业文化遗产的抢救与保护十分紧迫、繁重。应全面了解和掌握全国各地各民族农业文化遗产的种类、数量、分布状态、生存环境、保护现状和存在问题，为研究、制定、实施农业文化遗产保护规划提供翔实而科学的依据。2011年将国家级非物质文化遗产"农历二十四节气"，这一最重要、最有代表性、最富特色的中华农耕文化元素，向联合国教科文组织申报列入人类非物质文化遗产代表作名录。2016年11月30日，二十四节气被正式列入联合国教科文组织的人类非物质文化遗产代表作名录。由此说明，重新发现和弘扬农耕文化中的积极因素，让中华农耕文化和农民文化产品走出乡野，走出中国，登上国际舞台，让世界各国共享中华农耕文化魅力，让世界了解中国，了解中国新农村，能够充分展现中国农业、农村和农民的新面貌，形成与我国农业发展和综合国力相适应的文化优势和影响力。总之，保护传承好农耕文化的人文精神和内涵实质，在弘扬中华文化、保护独特景观、发展休闲农业、推动乡村旅游乃至维系生物多样性、保护和改善生态环境、保障食品安全、促进资源持续利用等方面具有重要价值。开发利用好丰富多彩的农耕文化与自然遗产资源，作为我国"三农"工作的重要组成部分，不仅对增进民族团结、维护国家统一、建设美好家园、激发爱国热情和丰富人民群众的文化生活具有春风化雨润物无声的重要作用，而且对促进农业的可持续发展、解决粮食安全问题、提升国家文化软实力具有现实意义。

第五节　中华农耕文化在世界文化史中的地位

2022年10月16日习近平总书记在中国共产党第二十次全国代表大会上的报告中提出，我们坚持绿水青山就是金山银山的理念，坚持山水林田湖草沙一体化保护和系统治理，全方位、全地域、全过程加强生态环境保护，生态文明制度体系更加健全，污染防治攻坚向纵深推进，循环、低碳发展迈出坚实步伐，生态环境保护发生历史性、转折性、全局性变化，我们的祖国天更蓝、山更绿、水更清。

"绿水青山就是金山银山""冰天雪地也是金山银山"这一发展理念是生态文明建设的主线，不仅成为当代中国的发展共识，也为全球生态安全贡献中国的智慧，是"和谐"一词最通俗的解读，是人类与自然的和谐与平衡。"碳中和"等努力，为人类与地球带来了曙光。在中国飞速的中国式现代化发展进程中，中华传统文化就像定海神针，避免了无序的扩张与失控。坚持尊重自然、顺应自然、保护自然，自觉推动绿色发展、循环发展、低碳发展。几千年来，中国的农耕文化影响着中国的历史进程，影响着世界文明的发展。农耕生活的平实性与和谐性，使中华民族爱好和平，并且重视"和、合"。中国的农耕文化连绵不断，是宝贵的精神财富。

一、中华农耕文化在世界文化史的地位

世界上的文化，大体分为农耕文化、游牧文化和商业文化三种。农耕文化以中国为代表，游牧文化散见于世界各地，而商业文化在环地中海地区最为典型，商业文化是从游牧文化发展过来的。因此，世界文化实际上只有农耕文化和游牧商业文化两大类，这种区分是不能截然分开的，在农耕文化区域，广泛存在畜牧业和商业，在游牧商业文化区域，也存在相当规模的农业。但是在主体和文化特性上，这两种文化是泾渭分明的。只有中国能够几千年固守"农，天下之大本也"的理念，保持了农耕文化的稳定传承，也因此为世界保留了极为完整的自给自足农耕生活体系，此体系一直延续到近代。

农耕因素既是中国文化传承不绝的原因，也使中国文化显示出非常鲜明的独特性，这种独特性，使之能够轻而易举地与其他文化区别开来。中国人的精气神是独特的，中国的道德传统是独特的，中国人的价值观是独特的，中国的文字是独一无二的。而被中国文化所浸润的东亚地区的人群，是全球智商最高的。这种态势，使得中国文化成为一枝独秀的存在。在空间上，中国文化有着与域外文化相对鲜明的独立性；在时间上，中国文化在几千年中是多元世界文化的最重要一极（没有之一）。

在古代历史上，中国农耕文化以及其所孕育的文明，是最成功的文化和文明，精神最健全、经济最发达、人口最繁盛、科技最先进、治理最得当，长期引领世界。

中华农耕文化是我们的祖先历经几千年的精雕细刻，对其进行改造、整合、醇化、提升，使之成为最古老、最成熟、最深邃、最完备而又最具有包容性和适应性的文化。保持着具有持续而蓬勃的生命力，用几千年来打造了全世界独一份的文化。

游牧商业模式的特点是对生活永远处于不满足、不安分和对财富无休止追逐的状态。这导致资本无休止地向外掠夺侵占，已经给世界带来越来越多的混乱，其本身也呈现出衰败的症候。游牧文化所看重的，是空间上的扩张，存在空间扩张上的焦虑；而中国农耕文化所看重的，是时间上的绵延，特别注重家族、种族能够传承下去。

总的来说，游牧文化是战争的、不安分的，农耕文化是和平的、安定的。将来，当游牧发展模式难以为继的时候，和平主义的农耕生活经验，恰好能映照出游牧模式的缺陷，能够为人类的反思提供借鉴，能够为人类的未来道路与和平发展的希望，提供一种现实选择。

二、中华传统文化创造性地呈现出独特的中国发展的经验、模式

自从西方完成了思想启蒙、文艺复兴以及工业革命，中国既有的生活方式注定会被中断。清朝之败，是改朝换代时期的衰弱，叠加了列强入侵，造成的民族灾难特别深重。这是农耕文明的迟暮，对上了工业文明的青春，失败是毫无悬念的。先进科技、先进工业和坚船利炮，使得中国不得不艰难地告别农耕生活方式，转向了工业化和商业化发展轨道。若没有这个转身，中国不可能善存，通俗地讲就是"落后就要挨打"。从此人类社会没有了纯粹农耕生活模式，人类社会在发展进程中被全部纳入商业文明轨道，这是历史发展的必然，但无休止的战争、侵略、杀戮、殖民、掠夺、种族压迫，无休止地追求财富、享乐、成功和制造两极分化，无休止地消耗地球资源、污染环境、破坏气候，难道这才是人类所需要的吗？在农耕的田园"慢生活"里，原本这种情况是可以避免的。

春秋战国老子创作的《道德经·小国寡民》文中蕴含着呼唤和平、反对战争，只有和平环境才能"安其居、甘其食、美其服、乐其俗"，人类只有回归并且固守自己的土地，自安自足，熄灭掠夺争霸的冲动，才可能拥有长久的持续发展，才有道德高尚、人性美丽、和平生活。

中国人离开纯粹农耕生活模式，也不过是近代一两百年的时间。中国完全走上了工业化、商业化道路，但我们不会舍弃自己的传统和文化之根，不会丢弃作为中国人的独特精神世界，否则我们终将不知道自己是什么、从哪里来、要到哪里去。中国人不会背弃几千年农耕文化所凝聚起来的传统和精神，这种文化DNA已经深入骨髓。"不失其所者久"，只有不失文化之根，现代化才有前途，中国才有前途，作为中国人的尊严，也正在于此。而能够促成"反者道之动"的转折，实现真正可持续发展的唯一希望，只能在中国文化中。

虽然中国跃上了全球化的潮头，但传统文化一直跟随中国的发展进程，将以其出色的开放性和适应性，以及非凡的智慧，对我们的社会进行新的整合和升级。中华传统文化加入中国式现代化进程，使中国式现代化进程，创造性地呈现出独特的中国经验和中国模式，并因此大获成功。有这样的文化根底，我们才能不理会西方模式和理论的条条框框以及外界不断地唱衰和质疑，以非凡的实践理性，走出我们自己的发展道路。西方直到现在依然不明白中国何以能不崩溃、何以能发展得这么好，中国的故事超出了他们的经验和认知水平，不符合他们所有的教条和理论框架。如果他们不用心或者没有能力认识和理解我们的文化，他们就只能永远在误判中国。

农耕文化是中华民族自强不息的精神支柱，使我们这个民族历经磨难而不倒；同时它铸就了形式多样的民俗文化，使人民的生活丰富多彩；特别是铸就了中华民族以

和为贵的理念，孕育了中华民族天人合一的思想，追求着人与自然和谐，人与社会和谐，人与人和谐的思想。和谐理念塑造了中华民族的价值趋向、行为规范，支撑中华民族不断走向可持续发展的道路。"应时、取宜、守则、和谐"就是在天、地、人之间建立一种和谐共生的关系，这是中华农耕文化的核心理念。时至今日，中华农耕文化仍是农村社会的主要文化形态、精神资源。

第一章
中华农耕文化的起源

第一节　古代农耕技术的发展历程

一、古代农耕技术的发展历程

古代天文、物候、历法、测量等知识的形成，实际上都与人类早期的农业生产实践有关，是当时人们对农业生产条件、季节更替规律，以及土地利用方法等探索成果的反映。农业的生产结构数千年来一直以种植业为主。由于人口多，耕地面积相对较少，这样粮食生产就尤其重要，从历史中取得农耕技术经验，是中国古代早已有之的优良传统。

（一）农业始于新石器时代

中国农业大约起源于新石器时代（距今 10 000～4 000 年），我国农业文明出现在新石器时代，在长江黄河流域，原始农业的出现使人们的食物来源更加稳定和丰富，之前只能靠采集和渔猎来获取食物；农业的产生、发展，生产力的提高，使人类开始定居，很多地区出现雏形村落；原始社会石刀、石斧出现，农业开始走向刀耕火种时代，人们开始种植粟、黍、稻、禾等；公元前 5000—前 3300 年，河姆渡文化晚期的石器多通体磨光，出现了扁平长条石锛，穿孔石斧、长方形双孔石刀和石纺轮。

农业的出现和发展，使得人们可以生产出，除满足生产者本身所需之外的剩余粮食，这是农业技术的萌芽时期，城市出现使得农业和畜牧业、手工业开始了分工，特别是脑力劳动得以从体力劳动中分化出来的物质基础。所以说，农业的出现为人类的文明进步，是具有划时代意义的大事，奠定了坚实的文明基础。在原始农业阶段，最早的整地农具是耒耜。先是木质耒耜，稍后又发明了石耜和骨耜，以后又有石铲、石锄和石镬，在新石器时代末期，还发明了石犁。

（二）农业技术的初步形成时期

《易经·系辞》说，神农"斫木为耜，揉木为耒，耒耜之利，以教天下"。《礼含文嘉》说，神农"始作耒耜，教民耕种"，炎帝神农制作耕播工具"耒耜"。不仅深翻了土地，改善了地力，而且将种植由穴播变为条播，使谷物的产量大大增加。这种加上横木的工具，史籍上称为"耒"。在翻土过程中，炎帝发现弯曲的耒柄比直的耒柄用起来更省力，于是将"耒"的木柄用火烤成省力的弯度，成为曲柄，使劳动强度大大减轻。为了多翻土地，后来又将木"耒"的一个尖头改为两个，成为"双齿耒"。

春秋战国时期耜也称为耝，故《说文解字》云："耝，耜也。"当时将耝和耒连在一起，例如《韩非子·五蠹》说："禹之王天下也，身执耒耝以为民先。"由于方言关系，像东齐一带（东齐指周朝时齐国。因地处周朝之东，故称）。称耝为梩，例如《孟子·滕文公》："盖归反藟梩而掩之。"《赵岐注》："藟梩，笼耝之属。"

夏、商、周（公元前2100—前771年）时期的"耒"为木制的双齿掘土工具，起源甚早。是精耕细作萌芽时期，《周易·系辞》说神农氏"揉木为耒"，而《世本》则以为黄帝时人"始作耒"。这一时期发明了金属冶炼技术，耒耝和石锄、石犁（少量青铜农具），耒耝整地农具包括耕地、耙地和镇压等项作业所使用的工具，这些农耕工具开始应用于农业生产，有利于提高工作效率；水利工程开始兴建，农业技术开沟排水、除草培土、沤制肥料、治虫灭害等措施，种植粟、稻、黍、麦、桑、麻有了初步的发展。提高土地利用率和土地生产率，是精耕细作技术体系的总目标。为了提高土地利用率，西周时期，实行了垄作法，还采用轮作倒茬和间作套种方式。

二、精耕细作农业

春秋战国（公元前770—前221年），铁农具开始使用，耕犁和牛耕技术也随之出现，并首先在黄河中下游地区实行起来，千耦其耘和众人协田是商、西周时期普遍采用的。这是精细技术发展的基础，秦汉以来，随着农业生产发展的需要，耕犁也有所革新，除犁铧是全铁外，还创造了犁壁，从而更有利于深耕和碎土。炼铁技术的发明，生产工具铁犁出现标志着新的生产力登上了历史舞台，没有犁壁，只能松土破土，不能翻土造垄，构造比较简单铁农具和畜力的利用，推动了农业生产的大发展。我国传统农业技术的主要特点是"精耕细作"，"精耕细作"的农业技术虽然很早就形成了，但"精耕细作"一词却很晚出现，精耕细作即"精细耕作"指的是中国传统农业的一个综合技术生产体系模式，是人们对中国传统农业技术精华的一种概括。

（一）北方旱地精耕细作技术的成形期

秦、汉至魏晋南北朝（公元前221—589年）这一时期发明了耦犁二牛三人、一牛二人；耧车播种工具，将开沟和播种结合在一起等；北方地区旱地农业耕、耙、耱配套技术成熟形成；多种大型复杂的农具先后发明的运用，北魏时期著名农学家贾思勰所著的《齐民要术》、西汉农学家赵过《汉书·食货志》中记载推广用耦犁和耧车，二牛三人的耕作方法，陕西省米脂出土的东汉牛耕画像石为例说："耦犁"二牛三人的耕作方法发展到西汉后期才逐渐被二牛一人的方法取代。石像中有两头牛牵引一犁在耕地，掌犁人可以一手扶犁，一手扬鞭驱牛，还可以通过牵引牛鼻穿环来控制耕牛，也为后世的犁耕技术奠定了基础，随着铁犁和牛耕法逐渐普及，对农业生产的发展起到了极大的推动作用。

（二）南方水田精耕细作的扩展期

隋、唐、宋、元（公元581—1368年）发明了曲辕犁，可以调节犁耕的深浅，既简便又轻巧；耕作技术：垄作法——代田法、一年一熟——耕耙耱技术、耕耙耢技术；水利灌溉都江堰——漕渠、白渠、龙首渠；翻车、筒车、高转筒车、风力水车农具发明与普及推广，农业生产方式是男耕女织的小农经济；经济重心从北方转移到南方，南方水田技术配套技术形成，水田专用农具发明与普及，棉花在中国逐渐推广，出现众多农书，土地利用方式增多，南北方农业同时获得大发展。

隋唐时期，在长江下游一带早已出现了曲辕犁（又名江东犁），得到完善而为后世所沿用。曲辕犁的发明，是自汉朝之后农具改革的又一次突破。它的出现标志着中国传统步犁的基本定型。曲辕犁与前代犁相比有三个优点：其一，曲辕和犁鐢的出现，不仅减轻了自身重量，而且克服了直辕犁的缺点。其二，操作时犁身可以摆动，富有机动性，便于深耕，且轻巧柔便，使得入土的深浅、起土的宽窄更加随心所欲。其三，犁底修长、犁梢手控，使得耕作时平稳、深浅一致。利于回旋，适宜了江南地区水田面积小的特点，因此，短曲辕犁最早出现于江东地区。

宋朝以后为了提高土地利用率和土地生产率，江南地区形成稻麦轮作的一年两熟制和一年三熟制。人们通过提高耕作技术来提高单位面积产量，充分发挥土地潜力，在北方形成耕耙耱技术，南方形成耕耙耖技术。

（三）精耕细作的深入发展时期

明朝至清前中期（公元1368—1840年），人口大幅度增加的过程中，牛耕大量退出，代表唐宋时期先进生产力的江东犁，到明清时已被铁搭所取代，这倒不是因为铁搭先进，根本原因在于铁搭用人，而江东犁用牛。《天工开物·乃粒·稻工》记载："吴郡力田者，以锄代耜、不蓄牛力，会计牛值与水草之资，窃盗死病之变，不若人力之便。"

明朝至清前中期（公元1368—1840年）这一时期中国普遍出现人多地少的矛盾，农业生产向进一步精耕细作化发展。美洲新大陆的许多作物被引进中国，使中国的农作物结构发生重大影响。多种经营和多熟种植成为农业生产的主要方式；通过精耕细作来满足农作物对水、气、热的要求，为作物创造丰产土壤条件，是我国劳动人民的宝贵经验。其一，深耕，由于深耕打破了犁底层，使耕层土壤疏松，加厚耕作层，同时，也减弱了毛细管作用和土壤水分蒸发，提高土壤蓄水保墒能力。深耕后增加了土壤的大孔隙，因此，提高了土壤的通气状况。深耕后使土壤由紧变松，改变了土壤的热容量和导热性，一般可使 20～30 cm 的土层，提高土温 1～2 ℃。由此可见，深耕可调节土壤水、气、热，这可促进土壤熟化，加速养分分解与积累，为作物生长提供深厚的耕层，是进一步提高产量的措施之一。其二，耙耱，耙地多用于碎土能力较强的钉齿耙或圆盘耙等农具在耙后进行。耱地（耢地、盖地）多用树条编成耢（盖），在耙后进行。土坷垃不多，也可在耕后进行。耙耱的作用是破碎耕后的坷垃，疏松表土，平整地面，并压实下层土壤，使耕层成为上虚下实，以切断土壤毛细管的联系，减少水分蒸发，所以，耙耱既能使土壤通气良好，又能蓄水保墒，同时还可避免产生地表径流，适当提高土温。耙地后除对最表层造成的松土层水分稍低外。整个土体含水量都有显著提高。耱地后土壤干层薄，干土层以下土壤含水量较高，保墒效果显著。为了秋耕晒垡，促进养分的释放，也可考虑不耙。但土质黏重，水分条件差的地方，以秋耕后立即耙耱为宜。其三，中耕松土，就是在作物生育期中，在植株行间进行表土的松土耕作，主要是为了促进农作物产量的提高，中耕松土既能保墒，还能除草，并且具有调节土温、养分分解和促进通气的作用。农业谚语说："锄头底下有水"，说明中耕后能保墒；"锄头底下有火"说明低洼地中耕后能散墒，提高地温。其四，镇压，疏松的土壤经过镇压变得紧实，土壤中过大的孔隙便可消除，可以起保墒和提墒、保全苗壮苗的作用。

第二节 农耕文化的起源与发展

一、农耕文化的起源与发展过程

农耕乃衣食之源、人类文明之根。远古时期，中华大地上长满了大片的森林，森林中又生长着各种各样的植物，野兽不时出没在丛林。我们的先民在漫长的岁月里，过着原始采集、原始狩猎的生活。正是在这种原始的采集与狩猎过程中，中华农耕文化才得以孕育和萌芽。从狩猎中，先民们逐渐学会了识别和驯化兽类；从采集中，他们则逐渐学会了辨认果实和种子。特别是他们在长期的实践中观察到，植物的籽粒随风飘落会在地面上长出新的植物，于是就把采集到的植物的块茎、籽粒等种植在居住地的周围，并打制石器，制造生产工具"以垦草莽"，开始了"刀耕火种"最原始的农业耕作。

迄今为止，在中华大地已发现石器遗址。出土的农耕、砍伐工具有石斧、石锛、石锄、石铲等；粮食加工工具有石磨盘、石磨棒、石杵等；纺织、缝纫工具有石纺轮、陶纺轮、骨针、骨锥等；狩猎和捕鱼工具有石镞、骨镞、弹丸、网坠等；挖土工具有木耒。古农具，形状像木叉等；收割工具有半月形石刀、石镰、骨铲、蚌镰等；另外，还有大量的经打制、磨光，刃部较为锋利的穿孔石刀、陶刀、大型石铲、石耜。古农具，形状像现在的锹和打制的盘状器、砍利器等。出土的农作物则有粟、黍、高粱、菽、麻等。从上述考古发掘的文物看，祖先种植物的品种类别之多、使用工具的用途之广及分工之细，都证明一万多年以前，在这片古老而神奇的土地上，中华民族的先祖们就开始了农业耕作，创造了农耕文化。

古代人类通过各种活动遗留下来的实物，通常包括遗物和遗迹两类。前者如工具、武器、日用器具和装饰品等器物，后者如宫殿、住宅、寺庙、作坊、矿井、都市、城堡、坟墓等建筑和设施。

对原始农业发展贡献最大的是后稷。后稷名弃，在孩童时就对农作物非常感兴趣，长大后更是常常到田野中研究农作物的生长习性和规律，凡是适宜种五谷的，春天就去播种（稼），秋天再去收割（穑）。百姓们纷纷效仿他。帝尧听说这件事后，就任命他为后稷（即农官）。他上任后，积极引导人们适应时令，播种各种农作物，教民稼穑，不遗余力，极大地促进了原始农业的发展，最后累死在山上。至今，在青海省河湟一带，关于后稷教民稼穑的许多传说，仍绵延不绝。境内的庙宇等，庙里的许多壁画，真实地展现了后稷教民稼穑、发展原始农业的动人场景，令人倍生敬仰之情。

在我国古代传说中，"作结绳以为网罟、以佃以渔、教民以猎"的祖先是"包牺氏"；在我国古代传说中，"钻燧取火，以化腥臊""教民以渔"的祖先是"燧人氏"。在我国古代传说中，"构木为巢，以避群害""昼拾橡栗，夜栖树上"的祖先是"有巢氏"；中国是世界上最早养蚕缫丝织绸的国家，并且在相当长的时间内独领风骚。

位于湖北省京山市屈家岭村的屈家岭文化遗址，是屈家岭文化的发现地和命名地，是我国长江中游地区发现最早最具代表性的新石器时代大型聚落遗址，距今5 300～4 500年。屈家岭遗址还是长江中游史前稻作遗存的首次发现地，是中国农耕文化发祥地之一，农耕文化内涵极为丰富。屈家岭遗址的发现，表明这里是长江中游农耕文明的发祥地，其丰富的文化内涵说明长江流域同黄河流域一样也是中华文明的重要摇篮，对于研究我国原始人类聚落的起源与发展，研究中华文明的起源与发展都具有十分重要的意义。

中国本土作物的原始分布格局是南稻北粟。中国是世界公认的栽培大豆的起源地，现今世界各地栽培的大豆，都是直接或间接从我国引进的，这些国家对大豆的称呼，几乎都保留了我国大豆古名"菽"的语音。

从世界范围看，农业起源中心主要有三个：西南亚、中南美洲和东亚，东亚中主要是中国。经过分析比较发现，中国原始农业具有与世界其他地区明显的不同的特点。

沈那遗址坐落在青海省西宁市城北区小桥村北，是距今约 3 500 年前的古羌人聚居的村落，是远古人类从新石器时代向青铜时代过渡的一种文化遗存。该遗址以齐家文化居住遗存为主，还有少量的马家窑文化马家窑类型、半山类型和卡约文化遗存。从考古发掘表明，沈那遗址是西宁盆地最早的具有"城防"概念的聚落遗址，距今 4 000 年前的一处具有一定人口规模的中心氏族聚落，那时我们的先民们，就已经有了房屋布局和格局的理念。受生产工具以及客观条件的限制，当时的房屋大多为地穴式或者半地穴式。因此，房屋免不了遭受潮湿的影响，但是，当时的人们早就有了防潮的理念。是我国迄今发现面积较大，文化层堆积较厚，文化内涵相当丰富、保存现状较好的多种文化并存地点之一。沈那先民在这里以农业和畜牧业两种生产生活方式。塞伊玛——图尔宾诺式阔叶倒钩铜矛的出土更是具有划时代的历史意义，证明早在 4 000 年前河湟流域与欧亚草原的接触，开启了东西方文化交流的序幕。沈那遗址是西宁盆地的中心聚落遗址，也是早期东西方文化交流廊道上的一个枢纽和早期冶金术东传的重要节点。具有极高的历史、科学价值。沈那遗址的发掘让人们看到了先民们氏族聚落生活繁衍的历史，挖掘出植根于千年历史的文化自信，丰富了西宁文化，也为沈那遗址保护利用奠定了基础，发挥了文物工作在融入城市文明建设、彰显城市魅力、满足人们文化诉求等方面不可替代的社会作用。

农业最早是在中原地区兴起来的。中原农耕文化包含了众多特色耕作技术、科学发明。裴李岗文化有关遗存中出土了不少农业生产工具，为早期农耕文化的发展提供了实物证据，尤其是琢磨精制的石磨盘棒，成为我国所发现的最早的粮食加工工具。三皇之首的伏羲教人们"作网"，开启了渔猎经济时代；炎帝号称"神农氏"，教人们播种收获，开创了农业时代。大禹采用疏导的办法治水，推进了我国水利事业的发展，也促进了数学、测绘、交通等相关技术的进步。战国时期，秦国在韩国人郑国的主持修建的"郑国渠"，极大地改善了关中地区的农业生产条件。随着民族的融合特别是中原人的南迁，先进的农业技术与理念传播到南方，促进了中国古代农业水平的提高。可以说，中国农业的起源与发展、农业技术的发明与创造、农业的制度与理念，均与河南省密切相关。在我国辽阔的土地上，已发现了成千上万处新石器时代原始农业的遗址，最早的当在一万年以前。考古证明，距今五六千年前，在我国的黄河流域、长江流域等诸多区域就有了相当发达的农耕文明。在漫长的传统农业经济社会里，我们的祖先用他们的勤劳和智慧，创造了灿烂的农耕文化。光辉灿烂的农耕文化，不但决定了中华民族历史的进程，书写了中国人的伟大与自豪，今天仍然渗透在我们的生活中，特别是乡村社会生活的各个方面。但是，农耕文化一直受到工业化和城市化的冲击，在当今全球化的浪潮中，更面临着传统文化中断和特征丧失的威胁。因此，深入挖掘农耕文化的内涵及其当代价值，保护、传承和利用农耕文化，具有十分深远的历史意义和现实重要意义。

二、原始农耕文化的典型代表

（一）河姆渡文化

浙江省宁波市余姚市河姆渡遗址河姆渡原始居民创造了长江流域农耕经济的典型——长江流域的河姆渡文明，原始居民定居或半定居生活，干栏式房屋，这里属于长江流域气候湿润，种植水稻；距今约六千年，以水稻种植为主的水田农业，虽使用磨制石器，但主要用骨耜翻地耕种。

河姆渡文化是指中国长江流域下游以南地区古老而多姿的新石器时代文化，黑陶是河姆渡陶器的一大特色；在建筑方面，遗址中发现大量"干栏式房屋"的遗迹。1973 年，第一次发现于浙江省宁波市余姚的河姆渡镇，因而命名。它主要分布在杭州湾南岸的宁绍平原及舟山岛。它是新石器时代母系氏族公社时期的氏族村落遗址，反映了距今约七千年前长江下游流域氏族的情况。我国上古时代传说中的"有巢氏"部落其实就是居住在宁绍平原的古越族——河姆渡人的一支。有巢氏是中国古代传说中"构木为巢"的巢居发明者；而这正是对宁绍平原河姆渡人"干栏式房屋"的映射与形容。有巢氏，尊号"巢皇""大巢氏"，中国上古时期部落首领，公元前 4964—前 4464 年在位。相传为燧人氏之父、伏羲氏与女娲氏的祖父。曾率领其部落人民以宁绍平原为起点两度迁徙；先后到达今浙江省杭嘉湖平原与今安徽省巢湖流域，并在良渚古城登基成为良渚古国的最后一代君主；后期又在今山东省琅琊古城（位于今山东省青岛市黄岛区）建立了陪都。而后又在今巢湖一带建立了古巢国，定都凌家滩古城（今安徽省凌家滩遗址）。河姆渡文化因有巢氏先民的迁徙而加速与外界文化的融合与发展，与浙江省良渚文化、安徽省凌家滩文化广泛交融；共同构成了有巢氏先民赖以生存的社会文化背景。河姆渡文化的骨器制作比较进步，有耜、鱼镖、镞、哨、匕、锥、锯形器等器物，精心磨制而成，一些有柄骨匕、骨笄上雕刻花纹或双头连体鸟纹图案，就像是精美绝伦的实用工艺品。在众多的出土文物中，最重要的是发现了大量人工栽培的稻谷，这是目前世界上最古老、最丰富的稻作文化遗址。它的发现，改变了中国栽培水稻从印度引进的传统传说。

（二）半坡遗址（又称半坡文化、先陶文化）

位于陕西省西安市的半坡遗址于 1953 年春被发现。该遗址揭示了典型的新石器时代仰韶文化母系氏族聚落的社会组织、生产生活、经济形态、婚姻状况、风俗习惯、文化艺术等丰富的文化内涵。

半坡原始居民半地穴式房屋，创造了黄河流域的半坡文明，距今约五千年，这里属于黄河中下游地区，气候温暖、土地肥沃种植粟、黍，饲养家畜；黄河流域农耕经济的典型——以粟种植为主的旱地农业，普遍使用磨制石器，特别是广泛用于农业生产中；距今四五千年的大汶口文化是原始社会晚期的典型。当时，由于社会生产力的发展，出现了私有财产和贫富分化，产生了阶级。陕西地区开始进入新石器时代。到目前为止，陕西省发现最早的新石器时代的先民是沙苑人，他们居住在大荔沙苑一带。由于这一时期他们还没有发明陶器，所以，这一类文化也称为先陶文化。半坡遗址虽然属于仰韶文化类型，但与仰韶遗址所发现的文化又有所不同，因而，被命名为仰韶文化半坡类型。晚期遗存相对较少，称为半坡晚期类型。与半坡遗址几乎同时发现的河南省陕县庙底沟遗址和山西省芮城县的西王村遗址，因为各有特性而同样被命名为仰韶文化庙底沟类型和西王村类型。半坡晚期类型相当于仰韶文化西王村类型，也有少量老官台文化和庙底沟文化类型。有时也被简称为半坡文化、庙底沟文化、西王村文化等。

西安半坡遗址是中华人民共和国成立以来第一个大面积发掘的古代人类村落遗址，而且是比较完整的一处原始社会氏族聚落遗存，它所揭示的氏族聚落具体而细微的社会生活图景，是陕西省西安地区颇具代表性的文化现象。

（三）红山文化

红山文化发源于东北地区西南部，起始于五六千年前，是华夏文明最早的遗迹之一，是与中原仰韶文化同时期分布在西辽河流域的发达文明，是在发展中同中原仰韶文化交会产生的多元文化，是富有生机和创造力的优秀文化，内涵十分丰富，手工业达到了很高的阶段，形成了极具特色的陶器装饰艺术和高度发展的制玉工艺。红山文化全面反映了中国北方地区新石器时代文化特征和内涵。其后，在邻近地区发现有与赤峰红山遗址相似或相同的文化特征的诸多遗址，统称为红山文化。

红山文明化进程存在着区别于中国其他区域早期文明的重要内容，体现了中华文明起源的多元性。红山文明的发生虽然必须以红山文化内部因素为基础，但红山文化本身并未在物质文化发达和军事强大上做好准备，红山文化超越氏族组织之上的公共权力的诞生，与中国北方新石器文化的整体格局变化有着至关重要的联系，其时她要面对的不是族群内部成员的分层，也没有形成强有力的军事统帅，所以在这里可能难以找到如中原地区那样的中心遗址和城池，也难以发现如长江流域那样丰富的斧钺类武器，亦即红山文明缺乏经济或军事的基础。长期的认同造就了红山文化中不同族群间彼此的适应性，趋于一致的信仰成为他们互相依赖和共存的积极纽带，而当时已经存在的祭祀人员掌握了通神的资源和能力的事实，是红山文明在实现权力集中的道路上唯一的选择，走集中神权之路，以玉辨身份等级，以与宗教相关的体系来表述社会中世俗的等级权力，实现公共权力，最终成就了红山人在超越了单一族群血缘氏族社会基础上的地缘性公共权力的诞生，这是解读坛庙冢时期已经进入了文明的依据。

红山文化坛、庙、冢代表了已知的中国北方地区史前文化的最高水平，因而对中华文明起源史、中华古代史的研究，从四千年前提早到五千年前；把中华古代史的研究，从黄河流域扩大到燕山以北的西辽河流域。红山文化是中国北方地区的新石器时代文化，红山文化有房屋基址和窑址，同时发现有数量较多的掘土工具以及石刀、磨盘、磨棒等收割和加工谷物的工具，这表明红山文化居民大多过着定居的生活，从事以原始农业为主的生产。红山文化以辽河流域中支流西拉沐沦河、老哈河、大凌河为中心，延续时间达两千年之久。当时的居民主要从事农业生产，还饲养猪、牛、羊等家畜，兼事渔猎，属于定居方式的部落。

（四）良渚文化

良渚古城遗址位于浙江省杭州市，地处中国东南沿海长江流域天目山东麓河网纵横的平原地带，是太湖流域早期区域性国家的权力与信仰中心。2019 年 7 月 6 日将中国世界文化遗产提名项目"良渚古城遗址"列入《世界遗产名录》。良渚古城遗址展现了一个存在于中国新石器时代晚期的以稻作农业为经济支撑、并存在社会分化和统一信仰体系的早期区域性国家形态，印证了长江流域对中国文明起源的杰出贡献；代表了中国在五千多年前伟大史前稻作文明的成就，是杰出的早期城市文明代表。遗址真实地展现了新石器时代长江下游稻作文明的发展程度，揭示了良渚古城遗址作为新石器时期早期区域城市文明的全景，符合世界遗产真实性和完整性要求。

在良渚古城遗址中除了沿着城墙的河道外，在城内共发现古河道 51 条。其中以莫角山宫殿区四面河道为主河道，呈"井"字布局。良渚文化是中国长江下游地区的新时代文化。因浙江省杭州市余杭县（现在是余杭区）良渚古城遗址而得名。良渚文化居民以农业生产为主，主要作物是水稻。良渚文化是世界上最早的稻作遗址，普遍使用石犁、石镰，从一铲一锹的粗耕逐入连续耕作，是探索中国文明起源，以及实现中华五千年文明的一片"圣地"。

（五）龙山文化

龙山文化泛指中国黄河中下游地区约新石器时代晚期的一类文化遗存，属铜石并用时代文化。首次发现于山东省济南市历城县龙山镇（今属济南市章丘区）而得名。经放射性碳素断代并校正，年代为公元前 2 500—前 2 000 年（距今四千年前）。分布于黄河中下游的河南省、山东省、山西省、陕西省等地。龙山文化时期相当于文献记载的夏代之前或与夏初略有交错。龙山文化时期中原农业已由锄耕阶段进入了犁耕阶段。到了公元前 21 世纪，中原地区进入了文明社会，中原农业和农耕技术的发展也进入了新的时期。耕作方式上出现了耦耕和犁耕，并重视深耕和修苗的作用。中原先民们还在田间管理方面创造了一套独特的做法——锄地。

龙山文化是汉族先民创造的远古文明。1928 年的春天，考古学家吴金鼎在山东省济南市历城县龙山镇发现了举世闻名的城子崖遗址。在此之后，考古学家们先后对城子崖遗址进行多次发掘，取得了一批以精美的磨光黑陶为显著特征的文化遗存。根据这些发现，考古学家把这些以黑陶为主要特征的文化遗存命名为"龙山文化"。

自龙山文化遗址发现以来，考古学家分别在山东省、河南省、陕西省等地发现了这一时期的文化遗存。但因其文化面貌不尽相同，所以又分别命名为河南龙山文化、陕西龙山文化、湖北石家河文化、山西陶寺类型龙山文化，统称为龙山时代文化。这一时期文化的最显著的特征便是城址的出现。

龙山文化主要是东夷族的文化，这一文化奉行鸟图腾，龙山文化器物中大量的鸟形设计是这一崇拜的说明，鸟是凤凰崇拜的前身和附属。龙山文化遗址发现的丁公陶文是最早能够成立的文字，虽然不多，但能说明它已进入文明期。龙山文化遗址祭坛、宫殿、宗庙遗存的发现说明当时已经有国家政权的存在了。在中国古代历史上，龙山文化处于文明社会的形成时期。

（六）仰韶文化

仰韶文化是中国分布地域最大的史前文化，涉及河南省、陕西省、山西省、河北省、甘肃省、青海省、湖北省、宁夏回族自治区等。作为具有强大生命力的文化，它向外具有较强辐射力。尤其是彩陶的大范围传播，被考古学家认为是代表了史前第一次艺术浪潮，波及周边地区，达到史前艺术的高峰。仰韶文化是指黄河中游地区一种重要的新石器时代彩陶文化，其持续时间在公元前 5000—前 3000 年（距今 7 000～5 000 年），持续时间达两千年，分布在整个黄河中游从甘肃省到河南省之间。因 1921 年首次在河南省三门峡市渑池县仰韶村发现，仰韶文化作为中国新石器时代最重要的考古文化。

仰韶文化各个部落继承了前仰韶时期各种文化的传统生产方式，农业生产仍以种植粟类作物为主。粟的遗存在各重要遗址中经常发现，如西安半坡一座房子内的罐、瓮中都盛放着粟，另一座房子的小窖穴中也发现了粟壳遗存，特别是有一个窖穴中粟壳堆积达数斗之多。在重要遗址北首岭、泉护村、下孟村、王湾，也都发现了或多或少的粟壳。临潼的姜寨遗址，还发现了另一种耐旱作物黍。靠近长江北岸的河南省淅川下王岗遗址，发现了稻谷痕迹。此外，在洛阳孙旗屯、郑州林山砦、淅川下集等遗址，也都发现了粮食遗迹。上述考古表明，仰韶文化范围内的农业生产比较发达，粮食作物品种不仅是一种粟。同时，人们还掌握了蔬菜种植技术，半坡遗址的一座房子内，一个陶罐里装满了已经炭化的白菜或芥菜之类的菜籽。

仰韶文化处于原始的锄耕农业阶段，采用刀耕火种的方法和土地轮休的耕作方式，生产水平仍比较低下。早期阶段可能有尖木棒等木质工具及石铲、石锄等挖掘土地。这时的石斧大多形体厚重，横断面呈椭圆形，适于砍伐林木以开垦荒地。收割农作物则用两侧有缺口的长方形石刀和陶刀。加工粮食使用石磨盘、石磨棒和木杵、石杵等。中晚期的庙底沟、大河村类型，出现了大量舌形或心形的石铲，磨制得比较平整光滑。在临汝大张村、郑州大河村等遗址，还出土一种大型、通体磨光的长条形石铲或有肩石铲。这一时期收割谷穗改用磨光的长方形石刀，有的还带穿孔。这些工具都比早期的半坡类型有所进步，生产效率也因此得到提高。家畜饲养业比新石器时代早期也有一定进步，饲养的家畜有猪、狗和羊，马的骨头也有少量。鸡骨较多，可能已经驯化为家禽了。

仰韶文化和龙山文化分别代表中国新石器时代的两大阶段，它们都是相对发达的新石器时代的文化类型，代表了人类发展的早晚文化时期。仰韶文化早于龙山文化，仰韶文化代表的是以女性为主导的母系氏族社会，龙山文化则代表的是以男性为主导的父系氏族社会，而由于考古学的需要它们被确立为代表性类型。

（七）屈家岭文化

发现于湖北省京山市屈家岭村的屈家岭文化遗址，是"屈家岭文化"的发现地和命名地，是我国长江中游地区发现最早最具代表性的新石器时代大型聚落遗址，距今5 300～4 500年。屈家岭遗址还是长江中游史前稻作遗存的首次发现地，是中国农耕文化发祥地之一，农耕文化内涵极为丰富。屈家岭遗址的发现，表明这里是长江中游农耕文明的发祥地，其丰富的文化内涵说明长江流域同黄河流域一样也是中华文明的重要摇篮，对于研究我国原始人类聚落的起源与发展，研究中华文明的起源与发展都具有十分重要的意义。

（八）大溪文化

其分布东起鄂中南，西至川东，南抵洞庭湖北岸，北达汉水中游沿岸，主要集中在长江中游西段的两岸地区。大溪文化遗址是属母系氏族晚期至父系氏族萌芽的时期，是五千年中华文明史的象征之一。位于三峡库区巫山县境内的遗址，是中国大溪文化最早的发现地，也是大溪文化的命名地。据放射性碳素断代并经校正的年代，大溪文化大约出现在公元前4400—前3300年。大溪文化的发现，揭示了长江中游的一种以红陶为主并含彩陶的地区性文化遗存。

大溪文化是分布于中国长江中游地区的新石器时代文化。因重庆市巫山县大溪遗址而得名。大溪文化的陶瓷以红陶为主，普遍涂红衣有些因扣烧而外表为红色，器内为灰、黑。

（九）喇家遗址

发现于青海省民和县官亭镇喇家村，喇家遗址地处民和三川地区，黄河北岸地势开阔，气候湿润，是土族主要聚居地。喇家遗址是一处新石器时代的大型聚落遗址，被称为"东方庞贝"。遗址内分布着庙底沟时期、马家窑文化、齐家文化到辛店文化等多种类型的史前时期与青铜时代的古文化遗址。遗址出土了陶、石、玉器成品及半成品、玉料等。喇家遗址的一个重要收获是发现了结构相当完整的窑洞式建筑遗迹，明确了窑洞式建筑应当是齐家文化的主要建筑形式这一长期困扰学术界的问题。而且对于黄土地带窑洞式建筑的发展历史和聚落类型的研究具有非常重要的意义。青海省考古学家已还原出其集市、祭祀场所等。黄河上游是中华文明的重要源头之一，齐家文化是这一地区文明发展的关键阶段。对研究西北地区先民的居住环境、玉文化的发展、四千年前中国的灾难现象和探讨史前文明历程均具有重要价值。2002 年当时发掘中 20 号房址时，红陶碗出土倒扣于地面上，碗里积满了泥土，在揭开陶碗时，发现碗里原来存有遗物，直观看来，像面条状的食物。但是已经风化，只有像蝉翼一样薄薄的表皮尚存，不过面条的卷曲缠绕的原状还依然保持着一定形态。面条全部附着在后来渗进陶碗里的泥土之上，泥土使陶碗密封起来，陶碗倒扣，因此有条件保存下来。经过分析鉴定后发现面条的大量成分是粟，还有少量的黍，将这两种粮食磨成粉，用水调和，挤压的方式而成。并且在陶碗的泥土里发现了肉和调料的成分，据有关专家的鉴定分析是粟做成的面条，距今四千年，这就是我们震惊世界的"中华第一碗面"。这是迄今最早的面条遗存，说明那时已经有了对美味的追求。这一时期已有发达的制陶、制石、制骨等手工业，更有制作精美玉器的作坊。玉料的来源除附近的玉矿外，更有来自遥远的祁连玉、昆仑玉、和田羊脂玉等，丝绸之路的商贸活动就已经很发达了。

（十）马家窑文化

马家窑文化是中国黄河上游地区新石器时代晚期的文化，因甘肃省临洮县马家窑遗址而得名。马家窑文化的居民以经营原始的旱地农业为主，种植粟和黍。马家窑文化出现于距今五千七百多年的新石器时代晚期，历经了一千多年的发展，有石岭下、马家窑、半山、马厂等四个类型。是仰韶文化庙底沟类型向西发展的一种地方类型，曾经称甘肃仰韶文化。考古认为人口压力、农业经济与狩猎、采集经济的结合是马家窑文化从仰韶文化中分化出去的主要原因。文化群体的居民以经营旱地农业为主，大田作物主要种植粟和黍。这两种谷物的遗存曾分别发现于甘肃省东乡林家遗址的窖穴和兰州青岗岔的房址中。

第三节 与农耕文化相关的典籍

一、典籍里的农耕文化

"惟殷先人，有册有典"，中华文化孕育了中国精神、中国智慧；上下五千年农业文明史，祖先一直在记录我们的历史，讲述我们的故事。每一部中国古农书、古医书典籍都凝聚着前人的心血和智慧，人们世代守护，薪火相传，让精神的血脉绵延至今。读典籍里的农耕文化，与先贤对话。方知"为方万里中，何事何物不可闻"，农耕文化的博大精深，知道我们的生命缘起何处，知道我们的脚步迈向何方。以新的方式读懂典籍，让古籍里的文字活起来。从典籍古书里去领悟《中华文化》，从《中华农耕文化》中汲取中华民族漫长奋斗积累的文化养分，从经典中去感悟《中国精神》《中国智慧》《中国力量》。

中华农耕文明，因地域多样性、民族多元性、社会乡土性而异彩纷呈。中华文明以农而立其根基，因农而成其久远。在农耕文明的演进历程中，耕读相协的文化孕育了众多农学家，他们不断总结生产经验，汲取先民智慧，传承行知思想，留下了卷帙浩繁的生态农业典籍。这些农耕文化典籍积淀了精深的农耕文化与哲理思想，承载着厚重的文化底蕴，是中华文明的重要物质载体，也是世界农耕文明史上的宝贵财富。

在古代，这些农耕典籍对指导先民农业生产和农民生活、促进各朝各代农耕文明的进步与发展功不可没。从典籍的农耕文化里追思农业的繁衍与进步，了解中国农耕文明的行知思想，作为一万年农耕文明的宝贵遗产，中国农学典籍的价值不会因时代的变迁而被湮没，反而历久弥新，浩瀚典籍中的农耕文明和哲学思想至今仍具有强大的生命力，以其科学性、思想性、审美性和学术性而焕发出新的生机。

重拾典籍，保护、传承和利用好传统的农耕文化、人文精神与和谐理念，不仅在维系生物多样性、改善和保护生态环境、保障食品安全、促进资源持续利用、传承民族文化、保护独特景观、推动乡村旅游方面具有重要价值，而且对保持和传承民族特色、地方特色、传统特色，丰富文化生活与促进社会和谐等方面发挥着十分重要的基础作用。

典籍里的农耕就是观象、授时、种地。农耕文明的起源从种到养，逐渐在农耕文明发展中，总结出适时种、应季管、适时收、应季藏、应时品、应时应品应体而养。从农耕种、管、收的自然气候变化中形成最早的七十二候。五天一候，一年三百六十五天为七十二候，为与二十四节气对应，规定三候为一节气，每一候均以一种物候现象作相应，叫"候应"。

中国古农书、古医书典籍中有很多丰富的物候知识。先民把观察物候现象与环境条件，更多的是气候年周期变化间相互关系的科学，作为农耕的主要耕作经验。七十二候，二十四物候现象包括：各种植物的发芽、展叶、开花、结实、叶变色、落叶等；候鸟、昆虫的飞来、初鸣、终鸣、离去、冬眠等；一些水文气象现象，例如，初霜、终霜、结冰、消融、初雪、终雪等。农耕典籍中的物候经验，后人把它总结为农业"物候学"。农业物候学是研究自然界植物和动物的季节性现象同环境的周期性变化之间的相互关系的科学，它主要通过观测和记录一年中植物的生长荣枯，动物的迁徙繁殖和环境的变化等，比较其时空分布的差异，探索动植物发育和活动过程的周期性规律及其对周围环境条件的依赖关系，进而了解气候的变化规律及其对动植物生长的影响。

二、中国古代重要农书

中国古代劳动人民积累了数千年的耕作经验，留下了丰富的中国农学著作。先秦诸书中多含有农学篇章，《氾胜之书》一般认为是我国最早的一部农书；《齐民要术》堪称中国古代农业百科全书，是中国现存的第一部完整的农书；《陈旉农书》是我国第一部反映南方水田农事专著；《王祯农书》是一部对整个农业进行系统研究的巨著，特别是在介绍农业生产工具方面具有特色；《农政全书》贯穿着治国治民的"农政"基本思想；《天工开物》是世界上第一部关于农业和手工业生产的综合性著作；《救荒本草》是我国历史最早的一部以救荒为宗旨的农学、植物学专著。

（一）《氾胜之书》

《氾胜之书》是西汉晚期氾胜之汇录的一部重要农学著作，一般被认为是中国现存最早的一部农学科学著作。《汉书·艺文志》著录作《氾胜之·十八篇》,《氾胜之书》是后世的通称。氾胜之，生卒年不详，大约生活在公元前1世纪的西汉末期。氾胜之是氾水（今山东曹县北）人，著名古代农学家。书中编成黄河中游地区耕作原则、作物栽培技术和种子选育等农业生产知识，反映了当时劳动人民的伟大创造。《氾胜之书》积累了数千年的耕作经验，留下了丰富的农学著作。先秦诸书中多含有农学篇章，该书是他编成西汉黄河流域的农业生产经验和操作技术的总结，这本书系统地介绍了北方旱地耕作技术和作物栽培技术，主要内容包括耕作的基本原则、播种日期的选择、种子处理、个别作物的栽培、收获、留种和贮藏技术、区种法等。记载作物有禾、黍、麦、稻、稗、大豆、小豆、枲、麻、瓜、瓠、芋、桑等13种。并且水稻还不算主要作物，在衣物方面，以麻和桑为主。区种法（即区田法）在该书中占有重要地位。此外，书中提到的溲种法、耕田法、种麦法、种瓜法、种瓠法、穗选法、调节稻田水温法、桑苗截干法等选种和育种方法，从而奠定了传统农书中作物栽培总论和分论的基础。

《氾胜之书》中的农学思想，是对汉朝关中平原灌区的农业经验和理论的系统总结，是中国古代先民集体智慧的结晶；他说："神农之教，虽有石城汤池，带甲百万，而又无粟者，弗能守也。夫谷帛实天下之命。"把粮食布帛看作国计民生的命脉，是当时一些进步思想家的共识；《氾胜之书》的特点是把推广先进的农业科学技术作为发展农业生产的重要途径。

（二）《齐民要术》

《齐民要术》是北魏时期的中国杰出农学家贾思勰所著的一部综合性农书，也是世界农学史上最早的专著之一，是中国现存的最完整的农书，全书十卷九十二篇，共十一万多字，系统地总结了6世纪以前黄河中下游地区劳动人民农牧业生产经验、食品的加工与贮藏、野生植物的利用以及治荒的方法，详细介绍了季节、气候和不同土壤与不同农作物的关系，既反映了当时中国农业的先进水平，也对推动后世农业科学和农业生产发展奠定了基础。被誉为"中国古代农业百科全书"书名中的"齐民"，指平民百姓。"要术"指谋生方法。《齐民要术》大约成书于北魏末年（公元533—544年）。

《齐民要术》中详尽探讨了抗旱保墒的问题。另外，他还论证了如何恢复、提高土壤肥力的办法，主要是轮换作物品种，并出现了绿色植物的栽培及轮作套种的方式，明确提出从事农业生产的原则应该是因时、因地、因作物品种而异，不能整齐划一。《齐民要术》提出了选育良种的重要性以及生物和环境的相互关系问题。贾思勰认为种子的优劣对作物的产量和质量有举足轻重的作用。以谷类为例，书中共搜集谷类80多个品种，并按照成熟期、株高、产量、质量、抗逆性等特性进行分析比较，同时说明了如何保持种子纯正、防止混杂，种子播种前应做哪些工作，以期播种下去的种子能够发育完好，形成壮苗。记述了养牛、养马、养鸡、养鹅等的方法，如何使用畜力、饲养家畜等，还提出了如何进行牲畜繁殖技术，雌雄配对的方法。书中又记载了兽医处方48例，涉及外科、内科、传染病、寄生虫病等，提出了及早发现、及早预防、发现后迅速隔离、讲究卫生并配合积极治疗的防病治病措施；阐述了酒、醋、酱、糖等的制作工艺过程及食品保存等。它所记载的蔬菜贮藏技术在中国北方仍被使用。

书中记载了许多关于植物生长发育和有关农业技术的观察资料。例如，种椒第四十三中讲述了椒的移栽，说椒不耐寒，属于温暖季节作物，冬天时要把它包起来；又如，种梨第三十七中说梨的嫁接用根蒂小枝，树形可喜，五年方结子，鸠脚老枝，三年既结子而树丑。书中还有许多类似记载材料，其中，最为可贵的是栽树第三十二中所述果树开花期于园中堆置乱草、生粪、温烟防霜的经验。书中认为下雨晴后，若北风凄冷，则那天晚上一定有霜，根据这一方法，人们可以预防作物被冻坏，从而避免农业损失。另外还可采用放火生烟，从而可以防霜。

《齐民要术》中很重视对农业生产、科学技术与经济效益的综合分析，描述了多种经营的可行性，使农民的收入有所增加。所以，中国古代流传至今的300多种农书，一直是以规模大、范围广、学术水平较高的《齐民要术》为代表的大型综合性农书为主干，《齐民要术》是现代人的心目中最有知名度的农业指南，因此，写入我国中学历史教科书中，因该书籍通俗易懂、更为贴近农民的日常生产和生活。

（三）《陈旉农书》

陈旉（1076—？）宋朝隐士、农学家，史书无传，于南宋绍兴十九年（公元1149年）74岁时写成《陈旉农书》，经地方官吏先后刊印传播。明朝收入《永乐大典》，清朝收入多种丛书。18世纪时传入日本。

《陈旉农书》全书3卷，22篇，共1.2万余字。上卷论述农田经营管理和水稻栽培、是全书重点所在，中卷叙说养牛和牛医，下卷阐述栽桑和养蚕。陈旉以前的农书，多为北方黄河流域一带的农业经验总结，被认为是我国现存宋朝最早总结记载江南地区水稻栽培技术的综合性农书、主要反映南方水田农事的专著。特别强调掌握天时地利对于农业生产的重要性，指出耕稼是"盗天地之时利"，具有与自然作斗争的精神；提出"法可以为常，而幸不可以为常"的观点，认为法就是自然规律，幸是侥幸、偶然，不认识和掌握自然规律，"未有能得者"。

《陈旉农书》在一系列农耕措施中，都有超越前人的新观点。该书提出的"地力常新壮"论，就是对中国古代农学史上土壤改良经验的高度概括。他在"粪田之宜篇"中说，尽管土壤种类不一，肥力高低，但都可改良；认为前人所说的"田土种三五年，其力已乏"之说并不正确，主张"若能时加新沃之土壤，以粪治之，则益精熟肥美，其力当常新壮矣"。书中对开辟肥源、合理施肥和注重追肥等措施，都有精辟见解。在"耕耨之宜篇"中论述当时南方的稻田有早稻田、晚稻田、山区冷水田和平原稻田四种类型，分别阐述了整地和耕作的要领；在"薅耘之宜篇"中讲到稻作中耘田和晒田的技术要求、强调水稻培育壮秧的重要性等，都是中国精耕细作传统的继承和发展。

上卷共有十四篇，占了全书的三分之二，主要讲述水稻的种植技术。光是整地，书中对高田、下田、坡地、葑田、湖田与早田、晚田等不同类型田地的整治都有具体的记载。其中，对高田的记载尤为详细。在坡塘的堤上可种桑，塘里可养鱼，水可灌田，实现农、渔、副共同发展、综合经营，形成了现代生态农业的雏形，书中十分强调传统的"因地之宜"，但又显现出较强的进取性与能动性。特别是对一些衰田，书中更注重的是改造。在水稻育秧技术上，书中确立了适时、选田、施肥、管理四大要点。书中对中耕非常重视，特别指出即使没有草也要耘田。书中对"烤田"技术的阐述比《齐民要求》更为详细和先进。中卷是讲述水牛的饲养管理、疾病防治。下卷是讲述植桑种麻，其中特别推荐桑麻的套种，把蚕桑作为农书中的一个重点问题来处理，也是这本书的首创。

这两卷的篇幅较小，内容不如上卷丰富。种莳之事，各有攸叙。能知时宜，不违先后之序，则相继以生成，相资以利用，种无虚日，收无虚月。一岁所资，绵绵相继，尚何匮乏之足患，冻馁之足忧哉。此外，本书是现存古农书中第一次用专篇来系统讨论耕牛的问题；反映了中国古代农业科学技术到宋朝达到了新的水平。由于作者对黄河流域一带北方农业生产并不熟悉，因而把《齐民要术》等农书讥为"空言""迂疏不适用"，则是他思想和实践局限性的反映。

《陈旉农书》是我国古代第一部反映水稻栽培种植方法、体系完整，见解精辟。陈旉自耕自种，同时因作者亲自务农而具有理论和实践上的特色。

《陈旉农书》中的"宜"和"法"其实就是在生产、生活中无论是利用自然还是改造自然能够张弛有度，"宜"所包含的是"因地制宜、因时制宜和中庸之道"的三个意思；从事农业活动必须掌握适宜的天时地利时机，这样从播种到收获都会称心如意。种植水稻时秧田的水需要深浅适宜，若水太浅了土壤表皮容易坚硬，太深了水就会淹没秧心导致其萎黄。肥料是好东西但是不能施用过多的肥料，否则就会影响农作物的收成。同时对肥料的选择留有余地，如"若不得已而用大粪，必先以火粪窖罨乃可用"，芝麻收获之后需要堆罨一定时间，但是"久罨则油暗"。日常生活要求"俾奢不致过泰，俭不致过陋。"使用牛的时候应该"养牧得宜"注意"勿使太劳"否则容易生病。浴蚕种时"水不可冷，亦不可热，但如人体斯可矣，以辟其不详。""法"所包含的土地规划及用地之法；开辟肥源、施用肥料之法；种桑养蚕之法；养牛役牛及治病之法；水稻种植之法。所讲述的役牛、养蚕的方法要求适度不能超过一定的"度"。例如，役牛的时候要知道在牛的体力所承受的范围之内，养蚕的数量不能超过自家桑叶的承载量。这种"宜"和"法"达到的是人、物、自然融为一体，是典型的环境友好型的农业活动方式，这种思想对于解决现代农业生产、发展的过程中存在诸多问题，丧失了传统大农业的"宜"和"法"，而《陈旉农书》的"宜"和"法"理念对有机农业、生态农业、绿色农业可持续发展，仍然具有启发意义。

（四）《王祯农书》

元朝王祯的《农书》，作者总结中国农业生产经验、一部在全国范围内对整个农业进行系统研究的巨著。元朝在我国农学史上留下了三部比较出色的农学著作。一是元朝初年司农司编纂的综合性农书《农桑辑要》《王祯农书》以及元朝杰出的维吾尔族农学家，高昌人，鲁明善所撰《农桑衣食撮要》。尤以《王祯农书》影响最大，全书共三十六卷，本成书于元仁宗皇庆二年（公元1313年），明朝初期被编入《永乐大典》。

《王祯农书》首次将农具列为综合性整体农书的重要组成部分，也是本书一大特点。我国传统农具，到宋、元时期已发展到成熟阶段，种类齐全，形制多样。宋朝已出现了较全面论述农具的专书，如曾之瑾所撰的《农器谱》三卷，又续二卷。可惜该书已亡佚。《王祯农书》可分为三个部分"农桑通诀""百谷谱""农器图谱"，其中的"农器图谱"在数量上是空前的。《氾胜之书》中提到的农具只有10多种，《齐民要术》谈到的农具也只有30多种，而《王祯农书》中"农器图谱"收录的却有100多种，绘图306幅。在做这部分工作时，王祯花费精力最多，不仅搜集和形象地描绘记载了当时通行的农具，还将古代已失传的农具经过考订研究后，绘出了复原图。

"授时指掌活法之图"和"全国农业情况图"也是《王祯农书》的首创。后图的原图已佚失，无法知其原貌。书中看到的一幅是后人补画的。"授时指掌活法之图"是对历法和授时问题所作的简明小结。该图以平面上同一个轴的八重转盘，从内向外，分别代表北斗星斗杓的指向、天干、地支、四季、十二个月、二十四节气、七十二候，以及各物候所指示的应该进行的农事活动。把星躔、季节、物候、农业生产程序灵活而紧凑地联成一体。这种把"农家月令"的主要内容集中总结在一个小图中，具有明确、经济、使用方便的特色，不能不说是一个令人叹赏的绝妙构思。《王祯农书》附录中的"造活字印书法"是王祯把请工匠刻制的3万多个木活字，以及自己发明的可减少排字工人的疲劳与提高效率的转轮排字盘。

《王祯农书》在我国古代农学遗产中占有重要地位，它兼论北方农业技术和南方农业技术。王祯是山东人，在安徽、江西两省做过地方官，又到过江、浙一带，所到之处，常常深入农村进行实地观察。因此，《王祯农书》里无论是记述耕作技术，还是农具的使用，或是栽桑养蚕，总是时时顾及南北的差别，致意于其间的相互交流。如垦耕，书中就详述了南北的特点，并说："自北至南，习俗不同，曰垦曰耕，作事亦异。"而《王祯农书》中的"农桑通诀"则相当于农业总论，首先，对农业、牛耕、养蚕的历史渊源作了概述；其次，以"授时""地利"两篇来论述农业生产根本关键所在的时宜、地宜问题；再次，就是以从"垦耕"到"收获"等七篇来论述开垦、土壤、耕种、施肥、水利灌溉、田间管理和收获等农业操作的共同基本原则和措施。"百谷谱"很像栽培各论，先将农作物分成若干属（类），然后一一列举各属（类）的具体作物。分类虽不尽科学，更不能与现代分类相比，但已具有农作物分类学的雏形，比起《齐民要术》尚无明确的分类要进步。"农器图谱"是全书重点所在，插图306幅，计20集，分为 20 门，261 目。另外，在"农桑通诀""百谷谱"和"农器图谱"三大部分之间，也相互照顾和注意各部分的内部联系。"百谷谱"论述各个作物的生产程序时就很注意它们之间的内在联系。"农器图谱"介绍农器的历史形制以及在生产中的作用和效率时，又常常涉及"农桑通诀"和"百谷谱"。同时根据南北地区和条件的不同，而区别对待。

《王祯农书》中对麻、苎、禾、黍、穈麦等作物，从播种至收获的方法，都逐一加以指导；还画出"钱、镈（镈）（bó，古代一种锄类农具）、耰、耧、耙、耦"各种农具的图形，让老百姓仿造试制使用。他又"以身率先于下""亲执末耜，躬务农桑"。王祯把教民耕织、种植、养畜所积累的丰富经验，加上搜集到的前人有关著作资料，编撰成书后世称为《王祯农书》。

（五）《农政全书》

徐光启（1562—1633 年），明末杰出的科学家。《农政全书》系在对前人的农书和有关农业文献进行系统摘编译述的基础上，加上自己的研究成果和心得体会并吸收了西方科学技术编著而成的。全书征引的文献就有 225 种之多，可谓是"杂采众家"。全书 60 卷，12 个大目，50 余万字。前三卷讲"农本"，记述了历代有关农业生产、农业政策等。接下来的"田制"，包括了徐光启对古代土地制度研究的心得和古代农学家关于田制的论述。在"农事"目中，收集了我国古代各种耕作方法以及有关农业与季节、气候的知识。"农器"目用图录形式介绍了农业耕作和产品加工的工具。还用图谱介绍了灌溉工程和水利机械，并介绍了西洋水利法。最后的"荒政"目，则详细考察了历代救荒政策和措施，总结了劳动人民向自然灾害做斗争的经验；还考察了如何利用野生植物的问题。

《农政全书》按内容大致可分为农政措施和农业技术。前者是全书的纲，后者是实现纲领的技术措施。所以，在书中人们可以看到开垦、水利、荒政等一些不同寻常的内容，并且占了将近一半的篇幅，这是其他的大型农书所鲜见的。《农政全书》中，"荒政"作为一目，有 18 卷之多，为全书 12 目之冠。饥荒年间哪些可以果腹都记录得一清二楚。并且在各种灾害的赈灾方式及灾后治理，都有着独特的记录，说它是农业指南，不如说它是一部民众生存指南。目中对历代备荒的议论、政策作了综述，水旱虫灾作了统计，救灾措施及其利弊作了分析，最后，附草木野菜可资充饥的植物414 种。

总之，《农政全书》就是推广型的书籍，除了农还有政，以及各地的作物，集中了我国古代农书的精华，总结和发展了历代劳动人民的生产技术和经验，详细记录了中国的农具、土壤、水利、施肥、选种、嫁接等农业知识与技术，注入了徐光启毕生研究的心血和见解，因此，被誉为是世界上最有价值的古代农业百科全书之一。《农政全书》的主导思想是"富国必以本业"，其"农本"思想仍有其合理因素，可用于当前的农业生产，不但符合泱泱农业大国既往之历史，而且未必无补于今时。如今，农村、农业、农民"三农"问题仍然是国家决策的重要内容，关系到人民切身利益、社会安定和国家发展的重大问题。

（六）《天工开物》

《天工开物》由明朝著名科学家宋应星初刊于1637年（明崇祯十年1637年是农历丁丑年），共三卷十八篇，全书收录了农业、手工业，诸如机械、砖瓦、陶瓷、硫黄、烛、纸、兵器、火药、纺织、染色、制盐、采煤、榨油等生产技术。强调人类要和自然相协调、人力要与自然力相配合。《天工开物》是中国生产技术史上之重要的著作，是中国科技史料中保留最为丰富的一部，它更多地着眼于手工业，反映了中国明朝末年资本主义萌芽时期的生产状况。

《天工开物》全书详细叙述了各种农作物和手工业原料的种类、产地、生产技术和工艺装备，以及一些生产管理经验。上卷记载了谷物豆麻的栽培和加工方法，蚕丝棉苎的纺织和染色技术，以及制盐、制糖工艺。中卷内容包括砖瓦、陶瓷的制作，车船的建造，金属的铸锻，煤炭、石灰、硫黄、白矾的开采和烧制，以及榨油、造纸方法等。下卷记述了金属矿物的开采和冶炼，兵器的制造，颜料、酒曲的生产，以及珠玉的采集加工等。

《天工开物》中分散体现了中国古代物理知识，最典型的古代机械有桔槔、辘轳、翻车、筒车、戽斗等提水机械，还有船舵、灌钢、泥型铸釜、失蜡浇铸法（失蜡法）、排出煤矿瓦斯方法、盐井中的吸卤器（唧筒）、熔融、提取法等中都有许多力学、热学等物理知识。在《五金》篇中明确指出锌是一种新金属，并且首次记载了它的冶炼方法。

《天工开物》中记录了农民培育水稻、大麦新品种的事例，研究了土壤、气候、栽培方法对作物品种变化的影响，又注意到不同品种蚕蛾杂交引起变异的情况，说明通过人为的努力，可以改变动植物的品种特性，得出了"土脉历时代而异，种性随水土而分"的科学见解。

《天工开物》记载了明朝中叶以前中国古代的各项技术。《天工开物》是世界上第一部关于农业和手工业生产的综合性科学技术著作，其特点是图文并茂，注重实际，重视实践，被欧洲学者称为"17世纪的工艺百科全书"。它对中国古代的各项技术进行了系统的总结，构成了一个完整的科学技术体系。对农业方面的丰富经验进行了总结，记述的许多生产技术，一直沿用到近代。例如，此书在世界上第一次记载炼锌方法；

"物种发展变异理论"比德国卡弗·沃尔弗的"种源说"早一百多年;"动物杂交培育良种"比法国比尔慈比斯雅的理论早两百多年;挖煤中的瓦斯排空、巷道支扶及化学变化的质量守恒规律等。尤其"骨灰蘸秧根""种性随水土而分"等研究成果,更是当时农业史上的重大突破。

《天工开物》主要根植于中国的固有文化传统。天工开物取自"天工人其代之"及"开物成务",体现了朴素唯物主义自然观,与当时占正统地位的理学相异。这种异端化的思想趋势,反映着一种新的社会现象和时代取向。但是,个人的思想可以有异于主流,却不能超脱于时代。古代素以农业作为重中之重,所以,宋应星的文章中也处处体现出贵五谷轻金玉的思想。

《天工开物》的内容主要是聚焦于农业和手工业,其中提到非常多的内容,是长久以来我国科技发展的总结。《天工开物》并不是某一个人的科学著作。虽然由宋应星一个人书写完成,也体现了宋应星知识渊博到令人震撼。《天工开物》蕴含了各学科知识,它是长久以来老百姓在劳动生产中发现的,也是中华民族智慧的体现之一。2020年4月,《天工开物》被教育部基础教育课程教材发展中心列入中小学生阅读指导目录(2020年版)。

(七)《救荒本草》

《救荒本草》中国明朝早期记载荒年充作代食品的植物图谱。明朝朱橚撰于永乐初,首刻于永乐四年(公元1406年),再刻于嘉靖四年(公元1525年),此后有多种重刻本和节选本。明末徐光启《农政全书》亦予转载。展示了当时经济植物分类的概况,记载、描述了当时主要分布在河南境内的野生植物414种的形态,对每种植物的根、茎、叶、花、果实等都绘有逼真插图,附以说明,详述其产地、名称、性状、性味、可食部分及食法。它是我国历史最早的一部以救荒为宗旨的农学、植物学专著,书中对植物资源的利用,加工炮制等方面也作了全面的总结,对我国植物学、农学、医药学等科学发展都有一定影响。

第四节   黄土高原的农耕文化

一、黄土高原农业

位于黄河中游的黄土高原以民风淳朴和厚重的黄土文化而闻名,是黄河流域古老农业的发祥地,因地处森林和草原过渡带而形成了亦农亦牧的生产格局。随着农耕文明演进和人类生存变迁,黄土高原地区广泛分布的畜牧业、耕作业模式相互交融、渗透、转化,在农耕、水利、畜牧、桑蚕等方面创造并传承了五千年的农耕文明奇迹,凝聚着丰富的农耕文化精髓和生态智慧，虽有一定的历史和区域局限性，仍不乏对当今农业可持续发展的重要启迪。窑洞是黄土高原特有的一种民居形式，是人类早期穴居发展演变的实物遗存，广泛分布于山西省、陕西省、甘肃省等地。窑洞一般长一两百米，极难渗水，直立性很强的黄土为窑洞提供了良好的自然条件。同时，干燥少雨、冬季寒冷、树木较少等自然地理状况也为经济实用、不需木材的窑洞营造技艺提供了发展和延续的契机。窑洞在不同自然环境、地貌特征和地方风土的影响下，形成了各种不同的样式。

黄土高原处于我国农业文化的大背景下，存在历史悠久，人群体量大，保持了相对独立、广阔的地域单元，因而它的稳定性和排他性也特别强烈。在黄土高原，人类农业从动物驯养开始，逐步发展为耕地农业。自14世纪以后，农耕文化在黄土高原才取得绝对优势并稳定发展。黄土高原的耕地农业和它所衍生的农耕文化，在我国历史上起了不可代替的作用。但在我国农业现代化和全球一体化的大趋势下，应该逐步吸纳草地农业文化内涵，使之与世界文化接轨。只有文化现代化，现代化才能有牢固的根砥。农业是一个自然与社会相结合的综合系统，既受自然因素的影响，也受民族文化因素的影响。在具有适应多种农业系统的自然背景条件下，文化因素起决定作用。像黄土高原这样的地区，既可发展耕地农业，也能发展草地农业，在这里就两者之间作出抉择，关键是农业文化的价值取向。

黄土高原农耕生产中种、采、收环节的耕作和水肥管理实践，渗透着黄土高原农耕文明中的生态智慧思想和脉络。劳作实践中，先辈们认识到种植前翻耕和春耕的重要性，通过耕作改善土壤的理化特性、提高土壤肥力状况；适时播种，选择良种，蔬菜、麦类、水稻、薯类、小杂粮等多种类的种植格局，不仅能够延续物种多样性，提高种植结构的多样性和稳定性，还可确保人类营养摄取的多样性；不同熟制作物的间作套种模式，充分利用了物种间的相互作用，极大地提高了土地利用效率；长期灌溉、中耕除草、施肥、治虫等田间生产管理过程中，人们关注作物生长及环境状况，调控环境条件，确保作物高产长势；将生活厨余垃圾、树叶、杂草、人畜粪便等，通过堆制、沤肥、发酵、腐熟等环节堆沤成有机肥料，而后施入土壤后不仅为作物生长提供所需各种养分，还可促进土壤自然肥力的保蓄和恢复；再根据土壤肥力和作物生长特点，采用底肥、追肥、深施等多种施肥方式；在田间杂草和病虫害的防治中，充分利用了物种之间相生相克的关系；为了抵御自然灾害，采用引水灌溉、引洪灌淤等措施进行管理，这无不体现古人的聪明才智。

黄土高原上的祖辈们本着"天人合一"的和谐整体自然观，春播夏耕秋收冬藏，不违农时；在尊重生命、仁爱万物的生态伦理价值观下，形成了用地、养地、休耕、套种、轮作等土地可持续利用及管理的实践模式；坡地上耕种与草地上畜牧齐肩发展，也充分体现了对生态资源取之有度、永续利用的生态循环理念。在未来发展中人类仍将长期依赖传统农业生产措施、方法，以维持生存与发展，同时将对黄土高原农耕生产实践中的生态智慧进行深度系统梳理，挖掘其价值，为人类解决目前日益严重的生态环境问题，提供借鉴、经验。

二、黄土高原农耕文化的历史渊源

黄土高原是我国四大高原之一，是世界最大的黄土沉积区，也是我国古代文明的发祥地之一。气候干旱，降水较集中，由于人们在早期乱砍滥伐，导致植被稀疏，加重了水土流失的严重。陕北是中原农耕文明与草原游牧文明的接合部，是华夏文明的发祥地之一，可以这样说，陕北也是一个非常独特的地理文化名词，具有丰富厚重的历史文化底蕴。从商朝到周朝这近千年的漫长岁月里，陕北黄土高原一直处在动荡之中，先民们在战争的一次次冲击下，不断解体，又不断组合；不断减少成员，又不断增加新的成员。在我国从商鞅"垦草"耕作，到汉朝的"辟土殖谷曰农"，黄土高原文化的基本模式已经形成。这是一种多元体文化结构，是牧、猎文化与农耕文化经过长期的融合后所产生的合成文化。在这个融合中，经济形式的多样化起着决定这种文化的性质的作用，而经济形式的多样化又源于多部族的融合。这种合成文化，既区别于华夏的农耕文化，又区别于其他游牧游猎部族的牧猎文化，因而它有自己多方面的特点。这种文化形态发展到东汉时期已经完全成熟，逐渐稳定下来，一直延续至20世纪初。

黄河不仅以她在地理方面的重要性而闻名于世，更多的，则是黄河水，哺育了中华民族生生不息的文化。她正以亘古不竭的水流和万载不息的波涛，诠释出中华民族激流勇进、不断创新的精神。陕北文化是灿烂多彩的，比如，"抓髻娃娃"是民间剪纸艺术中最为古老、夸张、朴素、喜庆的形象之一，娃娃正面站立，圆头，两肩平张，两臂下垂或上举，两腿分开，手足皆外撇。生命与繁衍之神、吉祥和幸福的象征，最突出功能是生殖繁衍，其次，才是驱鬼、辟邪、招魂等，是理智、仁德，知生知死和为死而生的精神与灵魂。反映了这块土地的妇女那种乐观向上、追求美好、争强好胜、敢作敢为的主人心态。她们心是静的，人是忙的；她们心是热的，手脚是忙的；她们头是昂的，脸带笑容，从不停下，是忙活在生活里的强者。她是母系氏族社会女性生殖崇拜的一种原始图腾文化的遗存，原型可以追溯到古代历史神话传说中的人物——女娲。

又如，"陕北大秧歌"以原始的纯朴，以自己放任不羁的动作，大起大落，舞得人仰马翻，加之锣鼓架势和场面，唢呐冲天的曲调，带动着整个正月的陕北浓情。这就是"闹秧歌"。"闹"得那黄尘飞扬腾起，那才是陕北大秧歌。这就是"心与天地同造化，万物齐一获精神"的世界，它唤醒着这片土地，彰显着生命的不屈景象和万千活力澎湃。

再如，让人动情和无限回味的，要数陕北道情和民歌了，陕北道情原名"清涧道情"，是我国北方道情剧种之一，是陕西省陕北地区的传统曲艺形式，流传于陕北清涧、延川以北各县，在清涧、延川、子长、子洲、绥德等县盛行。其中，《翻身道情》以其明快的旋律唱响大江南北，从革命年代传唱至今，成为陕北道情最为典型的代表作品之一。2008 年 6 月 7 日，陕西省延安市、清涧县联合申报的"陕北道情"经国务院批准，将其列入第二批国家级非物质文化遗产名录。

陕北的信天游，流传最广的要数《黄河船夫曲》《走西口》《赶牲灵》等。在奔涌的黄河上，黄河艄公拉开嗓子唱出："你晓得天下黄河几十几道弯哎？几十几道弯上，几十几只船哎……我晓得天下黄河九十九道弯哎，九十九道弯上，九十九只船哎……"这首曲让你看到黄河人在激流奔涌的黄河上的那种大气魄，那种大勇气和势如破竹的生存意志是黄河人的生存和生命的大无畏。信天游曲调坦率而纯情，露骨而纯粹，一种陕北风味的煽情，谁听谁都会感动和动情。天下的情歌没有哪处能比陕北情歌内容更丰富的，没有哪处有陕北人唱得细腻、滋润、爽心悦耳。这是黄河文化的积淀，也是心灵最真实的呐喊，是那山那水，贴山贴水的心底里的歌。《黄河大合唱》是中华民族精神的典型代表，是最有影响的民族气概、华夏民族的呐喊。借用黄河奔腾不息的怒涛，来反映抗日民众反抗外来入侵者的愤懑。这首歌在如火如荼的抗日年代中，起到了千军万马都无法替代的巨大作用。

陕北自古就是兵家纷争之地，在荒凉的塬、梁、峁、沟之间各个朝代兴修的古道纵横交错，烽火楼台，残垣断壁、裸露的遗迹，却引人深思，使人遐想；陕北饮食文化中带给人的怀旧和实在的味道；穿着带给人的地方色彩和得体款式；说书带给人的快乐以及那开场的激扬；牲灵带给人的灵性和与人共处的性格；还有家具摆设的文化元素都是陕北人真实的生活等。黄土高原农耕文化所赋予人们的那份坚韧和淡泊，它是这片土地上人们最敞亮的心怀。

农耕文化在黄土高原历史悠久，有其长期存在的依据，其一，有支撑农耕活动的物质基础黄土高原；其二，有相对独立的自然地理单元；其三，有较为稳定的人群和与之相偕存在的社会文化历史特征。只有上述三个条件具备，才能保持其文化特征，文化向心力，独立于众多分文化单元中而不被吞噬。

中华人民共和国成立以后，中国共产党始终把解决好人民的吃饭问题作为头等大事，农业发展长期坚持"以粮为纲"的方针。农耕农业经过两千多年的发展，基本定位于"耕地农业"，局限于耕地的谷物为主的植物型农业。我国农耕文化就是在这样的"耕地农业"的基础上衍发而成。如此经过多次大的反复，终于以较为固定的形式存在了下来，这种形式主要表现为其一，政治上保持着相对的独立性；其二，经济上以农业、游牧、游猎三业并举的方式出现；其三，社会流动性强却又趋于封闭；其四，保持着较为原始的宗教信仰、习俗；其五，民间文艺具有了自己的形式和风格。黄土高原迄今为止，长期停留在汉民族习以为常的，单纯种植业模式。应该运用现代科学技术，把动物生产系统和耕地生产系统结合起来，建立新的更高层次的草地农业生态系统。

第五节　青海地区古代农业的起源与发展

据考古发现，在距今三万年前的旧石器时代晚期，青海地区的先民就在这片广袤的土地上繁衍生息。1956 年中国科学院地研所在格尔木河上游三岔口、沱沱河沿岸、霍霍西里三个地点采集到 10 余件打制石器，有石核、石片等简单生产工具；接着在小柴旦等地发现了旧石器时代的大量石器，经 C^{14} 测定马家窑文化遗址的考证，青海地区在六千多年前就萌发了农业生产。有文字记载的农耕活动，始于公元前 5 世纪左右的战国初期。到元朝赤岭（今日月山）为界的东部农业区和西部牧业区的初步显现。唐朝青海农业发展较快，到清代乾隆年间，西宁府和循化厅等主要在河湟谷地开垦耕地 31.2 万 hm^2（其中水浇地 3.6 万 hm^2）。种植有麦、豆、油、瓜果、蔬菜等数十种农作物，粮食自给有余，创历史上的农业盛世。

在这片神奇的土地上，古老的农耕文化熠熠生辉，震惊世界的"世界青稞农业之源"发明，奠定了青海农耕文化不可撼动的历史地位。据考证河湟谷底栽培青稞的历史已有 5 000 年（乐都柳湾），是人类社会发展史上非常主要的划时期标记，使人类的历史产生了重大转折，改写了世界远古文明史和中华远古文明史，无可辩论地证明黄河流域同样是中华文明的摇篮、青海省则是中华文明和农耕文化最早的发源地之一，中华文明已经不是上下五千年，而是一万多年或更早，长江文明的发展有可能还超出了中原地域，因为中华文明是以农耕文明为基础的文明，青稞文化一举成为中国农耕文明的核心，这就是有力的佐证；物产丰盛的河湟，皆为外人青睐而厚爱；还衍生出青海餐饮文化、酒文化、茶文化、饮食养生文化；因此，为长久而又厚重历史的青海农耕文化，确立了它在中华文明史中的位置。

一、青海地区古代农业的起源与发展

（一）从采集农业到"刀耕火种"

大量的考古研究表明，在新石器时代，即公元前 5000—前 3000 年，在青海气候较温暖的河湟谷地和柴达木盆地就存在原始的农业生产活动。1980 年，青海省文物考古队在贵南县拉乙亥乡（今龙羊峡库区）发现 6 处新石器时代遗址，出土文物 1 489 件，其中石器 1 480 件，骨器 7 件，装饰品 1 件。石器中用于加工谷物的工具研磨器的出现，表明至少采集农业已经出现。对其出土木炭经 C^{14} 测定，为公元前（4745±85）年。青海地区的新石器时代文化主要是马家窑文化，广泛分布于河湟地区及柴达木盆地，出土的文物中有石斧、石锛、石刀、石凿、石杵、研磨器等生产工具。以乐都柳湾遗址为代表的马家窑文化经 C^{14} 测定为公元前 3800—前 2000 年。那时先民们已经开辟了"刀耕火种"和"撂荒轮作"的耕种方式，恢复地力，生产的粮食也逐渐增多。特别值得一提的是在柳湾马厂类型墓葬中，普遍发现粟的籽粒和皮壳，装在粗陶瓮内，说明粟是当时人们的主要粮食。除粟外，还有黍、麻（出土的纺织品原料主要是麻）等农作物。出土的器物中还有箭镞、弹丸、骨柄石刃刀等狩猎工具，兽骨主要有猪、狗、牛、羊等，说明当时人们以农业生产为主，狩猎和家畜饲养为辅助生产。

（二）锄耕农业逐步兴起

青海省地区继马家窑文化之后，进入青铜时代，从"刀耕火种"逐步过渡到"锄耕农业"，这是一个很大的进步。青铜时代主要是齐家文化，它包括卡约文化、辛店文化和诺木洪文化。据 C^{14} 测定，齐家文化时代界限为公元前 2000—前 1600 年。在青海省境内调查登记的齐家文化遗址有 430 处，出土文物有加工精细、造型整齐、刃口锋利的石制生产工具斧、刀、铲、镰、磨等，其中，铲的出现带动了锄耕农业的兴起。齐家文化末期，出现了铜冷锻、热锻技术，预示着农业生产工具有了新的进步。

卡约文化是青铜时代青海的土著文化（因在湟中县卡约村发现而得名），发现 1 766 处遗址，广泛分布在东起民和，西至柴达木东缘，南至果洛州黄河沿岸和玉树州通天河地区。据 C^{14} 测定，年代为公元前 1600—前 740 年。当时人们的经济生活，大体是早期以农牧并重，晚期以牧业为主，但河湟谷地以农业最为发达。生产工具除石器外，多见青铜制成的刀、钺、镰等。农作物以粟、麦为主。

辛店文化，据 C^{14} 测定，其年代为公元前 1235—前 690 年。在青海地区主要分布于西宁、同仁、循化以东、乐都以东等地，已调查登记的有 97 处。出土的生产工具除上述石器外，多见用动物肩胛骨和下颌骨制成的骨铲，刃口锋利、实用高效，提高了锄耕农业的生产效率。

诺木洪文化，据 C^{14} 测定，距今约二千九百年。在遗址地的圆形和方形住房附近发现有饲养牲畜的圈栏，大量堆积着羊粪，也有牛、马和驼粪，还发现麦类作物的痕迹。出土的农业生产工具有翻土的骨耜，多件和收割用的石刀等。骨耜与现代铁锹类似，是一种更先进的锄耕农具。这些说明当时的锄耕农业已发展到相当规模，人们过着定居生活，农牧业均有较高程度的发展。

（三）主要农作物的生产沿革

粟、糜：《青海省志·农业志》记述，青海东部农业区粟、糜的种植有六千年的历史。前面已经提到在乐都柳湾遗址中出土有粟，表明粟在距今四千年左右已是主要粮食作物。

青稞：青稞属于大麦中的裸粒大麦。据古籍记载，我国是世界上栽培大麦最早的国家之一。青藏高原是大麦的发祥地。《中国农业发展简史》记载，在青海省的都兰县诺木洪遗址和共和县合洛寺遗址的陶罐上都发现有三千七百年左右的籽粒痕迹（可能是大麦）。

小麦：据《汉书·赵充国传》记载，公元前1世纪，住在鲜水（今青海湖）附近的罕羌已种植麦类。

《后汉书·西羌传》也记载，公元前1世纪，青海大小榆谷（今同仁、尖扎）等地已种植麦子。

麻：青海省河湟地区新石器时代以来即在种麻。1977年在彭家寨东汉晚期墓葬中发现有麻籽，说明那时已经在种麻了。

油菜：据《青海省志·农业志》记述，青海小油菜（白菜型）栽培已有两千多年的历史，是北方小油菜和南方油白菜的原产地之一。《丹噶尔厅志》记载，清末在湟源等地已有芥菜型油菜种植和取油食用。

胡麻：据（清顺治）《西宁志》记载，"胡麻，《草木》云：生上党川泽……苗梗如麻，而叶圆锐光泽，嫩时可蔬，道家多食之，俗用以供油。"胡麻在青海种植历史悠久。

豆类：《晋书·吐谷浑传》记载，地宜大麦，而多蔓菁，颇有菽粟。青海省在两千多年前即有豆、粟、大麦、蔓菁等农作物种植。

果树：据《西宁志》记载，把丹杏（元人用以为贡）核仁甘美，梨（河西皆有，唯兰州、西宁独佳）……清康熙《碾伯所志》记载，"果类：桃、杏、李、林檎、苹果、沙枣、胡椒、楸子、核桃、山樱桃"在碾伯（今乐都）均有。这些史料说明，青海省在河湟谷地栽种果树已有多年的历史。

其他农作物，例如马铃薯、胡萝卜、白菜等均为引进品种，栽培历史均有数百年以上。

二、汉朝首开"屯田"政策，初步奠定了青海古代农业的基础

古代的青海为羌人（又称西羌）集居地。《后汉书·西羌传》记载，羌人"所居无

常，依随水草，地少五谷，以产牧为业"。秦历公时（公元前476—前443年），羌人无弋爰剑被秦俘虏亡归青海后，将中原的农业技术传入青海，教羌民种田养畜，发展农耕。西汉神爵元年（公元前61年），西汉后将军赵充国率军镇压湟中先零羌人得胜后，留万名步兵在湟中屯田作长期驻守。期间，赵充国三上《屯田奏》，详陈"屯田十二便"。准奏后，赵充国即率众拓荒垦田。除耕种"临羌到浩门的两千顷土地"外，还在河湟沿岸垦殖了大量荒地，并"缮乡亭""竣沟渠""治湟峡以西道桥七十所，至鲜水左右"，极大地推动了青海地区的农业生产。在屯田中，特别是来自淮阳、汝南等的士兵及弛刑人员，把中原地区先进的生产工具和技术传播到河湟地区，提高了农业生产力。

东汉继赵充国屯田之先河，持续进行大规模屯田，其范围从湟水流域扩展到黄河河曲地区，甚至到了青海湖一带。建武十一年（公元35年）马援平定陇西、金城羌乱以后，任陇西太守期间，"开导水田，劝以耕牧"，发展灌溉农业和畜牧业。章和二年（公元88年），邓训任护羌校尉后，令2 000多名弛刑徒在黄河两岸"分以屯田，为贫人耕种"。永年十四年（公元102年），西部校尉曹凤、金城郡长史上官鸿、护羌校尉金城太守侯霸等曾先后在青海湖地区、河西地区和大小榆谷屯田戍守，共屯田34部。东汉顺帝永建年间（公元126—132年），韩皓、马续等人在河湟两地增田5％部。他们先后组织羌人民间屯田、移民实边、弛刑徒屯田和役满士兵及家属接管军屯熟田，不断开垦新田，先后持续一百多年。其规模和成效，远远超过了前代。在屯田过程中，大力兴修水利灌溉设施，引入中原地区的先进农耕方法和生产工具，例如铁犁牛耕技术和水碓技术等，发展犁耕农业，推动了经济社会发展。

三、魏至隋朝青海地区农业的发展

魏至东晋时期（公元220—420年），河湟地区战乱不已，政权频易，破坏甚盛。东晋隆安年间，利鹿孤袭南凉国王位后，把战争中掠夺的大批人口和一些汉人迁入河湟地区，劝课农桑，以供养军田之用，仅恢复了一些农业生产。到十六国，苏则任金城郡守后，首先收辑战争流亡1 000多户，继后又招来羌民3 000余落回郡，逐步使荒芜田地得到耕种，农业得到恢复性发展。

公元4世纪初，吐谷浑人移牧青海境内，建立了吐谷浑国。《晋书·吐谷浑传》记载，吐谷浑人"然有城郭而不居，随逐水草，庐帐为屋，以肉酪为食。""地易大麦，而多蔓菁，颇有菽粟"。这说明，当地土著居民仍以农业生产为主。后来，吐谷浑国实行"劝课农桑"等恢复农业的政策，使河湟地区曾一度成为整个河西陇右地区最繁荣的地方。从南凉国灭亡后，青海东部人口锐减，农田凋敝，废弃过半。

公元6世纪末，隋朝建立。大业五年（公元609年），隋炀帝大败吐谷浑后，置河源、西海、鄯善、且末四郡，"谪天下罪人，配为戍卒，大开屯田，发西方诸郡运粮供之"，农业获得恢复，农田水利和农业技术也得到一定程度的改进。据靳云生在20世纪30年代考察记载："从伟大的遗迹现在还能看得到，共和县附近及县治以西的三塔拉、沙珠玉、切吉并西南的大河坝、同德、贵德二县之沿河一带，田亩隐隐，一望皆是。""大河坝有宝渠一道，凿山填谷，引溉山水，工程浩大，惊绝后人。还有一道小渠，系从切吉河流向三塔高原灌溉，长几百余里。"

四、唐朝青海地区的农业获得较高程度的发展

唐朝（公元618—907年），实行休养生息的施政措施，特别是大力发展屯田，使农业生产得到高速的恢复与发展，把农业生产提高到了新水平。唐高宗龙朔三年（公元663年）以后，为抵抗吐蕃侵犯，在青海地区广为屯兵。为解决军队供应问题，在总结前代屯田经验的基础上，从中央到地方设置专管机构和官员，专职屯田事务。唐朝青海屯田至迟在唐高宗仪凤年间（公元676—679年）即开始，在河湟地区兴修水利，广置屯田，规模宏大，效益空前。尤其在黑齿常之擢任河源经略大使、知营田事时，屯田面积5 000余顷，每年收获粮食100余万石，平均亩产量达到2石，折合现今计量标准约合86 kg。这在当时的中原地区，也是较高的产量。

唐开元十九年（公元731年），唐与吐蕃以赤岭为界，并在赤岭就地"茶马互市"，从此政治经济往来与文化交流均十分密切。尤其在文成公主、金城公主西嫁吐蕃和亲后，唐朝的农业和手工业等技术，相继传入青海，促进了青海农业和经济的发展。如河湟地区种植的青稞、使用的水磨及"二牛抬杠"铁犁耕地等，都是文成公主所传。据南宋《大唐六典》记载，唐开元二十一年（公元733年），全国7道27处军、州、边镇公有屯田1 025屯，其近三分之一分布在河西陇右地区，共有172屯。据日本人玉井是博研究，青海地区共计屯田近132屯，占陇右道州军屯田总数的71%以上。按《新唐书》卷五三《食货志三》记载，州、镇、诸军每屯五十顷计，青海境内州军屯田面积6 000余顷，其他零散屯田还不在内。天宝八年（公元749年）河西、陇右两道和籴粮食达52万石，占全国粮食总量45%。开元、天宝年间，河陇地区"岁屯田，实边食，余粟输灵州，漕太原仓，备关中凶年"，说明此时青海粮食自给有余，外运中原等地备荒。唐朝农业空前发达，且民族融合，推动河湟地区持续繁荣200年左右。到唐末，青藏地区各部落间互相争夺，与中原联络减少，加之战争与天灾不断，农业生产开始衰落。

宋统一中原后，沿袭历代王朝"拱卫河西，先据河湟"的军事战略。于宋元符二年（公元1099年），宋军西入青唐城（今西宁市），青唐及吐蕃政权解体。由于河湟地区屡遭战乱，农业生产遭到很大破坏。宋徽宗崇宁初年，宋军二次西进，军粮供给

困难。为此，决定招募士卒，在河湟等地屯垦。宋政和五年（公元 1115 年），西宁知州主持宋河水（今湟水）灌溉西宁川地，增开水田数百顷。政和五至七年，将军何灌引邈川水（今湟水）灌溉"闲田"千顷。其后，何灌奏准徽宗，迁中原人力修葺汉唐旧渠，引水灌溉垦恢耕地，"得善田 26 000 顷，募士 7 400 人"同时，还招民佃种，"耕垦出课"。宋朝的这些举措，使被破坏衰败的农业生产有了恢复和一定程度的发展。

五、元明时期青海地区的农业生产

元朝将全国划分为 14 个牧道（群牧场），青海是其中之一。由于蒙古民族受长期游牧生产方式的影响，对发展农业缺乏经验与具体措施，致使河湟地区农业遭受破坏，畜牧业波动不前。13 世纪上半叶，蒙古军西征东还后，派"西域亲军"（在中亚、西亚征召信仰伊斯兰教的民众，建立一支宗教戍边军）分驻全国各地屯田。进入青海的"西域亲军"，带入了果树、蔬菜栽培技术，带动了果树、蔬菜业的发展。

明朝（公元 1368—1644 年），农民出身的开国皇帝朱元璋十分重视发展农业生产。建国不久，他就强调要把屯田当做"大务"，地方官吏亦积极"劝课务农"，鼓励"开垦荒原"，同时发展军屯、民屯和移民屯田，农业得到迅速恢复和发展。明洪武三年（公元 1370 年），明军进入河湟地区后，曾数次从南京地区征调数以万计的士兵、居民及"罪犯"移居河湟地区屯田。如 1403 年，忠于建文帝的军民奋起反抗"靖难之役"失败后，明成祖朱棣将大批忠于明建文帝朱允炆的军民充军到西宁等地。由于他们带来了内地的先进农耕技术和手工业技术，推动了本地经济发展。据《西镇志》记载，正统三年（公元 1438 年）规定屯额，西宁卫"屯科两千七百五十四顷四十六亩，屯粮两万五千一十二石六斗。"崔永红在《青海经济史》中说，永乐时期，西宁卫屯田面积超过 1.33 万 hm^2……正统时期西宁登记在册的屯、科（民）田总额有 2 756.46 hm^2，到明末发展到 6 690.79 hm^2，增长 142.7 %，屯田规模相当可观。

元明时期，青海河湟地区积极兴办农田水利，发展灌溉农业。到明末，在西宁地区已修建伯颜川、东卜鲁川、那孩川和沙塘川四大主干渠，拥有近 30 条支渠的农田灌溉渠系，灌溉农田 1 万公顷。在民和巴州、三川一带，修建有巴州渠、暖州渠、蹇占渠以及都渠等，农田水利比较发达，提高了土地生产力。

六、清前期青海农业生产再上新台阶

清朝，对青海行政区划调整后，农业区和牧业区的划分日臻明确。唯因历史变化无常，农垦事业时兴时衰。雍正、乾隆以后，政局较为稳定。中央十分重视发展农业生产，各地方官吏也积极劝督农耕，开垦荒地，耕地面积有较大幅度增加。到乾隆中期，青海地区登记在册的各类耕地面积总计达到 13.87 万 hm²，实际的耕地面积总数还要多于此数。

清朝青海地区推行过短期的军屯。雍正二年（公元 1724 年）和雍正十年（公元 1732 年），分别在大通卫和额色尔津（今诺木洪）试办农垦，均未见效。雍正十一年（公元 1733 年）至十二年（公元 1734 年），又在哈尔海图（今都兰县夏日哈镇）试垦，种地 66.67 hm² 左右，但仅获三分多的收成。随后告罢。

罗卜藏丹津叛乱后，青海局势基本稳定，官府迭次"劝垦""招垦"，遣中原罪者来青屯垦，成效较为显著。据《西宁府新志》与《循化志》记载的资料折算，乾隆年间，河湟地区约有耕地 31.2 万 hm²，农业生产达到相当规模。与此同时，农耕技术也有新的提高。如甘肃巡抚黄延桂早在乾隆初期就推行"颁耕耨之具，示培壅之法"等田间管理工具与技术。西宁道扬应琚及同僚共同督劝农耕，循化等地方官推行"区田法"，对农作物何时松土、施肥、拔草、培土、灌溉等均有详细叙述，教民实施。麦豆轮作、麻豆轮作、麦粟倒茬等轮作技术都有普遍应用。《循化志》记载，秋田种大糜、谷子，其荞麦则在青稞收割后复种，惟此为两收，这些都说明清朝重视推广先进的农耕技术。

清前期，青海地方官吏不仅重视维护旧水渠，而且大力修建新水渠，形成地区渠系，不断扩大水浇地面积。据《西宁府志》及《西宁府续志》记载，西宁有西川、北川、南川、东川（沙塘川）四大渠系，有各种渠道 136 处 314 条，下籽量 6 996.247 石；在碾伯、贵德有各种渠道 72 处 206 条，下籽量 3 184.567 石；巴燕厅、丹噶尔厅等地有各种渠道 50 条，下籽量 2 045.627 石。以上总计 13 742.468 石，折合水浇地 3.62 万 hm²。种植的农作物种类也较多，计有各种麦、豆及瓜果蔬菜近 40 种。

古代农业的生产力水平，虽然难以与当代的现代农业相比，但给人们的启示仍然很多。如中央制定正确的休养生息，"放水养鱼"等农业发展方针政策；在适宜耕种地区垦荒种田，扩大和稳定耕地面积；鼓励发展先进的农耕工具和技术，积极引进和应用外地的先进工具和技术；大力引进、培育和选用优良农作物品种；宣传普及农业科学技术，教民农耕技艺；政府倡导与积极兴修农田水利，发展灌溉农业等，仍然值得当今借鉴和发扬。

第二章
传统农业

第一节 传统农业概述

一、传统农业的概念

传统农业，又称为传统固定农业，是在经历刀耕火种之后的主要农业形式。以自给为主的传统固定农业，一直是世界各地普遍实行的主要农业形式。

世界各地的传统农业是人们经过与当地自然环境下经过长期的实践，逐步摸索形成的。传统农业主要依赖人的经验，依赖当地的自然提供的光、温、水、土条件，利用人力、畜力、风力、水力，在没有批量的工业品投入的条件下种植已经被驯化的各种植物和养殖已经被驯化的动物，产品主要满足当地居民的生活需求。根据 2009 年国际农业发展科学技术知识评估组织的报告，目前世界上大约还有三分之二的人依赖农业为生，其中 60 % 以上还是传统农业。

传统农业指的是沿用长期积累的农业生产经验为主要技术的农业生产模式，以精耕细作、小面积经营为特征，不使用任何的农药化学品，用农家肥、堆肥，培肥土壤，以人、畜力进行耕作，采用农业和人工措施或使用一些无农药进行病虫害防治。也可以说传统农业是继承历史上遗留下来的耕作技术。我国传统农业的耕作技术十分丰富，包含作物和畜禽的良种选育和培育、复种、套种及间作，秸秆堆积有机肥、培育绿肥作物、兴建水利设施、防治病虫害、改良土壤和革新农具等。

二、传统农业的特点

传统农业的特点，是精耕细作，农业部门结构较单一，生产规模较小，经营管理和生产技术仍较落后，抗御自然灾害能力差，农业生态系统功效低，商品经济较薄弱，基本上没有形成生产地域分工。传统农业从奴隶社会起，经封建社会一直到资本主义社会初期，甚至现在仍广泛存在于世界上许多经济不发达国家。中国是一个历史悠久的农业古国，历来注重精耕细作，大量施用有机肥，兴修农田水利发展灌溉，实行轮作、复种，种植豆科作物和绿肥以及农牧相结合等。

传统农业是金属农具和木制农具代替了原始的石器农具，铁犁、铁锄、铁耙、耧车、风车、水车、石磨等得到广泛使用；畜力成为农业生产的主要动力；一整套农业技术措施逐步形成，例如选育良种、积肥施肥、兴修水利、防治病虫害、改良土壤、改革农具、利用能源、实行轮作制等。

传统农业基本特征技术状况长期保持不变，农民对生产要素的需求长期不变，传统生产要素的需求和供给处于长期均衡状态。

中国传统农业延续的时间十分长久，大约在春秋至秦汉时期已逐渐形成一套以精耕细作为特点的传统农业技术。在其发展过程中，生产工具和生产技术尽管有很大的改进和提高，但就其主要特征而言，没有根本性质的变化。中国传统农业技术的精华，对世界农业的发展有过积极的影响。

传统农业是由粗放经营逐步转向精耕细作，由完全放牧转向舍饲或放牧与舍饲相结合，利用改造自然的能力和生产力水平等均较原始农业大有提高。

第二节　我国传统农业的经验

我国古代农业实践不但可以从考古中发现的工具、种子等物证中得到，还可以从古代大量的文字记录中寻找到。例如，《诗经》《周礼》《夏小正》《神农》等古书里就记载了距今约三千年的商代农业实践活动。人们可以从千百年以来实行的农业实践传统中，窥视到前人的智慧，通过理性的提升，用来反省在我国近五十年和世界近一百年的工业化农业的问题。我国传统农业有不少实践方法和原理，可以成为未来农业可持续发展的基础和出发点。

一、我国传统农业的地力和养分维持机制

在数千年的农业实践中，我国的农业并没有化肥的生产使用。在人口密度高，人均耕地少的条件下，实现了在连续进行作物生产的同时，保护地力。我国传统农业的地力养分维持机制主要包括以下几个方面。

（一）农业内部物质的循环利用

传统农业是一个没有废物产生的系统，几乎所有的副产品都被循环利用。例如，骨头、羽毛、秸秆和粪便通过堆肥回田，旧房子的泥砖也是良好的肥源，剩饭剩菜用作畜禽饲料后过腹还田。烧饭产生的草木灰也被用作肥料。

（二）外部物质的收集利用

在传统农业中也收集外部物质用于农业，例如，鱼塘的淤泥每年挖起来用于附近的农田，在靠近农区的江河中挖河泥和河沙用于改造农田，海边的贝壳、山上的石灰石、钟乳石和硫黄，村边的树叶和草者都会成为被收集的对象。

（三）绿肥生产与利用

我国在 3 世纪初就懂得在农田通过种植绿肥来达到肥田的目的，使用的绿肥包括野豌豆，又名苕草、绿豆、红花草、土萝卜等，农民还用小麦和大麦压青。

（四）用地养地结合的耕作制度

我国的农业从春秋战国开始就由休耕制度进入连作制度。合理的耕作制度是提高土地利用率，维持土壤肥力的重要方法。春秋战国时期就已经有垄作方法。在公元前 89 年的汉朝，我国就有在同一田内实行位置轮换的"代田法"，还有集中管理田间小区的"区田法"。目前，在南方实行的耕作制主要是以水稻为主的稻田一年多熟制。这种耕作制度能够充分利用热量条件和水分条件。在季风环境下，水稻田可以减少水土流失，降低有机物分解速度，提高固氮蓝藻等固氮生物的固氮能力，水稻和旱地作物的轮作还可以减少病虫害的发生。稻田还有稻鱼、稻鸭结合系统。北方以玉米、小麦、棉花为主，实行禾本科和豆科作物的间种、套种、轮种。明朝末期《农政全书》中还记载了杉树或栗树间种小麦，实行林粮间作的方式。

（五）粪肥的循环使用传统

根据历史的记载，在我国的甲骨文中就有象形的"屎"的记载，估计在距今约三千年前的商代就可能有使用人粪便的实践。在战国时期，随着农业从休闲制转向连作制，使用农家肥已经相当广泛。在先秦诸子都有文字涉及"粪田"。例如，韩非子在《解老》中写道"积力于田畴，必且粪溉"。《说苑·建本》中孟子曰："人知粪其田，莫知粪其心。粪莫过利苗得谷，粪心易行而得其所欲。"在秦汉时期就有人厕和猪圈建在一起的记载，还使用了"囷中熟粪"的描述，表明已经有堆沤加工的实践。已经有制作种肥、基肥和追肥的方法介绍。在《氾胜之书》中记载有"骨汁、粪汁浸种"的方式。在明清时期，更有煮粪和混合肥料的制作。徐光启介绍的煮粪是将粪在锅里煮熟，用牛粪要加牛骨，用人粪要加人发。他还介绍了蒸馏法："'用烧酒法'，取其馏水用之，煮粪肥力同'金汁'（腐熟人粪尿），馏水则'百倍金汁'，锅中熟粪再埋一两年，又是金汁。"《国脉民天》中介绍的混合肥料的制作配方是："大黑豆一斗，大麻子一升（炒半熟，碾碎），石砒细末五两，上好人、羊、犬粪一石，鸽粪五，再拌匀。将上料拌匀，遇暖和时，放缸内封严固，埋地，四十日取出，喷水晒干，加上好土一石，再拌匀"。施肥提倡"三宜"，一是时宜，"春宜人粪、牲畜粪""夏宜草粪（堆肥）、泥粪、苗粪（绿肥）""秋宜火粪""冬宜骨蛤、皮毛粪之类"；二是土宜，土宜者，气脉不一，美恶不同，随土用粪，如因下药；三是物宜，粟宜用黑豆粪、苗粪，蔬菜宜用人粪、油渣之类。

二、我国传统农业的有害生物控制技术

我国传统农业是在没有现代农药工业支持下发展的，在长期的发展过程中形成了丰富的有害生物控制技术。根据历史资料记载，可以找到下述有关实践经验。

（一）害虫控制技术

历史上控制蝗虫注重治本，实行对低洼积水的蝗虫繁殖地进行落干来清除。小麦椿象可以通过种植芥和种麻来驱除，还可以用芥子末拌种来防治。水稻害虫的防治提倡通过冬天清除田边杂草来减少越冬虫数。水稻虫害防治还可以通过混合施用烟梗与草木灰或在稻根斜插烟梗干来实现。在无风的傍晚，稻叶蝉和稻飞虱的低龄阶段，通过在水面加少量油，扫动植株使虫落入水中。用蚕粪作基肥或用芝麻渣作肥可以减少稻田虫害。防治螟虫可以用芥子油或石油涂于茎叶，或用芸薹菜的水浸出物灌于稻株中。可用灯光或火诱捕飞蛾。稻田养鸭、养青蛙、养鱼有利于减少虫害。棉花通过与水稻轮作，或者积水过冬可以消灭虫害。棉田的地老虎幼虫可以通过翻耕暴露，令天敌捕食，还可以用火诱捕成虫引诱害虫。每25行棉花种5行玉米，并于成熟前烧毁玉米，以清除被诱捕的害虫。甘蔗的种蔗在种植前用温水浸种可以除去虫卵，苗期可以通过石灰硫黄水浇根除虫。蔬菜地种植百部（一种中药），可以驱虫。蔬菜虫害防除还可以使用苦参根和石灰水，或桐油与粪水混合物。果树螟虫用杉木塞虫洞，也可以用鞭炮火药加硫黄烧之。在种树时置大蒜和甘草于根下，可以防虫。柑橘果园放蚁防虫"种花先养蚁"以防虫。芝麻挂树上可以避蓑衣虫。在冬至后的寒冷季节使用鱼腥水浇果木可以使虫落地，减少来年虫口。

（二）病害控制技术

水稻病害防治可以通过减少施肥和中耕后落干一段时间来达到目的；伏耕，爆晒耕地一段时间也可以来达到目的；夏季插秧后使用石膏可以减少死苗。麦类黑穗病用盐水选种，用澄清的木炭水浸种1天或温汤浸种5 min，还有换地种植等办法。棉花通过与水稻轮作减少病害。

（三）草害控制技术

人工中耕除草是传统农业最常用的方法，也有通过施用松、柏、钩吻（冶葛）、食芹、桂花、芝麻、蚕沙、羊粪尿、石灰、牡蛎灰等来减少杂草的。为了减少新垦地的杂草，明朝朱国桢《涌幢小品》记录："开荒时，先种芝麻一年，后种五谷，盖芝麻能败草木之根。"

（四）鼠鸟害的防治技术

可用假人驱鸟，用胶粘鸟，用水覆盖稻种防鸟。用黄鼠狼、猫、猴、蛇等捕鼠。

养松鼠可驱赶家鼠。用牛粪涂箩筐装米可以防鼠。

三、我国传统的哲学思想和农业生态的系统构建

（一）"三才"和"三宜"思想

1. "三才"思想

"三才"思想是指"天、地、人"的和谐、统一思想。例如，《荀子·富国》写道："上得天时，下得地利，中得人和，则财货浑浑如泉源。"《齐民要术》提出："上因天时，下尽地利，中用人力""顺天时，量地力，则用力少而成功多。任情返道，劳而无获。"

2. "三宜"思想

"三宜"思想是指"因地制宜，因时制宜，因物制宜"。《农书》指出："合天时、地脉、物性之宜，而无所差失，则事半功倍矣。"

（二）保护自然资源的思想

《荀子·王制》提出："草木荣华滋硕之时，则斧斤不入山林，不夭其生，不绝其长也；鼋鳄鱼鳖鳅鳝孕别之时，网罟毒药不入泽，不夭其生，不绝其长也。"战国时期的《逸周书·大聚解》中记录了夏禹的其中一个禁令是"春三月，山林不登斧斤，以成草木之长；夏三月，川泽不入网罟，以成鱼鳖之长。"

（三）构建农业生态系统的实践

在徐光启的《农政全书》中介绍了养羊和养鱼结合的例子。在清朝《常昭合志稿·卷四十八轶闻》中描述了一类种养结合的系统："凿其最佳者为池，余则围以高塍劈而耕之，岁入视平壤三倍。池以百计，皆畜鱼，池之上架以梁为菱舍，畜鸡豕其中，鱼食其粪易肥；塍之上植梅、桃诸果树；其于泽则种菰诸蔬，皆以千计。"在珠江三角洲，从 16 世纪初就形成了著名的基塘系统，至 18 世纪中叶，由于蚕丝贸易的发展，使该地区的桑基鱼塘得到迅速发展，出现了"桑茂、蚕壮、鱼肥大，塘肥、基好、蚕茧多"的现象。

我国的传统农业特别注重遵从天人合一、遵循自然规律的朴素生态观，重视人与自然的和谐共生关系，强调因时、因地、因物制宜的"三宜"生产原则，以及生物间相生相克的原理，也就是农业生产应符合天时、地利以及物性。根据不同的自然情况采取相应的生产方法，在生产实践中通过精耕细作及集约利用土地，使用有机肥料以及轮作复种和间作套种来维护地力，通过减少对自然环境的人为干扰、保护和利用农田生态系统的生物多样性，来达到控制病虫害的发生和流行的目的。同时，运用因地制宜，宜农则农、宜牧则牧、宜林则林，农林牧相结合，优势互补、劣势相消的生产理念，获取较好的经济、生态和社会效益。

四、我国传统农业提供的生态系统服务功能

我国传统农业不仅具有持续地为人类提供安全健康食物、纤维、燃料等产品的生产功能，而且具有强大的支撑与维持人类赖以生存与生活的生态服务功能，包括调节气候、涵养水分、维持土壤肥力、净化水质、维护生物多样性、美学享受等方面。以稻—鱼共生传统农业系统为例，根据张丹等的研究结果，浙江省青田县和贵州省从江县稻—鱼共生系统服务功能的总价值来看，稻—鱼共生系统在大气调节、水调节、增加就业、营养保持方面都具有重要的作用。稻—鱼共生系统的间接服务价值约占总价值的 65%，其中，大气调节功能是主要部分，占总体服务价值的 47% 左右；初级产品生产直接经济价值约占总价值的 35%。总体来看，青田县和从江县稻—鱼共生系统的间接价值都比直接价值高很多。青田县稻田养鱼的间接价值是直接价值的 1.3 倍左右，而从江县稻田养鱼的间接价值是直接价值的 2.81 倍左右。由此可以看出，虽然初级产品是主要直接经济来源，但其价值却远远低于其大气调节和水调节等生态系统服务价值。与肖玉 2002 年和 2003 年在上海市奉贤县稻田生态系统的研究结果比较表明，稻—鱼共生系统的生态系统服务价值不论是间接价值还是直接价值都比单一稻作要高。可见，稻—鱼共生系统对维持地区生态平衡起着重要的作用，应加强对其间接生态作服务功能价值的理解、保护与补偿（表 2.1）。

表 2.1 青田县、从江县稻鱼共生系统与奉贤县单一稻作系统服务价值比较　　　　单位：元 /（hm² · 年）

| 功能 | 地区 | 直接经济价值 | 间接经济价值 | | | | | | |
		籽粒、秸秆 和田鱼（或田鱼制品）	气体调节	营养元素保持	病虫草害控制	净化空气	水调节	生物多样性及景观文化	增加劳动力就业
评价结果	青田县	35 682.92/37 126.86	32 638.55	1 342.24	75.01	8.00	6 795	1 146.00	5 182.83
	从江县	20 999.13	44 078.90	2 131.34	4.43	8.00	6 795	839.64	5 046.35
	奉贤县	12 894.53	41 220.28	2 732.59	—	8.00	2 625	—	—
分类合计	青田县	35 682.92/37 126.86	47 187.63						
	从江县	20 999.13	58 903.66						
	奉贤县	12 894.53	46 225.87						
总计	青田县	82 870.55/84 314.49							
	从江县	79 902.79							
	奉贤县	59 120.04							

注：张丹，刘某承，闵庆文，等，2009.稻鱼共生系统生态服务功能价值比较：以浙江省青田县和贵州省从江县为例.中国人口·资源与环境，19（6）：30–36.

第三节　传统农业技术

一、传统农业技术的作用

1909年，曾任美国农业部土壤局局长的威斯康星大学教授富兰克林·金来中国、朝鲜、日本考察东亚传统农业，探寻传统农业历经几千年而长盛不衰的机理和原理。富兰克林·金很快就以敏锐的专业眼光发现了其中的奥秘。他在《四千年农夫》一书中写道："东亚农民最伟大的农业措施之一就是利用人类的粪便，将其用于保持土壤肥力以及提高作物产量。反思美国农场的土地在不到一百年的时间里就耗尽了肥力的原因，以及为了保证土地的年产量而不得不施用巨量的矿物肥料时，我们便意识到必须深刻了解和认识东方人自古以来一直延续的施肥方法。因为这种方法，中国人利用六分之一英亩的良田，就足以维系一个人的生存。"中国古代将土地肥力称为"地力"，中国农民历来讲究"用地养地，培肥地力"。中国的农田在不断提高利用率和生产率的同时，几千年来地力基本上没有衰竭，不少的土地还越种越肥，这是世界农业史上的一个奇迹。

中国是农业大国，几千年来的农业传统正在被"现代农业技术"所取代，化肥、农药的大量使用和品种单一等带来的生态问题和食品安全问题已经出现。在农耕技术"现代化"的过程中，我们祖先创造并世代发展和保留下来的丰富而灿烂的农业文化可能也要被现代化的洪流所淹没。更严重的是，大批有知识的青年人离开了农田，这使农业文化的传承出现了问题。在如何看待现代农业与传统农业的关系上，有学者形象地比喻，如果北京没有了四合院，那是全世界的悲哀；可如果北京全是四合院，那则是中国的悲哀。

总之，农业遗产的核心价值，就是要把传统优良品种和传统优良技术保护好、传承好、利用好。我国现代农业的创新，需要注入农业遗产的农耕文化元素，大力发展有机、生态、绿色、循环农业的生产方式，大力提倡低碳、绿色、健康的生活方式，大力推进产业兴旺、生态宜居、乡风文明、治理有效、生活富裕的乡村振兴战略。通过农业遗产的优良传统与现代农业科技的有机结合，创造出更加高效、更加环保、更加安全的可持续发展的农业体系，以及更加辉煌灿烂的农业文明。

二、传统农业技术的主要成就

（一）浮在水面上的农田——架田

中国古代西晋时期的嵇含编写的《南方草木状》，记载南方人开始用芦苇编成筏，筏上作小孔，浮在水面上，把蔬菜种子种在小孔中，种子发芽后，茎叶便从芦苇的孔中长出来，随水漂浮在水面上，成为一种奇特的蔬菜。这种浮田，用芦苇或相近似的材料编成筏，浮于水上，其上面没有泥土覆盖，主要用于种植水生植物，例如蕹菜（空心菜）等，这种用浮田种植蕹菜的方式，在广东省和福建省等地区仍在应用。

在利用天然菰蒋的基础上，人们从自然形成的葑田中得到启发，便做成木架浮在水面，将木架里填满带泥的菰根，让水草生长纠结填满框架而成为人造耕地。不过这种人造耕地，在宋朝以前仍旧称为葑田。为了防止它们随波逐流，或人为的偷盗，人们用绳子将其拴在河岸边；而有时为了防止风雨吹打，毁坏庄稼，人们又将其牵走，停泊在避风的地方，等风雨过后，天气好转，再把它们放到宽阔的水面；元朝则正式将葑田命名为架田，架田已突破了葑田的限制，而成为真正意义上的人造耕地；架田是中国农业史上的一项重大发明，它利用水面种植，不仅扩大了耕地面积，而且不担心干旱，因此在人多地少的水乡地区最为适宜，到了南宋时期，葑田在江南水乡已较为普遍。南宋诗人范成大的《晚春田园杂兴》诗中就有"小船撑取葑田归"，则是当时江苏吴县一带水上葑田的情景。

宋朝时，千顷碧波的风景名胜杭州西湖上就曾经漂浮着这种葑田。西湖葑田发展到鼎盛期，一度使湖面越来越小，灌溉能力越来越小，甚至连市民生活用水也成问题，最终成为一大隐患。鉴于此，文学家苏东坡到杭州任通判的时提出了开挖西湖的请求。于是便招募民工，将葑田挖起，堆积成长堤，后人称为苏公堤，这就是今天的苏堤。但是，开挖西湖并没有阻止葑田在江南地区的发展，架田主要是用作种植庄稼，但受架田的启发，生活在长江中的古人架起大型架田拖家带口，养鸡养狗、木筏上还有各种粮食加工工具在长江江面进行居住生活；大的木筏上建有供祭祀的神祠、菜园等中间有纵横交错的道路，构建了一个完整的生活圈。唐朝诗人张籍在《江南行》中就有"连木为牌入江住"的诗句。

（二）播种机的始祖"耧车"

耧车是汉武帝时期主管农业生产的搜粟都尉赵过发明的，畜力播种工具。据东汉崔寔《政论》的记载，耧车由三只耧脚组成，即三脚耧。三脚耧，下有三个开沟器，播种时，用一头牛拉着耧车，耧脚在平整好的土地上开沟播种，同时进行覆盖和镇压，一举数得，省时省力。赵过发明的耧车是由种子箱、排种箱、输种管、开沟器、机架和牵引装置组成的。它的中央有一个盛放种子的耧斗，耧斗下有三条中空的耧腿，下面装着开沟用的小铁铧。播种时，一人在前牵引驾着耧辕的牲畜前进，另一人在后控制耧柄高低来调节耧腿入土的深浅，同时，摇动耧柄，使种子均匀地从耧腿下方播入所开的沟内。耧车后面用两条绳子横向拖拉着一根方形木头，能在耧车前进时把犁出的土刮入沟内，使种子及时得到覆盖。这种耧车将开沟、下种、覆盖三道工序结合在一起完成，大大提高了播种效率和质量。东汉崔寔在《政论》中说它"日种一顷"，也就是一天耕种一百亩。"三犁共一牛，一人将之，下种挽耧，皆取备焉，日种一顷……"这就是两千多年前古人所使用的"播种机"——耧车。

早期农业，人们采用点播和撒播的方式，将种子种在地里，这样长出来的庄稼就像是满天的星斗。早在先秦时期农业生产就已出现了分行栽培技术。耧车的出现与分行栽培是分不开的。耧车除了改进为耧锄之外，还经过改进用来施肥，而成为下粪耧种。下粪耧种，是在原来播种用的耧车上加上斗，斗中装有筛过的细粪，或拌过的蚕沙，播种时随种而下，将粪覆盖在种子上，起到施肥的作用，使开沟、播种、施肥、覆土、镇压等作业一次完成，大大提高了工作效率。

耧车的出现为分行栽培提供了有力的工具，它明确行距、株距的规范与统一。分行栽培最初也许是出于排涝和保墒，但它的意义远不止此，其中最突出的一点便是有利于中耕除草。《诗经》中就有"禾役穟穟"（穟指禾穗上的芒须，禾穗成熟下垂貌）的诗句，说明分行栽培的庄稼长势良好；战国时期，亩畎法便是一种分行栽培法，当时人们已经认识到分行栽培有利于作物的快速生长，因此在播种时要求做到横纵成行，以保证田间通风透光。而在 18 世纪以前的欧洲人仍然盛行点播和撒播的播种方式。我国两千多年前就发明了设计简单、适应于多种用途的三腿耧车，西方人直到公元 1600 年才发明了播种机，因此，耧车是现代播种机的先祖。

元朝时，出现的一种耧锄，它是直接从耧车发展而来的，耧锄同耧车非常相似，只是没有耧斗，取而代之的是耰锄。使用时用一头驴拉之即可，效率非常高。锄头的入土深度达二三寸（6.7～10 cm），超过手锄的三倍，而且速度快，每天所锄的地达 20 亩（约 13 333.4 m²）。

播种机的先祖见证了华夏民族古老的农耕文明，时至今日，中华大地乡村民众仍然在使用耧，但自 20 世纪 80—90 年代后，随着现代化农机具的普及，耧，逐渐退出了农耕文明的历史舞台，渐渐成为一种农耕文化的历史记忆，能"提耧摆籽"的人渐渐老去。但作为农耕文明的记忆，耧车见证了农耕文化的变迁，是中华民族文明史上不可磨灭的一个记忆。

（三）古代杰出的农业生态系统"桑基鱼塘"

桑基鱼塘是我国东、南部水网地区的古人在水土资源利用方面创造的一种传统复合型农业生产模式。现今在浙江省湖州市南浔区和孚镇是中国传统桑基鱼塘系统最集中、最大、保留最完整的区域，拥有我国历史最悠久的综合生态养殖模式；该系统始于公元前 770—前 403 年的春秋战国时期，距今约两千五百年历史。

　　桑基鱼塘是种桑养蚕同池塘养鱼相结合的一种生产经营模式，桑基鱼塘将水网洼地挖深成为池塘，挖出的泥在水塘的四周堆成高基，基上种桑，塘中养鱼，桑叶用来养蚕，蚕的排泄物用以喂鱼，而鱼塘中的淤泥又可用来肥桑，渔谚"桑茂、蚕壮、鱼肥大、塘肥、基好、蚕茧多"，充分说明了桑基鱼塘循环生产过程中各环节之间的联系；充分发挥生态系统中物质循环，能量流动转化和生物之间的共生、相养规律的作用，达到了集约经营的效果，符合以最小的投入获得最大产出的经济效益原则。桑基鱼塘内部食物链中各个营养级的生物量比例适量，物质和能量的输入和输出相平衡，并促进动植物资源的循环利用，还避免了水涝、减少了环境污染。同时，维持、营造了良好生态平衡环境，达到"两利俱全，十倍禾稼"鱼蚕兼取的经济效果。也带动了江南缫丝等加工工业发展，已发展成一种完整的、科学化的人工生态系统。

（四）"用粪犹用药"古代的粪药说

　　古代，我国劳动人民从种植实践中已经知道利用一些物质作为肥料以提高谷物产量。西周（公元前11—前6世纪）的《诗经》中有"荼蓼朽止，黍稷茂止"的记载，到了战国时期（公元前475—前221年）更有除草肥田的记载，西汉时期（公元前202—8年）多用蚕屎和人粪肥田，汉代的《氾胜之书》中谈到肥料的种类已经有蚕矢（shǐ）、骨汁、粪便，已有施用基肥和追肥的记载，以后的书上把基肥叫做垫底，追肥叫作接力。魏晋时期，豆科作物苕草作绿肥已见诸记载。到南北朝时期，又增加了旧墙土、草木灰、厩肥等，其后像石灰、骨灰、食盐、硫黄、石膏、卤水等，在不同的地区曾经有当作肥料施用的。唐宋时期出现了踏粪法，利用家畜制造厩肥，宋朝陈旉则主张用粪池和粪屋来收集肥料，元朝《王祯农书》中首次对肥料的种类进行了分类。将肥料分为苗粪、草粪、火粪、泥粪四大类。苗粪和草粪相当于现代人们说的绿肥，不过一个是人工种植的，一个是野生的；火粪，即人工烧土；泥粪，即河泥。清朝杨双山在《知本提纲》中则依据不同的肥料及其酿造方法，将肥料分为十大类，即人粪、牲畜、草粪、火粪、泥粪、骨蛤灰粪、苗粪、渣粪、黑豆粪、皮毛粪等。而有意识地种植绿肥则见于北魏贾思勰著的《齐民要术》（公元6世纪），积制厩肥也见于该书，在施肥上提出要注意时宜、土宜和物宜。时宜是指"寒热不同各应其候"，例如春天用人畜粪，夏天利用草粪、苗粪和泥粪，秋用火粪；土宜是指"随土用粪如因病下药"，例如阴湿地要用火粪，沙土地用草粪和泥粪，高燥地用猪粪；物宜是指"物性不齐当随其情"，例如种麦和粟要用黑豆粪和苗粪，种瓜种菜要用人粪等。

　　古代的粪药说是中国传统农业成就和精华，施肥已是农事的重要组成部分，古人有时将种地称为"治地"，这个"治"如同我们今天所说的"治病"的"治"。治病人的方法有很多，有理疗的，有食疗的，更多的就是药疗，即人们经常说的"对症下药"。如果拿治病来做比喻的话，治地中所用的耕、耙、耖、耮、锄、锋、耩等则属于是理疗的范围。据考古考证，甲骨文中就已有施肥的萌芽。战国时期，人们就明确地提出："掩地表亩，刺草殖谷，多粪肥田，是农夫众庶之事"。可见施肥已是农事的重要组成部分，甚至有人提出："积力于田畴，必且粪灌"。《周礼》中有土化之法，根据不同性质的土壤，选用不同的肥料来加以改良，称为"粪种"。在此基础上，宋朝发展出了"粪药说"。粪药说最早见于宋朝的《陈旉农书》，书中有"沤制圈肥的方法""粪壤之宜篇"提出："土壤气脉，其类不一，肥沃硗埆，美恶不同，治之各有宜也……虽土壤异宜，顾治之得宜，皆可成就。"而治的关键在于用粪，当时人们把依据土壤的不同性质而用粪来加以治理称为"粪药"，意思就是用粪如同用药。

首先，下药讲究对症，用于施肥实践中，人们最初考虑的症状是土壤的性质，不同性质的土壤需要施用不同性质有肥料。《周礼》中开出的处方是："骍刚用牛，赤缇用羊，坟壤用麋，渴泽用鹿，咸泻用貆，勃壤用狐，埴垆用豕，彊㯺用蕡，轻㹥用犬"。这个处方在17世纪明朝宋应星《天工开物》中看到了一个实际的使用例子。书中"稻宜"提到"土性带冷浆者，宜骨灰蘸秧根，石灰淹苗足"就是一个典型的因土施肥的实例。"土性带冷浆者"指的是冷浸田或冷浆田，一般都是山区洼地，水土温度比较低，属酸性土壤，骨灰含磷较高，属于磷肥，用以蘸秧根，符合酸性土的需要。石灰属于碱性，用来淹苗根，可以中和土壤中的酸性以改良土壤。对症下药，因土施肥的思想到了清朝又有所发展，人们在考察"症状"时，不仅仅看土壤，同时还要看气候和作物等。这就是《知本提纲》中所谓的施肥"三宜"即时宜、土宜和物宜，时宜讲究"寒热不同，各应其候"，土宜要求"随土用粪，如因病下药"，而物宜强调"物性不齐，当随其情"。

其次，药有生熟之分，生药含有毒草性，一般要经过炮制加工，以去除毒素，粪亦如此，有些肥料在未经腐熟之前使用，不仅无益，反而有害。例如，麻枯（芝麻榨油之后所留下的渣饼）和大粪（人粪尿）即便如此，宋朝的陈旉发现，麻枯是一种很好的水稻育秧肥料，但使用起来难以掌握，弄不好还会损坏庄稼，因此，需要细细捣碎，然后与火粪等一起掩埋在窖窖之中，就如同制造酒曲一样，等到它发热长出像鼠毛一样的东西以后，就要将中间热的摊开放在四周，四周冷的放在中间，这样三四次之后，直到不发热的时候为止，才可以使用。大粪也是如此，如果未经腐熟，不仅损庄稼，还"损人脚手，成疮痍难疗"。因此，"必先以火粪久窖掩乃可用。"到现在也还流传有冷性肥、热性肥的说法。

再次，用药时，药量的多少，剂量的大小也很有讲究。"庄稼一枝花，全靠肥当家"，战国时期人们就知道这个道理，因此，提出了"多粪肥田"的方法，但事有不必，施肥有时并非多多益善，在实际生产中人们就经常能看到"粪多之家，每患过肥谷秕"，肥多生产出来的却是秕谷，有些作物品种对肥料多少非常敏感，例如明朝一个名为"早白稻"的品种，这个品种"米粒粗硬而多饭"，产量较高，特别是其出饭率和饭后的耐饥程度较高，因此，深得农民的喜爱，种植面积较广，但这个品种有个毛病，"肥壅不易调停"，即施肥难以掌握，"少壅不长，多壅又损苗"，如何做到恰到好处，这就有个用粪量的问题。元朝在《王祯农书》的"粪壤篇"中提出："粪田之法，得其中则可，若骤用生粪，及布粪过多，粪力峻热，即烧杀物，反为害矣。"

第四，用药的时机。用药讲究时候，所以有早晚服用，还是饭前饭后服用的区别。施肥更是如此，用之于播种之前，称为基肥，古人称为"垫底"，用之于播种之后，称为追肥，古人称为"接力"。垫底因在播种之前，使用起来比较好掌握，因此，古人多主张用基肥，多粪肥田很多情况下是指基肥而言。但接力却不同，明朝农学家沈氏说："盖田上生活，百凡容易，只有接力一壅，须相其时候，察其颜色，为农家最要紧机关。"沈氏提出了看苗施肥的追肥原则，指出水稻追肥必须在处暑之后，水稻孕穗，苗色发黄时进行，切不可未黄先下。他的这一主张，在中华人民共和国成立后被陈永康发展为"三黄三黑"论。

我国古代的陈旉《农书·粪田之宜篇》："用粪犹用药也。"《黄帝内经》中因时、因地、因人制宜的医病原则与陈旉因时、因地、因物制宜的施肥原则一致。

（五）家畜阉割技术的发明"一刀割断是非根"

中华民族最古、最悠久的畜禽阉割术的历史悠久，源远流长，阉割也称"去势"，阉割术是给家畜除去生殖功能而使其变得温驯，从而易于饲养管理和促进其生长的手术，通常是指破坏其生殖的主要器官——性腺，即睾丸或卵巢。古代阉割术的发明，目的是使家畜易于驯服和驾驭，便于肥育，改善肉质，提高经济价值。

早在公元前11世纪的殷墟卜辞中便有关于家畜阉割的象形文字的记载，表明中国是世界上应用阉割技术最早、最广的国家。中国的民间阉割技术，虽然在殷商时期（公元前17—前11世纪）便已出现，但对阉割效果的认识、阉割适龄的选择以及阉割技术的改进，则是在实践中经过历代演进而日趋完善的。例如《周易》有"豮豕之牙，吉"的记载，表明当时已认识到阉割可以改变雄猪的劣性；又如《礼记》中有"豚曰腯肥"之语，也直接提出了阉割后的猪，可起到易长易肥的效果。公元6世纪时，贾思勰在《齐民要术》一书中，把阉割的效果归结为"骨细肉多"，明确地指出了阉割的重要性。清乾隆六年（公元1741年），杨屾在《豳风广义》中提出阉割可提高其经济利用价值，起到选优去劣的作用。《齐民要术》中，有"60日后犍"的记载，即当时提出了仔猪出生后两个月为阉割适龄期。到1760年，张宗法在《三农纪》一书中提出，公猪阉割月龄为一个月，母猪为两个月。《华佗神医秘传》分别提出"马生后半年至一年，牛生后六月至九月，羊生后一月"为阉割适龄。日本学者川田熊清曾专门研究过我国古代马的阉割术，认为世界上马的阉割，以中国为最早。1976年中国河南省一座一千八百多年前汉朝的墓葬中，发掘出一块石刻"扰龙阉牛图"，真实而形象地记录了阉牛方法，阉牛也发展为只阉割睾丸。

清朝张宗法《三农纪》中有"豚生，雄者一月去其势，雌者两月其蕊"的记载，更加明确提出了母猪阉割卵巢。明朝朱权《臞仙神隐书》中有"骟马、宦牛、羯羊、阉猪、镦鸡、善狗、净猫"等记载。在畜牧文化的历史遗存中，家畜阉割术，尤其是马、牛阉割术的产生与发展，不仅为畜牧业生产作出过很大贡献，对于农业与社会经济发展更是功不可没。我国的家畜阉割术在中兽医史上具有不可忽视的地位，而且该技术在世界兽医史上也处于前列。

羯羊就是被阉割后的公羊，这样的羊失去了交配能力和功能，羯羊的肉质鲜美、有轻微的膻味。草原上人们都俗称羯羊为羯子。在羊羔青春期到来之前阉割去势，使其失去公羊的雄性本能，沿着不公不母、不阴不阳、绵软顺从的成长轨道发育。羯羊不具备公羊的彪悍与雄伟，失去了与母羊交配繁育的功能，一心一意跟随羊群觅食成长，羯羊若在草地散养俗称草膘羊，因其不用饲料喂养、运动量大而使其肉质细嫩，这也是羯羊肉更好吃的原因。

（六）古代动物杂交育种技术

运用杂交技术在我国有着悠久的历史，我们的祖先很早就将杂交优势用于动物生产。先秦时期，我国北方少数民族地区的游牧民族就利用马驴杂交产生杂种后代骡子。骡一般指公驴和母马杂交后所生的种间杂种。体型较大，像马，叫声似驴，耳长，鬃毛和尾毛则介于马和驴之间，俗称"马骡"。蹄小，四肢筋腱强韧。不仅耐粗饲料、耐劳，抗病力及适应性强，而且挽力大并能持久。故适于拉车和驮物，骡极少有能繁殖后代的；例如，是公马和母驴杂交后所生的种间杂种，体形似驴，故俗称"驴骡"。骡长得比驴大，又比马强壮，它的力量表现在腰部。而它后面盆骨不能开合，所以一般不能产子。骡作为役畜的出现，远晚于马和驴。中国在2 400～2 500年前的春秋战国时期虽已有骡，但当时被视为珍贵动物，只供王公贵戚玩赏用。至宋朝尚不多见。明朝以后方大量繁殖作为役畜。秦汉统一后，原产于西北地区的驴骡大量引进到中原地区，促进了内地驴骡业的发展和对驴马杂交优势认识的提高。

中国古代的动物杂交不仅运用于马驴之间，还用于其他动物的育种。例如，牦牛和黄牛的杂交，家鸡和野鸡的杂交，番鸭和麻鸭的杂交，以及家蚕雌雄之间的杂交等。

牦牛原是一种凶猛的野牛，在青藏高原被驯化后，成为藏族人民最重要的家畜。

在藏族和周围各族的交往之中，他们引进了黄牛品种，然后与当地牦牛杂交，产生了犏牛。牦牛与黄牛合，则生犏牛的记载，最早见于明朝叶盛的《水东日记》，但唐朝就已有了犏牛的记载，相信在唐朝以前，藏族地区就已使用了这种杂交优势。犏牛保留了牦牛的优点，但比牦牛性情更温顺，肉味更鲜美，产乳量更高，驮运挽犁能力更强，对气候变化的适应性也胜过牦牛。因此深受藏族人民的喜爱。

（七）古代的节水农业——抗旱耕作

《孟子·告子下》："舜发于畎亩之中。"《论语·泰伯》也提到夏禹"致力于沟洫"。早在尧舜时期我国北方地区就出现了一种以保持土壤在适合种子发芽和作物生长的湿度为核心的抗旱耕作方法——畎亩法。畎是沟，亩是垄（挖掘沟渠时泥土翻到两旁形成高于地面的埂），有沟必有垄，两者密不可分。畎亩法也就是一种垄作法，这种耕作法对于土地的利用包括"上田弃亩，下田弃畎"两种方式。一般高地都比较旱，将作物种在沟里，便于抗旱。

魏晋时期我国的旱地耕作体系逐步形成，出现了代田法（起垄种）、区种法（沟窝稼种）、溲种法（种子包衣）等先进的抗旱栽培技术，北方已形成了以耕、耙、耱、锄相结合的防旱保墒耕作体系。这是我国土壤耕作史上最环保的抗旱技术。促进了农业产量的提高，我国的旱地耕作体系开始走向成熟，农书《齐民要术》记载了当时北方旱作农业的先进技术，明朝中叶，地处黄土高原西部的甘肃省陇中、青海省等地西北寒流旱风影响，昼夜温差在 20 ℃以上，年均降水量 300 mm，蒸发量却达 1 500 mm，系典型的大陆气候，兼备一般干旱和半干旱地区自然条件的不利因素。在长期的抗旱实践中，人们为了保证出苗而创造性地发明砂田栽培技术。

人们利用遮蔽覆盖等措施，尽可能保证种子萌发、出苗率、成苗率，并在作物生长期内始终发挥覆盖保墒作用，砂田技术正是适应着这种特殊环境的需要而产生的；农民们在田面上铺一层厚 7～10 cm 的大小不同的石砾，然后播种、耕耘、收获；这样的砂田栽培可以说是特殊的覆盖栽培。首先，覆盖于地表的砂石颗粒，对降水有很好的截留作用，保证雨水能最大限度地渗入土壤中，避免大雨倾注造成的地面径流；砂石本身质量大，有较强的黏着力、凝聚力，可以保护耕层沃土不被雨水冲刷；同时又可制止土壤颗粒受大风卷扬造成的风蚀现象，兼收蓄水、保土、保肥、保墒作用。田上覆盖一层砂石，降低了土壤失水面的高度，避免了太阳辐射和空气流动引起的土壤水分的散失。此外，砂田还有压碱、保温、改良土壤、免耕等作用。砂田是人类与干旱长期斗争的产物，它丰富了干旱和半干旱地区蓄水保墒的经验，也体现着我国人民改造自然的伟大气概、坚强毅力和聪明才智。

（八）与水争田，与山争地——围田和梯田

土地是农业生产的基本生产资料。农业起源之后，土壤肥沃，植被较好，水源方便，自然条件较好，适合于农业种植的土地首先得到了开发和利用，随着农业生产中不太适合农耕的土地，经过一定的改造，使它种上庄稼。围田和梯田便成为人们增加耕地面积的成功范例。

围田，又叫作圩田。圩，即堤的意思。围田、圩田就是筑堤以绕田的意思。长江中下游地区，许多地方由于临近江河湖海，地势低洼，容易被水淹浸，不利农作，于是需要筑堤挡水于是有圩田的出现。春秋末年，以越族为主体建立的吴国和越国，就在长江下游的太湖地区开始围田了，当时的苏州城附近都有大片围田的分布。楚灭越以后，春申君在吴国故地继续发展围田。至秦汉时期又进一步推广。围田的大规模发展在唐宋以后。之后围田已不是简单地筑圩围水，还有河渠、门闸等水利设施。加上这些水利设施之后，筑圩的作用已不再是简单地挡水，还可以在干旱时开闸引江水进行灌溉，使圩田成为旱涝保收的稳产高产田，给农民带来很大的利益。

圩田的规模一般都比较大，每一区圩田方圆都达数十里至数百里，规模较小的圩田，叫作"柜田"，柜田和围田一样，通过修筑围堤来保护农田免受洪水之害，它的特点是比围田小，围堤的四面都有排水口，形制上如同柜子，这样便于耕种；遇有水荒时，由于规模较小也便于采取办法；加固加高围堤，拒绝外水流入，田内积水也可以排干，而且由于规模较小，修筑起来也比较方便一些。

宋朝出现的"苏湖熟，天下足"的谚语，便与圩田的发展分不开，因此，苏州、湖州一带正是圩田最为集中的地区。明清时期，圩田更由长江下游向长江中游发展，在鄱阳湖和洞庭湖流域都有大片圩田（在洞庭湖地区称为"垸田"）的分布，使得这些地区成为新的粮食供应基地，出现了"湖广熟，天下足"的说法，至今，圩田地区仍然是水稻的主产区。

梯田是在山区丘陵区坡地上，筑坝平土，修成许多高低不等，形状不规则的半月形田块，上下相接，像阶梯一样，有防止水土流失的功能。梯田最早起源于何时不得而知，有人认为《诗经》中的"阪田"就是原始型梯田。唐朝云南省部分地区的少数民族已经开发出了梯田。这样梯田用山泉进行灌溉，能够做到旱涝保收。梯田之名，始见于宋朝，南宋诗人范成大在《骖鸾录》中记载了他在袁州（今江西省宜春市）所看到的丘陵山坡上都是水稻田，一层一层地直到山顶上，称为梯田。梯田，自唐宋时期出现以后，一直沿用至今。

元朝王祯不仅给出了梯田的概念，而且还最早总结了梯田的修造方法。根据王祯的记载可以看出，梯田的开辟分为三种情况，一是土山，这种情况只需要自下而上，

裁为重磴，即可种艺；二是土石相半，有土有石的山，就必须垒石包土成田；三是如果山势非常陡峭，似乎就不能按照常规去开辟梯田，则只好"耰土而种，躔坎而耘"。

梯田由于地势较高，主要依靠天然雨水灌溉，因此，有的地方称梯田为"雷鸣田"。由于靠天吃饭，一旦天不下雨，或雨季提前、滞后，都容易造成干旱，为了利用有限的水源，宋朝以后人们也采取了一定的措施，这便是修筑陂塘，选择地势较高，而水源又相对集中的地方，按照约十亩即拿出二三亩的比例，开挖池塘，用以蓄水。池塘的堤岸要求高大些，而池塘里面则要求深广，这样做有许多好处。首先，池塘深广，可以容纳更多的水，为梯田提供灌溉水源，发大水时，也不至于泛滥成灾。其次，高大的堤上，可以种植桑、柘，桑柘可以系牛。牛在夏天时可以得到凉荫，而堤经过牛的践踏而坚实，桑、柘又可以得到牛的粪便等。除修筑陂塘以外，还采用高转筒车引水上山来解决梯田缺水问题，有时山势太高，一架筒车还不能将水运到目的地，便用两架筒车来接力，在两架筒车之间开挖一个池塘。由于水源问题得到了解决，梯田得到了很大的发展，同时营造梯田可以跟挖塘、筑堰、垒坝结合起来，这便出现了"水无涓滴不为用，山到崔嵬犹力耕"的情景（北宋泉州知府朱服的诗中的描写）。

从而巧妙地将垦山、用山跟治水、治土结合起来，创造出一条开发、利用山地的途径。解决梯田干旱办法还有选择生育期短的品种种植，宋朝时期的"高田早稻""占城稻"就是两个早熟而又耐旱，它的种植可以解决"高仰之地"稍旱即水田不登的问题。而早熟稻引进的意义又远远超出了梯田本身。

在云南省红河州有一千三百多年历史的哈尼梯田，哈尼人的村寨都建在半山腰，村寨的上方，有茂密的森林作为水源地，村寨的下方是梯田。森林中渗出水流，通过自成一体天人合一的灌溉网络通向村庄，再流入梯田，最后，再以田为渠流向河谷。在长期的历史发展中，梯田成了哈尼人赖以生存的物质基地。哈尼梯田的壮观、美丽和梯田建造与维护中的巧夺天工令世人瞩目，而云南省哈尼人的宗教习俗、乡规民约、民居建筑、节日庆典、服饰歌舞、饮食文化等，也无不以梯田为核心，处处渗透出天人合一的梯田生态文化理念。

湖南省新化紫鹊界梯田成形已有两千年历史，起源于先秦、盛于宋明时期，是中国苗、瑶、侗、汉等多民族历代先民共同劳动结晶，是山地渔猎文化与稻作文化融化糅合的历史遗存，是古梅山地域突出的标志性文化景观。鹊界梯田山有多高，田有多高，水就有多高，这里没有一口山塘、一座水库，也无须人工引水灌溉，天然自流灌溉系统令人叹为观止，国家水利专家评价其可与都江堰和灵渠相媲美，把这种自流灌溉系统称为"世界水利灌溉工程之奇迹"。2018 年 4 月 19 日，中国南方稻作梯田（包括广西龙胜龙脊梯田、福建尤溪联合梯田、江西崇义客家梯田、湖南新化紫鹊界梯田）

在第五次全球重要农业文化遗产国际论坛上获得了全球重要农业文化遗产的正式授牌。

（九）现代包衣种子的先声

追根溯源，种子包衣技术最早源于中国，《氾胜之书·种谷篇》中记载的粪衣种子就是世界最早的包衣种子制作。记载了西汉陕西省关中平原民间流行的包衣种子制作法："骨汁粪汁溲种。锉马骨牛羊猪麋鹿骨一斗，以雪汁三斗，煮之三沸。以汁渍附子，滤汁一斗，附子五枚，渍之五日，去附子。捣麋鹿羊矢等分，置汁中熟挠和之。候晏温，又溲曝，状如后稷法，皆溲汁干乃止。若无骨，煮缲蛹汁和溲。如此则以区种，大旱浇之，其收至亩百石以上，十倍于后稷。此言马蚕皆虫之先也，及附子令稼不蝗虫，骨汁及躁蛹汁皆肥，使稼耐旱，终岁不失于获。"

王充所著的《论衡·商虫篇》说："《神农》《后稷》藏种之方，煮马屎以汁渍种者，令禾不虫"。故，后来是用马粪煮汁浸种后的干燥种子贮藏法。包衣种子的起源成书于公元前3世纪（战国初期）的《周礼·地官·草人》记载："掌土化之法以物地，相其宜而为之种。凡粪种醉刚用牛，赤堤用羊，坟壤用鹿，咸泻用粗。勃壤用狐，谊沪用豕，疆荣用贾，轻爨用犬。"这种"粪种"是我国开始用畜粪或麻子拌种作为种肥的记录。这是包衣种子的先驱而非种子包衣的播种法。《齐民要术》在卷一《种谷第三》中有两段引文记述了种子包衣的技术要领和作用。一段作为栽粟的方法，另一段作为区田种粟的方法。据此可知，包衣种子在当日用于粟类小粒种子的处理有效。

（十）古代养蚕技术

中国是世界上最早植桑、养蚕、缫丝、织绸的国家，蚕丝已成为中国古老文化的象征。殷代甲骨文中不仅有蚕、桑、丝、帛等字，而且还有一些和蚕丝生产有关的完整卜辞。据甲骨文学家胡厚宣的研究指出，有的卜辞上记载，叫人察看蚕事，要经过九次占卜。可见蚕桑在当时是一项非常重要的生产事业。甲骨文中还有关于蚕神和祭祀蚕神的记载，当时人们为了养好蚕，用牛或羊等丰厚的祭品祭祀蚕神。

河南省安阳殷墓、山东省苏埠屯出土有形态逼真的玉蚕、铜器上附着有丝织物的痕迹或绢丝断片，有蚕做装饰花纹的，大量事实说明，丝织品在当时社会经济生活中已经成为货物交换的中间媒介。要生产大量的丝织品，只有靠发展人工养蚕，才能提供足够的蚕丝原料。周朝起栽桑养蚕已经在我国南北广大地区蓬勃发展起来。丝绸已经成为当时统治阶级衣着的主要原料。养蚕织丝是妇女的主要生产活动。《诗经·豳风·七月》提到蚕桑："春日载阳，有鸣仓庚。女执懿筐，遵彼微行，爰求柔桑。"意思是春天里一片阳光，黄莺鸟儿在欢唱。妇女们提着箩筐，络绎走在小路上，去给蚕采摘嫩桑。这生动地描绘了当时妇女们采桑养蚕的劳动情景。周朝已经大面积栽种桑树。《诗经·魏风·十亩之间》中有"十亩之间兮，桑者闲闲兮"的诗句，意思是十亩桑园绿树间，采桑人儿多悠闲。这说明春秋时期桑树已经成片栽植，而且一块桑田有十亩之大。在战国时期铜器上的采桑图中看到古代劳动妇女提篮采桑的生动形象，当时栽种的有乔木和灌木两种桑树。据《诗经》《左传》《仪礼》等古书记载，当时蚕不仅已经养在室里，而且已经有专门的蚕室和养蚕的器具。这些器具包括蚕架（"栱"或"槌"）、蚕箔（"曲"）等。由此可见，到殷周时期，我国已经有了一套比较成熟的栽桑养蚕技术。

1. 桑树技术

战国时期的《管子·山权数篇》记载："民之通于蚕桑，使蚕不疾病者，皆置之黄金一斤，直食八石，谨听其言，而藏之官，使师旅之事无所与。"汉代《蚕法》《蚕书》《种树藏果相蚕》这些蚕桑古籍都已经失传了。《氾胜之书》《齐民要术》《秦观蚕书》《豳风广义》《广蚕桑说》《蚕桑辑要》《野蚕录》《樗茧谱》《山左蚕桑考》等书籍记下历代劳动人民栽桑养蚕的丰富经验。

西周时期，人们就利用撒种播，来繁殖桑树。直到公元 5 世纪南北朝时期，压条法已经应用在桑树繁殖上。《齐民要术》中记载压条法繁殖新桑树，比用种子播种缩短了许多生长时间。宋元时期起我国南方蚕农发明了桑树嫁接技术，它对旧桑树的复壮更新，保存桑树的优良性状，加速桑苗繁殖，培育优良品种，至今仍在生产中发挥着重大的作用。

桑叶是家蚕的主要食料，桑叶的品质好坏，直接关系到蚕的健康和蚕丝的质量，人们很早就发明了修整桑树的技术。早在西周时期就已经有低矮的桑树，《氾胜之书》记载有地桑（鲁桑）的栽培方法，第一年把桑葚〔为桑科植物桑树的果穗（果子），可以扦插成苗〕和黍种合种，待桑树长到和黍一样高，平地面割下桑树，第二年桑树便从根上重新长出新枝条。这样的桑树，低矮便于采摘桑叶和管理。更重要的是这样的桑树枝嫩叶肥，适宜养蚕。贾思勰在《齐民要术》中引用农业谚语，对地桑（鲁桑）作了肯定的评价："鲁桑百，丰绵帛，言其桑好，功省用多。"著名的湖桑就是源于鲁桑，两宋时期起人们已把北方的优良桑种鲁桑应用嫁接技术引种到南方。人们以当地原有的荆桑作为砧木，以鲁桑作为接穗，经过长期实践，逐渐育成了鲁桑的新类型"湖桑"。湖桑的形成，大大促进了我国养蚕业的发展。桑树修整技术不断发展提高，桑树树形也不断变化，由"自然型"发展为高干、中干、低干和"地桑"，桑树树形由"无拳式"发展为"有拳式"。质量优良的桑叶，只能在新生的枝条上产生，通过修整，剪去旧枝条，可以促使新枝条发生。新生枝条吸收了大量的水分、养分，使叶形肥大，叶色浓绿，既增加产量，又提高叶质，这就有利于养蚕生产。这也是我国古代劳动人民的独特创造。19 世纪后半叶，日本人也根据我国《齐民要术》和其他蚕桑古籍的记载，把桑树培育成各种形式。

2. 养蚕技术

秦汉时期，人们发现适当的高温和饱食有利于蚕的生长发育，可以缩短蚕龄；反过来就不利于生长发育，并且要延长蚕龄。历代蚕农都非常重视控制蚕的生活的环境条件。《齐民要术》第五卷中专列"种桑柘第四十五（养蚕附），讲到桑柘的种植技术和桑的品种"；载有在蚕室四角置火加温来调节蚕室温度的办法，"火若在一处，则冷热不均""数人候看，热则去火"。金末元初的《士农必用》也提出幼蚕时蚕室要暖些，因为那时天气还很冷；而到大眠之后，就必须凉些，因为那时天气已经热了。《务本新书》说："风雨昼夜总须以身体测度凉暖。"养蚕的人只穿单衣，以自己身体做比较："若自己觉寒，其蚕必寒，便添火；若自觉热，其蚕必热，约量去火。"在一般情况下，人体的舒适的环境温度和蚕所需的生活温度大致相近，以人体的冷热感觉来调节蚕室温度，基本上是合理的。《王祯农书》中对幼蚕期蚕室生火，体测冷热，一眠后卷窗帘通风，夏日门口置水瓮生凉气等，都有详细记载。

制备蚕种，是养蚕生产的一个重要环节。《礼记·祭仪》中有"奉种浴于川"的记载，可见早在两千多年前，人们就已经知道用清水浴洗卵面保护蚕种。后来更发展用朱砂溶液、盐卤水、石灰水以及其他具有消毒效果的药物来消毒卵面，例如，南宋《陈旉农书》记载："至春，候其欲生未生之间，细研朱砂调温水浴之。"这种临近蚕卵孵化的时候所进行的浴种，对预防蚕病是很有意义的。因为通过浴种，把卵面消毒干净，蚕孵出以后，就不会有病菌侵袭蚕蚁（幼蚕）。有许多病菌，如微粒子病原虫和脓病毒，都是经过食道传染的。孵化的时候，蚕蚁都要咬去一部分卵壳才能出壳。如果卵面上带有这些病菌而又没有消毒，那么蚕蚁咬壳的时候就非常容易感染这些疾病。

古人认为选种对养好蚕有两种意义，一是可以淘汰体弱有病的蚕种，二是使第二代蚕的生长发育时间和速度一致，便于饲育和管理。选种包括选卵、选蚕、选茧、选蛹、选蛾四项。但是最初人们选种的时候并没有完全包括这四项。《齐民要术》说："收取茧种，必取居簇中者。近上则丝薄，近下则子不生也。"只是提到要选取"居簇中"的茧留作种。蚕农已注意蚕种的选择，宋朝时期人们已从各个角度来判断如茧的质量，成茧的时间和位置，蛾出茧的时间，蛾的健康状态，以及卵的健康状态等，来选取种茧、种蛾和种卵。到清朝，人们更注意到了选蚕，他们知道只有"蚕无病，种方无病"。通过层层的严格选种，淘汰了大量有病或体质虚弱的蚕种，这样就提高了第二代蚕的体质，增强了它们对疾病的抵抗力，同时还在一定程度上防止了微粒子病原虫和脓病病毒通过胚子传染给子代蚕。

（十一）人工嫁接技术

嫁接是我国劳动人民在生产实践中首先创造的一项农业技术，两千多年前的《周礼》中有关于"连理木"的记载。所谓的"连理木"就是自然接木。两株靠得很近的树由于并靠得很紧，树皮擦伤后愈合在一起，形成连理枝。土壤内的根也可生长在一起形成根连理。在自然接木启示下，人们将两株植物结合在一起，发展出了嫁接技术，因而最早出现的是靠接法。

浙江省绍兴会稽山古香榧群于 2013 年被列为全球重要农业文化遗产。香榧属红豆杉科榧属，是古代人工嫁接培育而成的唯一栽培种，至今已有两千多年的栽培历史。

公元前 1 世纪西汉的氾胜之所著的《氾胜之书》提到："下瓠子十颗，既生长，长二尺余，便总聚十茎一处，以布缠之五寸许，复用泥泥之，不过数日，缠处便合为一茎。留强者，余悉掐去，引蔓结籽。籽外之条亦掐去之，勿令蔓延。"这是我国有关草本植物嫁接的最早记载，（这是《氾胜之书》中记载的人工选择技术实例）。是同种植物间的靠接，目的是生产大瓠，果熟后作容器或水瓢。此外，北魏贾思勰的《齐民要术》、唐朝韩鄂的《四时纂要》、南宋初年韩彦直《橘录》（又名《永嘉橘录》《橘谱》）、明末元初的《士农必用》、明朝《二如亭群芳谱》、清朝《花镜》等都有详细描述。

香榧是我国独有的珍贵经济生态树种，两千多年前的浙中北，会稽山脉，绍兴先民种榧造林，挑选野生榧树中的优质个体，通过人工嫁接培育出集食用、药用、油用、材用等用途于一身的优良经济树种"香榧"。聪明的先民们还在林下间作杂粮、蔬菜、茶叶、牧草等，既保持水土、涵养水源，又降温增湿、调节气候。

第四节　传统农业的耕作措施

一、古代的农耕方式

（一）原始社会刀耕火种

原始社会的农业曾是不断迁移的、没有固定的地方，后期才定居下来进行农耕，主要的耕作方式就是刀耕火种，用石器砍伐树木的枯枝和根茎，并将其晒干焚烧后得来的灰烬撒到土地上，给土地增肥，从而能够用于种植。但原始社会占据人们日常生活主要部分的还是传统的采集和狩猎，农耕定居的思想并没有深入人们的观念，走到哪，便生活到哪，居无定所。景颇族是中国古代最早实行刀耕火种的民族之一。

（二）商周时期的耒、耜

商周时期，石器制作的耒、耜成为人们进行农业生产的重要工具，用于耕作中翻整土地，使土质松软，便于播种庄稼，达到耕种的目的。之后，随着农业的发展，耒、耜发展成犁，更好地翻整土地，农业生产的效率得到了一定的提高，也反映了当时的人们开始逐步对农业生产重视，人们对自己的衣食住行有了新的改观，安居乐业成了人们生活中一种新的观念。在商周时期，畜牧业开始发展起来，并且开始了人工养淡水鱼。

（三）春秋战国时期的铁犁牛耕

铁犁牛耕是我国古代农业的最主要生产方式，在春秋战国时期开始出现。牛耕技术的使用，是人类社会从原始时代过渡到文明时代的一个标志，而冶铁技术的提高也加快了铁犁的普及程度。铁犁牛耕地耕作方式不仅促进了生产力的发展，也加快了井田制瓦解的过程。在汉朝时期，铁犁已有犁壁，能起翻土和碎土的作用，更加有利于农业的生产。

（四）汉朝的耧车和垄作法

耧车是一种畜力条播机，是西汉时期的赵过发明的农用工具，至今已经有了两千多年的使用历史，西汉赵过制作耧车，可以用来播种大麦、小麦、大豆、高粱等。

垄作法，是西汉时期的农业科学家赵过，总结西北地区的抗旱经验所推广的一种耕作方法，到了汉朝时期，垄作法又发展为更加先进的"代田法"，这种方法是总结前人经验加以改进而推广的又一新的耕作技术，它是将土地开成一条条宽深各一尺的"沟"和"垄"，第一年把庄稼种在"沟"里，在垄上种草积肥，随着作物的生长，不断将两边垄上的土铲下来为作物壅根；第二年在垄上种植作物，在沟上种草积肥，这是低作与高作的结合，依次交换进行耕种。这种方法不仅仅能够让土地有足够的时间去积累肥力，同时也能够防止风灾、旱灾，而且合理地利用了土地，起到稳产作用，增强了西汉的经济实力。但垄作法实行起来要求较高，需要在大规模的农田内才可以实行，而古代大部分农民都是拥有一些零零散散的土地，满足不了条件，导致垄作法并没有被采纳使用很长时间。

（五）三国时期的龙骨水车

龙骨车，别名翻车、马钧水车、龙骨水车，它距今有一千八百年，是世界最早的水车。汉朝中国劳动人民创造的一种机械提水工具，一种木制的水车，带水的木板用木榫连接或环带以戽斗汲水，多用于人力或畜力转动。在东汉开始出现，三国时期的机械制造家马钧对此进行了改进，并能更好地运用于农业生产当中龙骨水车一般称为"翻车"，也有人称为"水车"。这是一种通过排水进行灌溉农田的机械装置。因为它的形状就像龙的骨骼一样，所以被人们总称为"龙骨水车"或"龙骨车"。最初的水车是靠人力进行转动，费时费力，人力成本和时间成本高，后来经过劳动人民的不断探索和改进，水车逐步摆脱了人力和时间的束缚，开始转向物力、风力和水力。现在的水车一般不再用于农田的生产，但具备了一种观赏价值。

（六）唐朝的曲辕犁、筒车

唐朝时期人们发明了曲辕犁。曲辕犁，又称江东犁，曲辕犁由 11 个用木头或金属制作的部件组成。曲辕犁一直沿用至清朝。曲辕犁采用机引铧式犁的方式，与传统的犁有着很大的不同，使犁架变小变轻，而且便于调头和转弯，操作灵活，节省了人力和畜力。晚唐出现的江东犁，标志着我国耕作农具的成熟，极大促进了生产力的发展。

筒车与龙骨水车功能相类似，它是唐朝时期出现的一种提水灌田的工具。筒车可以利用湍急的水流转动车轮，使装在车轮上的水筒，自动戽水，提上岸来进行灌溉，摆脱了对人力的束缚，可以用水力进行替代，在一些比较落后的地方，技术没有那么发达，有时也会用牲畜作为拉力。

翻车和筒车是我国古代用于灌溉的两大类水车，翻车，即龙骨车，已知最早的记载是在《后汉书》中，隋唐时期，随着江南圩田的发展，翻车在南方获得推广。筒车，主要在我国西南地势高低相差较大，有湍急水流的地区流行。

（七）塘浦圩田系统、宋朝的踏犁和犁刀

古代太湖地区劳动人民在浅水沼泽，或河湖滩地取土筑堤围垦辟田，筑堤取土之处，必然出现沟洫（指田间水道）。为了解决积水问题，又把这类堤岸、沟洫加以扩展，于是逐渐变成了塘浦。当发展到横塘纵浦紧密相接，设置闸门控制排灌时，就演变成为棋盘式的塘浦圩田系统。宋朝范仲淹在《答手诏条陈十事》中描述道："江南旧有圩田，每一圩方数十里，如大城，中有河渠，外有闸门，旱则开闸引江水之利，潦则闭闸拒江水之害，旱涝不及，为农美利。"

宋朝发明了踏犁和犁刀用于平整耕地。宋元时期的《种莳直说》中第一次记载了耧锄。这是一种用畜力牵引的中耕除草和培土农具。使用耧车工具进行播种，能同时完成开沟、下种、覆土三道工序。一次播种三行，行距一致，下种均匀，大大提高了播种效率和质量。

（八）明清时期传统农业的耕作栽培技术

明清时期，北方旱地耕作形成了浅—深—浅耕作法，在南方水田耕作中深耕通常在八九寸，有的甚至达到二尺余，为此，出现了套种的耕作方法，深耕多选择在冬至之前的晴天进行，以起到冻土晒垡的作用。晒垡指使已经被犁翻起来的土在阳光下暴晒，能改善土壤结构，提高土壤温度，有利于种子发芽和根系生长。晒垡适应南方旱

地作物的需要，针对南方许多地方地下水位高，且又多雨的特点，开沟作畦，已成为一项很重要的技术措施。

明清时期，对于肥料的作用有了更加深刻的认知，肥料的种类和积制方法也得到了发展，主要的肥料有厩肥（养猪、养羊积肥）、熏土、泥肥、饼肥、磷肥（骨灰和灰粉）、绿肥等，在肥料的加工方面，出现了煮粪和粪丹，煮粪是将粪在锅里煮熟，粪丹则是配制混合肥料。施肥的方法在《沈氏农书》中提出了著名的"看苗施肥"技术，《沈氏农书》是中国明末清初反映浙江省嘉湖地区农业生产的农书，《沈氏农书》大约是明崇祯末年（公元 1640 年前后）浙江省归安（今浙江省吴兴县）佚名的沈氏撰写。

最能代表明清时期耕作栽培技术的要数"亲田法"，亲田法是明朝人耿荫楼在《国脉民天》中提出的，他综合了区田法和代田法的某些特点，即在大块土地选出小块土地进行人力和物力的倾斜投资，以夺取小块土地的稳产、高产，以后逐年轮换，还可以起到改良土壤的作用。

明清时期，棉花和甘薯的栽培管理技术得到了总结，棉花在宋末元初传入中原地区以后，到明朝已成为主要的衣着原料，与此同时，棉花的栽培管理技术日益完善与改进。甘薯从明朝中期传入中国以后，人们解决甘薯的无性繁殖技术、甘薯越冬贮藏技术，通过多种的育苗和扦插方式技术，使甘薯栽培在其传入之后，种植技术很快趋于成熟，因此，甘薯种植得以普及、推广、应用。

明清时期，很多地区的蚕桑业出现了"衰废不举"的现象，但在杭嘉湖地区及珠江三角洲，蚕桑业却随着商品经济的发展，而日益繁荣起来。

二、传统耕作法

传统耕作法可用机械、畜力或人力进行土壤耕作，创造有一定深度的疏松的耕层，并与耙、压、耱等表土耕作措施相结合，协调耕层（有时包括底土层）三相比的关系。

（一）犁耕

犁耕是用犁具将土壤翻转或进行深松土的作业，是大多数耕作的首要作业。耕翻后使土壤变松，提高了土壤的通气、透水、蓄水保墒能力，增加了根系活动和吸收水肥的范围。有利于翻压在土壤中的作物残茬、杂草和有机肥的腐烂和分解，起到除草肥田、改善土壤养分状况的作用。秋耕一般宜早、宜深，以利蓄水保墒和下茬种植。冬耕晒垡，通过冻融交替，促进土壤风化。春耕宜早宜浅，紧接着耙、耱、镇压作业，减少漏风跑墒。

（二）耙地

农田翻耕后，利用各种表层耕作机械平整土地的作业。其所用农具称耙，元朝

《王祯农书》记载有方耙、人字耙、耢和耖等耙地农具。现代常用的类型主要有圆盘耙、钉齿耙和水田星形耙、平田耙等几种类型。耙地的目的是可以破碎土块，使表土细匀平整，破坏地表结皮，起到疏松表土作用，切断土壤毛细管，保蓄水分，防止盐分随水上升到地表。并可增加地温作用，同时具有平整地面、掩埋肥料和根茬及消灭杂草等作用。北方常于早春季节进行顶凌耙地。南方稻区有干耙和水耙之分。干耙在于碎土；水耙在于起浆，同时也有平整田面和使土肥相融的作用。

（三）中耕

中耕是指作物生长期间对作物株行间对表土进行疏松耕作的措施。其主要做法即松动作物根部周围土壤，同时锄掉杂草，深度 3 ～ 10 cm。中耕是我国传统的精耕细作栽培体系的重要组成部分，其作用是疏松表土层、切断土壤水分蒸发散失的通道、破除板结、增加水的透水率，增加土壤通气性、减少土壤水分蒸发量，调节土温和减少蒸发等。雨季临近时进行中耕，使土壤疏松、活土层增厚，能显著提高土壤蓄水保墒能力；蓬松的表土层有利于缓解早春低温危害，促进好气微生物活动和养分有效化、去除杂草、促使根系伸展、调节土壤水分状况。

中耕的时间和次数因作物种类、苗情、杂草和土壤状况而异；在作物生育期间，中耕深度应掌握浅—深—浅的原则。即作物苗期宜浅，以免伤根；生育中期应加深，以促进根系发育；生育后期作物封行时，前则宜浅，以破除土壤板结为主。植株繁茂，一季作物中耕 3 ～ 4 次，中耕通常与锄草结合在一起，因此，中耕既可清除杂草又可将杂草翻入土中，使之成为有机肥料；故，农业谚语中有"锄头底下有水、有火、有肥"，作物生育期中在株行间进行的表土耕作。中耕的工具采用机引中耕机、畜力牵引的耘锄、人力操作的手锄、大锄、齿耙和各种耕耘器等工具；这几种工具各有其作用和功能，应根据作物、土壤和生产条件来选择。

（四）镇压

利用重力作用于土壤表层的耕作措施，镇压可压碎压实表层土壤，增加毛管作用，具有保持土表湿润的作用，进行镇压的时间可在播种前或播种后；当土壤过于疏松或有土坷垃架空而作物种子较小时，宜进行播前镇压，既能保证播种均匀，又利于破土出苗。种子较大而出苗较易的作物，实行播后镇压，可使种子和土壤紧密接触，有利于种子吸水发芽；此外，镇压必须在地面较干燥时（比适耕时的含水量稍低）进行，否则会使土壤板结。

镇压可以压碎坷垃，压紧表土，压平地面，减少大孔隙，防止漏风跑墒又可以接通毛细管，起到提墒作用。同时，镇压还可以提高土壤的导热性。一般除播前整地进行镇压外，各种作物播种后也都要进行适当镇压，使种子与土壤接触紧密，以利于种子吸水发芽。镇压要看土壤质地和墒情，例如，砂性土墒情差则宜多压、重压，以利于提墒保墒，黏性土墒足时不宜镇压，以免土壤压紧板结；冬麦地在冬前和早春镇压可以压碎坷垃，压紧裂缝，防止跑墒，减少冻害。

（五）培土

培土，又称补土，也称壅土；利用机械将作物行间的土壤壅到作物体根部的措施。结合中耕向植株基部壅土，或培高成垄的措施，称培土。多用于块根、块茎和高秆谷类作物。以增厚土层，提高地温、覆盖肥料和埋压杂草，有促进作物地下部分发达和防止高秆作物倒伏的作用。

土壤干旱时中耕可切断表土毛细管，过早或壅土过高会妨碍次生根发育，也是调节土壤水分状况的重要手段。

（六）作畦

畦是用土埂、沟或走道分隔成的作物种植小区。作畦有利于灌溉和排水。作畦是表土耕作措施的一种，即在土壤经过翻耕、碎土耙平后，依照地形、气候、土壤性质及种植作物种类的不同，把地面做成各种不同形状的畦，以利于作物的种植。

分为平畦、高畦。畦的高度在 10 cm 以下的叫平畦，高度在 30 cm 以上叫高畦。北方地区，冬季寒冷干旱，为了减少土壤水分蒸发、便于防寒覆盖和浇水防旱，采用平畦栽培；而南方地区雨水多、土质黏，为便于排水防涝，增强土壤透气性，促进根系生长，多采用高畦栽培。

不同地区，作畦的形式要根据当地具体情况而定，雨水少且需进行畦灌的地区，要作平畦高埂；雨水多或地势较低的地方，应采用高畦、深沟，要使棚内外的围沟、腰沟、墒沟三沟配套，同时在干旱时，也能进行沟灌；地势低，排水差的地方，宜用南北畦、窄畦，畦宽 1 m，长 20 ～ 35 m，每畦两行为一架；地势高或坡地，可采用南北畦，畦宽 2 m，长 20 ～ 35 m，每畦栽四行为二架。

（七）起垄

垄是田间作为畦与畦之间的土埂，以作为畦的分隔，那么起垄就是整垄的过程。把犁插入土中，用畜在前面拉犁，犁过之处，划出一道沟，回过头来再平行划出下一道沟，沟之间即起一条垄。农业中的起隆，其实也叫起垄，也就是垄，是个象形字，下面是土，上面是龙，也就是很长，有脊背，起垄其实就是在种植方面的一种耕作方法，比如种菜，菜地是一垄一垄的，就是中间高和平，两边或者周边低，一是有利于排水，二就是有利于松土和植物生长。

起垄栽培能接触到更多的光照，增强作物的光合效率，增加土壤的通透性，提高地温，促进根系下扎，提高吸水吸肥能力，灌水、排水都比较方便，更省人工。在高于地面的土埂（田中土垄）上栽种作物的耕作方式。华北、东北和内蒙古等地多用于栽培玉米、高粱、甜菜等旱地作物，其他地区主要用于栽培甘薯、马铃薯等薯芋类作物。垄由高凸的垄台和低凹的垄沟组成，其优点：垄台土层厚，土壤孔隙度大，不易板结，利于作物根系生长；垄作地表面积比平地增加 20 %～30 %，昼间土温比平地增高 2～3 ℃，昼夜温差大，有利于光合产物积累；垄台与垄沟位差大，利于排水防涝，干旱时可顺沟灌水，以免受旱；垄台能阻风和降低风速；利于集中施肥。垄的高低、垄距、垄向因作物种类、土质、气候和地势而异。作垄方法有整地后起垄和不整地直接起垄以及山坡地等高起垄。播种方法主要有两种，其一，耙种：用耙播种。耙是一种特制的开沟播种农具，由耙架和耙芯组成。耙架为四方形立体的空架，操作时跨于垄上，畜引向前滑行。耙芯下端为铁制铧，用以在垄台中央开播种沟，种子点播于沟内并结合施肥、盖土和镇压。其二，扣种：用畜力犁一边起垄，一边播种。作业较粗放，常用以播种大豆，近年已为机械垄播或扣种所代替。此法在东北地区应用很广，适合播种高粱、大豆、粟、棉花等作物。

（八）翻地

翻地是指使用犁等农具将土垡铲起、松碎并翻转的一种土壤耕作方法。通称耕地、耕田或犁地。在世界农业中的应用历史悠久，应用范围广泛。中国在两千多年前就已开始使用带犁壁的犁翻耕土地。翻耕是指把土地进行铲起、打散、疏通等把土地变得平整松散，是农民耕种最初步的一个过程，翻耕可以让种子在土壤中得以呼吸和容易生长，翻耕也是南北方惯用了几千年的耕种方法，也是南北方唯一统一的耕种方法。

传统翻耕不足之处在于，其一，翻耕使湿土裸露，加快了土壤水分的散失，不利于保墒，尤其在春旱情况下。其二，翻耕加速土壤有机质的氧化分解，导致土壤有机质含量下降；其三，翻耕需要较大动力投入，加大农业生产成本；其四，长期翻耕容易形成犁底层，造成土壤紧实，影响土壤的通透性等；其五，在干旱、半干旱地区的青海省河湟地区，翻耕后的田地土壤裸露，容易造成土壤风蚀，导致土壤肥力退化，形成沙尘暴，破坏生态环境。

第五节　保护传统农业耕作技术与经验

一、对传统农业耕作技术与经验实施有效保护

在传统农业文化遗产保护工作中，对传统的育种、耕种、灌溉、排涝、病虫害防治、收割储藏、农产品加工贮藏等农业生产经验及生产工具进行调查和梳理，摸清家

底，利用口述史、文字描述、视频资源、多媒体技术等方式，将传统的农业生产技术全面地记录下来并以此传承下去是我们保护工作的重中之重。作为传统农业生产经验实质，它所强调的是天人合一和可持续发展。它在尊重自然的基础上，巧用自然，从而实现了对自然界的零排放。我们需要做的第一件工作就是深入调查，摸清家底，利用口述史、多媒体技术等方式，将流传了数千年之久的农业生产技术全面地记录下来、传承下去。

二、对传统农业生产工具实施全面保护

农具是农民在从事农业生产过程中用来改变劳动对象的器具。就不同的地域、环境、农业生产而言，使用的农具又有各自的适用范围与局限性。

传统农业生产工具犁、耙、耱、耕、耖，耧车、瓠、秧马，铁锄、耘耥、桔槔、辘轳、翻车、筒车，捏刀、镰刀、短镢、稻桶、礴碌、梿枷（脱粒用的工具）、簸箕、晒篮、扫帚、铡草机、篮子、木扬锨、风扇车，杵臼、石磨盘、踏碓、磨、砻、碾、棉搅车、纺车、弹弓、棉织机，担、筐、驮具、车，斧、锛、耒、耜、铲、锸、镐、铁锹、连叉、高跷等代表着一个时代或是一个地域的农业科技化发展水平。传统农耕技术所使用的基本动力来自自然，几乎可以做到无本经营。它在满足农村加工业、灌溉业所需能量的同时，也有效地避免了工业文明所带来的各种污染和巨大的能源消耗。我们没有理由随意消灭它，也不应该简单地以一种文明取代另一种文明。我们的任务是保护、研究和发展它。在有条件的地区，可以通过兴办农具博物馆的方式，将这些农具保护起来。这种专题博物馆投资少，见效快，搜集容易，是保护农业文化遗产的一种比较有效的手段。

三、对传统农业生产制度实施有效保护

农业生产制度是人类为维护农耕生产秩序而制定出来的一系列规则（包括以乡规民约为代表的民间习惯法）、道德伦理规范以及相应的民间禁忌等，它的建立为人类维护农业生产秩序发挥了重要作用，历史已经证明，只有农业生产技术，而没有一套完备的农业生产制度，农业生产是不可能获得可持续发展的。

中国传统农业在春秋战国、秦汉时期已逐渐形成一套以精耕细作为特点的传统农业技术，在其发展过程中，生产工具和生产技术尽管有很大的改进和提高，但就其主要特征而言，没有发生根本性质的变化；中国传统农业技术的精华对世界农业的发展有过积极的影响；我们应重视、继承和发扬传统农业技术，使之与现代农业技术合理地结合，对加速发展农业生产、建设农业现代，具有十分重要的意义。

四、对传统农耕信仰等实施综合保护

农耕信仰是维系传统农耕秩序的支柱，没有农耕信仰，农业文明就不能持续稳定发展；出于对超自然神秘力量的崇拜，中华先民通过祭祀活动来满足生产生活需要，获得神明佑护。

在青海省河湟地区如谁家打桩盖房，首先要在开土动工的地方，铲上几锹煨上桑烟摆上祭食，其意义是告知"土地爷"，请求"土地爷"保佑。倘若没有这些仪式，"土地爷"就会发怒的，就会将打起的墙推倒，盖起的房倾斜，甚至倒塌。青海省玉树等地从事农业生产的藏族群众也认为如触犯地神，庄稼将遭霜冻。他们往往以煨桑、祈祷、请喇嘛念经等方式对地神予以礼敬。青海省土族地区人民视开犁春耕为大事，在备耕之前，必须择好破土耕种吉日，举行一定的开耕仪式，叫作"拍春"。举行仪式时，在耕牛的犄角上串上油饼，额头上挂彩红或黄表纸，在近门口的一块地里驾犁耕一圆圈，圆圈内再犁"十"字，便犁成了个"田"字。然后，撒一把麦种，并在"田"字中心点香烧纸，叩头祷告，以求当年五谷丰登，平安如意。在青海省土族的纳顿节表演"庄稼"节目中也有焚化香表即黄表（指祭祀时烧化的黄表纸），象征性地向土地神祷告等重要仪式。在土族日常习俗中，如见小孩受到惊吓，父母从受惊吓的地方抓一点土放入小孩口袋，防止丢魂。青海省的撒拉族认为大地是有生命的，小孩如用木棍击地，会受到老人的禁止。青海省汉族、土族等民族的祖坟当中，在已故祖先坟茔外，在最早已故祖先的后方设有厚土的石碑或一个较小的土堆。青海省许多汉族和回族，离开家乡时都要带一抔土，在异乡感到水土不服时，在茶壶中放一点冲服。青海省少数回族朝觐或国外经商归来，一踏上祖国领土，便俯下身躯亲吻土地，或用额头碰触土地。青海省蒙古族认为"天是我的腾格里父，地是我的大地母"。在敬献"德吉"习俗中，首先向天、地、祖先供奉"德吉"之后，再向在场的不论老幼都要敬献"德吉"。罗卜桑悫丹《蒙古风俗鉴》中也记载"这个舒斯（全羊宴）的切分祭礼是第一块向天献祭，第二块向地洒祭，第三块向宝尔罕（祖先—佛祖）酒祭"。在青海省多民族民俗中，由于受宗教信仰和地理环境的影响，对土地的尊奉发生了历史演变，与国家认同、对祖先历史的记忆、家乡思念等意识紧密联系在了一起。

对传统农业文化遗产要抱有更加宽容的态度，农业信仰是农业民族的心理支柱。这些神灵在维系传统农耕社会秩序、道德秩序方面，都曾发挥了十分重要的作用。没有信仰做依托，传统农耕文明就不可能实现稳定发展。

农业文明常常与农业信仰有关，这些信仰的存在对于维系社会秩序，净化人类心灵，保护大自然等都发挥着十分重要的作用，我们在继承农业文化遗产时，必须将"俗信"与"迷信"严格区分开来，只要利大于弊，我们都应予以保护。

五、对当地独有、特有农作物品种实施有效保护

国以农为本，农以种为先。作为品种的"芯片"，农业种质资源是种业原始创新的基础，农业种质资源的保护与利用更是保障国家粮食安全和重要农产品有效供给的基础条件。在经济全球化的今天，随着优良作物品种的普及，农作物品种呈现出明显的单一化倾向。从好的方面来说，这种优良品种的普及，为我们提高农作物单位面积产量奠定了基础。从"青藏高原"中被发掘的珍贵地方资源各具特色，品质优良，保护青海互助八眉猪、乐都沙果、贵德长把梨等，将在地方产业发展、科研育种领域和传统文化的传承中担当着重要角色。据青海省农业农村厅获悉，截至2021年，青海省从33个普查县征集农作物种质资源869份，抢救性收集古老地方品种和珍稀濒危野生植物等种质资源870份；从4 208个行政村收集保存畜禽遗传材料1万余份，推进国家作物种质资源青海复份库建设，泽库羊被评为全国十大优异畜禽遗传资源。但从另一方面看，农作物品种的单一化，不但为农作物病虫害的快速传播创造条件，同时也影响了当代人对农产品口味的多重选择，更为重要的是农作物品种单一化还会影响到全球物种的多样性，从而给人类带来更大灾难。为避免类似情况发生可以考虑在建立国家物种基因库保护农作物品种的同时，还应明确地告诉农民有意识地保留某些农作物品种，为今后农作物品种的更新留下更多的种源。

青海省将持续推进全省农业种质资源普查行动，摸清家底，形成全省统一的农业种质资源目录，科学评估资源特征特性、稀有程度和濒危等级，进行分级分类分区保护；加快省级农作物种质资源库（圃）、青藏高原优良牧草种质资源库、畜禽遗传资源基因库和水产种质资源基因库、牦牛、藏羊性能测定中心建设，创建种质资源管理与共享平台，加快列入国家畜禽遗传资源品种名录保种场建设，逐步建立农业种质资源原产地和异地保护相结合、活体保护和遗传材料保存互为补充的保护体系。

第三章
农耕社会与游牧社会

第一节　农耕社会

一、农耕社会的概念

我国大约在前一万年就已进入新石器时代的中晚期，就开始进入了农耕社会。仰韶文化在公元前 5000—前 3000 年是中国黄河中游地区重要的新石器时代文化，在黄河流域中游的各支流的台地上，这里有排水良好而又肥沃的黄壤，及适中的雨量和气温，为原始农业发展创造了较完备的条件。实现从渔猎向农耕的过渡，但农业生产尚未固定，居住地也未固定；随后的龙山文化，则已经有了较大的村落，制作器物也表现出较高水平，社会组织也较为固定的严密。由此可见，农耕社会就是通过原始的农业耕作的不断繁衍而形成的赖以生存的社会。

迄今为止，人类社会发展经历了三种社会形态，一是以狩猎采集为主要生产方式的狩猎采集时代，二是以农业耕作为主要生产方式的农耕时代，三是以工业生产为主要生产方式的工业时代。狩猎采集时代是漫长原始社会时期，发生在距今 50 000 ～ 10 000 年。农业在距今 10 000 ～ 6 000 年发生，但人类真正进入农耕时代，则是距今四千年前，至今，地球上的大部分地区仍然还处在农耕向工业时代过渡的阶段。

农耕社会是指以农业耕作为主要生产方式的社会形态，是一种以体力为主，以自然生态作为对象的手工劳动方式。在农耕社会中，人们黏附于土地上，通过手工劳动的方式，利用自然中的动植物来实现再生产，从而是获得物质资料。农耕运用有生命的（人、畜）动力或工具作用于同样有生命的劳动对象上，或者是植物、动物或者是孕育生命的土地、河流，由此实现生活与社会的延续与发展。农耕生活的特点是春播秋收，所以农民随着定居的农耕生活，就出现了最初的城市中心。最初的城市往往都是一些庙宇，最初的城市中心都是庙宇中心。所以有人提出，人类的文明是在祭祀鬼神的活动中间产生出来的。生活在南方从事农耕生活的人们，文明程度和文化水平比较高，所以在很长时间里，成为北部游牧民族入侵对象。游牧民族因为骑马，机动性强，而且因长期追逐、打猎，所以比较剽悍善战，野性强，又能够吃苦耐劳，一般都是北方的游牧民族入侵南方的农耕世界。

农耕社会可以说它是一种封闭、自足、依靠简单的谋生手段，不需要文化也可以生存的社会。按照"马斯洛需求层次论"的观点，农耕社会的人们普遍处于低层次需求状态，也即满足生理需求层面的生存状态。虽然农耕社会后期也出现了巫术及巫术派生出来的文字，以及再后来的儒释道法、"上帝""真主"等学说和宗教教义，但农耕社会对人类整体文明进程的贡献微乎其微。农耕社会，通俗点说就是"一头牛，一亩三分地，老婆孩子热炕头"的生存、生活形态。有人说"贫穷限制了人们的想象力"，其实是缺乏交流、交换，信息闭塞限制了人们的想象力；没有想象力就没有创造力。

二、农耕社会的形成

（一）世界农耕地带的形成

自人类历史以来，大约在一万年前开始产生了农耕和畜牧，这两种方式成为维持人类生存的基本生产需求。世界上先后出现了几个各具特色的农耕中心，最早的是西亚，在美索不达米亚周围地带，这里的居民最早驯化了野生麦类，发展为种植小麦、大麦的农耕中心；其次是包括中国在内的东亚和东南亚。中国的黄河流域培育了小麦；中国长江以南以至东南亚、印度恒河一带，则以培育水稻为特色。另外一个种植玉米的中心是墨西哥；秘鲁有可能成为另一个种植玉米的中心；还有撒哈拉沙漠以南的非洲内陆，科学界认为极有可能独自发展成为新的农耕中心。农耕中心形成以后，则缓慢地向易于农耕的地方发展。经过几千年后，就欧亚大陆而言，中国由黄河至长江，印度由印度河至恒河；西亚和中亚由安那托尼亚至伊朗、阿富汗及欧洲至地中海沿岸，都先后成为农耕和半农耕地带。这个地带横贯于亚欧大陆两端之间，形成一个偏南的长弧形。史学界称此长弧形地带为农耕世界。农耕最初是与畜牧结合的。在欧亚大陆，易于农耕的地带基本偏南，即从东到西形成了农耕世界。

（二）农业的起源和农耕社会的形成

农业起源于新石器时代，距今已有一万年的历史，如今，世界上的许多主要农作物，如小麦、大麦、水稻、玉米、甘蔗、亚麻、棉花和多种蔬菜、豆类等，都是在很早以前的原始社会就开始被人们种植了，是劳动人民付出了无数的艰辛，运用超凡的智慧，才使人类延续下来。全球农业的起源并不相同，如东亚范围内，农业不是单一的起源，它与畜牧共同发展，然后往四方传播扩散；西亚和中美洲的农业是各自独立起源。

就目前所依考古学证据看，中国南方和北方（不止黄河流域）早期形成了差异很大的两个农业体系（稻作、粟黍类旱作），农耕社会形成是差不多一样早的。早在中国北方旧石器时代晚期至全新世初期（距今 40 000～30 000 年至距今 9 000 年）的采集狩猎的流动人群中，对狗尾巴草等野生植物资源的利用就已经开始，到新石器定居社会产生的同时，以黍类为主，粟类为补充的植物取食结构就相当普遍，从内蒙古赤峰兴隆沟遗址到磁山——裴李岗文化，再到甘肃秦安大地湾遗址（距今 8 500 ～ 6 000 年），基本贯穿整个北方地区。猪的驯化大致也发生在这一时期。到仰韶中期（距今 6 000 年左右）以后，整个北方地区在环境适宜的范围内均转入以粟为主的旱作农业形态，肉食主要来自家猪，水稻（来自南方）、小麦（来自西亚、中亚）、大豆（本地栽培）等先后被纳入北方农业体系，在商时期形成了五谷组合的混合农业体系。同时粟、黍对外传播至西伯利亚、朝鲜半岛、中亚、川西和青藏高原等地。

　　中国南方也是在旧石器时代晚期开始对野生稻资源的采集和利用，例如，江西省万年仙人洞、湖南道县玉蟾岩，全新世初期的浙江省上山遗址（距今 10 000 ～ 8 500 年）可能已有栽培稻。距今 9 000 ～ 7 000 年，长江中游的彭头山文化、长江下游的小黄山和跨湖桥遗址、淮河上游的贾湖遗址、南阳盆地的八里岗遗址、山东省的后李文化等，都开始栽培利用野生稻资源，有的可能已经完成驯化，但是稻类资源在农业经济中并未占有重要地位，采集经济（坚果资源以及野生淡水资源如菱角、芡实等）仍是主要食物来源。距今 7 000 ～ 6 000 年，长江以北之前出现稻类遗存的地点相继中断，黄淮地区逐步纳入北方农业发展进程，转入以粟作为主的经济模式。长江中游的大溪文化发现了目前最早的古稻田，长江下游地区的稻属遗存更加普遍，包括高邮龙虬庄遗址、太湖的马家浜文化、宁绍平原的河姆渡文化等。稻属资源在食物中所占比例有所增加。距今 6 000 年以后，稻属植物在长江中下游明确完成了驯化，并且在地域上大为扩展，向北几乎扩及整个仰韶文化区，向西南进入成都平原和云贵地区，向东南进入广东省、福建省和台湾省。稻作农业体系完全建立，规模也逐渐扩大，例如良渚文化早期出现犁耕，晚期出现大型水田系统。与稻作精耕细作同步发展的，还有园艺经济，如葫芦、甜瓜等瓜果类品种的驯化。另外，获取肉食资源的方式在相当长的时间里一直以狩猎和捕鱼为主，饲养家猪的地位远不如北方重要。

　　农业起源和农耕社会的形成也不完全等同，早期农耕和更早的狩猎采集经济并非完全替代的关系，农业在经济和社会中的重要性的增加表现为一个逐步发展的曲折过程，经历了至少数千年之久。

三、农耕社会的特征

（一）农耕社会的自然性

　　在农耕中，最重要的是自然。一方面，人类生活赖以延续的一切资源都从自然中产生，人类要向土里讨生活，向山林求生存，农耕劳动本质上就是一种面向自然的劳动，农民们必须常年面对自然、利用自然、改造自然、适应自然，这种农耕劳动可以说是一种人、天交融的劳动，人们受自然环境的影响甚至超过受社会环境的影响。另一方面，人们是按照自然的方式进行生活和劳动创造的，自然是人类生活的范本。动植物有生长、发育、成熟的生命周期，时令有春夏秋冬的季节周期，太阳、月亮有升起落下的运行周期，这一切都是不可更改、必须遵循的。因此，在农耕社会，无论是人们维持生命生存的资源还是其社会生活，都会受到自然的限制，人类是在自然中对自然的学习与模仿中成长起来的。根据斯图尔德的生态人类学理论，在农耕社会中，由于与自然的这种密切关系，由生计模式而形成的文化核心，在农耕社会中表现出特别强大的功能。

我们从三个方面理解，一是自然的结构与人类社会的结构存在相当的一致性，如自然中生物的聚落形式构成了生物的多样性，而人类的聚落形式也决定了文化的多样性，农耕社会的村落居住形式是人类聚落形式的典型代表，人们是因自然而自然聚落到一起的。二是农耕社会中，人类生活和人类社会运行的节奏与自然的节奏有着高度的一致性，自然节奏的舒缓、从容、规律性在农耕社会的生活中得到鲜明表现，人们以自然的方式而生活，人类按照自然的方式来安排人类的生活，自然为人类生活提供时序、季节、气候、光照、温差等元素都对人类的生活直接产生影响，生活中的一切文化创造与实践都自然而然地体现出明确的自然原生性。三是农耕社会中，自然作为一种背景性存在影响和决定着的人们的生活与思想，对于自然的崇拜是自然而然的，尤其是农耕社会的早期，自然崇拜是一种普遍的思想观念，社会的神话、信仰、习俗、仪式、歌谣等就在这种自然崇拜中形成和奠基下来。

（二）农耕社会的稳定性

在以自然经济为主的农耕社会，满足人们生存需要的唯一手段就是耕种土地，向土地和自然界索取生活资料，人们必须黏着在土地上，对于农耕社会而言，土地本身无论它的耕种、它的实际占有会有多大的障碍，也并不妨碍把它当作活的个体的无机自然，当作他的工作场所、当作主体的劳动资料、劳动对象和生活资料。土地是农耕社会的"无机自然"是社会生活中不可或缺的一部分，因而，也就培育了农耕社会安土重迁的文化品格，历史学家冯天瑜说："农耕民族国家是在土地这个固定的基础上，在农业经济发达的前提下建立起来的因而具有稳定性。"这种稳定性决定农耕社会是一个安土重迁的社会，"这种安土重迁的习性，使华夏——汉族在几千年间养育出保守性和受容性极强的文化形态。他们因为必须附着在小片土地上周而复始地精耕细作，无以产生强烈的创新的开拓欲望，故而发展了保守性；又由于农耕人安居一地少有退路及转徙之处，只得在故土安之若素地接纳各种外来文化，从而发展了受容性"。

农耕社会的这种稳定性对于农耕社会的延续和文化都有决定性的影响。一是农耕社会黏着于土地的形态就使对于土地的耕作成为生存和生活的中心信仰、习俗、礼仪等无一不是由耕作而派生和衍化得或多或少、直接或间接地打上农耕的印记，也正是这个意义上，我们将原生态文化界定为农耕社会时代的文化形态。二是农耕社会的稳定性为文化的传承、文化的积淀和文化形成传统提供了前提。农耕社会的耕作是借助于生命动力（人或畜）对于土地的耕作，是一种手工体力劳作和手工技术的形式，其节奏是缓慢的、形式是朴拙的，后一代人从前一代人那里获得生产、生活知识，从前一代人那里传承文化，整个社会处在一种"前喻"化时代，经验和传统具有特别重要的价值和意义，也正是农耕社会文化上的这种"前喻"性，使农耕文化在代代相传中，保持了一种很好的延续性，每一代的文化都是对上一代文化的继承，同时，也为下一代留下了传统。农耕时代的文化一样处在变迁中，但其变迁的节奏是缓慢的，能够很清晰地勾勒出其变迁的轨迹，发现其世世代代相沿袭的传统；而到了工业化时代，这种相沿袭的传统出现了断裂文化的原生态特性丧失。原生态文化就应该是指发生于"前喻"化的农耕时代，一代一代传承下来的自然形态的文化。三是农耕社会的稳定性是黏着于土地的稳定性，因而，由对土地的耕作而建立起来的生活和文化，就始终保持土地的稳定性，像土地一样深厚、沉稳、朴拙，体现对于土地的祈祷、赞美，对于耕作的歌颂、祝福，只要农耕的生产方式存在，农耕文化就有厚实的基础。

（三）农耕社会的自给性

从社会生存发展的立场看，耕作是一种经济行为，通过对于土地的耕作而获得生活资料和生存资源，在农耕社会中人们对于土地进行耕作，其目的就是获得维持自身生存和生活的资源，而不是为了进行交换。这种自给自足的经济形式，决定农耕社会是一个自给的社会，自给性是农耕社会的重要特征。两千多年前，孟子就对农耕社会自给自足的生活进行了诗意的描绘："五亩之宅，树之以桑，五十者可以衣帛矣；鸡豚狗彘之畜，无失其时，七十者可以食肉矣；百亩之田，勿夺其时，八口之家可以无饥矣。"五十岁以上的可以穿丝绸，七十岁以上的可以吃肉，全家可以吃饱饭，这是孟子所期望的农耕社会自给自足的生活。《颜氏家训·治家篇》中，也为我们描绘了这种自给自足的农耕生活："生民之本，要当稼穑而食，桑麻以衣；蔬果之蓄，园场之产；鸡豚之善，坊圈之所生；爰及栋宇、器械、樵苏、脂烛、莫非种植之物也。至能守其业者闭门而为生之具以足。但家无盐井尔"。农耕社会的这种自给性不一定是土地赋予的，但一定是附着在土地上的。土地资源的有限性和生产力发展水平的有限性，决定农耕社会必然采用自给自足的经济方式。学者王沪宁《当代中国村落家族文化》一书中："资源总是制约着社会选择组织形式，一个社会没有足够的资源总量，它就只能选择较为古老和简单的组织形式。资源总量的多寡与生产力发展水平密切相关：生产力发展水平越高，社会的资源总量就多；生产力发展水平低，社会的资源总量就寡。资源的概念，首先包括各项生产必需的资源，然后包括各项高一层次需求的资源。长期以来乡村最低层次的资源——衣、食、住、行都是贫弱的。随着人口的增长，逐渐增加的资源总量被过大的人口基数平均掉，结果资源总量还是相对缩减。"一方面，自给自足的经济方式是一种古老而简单的经济方式，这种经济方式下生成的文化显然更多地体现出一种原生性，反映文化形成时的那种原初状态。另一方面，在自给自足的社会中各种人群聚落自成一个相对独立的聚落体，通过聚落的形式满足生活与生产的所需，聚落与聚落之间有一种封闭性，不能向另外的聚落取得满足，这就构成了聚落与聚落间的文化差异，同时，聚落内部人们是通过某种文化取向聚集在一起的聚落中的人群之间总是有着这样那样的文化联系，尤其是血缘上的联系，例如家庭、家族、宗族、宗亲等，这就构成了农耕社会中地缘与血缘错落的差序结构。血缘是纵向地决定了农耕社会身份性特征，构成了农耕社会的长幼尊卑秩序，表明其生物学上的特征；地缘是横向地形成了农耕社会的空间观念，中心与边缘就代表了空间距离的远与近，表明其地理上的特征。在农耕社会发展的中早期地缘其实是血缘的投影不分离的，"生于斯、死于斯"把人和地的因素固定了，血缘和地缘的合一是社区的原始状态。血缘与地缘的这种差序格局，反映了农耕文化的古老性特征和多样性形态——血缘，是古老氏族文化的遗留，地缘则是对血缘文化的一种反动文化的差异通过地缘得以实现和体现。

四、农耕社会的意义

（一）农耕社会是文明社会最重要的标志

文明是历史长河沉淀下来的精华，增强人类对客观世界的适应和认知、符合人类精神追求、能被绝大多数人认可和接受的精神财富、发明创造。汉语"文明"一词，最早出自《易经》，曰"见龙在田、天下文明"。在现代汉语中，文明指一种社会进步状态，与"野蛮"一词相对立。文明与文化这两个词汇有含义相近的地方，也有不同。文化是指一种存在方式，有文化意味着某种文明，但是没有文化并不意味"野蛮"。文明是人类所创造的财富的总和特指精神财富，例如文学、艺术、教育、科学。包括物质文明、精神文明，是人类社会发展到较高阶段并具有较高文化的状态，是人类思想和思维方式由原始愚昧转变为先进思想和思维方式的产物或结果。

农业发展是古代文明形成的根本原因，不唯如此，中国自古以农立国，农业一直是古代文明社会发展的基础和动力，这是我们在文明问题的研究中无法回避的。传统农业社会中生产方式以铁犁牛耕为主要方式，精耕细作；以一家一户为单位，男耕女织的生产形式，但经营规模小；以满足自家的基本生活需要和缴纳赋税为生产目的；这种自给自足的小农经济，也是中国传统农业社会生产的基本模式。农耕社会是靠原始的农业耕作而赖以生存、延续的社会。虽然伴随有少许的手工业和商品交换，但仍以农耕占主导地位的社会形态。农耕社会的基本特征是自给自足的自然经济，具有狭隘的地方性，区域间彼此闭塞；它以农为本，小型手工业、商业及集镇等只是作为补充而存在；各个以农为本的地区之间，也可以发生不同程度的交往，并且发生不同程度的影响。

　　农耕文明起源于母系氏族繁荣期，是指以农耕生产为主的一切物质财富与精神财富的总和（包括农耕技术、石器、陶器生产，定居方式、自然崇拜与祖先崇拜等方面内容）。陕西省西安半坡聚落与浙江省余姚河姆渡聚落均属农耕文明阶段。"聚落"一词与以往称为"氏族"不同。"聚落"就是早期人类的定居地。"氏族"又称"氏族公社"，是按血缘关系组成的比较固定的社会群体（集团）。聚落从地域意义上说，它应包含着很多氏族，半坡居民和河姆渡居民可能是由若干个氏族组成的一个大公社、一个大的聚落。陕西省西安市半坡聚落与浙江省余姚市河姆渡聚落有共性，也有其各自的特性。共性是两者都处于大致相同的发展阶段，属母系氏族阶段；都是以农业生产为主要经济形态，兼有饲养、渔猎、采集等经济活动；都会建筑房屋，过着定居生活；都会使用和制作磨制石器和陶器。相异之处是地理环境不同，建筑房屋的特点不同，农作物不同，陶器制作的风格不同。因此，半坡聚落反映了北方半干旱地区农耕文明的特点，是黄河流域母系氏族文化的代表；河姆渡聚落反映了南方湿润地区农耕文明的特点，是长江流域母系氏族文化的代表。

　　农耕文明出现的标志是使用磨制石器，农耕文明是指由农民在长期农业生产中形成的一种适应农业生产、生活需要的国家制度、礼俗制度、文化教育等的文化集合。中国的农耕文明集合了儒家文化及各类宗教文化为一体，形成了自己独特文化内容和特征，其主体包括国家管理理念、人际交往理念以及语言，戏剧，民歌，风俗及各类祭祀活动等，是世界上存在最为广泛的文化集成。

　　人类在上百万年的历史里，一直生活在一个依赖自然的农耕社会。那时没有电灯，没有电视，没有收音机，也没有汽车，更没有手机和网络。人们只能在臆想的神话故事中用"千里眼、顺风耳"和腾云驾雾的神仙，来寄托自己的美好愿望。于是古人便创造了《山海经》《上古神话演义》《淮南子》《封神演义》《聊斋志异》《济公传》等有文字记载神话故事的典籍，中国神话产生的基础是远古时代生产力水平低下和人们为争取生存、提高生产能力而产生的认识自然、支配自然的积极要求。神话故事展现了中国古代人们对天地万物天真、朴素、真诚、美好的艺术想象，反映了人们对美好生活的向往和追求。中国神话故事在民间口耳相传，它的神奇、瑰丽，反映出无穷的艺术魅力。我国上古神话传说中最著名的英雄神是黄帝。至今，我们还自称是炎黄子孙，就因为黄帝与炎帝都对历史的进步起过推动作用。在现代人看来，这种只能出现在文学作品描述中的语言，却是对人类祖先生存繁衍的真实再现。

（二）农耕社会是以家庭道德为主的道德体系，重视精神的传承

农耕社会的道德体系，家庭道德为主。中国传统社会是以自给自足的自然经济为基础的小农社会，人们的生产与生活基本在家庭、家族的狭小圈子中完成的。人与人之间是相当固定的长期厮守或相处的关系。与此相适应的道德体系便以家庭道德为主的。

农耕社会的财富主要源于土地。在古代，无论做生意赚了多少资产的商人，最终目标还是购买土地，他们认为，土地是根本。在产生私有制，出现家庭后，又开始讲继承。土地要继承，房屋要继承，农具要继承，农耕生产的技术也要继承。继承带来了敬祖文化，占有关系着生存能力。这样，以如何占有、对待占有的态度以及如何维持占有等生存哲学——实用主义哲学就产生了。同时，农耕生产需要逐渐积累。因此，人们不敢随意挥霍，在生活上尽量克制与节俭，省下东西留给孩子，自己的精神也留给孩子；农耕文化同时重视精神的传承。农耕社会是在血缘关系基础上建立的亲情关系，在家庭中父母、兄弟姐妹关系便成为一种自然之理。仁爱、忠信、谦和便成为农耕社会人们的基本精神品质，被一代代地传承、发扬，它维护着中华文明的延续、可持续发展。

（三）农耕社会促进不同社会意识形态的形成

作为最早发育起来的农业文明，是人类文明的母体文明，它是与工业文明、城市文明并行不悖、共生共荣的一种文明形态。与工业文明、城市文明相比，农业文明提供了人类社会最基本的生存资料和生存方式，是人类赖以生存的基本文明，是其他一切文明的基础。因此，没有农业文明的文明是残缺的文明，没有农业文明的经济是断裂的经济，没有农业文明的社会是危险的社会，没有农业文明的发展是不可持续的发展。农业文明不是落后、腐朽、该抛弃的文明，它与工业文明、城市文明并非你死我活、非此即彼的关系。早在20世纪60年代，舒尔茨就质疑刘易斯的工业化发展思想，反对以轻视和牺牲农业来发展经济的做法，强调人力资本和生产要素配置对传统农业进行现代化改造。

人类文明的发展具有继起性。后一层次的文明是在前一层次文明的基础上建立和发展起来的。农业文明为工业文明、城市文明的发展提供了基础。美国就是以农业现代化为基础，然后实现工业现代化、城市现代化。中国如果农业这条短腿不能加长，

那么实现农业现代化就是一句空话。基于人类文明继起性的特点，文明的发展不可倒序。我们今天走的是刘易斯外延式扩张，把工业、把城市做起来，然后反哺农业的路子。其弊端已很明显，仅靠输血解决"三农"问题是不可能的，农业必须同时走舒尔茨内涵改造的路子，像工业文明、城市文明一样，把诸多现代元素注入农业，培育农村内生性的物质基础，增强造血功能，让农业农村农民同时现代化起来，农业这条短腿才能加长，农业文明才能与工业文明、城市文明同时发展、同步发展、同样发展。

农耕文明和游牧文明和商业文明以中华文明、早期蒙古文明、阿拉伯文明为例，此类文明以中华文明最为典型，农耕文明自然经济、保守性和包容性强、中华文明的伟大不用多说，这一历经磨难的民族正在努力崛起，提出人类命运共同体这一伟大思想，在世界格局的激荡变化中，中华文明的特质无疑将成为未来世界的主导"普世价值"，蒙古文明虽然初期南征北战但是由于文明和制度相对落后抑或衰落、抑或被融合，阿拉伯文明和中亚文明在丝绸之路中间当黄牛，有相对坚定的伊斯兰信仰，但是由于落后和封闭，在近代工业文明兴起后便逐渐沦为第三世界。

海洋文明—商业文明—近代工业文明，以古希腊罗马文明为例，其次，希腊文明最为典型，因为生活环海洋所以以物易物贸易繁荣，注重契约、关注人文，诞生了民主、自由、平等、科学这些近代以来主导世界的思想，继而发展到中世纪，孕育了灿烂的近代科学文明，新航路开辟文艺复兴、宗教改革、启蒙运动、民主政治、依法治国，但由于资本主义的发展也为人类社会的发展带来了挑战，血腥殖民、世界大战、傲慢偏见、种族歧视，而且西方民主自由已经很明显地不适应当代社会发展，其急剧扩张侵略性的文化本质也给当今世界的发展带来了不小挑战。古代中国的农业文明是有机的文明，其中农业文化功能的突出特点是人与自然的亲近，人与人之间的亲情，因此继承传统农业，就是继承了尊重自然、注重亲情的历史传统，有利于新的文明的诞生和发展。

不同社会意识形态的不同，主要是社会发展所造成的，中国是世界上文化从来没有中断的国家，产生了许多与西方文化所不同的地方，也是正常的。但现在世界文化交流方便了，所以现在世界范围内的文化交流也普遍了，但在中国还能体现文化的独立性，这就是中国文化的生命力。

第二节　游牧社会

一、游牧社会的概念

游牧指在草原上形成的一种人类生产生活方式，现代考古发掘逐渐证明，游牧诞生的时间不会早于公元前 1000 年。具备以下三个特征。

第一，畜牧为生。以饲养放牧牲畜为生，饮食以肉奶为主，衣物以皮革为特色。

第二，逐草而居。没有固定的居住地，随季节迁徙。哪里水草丰茂，就在哪里暂居，即所谓逐草而居。

第三，擅长骑射。在古代，游牧民族骑兵强大就是因为他们擅长骑射。

游牧社会有着长期的发展历史和多种样式的社会形态。从类型学角度来讲，游牧一般分为两大类，狩猎采集型和草原游牧型。按照巴菲尔德（Barfield）的《游牧抉择》（1993 年）一书的分类，现代世界存在着五个主要游牧地带，横贯非洲大陆的撒哈拉沙漠以南至非洲大裂谷一线的东非热带草原；撒哈拉沙漠和阿拉伯沙漠；地中海沿岸经安纳托利亚高原、伊朗高原至中亚山区一线；从黑海延伸至蒙古的欧亚大陆草原；西藏高原及其邻近山区高原。

二、游牧社会的特征

中华文明和其他文明孕育和生长的背景不同，中国传统文化源于农耕文化，最后定型的也是农耕生产中成长的文化。而其他文明基本是在游牧时代产生和定型的，虽然经过后代不断改造，但它的基因属于游牧文化，这就注定了中西文化的根本差异。基督教文化最初是犹太文化，犹太教是游牧民族的宗教，这一点在《圣经·旧约》中有详细记载。伊斯兰教也是游牧社会产生的宗教。

游牧和商业文化是流动的，进取的。这些是在草原上生活着的游牧民族，他们逐水草而生。今天在这里，明天可能迁徙几十里甚至上百里，所以不可能定居。农耕可以自给自足，并且必须定居，厮守一地，守护着自己的田地。农业生活所依赖的是气候、雨水和土地。农耕文化崇尚的是"天人相应""物我一体"。它的文化特性是"和平的"。所以农耕文化是静定和保守的。中国的农耕文化，决定了中华文化从来没有像游牧民族实行武力文化传播。这是农耕文明与游牧文明、海洋文明的根本区别。表面上看是政治思维，实际上还是文化思维。

总之，游牧社会的特征如下。

第一，对自然的亲近不如农耕社会。游牧要逐水草而居，无须对放牧的地方进行过多的爱护、管理，不用修水渠，不用修建城堡等基本建设项目。所以，他们对自然、对土地没有农耕社会那样的深厚感情。

第二，游牧社会不太讲继承，一块草地，能承载多少牛羊或者马匹是有规律的，一对夫妇能够放牧多少牲畜是有常量的，孩子长大了，就分给他若干只牛羊单独去过，所谓继承就这一次，没有什么生产工具，也没有什么技术。

第三，一般的放牧都是个体放牧，无须各家亲密的合作。在生产上、生活中互助很少。

第四，游牧社会重掠夺轻贸易。因为牛羊马牲畜所提供的生活资料有限，至于其他的生活用品包括铁器、铜器需要农耕社会生产。

三、游牧社会的要素

新疆维吾尔自治区社会科学院的杨廷瑞先生在《游牧四要素》一文以及没有出版的《游牧论》书稿中，较系统地探讨了游牧社会存在所需要的要素。即游牧人群、游牧社会组织、牲畜与草场因素。

（一）游牧人群

游牧是终年随水草转移进行游动放牧的一种粗放的草原畜牧业经营方式。牧民长期无固定住所，过着逐水草而居的生活，生产设备相当简陋，经营非常粗放，基本处于靠天养草和靠天养畜的落后状态。分为纯游牧和半游牧两种。前者如非洲撒哈拉大沙漠的骆驼游牧民，终年游动放牧；后者如非洲东部肯尼亚等国的马萨伊族游牧民，旱季移动放牧，湿季定居务农。游牧是社会生产力水平低下的产物，既不利于畜牧业生产的稳定发展，也不利于牧民本身物质文化生活的改善。中华人民共和国成立前，中国广大牧区多属游牧类型。其后，随着生产力水平的提高和牧民生活的改善，大部分牧区由纯游牧逐步走向定居游牧。

（二）游牧社会组织

在游牧社会的日常生活中，最小、最基本的人群应是家庭与牧团。游牧家庭，一般是人类最基本的家庭组合方式，只包括一对夫妻及他们的未婚子女。当然也有鳏寡单亲带着孩子的家庭，或有近亲同住而较大的家庭。同一家庭的人经常也就是住在同一帐幕中的人，因此"帐"通常是游牧社会称呼家庭的单位。如说这个家族或部落有多少"帐"，大概便是指拥有多少家庭。

同家庭的人住在一起，共同拥有畜产，共同分担所有放牧工作，也同炊共食并分享收成。在农业定居社会（如印度、东南亚诸国、中国）所常见的女性社会地位低、无财产继承权等现象，在大多数游牧社会中都并非如此。女儿在出嫁离开家庭时，或在出嫁后其母家分产时，经常都可分到一份畜产。在严格区隔男女、严格控制妇女行动的伊斯兰教世界中，生活在沙漠、荒原、丘陵和农区边缘地带过着游牧生活的"贝都因"（"贝都因"Bedouins，为阿拉伯语译意，意为"荒原上的游牧民""逐水草而居的人"）阿拉伯妇女则在家中有较大的权力，行动较自由，而且在当地观念中"帐幕"是家中女主人的财产。在家庭、牧团或牧圈等人们日常接触的群体外，一个人又是一层层更大社会群体的成员。这些一层层由小而大的社会群体，经常也是人们所相信或宣称与自己有亲疏血缘关系的群体——家族、氏族、部落。

四、农耕社会与游牧社会的发展变迁

自古以来，由于地理环境的关系，从蒙古高原直到中亚西亚，是游牧民族的生活区域。游牧民族主要的活动区域当然也就是游牧文化的主要分布区。单纯地从地理环境角度来研究游牧民族的活动区域时，所说的"游牧民族"，实际上是狭义的游牧民族，即典型的草原游牧民族。而在中国历史上，特别是在中国历史的早期，游牧民族并不是都分布在蒙古高原一带。历史上的黄土高原或黄河上游的许多地区，都分布着众多的游牧民族，例如，秦汉时期及其以前的戎、狄、羌等游牧民族。在秦王朝以前，中国古代的农耕经济区主要在今天的黄河中下游地带，其核心地区当在今陕西省关中而处于黄河上游地区的今天的甘肃省、青海省和宁夏回族自治区，从考古发掘来看，至少从新石器时代起，这里就属于游牧经济与农耕经济并存的区域。

从历史发展的总体上来说，中国文化，特别是古代中国文化是一种比较典型的农耕文化或农业文化。但就自然环境而言，不论在历史上还是在今天，中国西部和北部地区主要是草原分布地带，因此，这些地区也就成为以草原畜牧业经济为主的区域。一般认为，自我国东北大兴安岭东麓—辽河上游—阴山山脉—鄂尔多斯高原东缘及青藏高原以西的广大地区，都属于历史上传统的游牧经济分布地区。而在此界线以南和以东则属于传统的农耕经济分布地区。从一定程度上讲，我国的内蒙古高原、黄土高原、青藏高原以及历史上的整个西域地区，都属于历史上游牧民族的主要活动区域，因此，宏观地说，也属于传统的以游牧经济为主要特色的区域。但是，历史上游牧文化与农耕文化之间的界线并不是固定不变的。从远古至今，这种文化界线在不同历史时期都产生了许多变化。总的趋势是农耕文化的分布面积越来越大，而游牧文化的分布区则日益缩小。产生这种变化的原因可能有如下几个方面。

第一，历史上气候的变迁。根据有关学者的研究论证，中国历史上曾经出现过几次周期性的气候变迁，大体上而言，历史上几次大规模民族融合时期，都是相对的寒冷期。寒冷期的出现，所带来的后果往往是传统游牧区域的南移，迫使游牧民族南下；而出现相对的温暖期时，例如历史上的汉唐时期，造成的结果便是农耕区域的北移，促成了农耕民族纷纷北上开垦农田。

第二，历史上人类的活动。历代统治者对北部、西部边疆的开发过程中，都不可避免地要"移民实边"，主要是把农业人口移往西北边疆地区，进行大规模的垦荒种田，例如军屯、民屯等，其中就会将牧场开垦为农田。例如，西汉时期以前的河西走廊基本上是游牧民族的天然牧场，但是，随着河西四郡的设置，这里就逐渐被开发为农耕经济区了。这种人类活动的结果必然是农耕经济区向游牧经济区的推进和游牧经济区的逐渐缩小。另外，历代统治者，包括游牧民族的一些统治者在内，滥伐森林，大兴土木，在草原地带发展农耕经济等，都对历史上草原地带的生态环境带来破坏，无疑也是造成游牧经济地区不断缩小的一个重要原因。

第三，历史上的游牧民族在发展游牧畜牧业生产的过程中，为了维持基本的生计，片面地追求牲畜的数量或生产规模，使得在一定历史时期内，过载放牧，造成了一些地区草原生态系统的失衡，从而导致草场的退化，草原面积因而减少。

第四，历史上自然的农牧界线反过来又不断强化了两种不同类型文化间的区别界线，使得游牧经济与农耕经济，游牧文化与农耕文化间没有形成有机的结合。似乎在几千年的历史上，游牧民族永远是游牧民族，而农耕民族也永远是农耕民族。这样就产生了中原与周边，内地与边疆，蛮荒之地与礼仪之邦等文化观念上的对立。当然，历史上农耕经济区和游牧经济区的范围的变化，原因可能是多方面的，而且也不是单纯某一个因素的结果。实际上正是上述诸种因素共同作用的结果。中国自古以农为本，农业为国民经济的基础生产部门，发展农业是中国这个人口大国的永恒主题。农学则是以农业生产为目的的人为干预的生态系统科学，正确合理的农业应该遵循自然生态系统的基本原则，通过农业措施来取得产品，输送给社会。

中国的农业生产历来具有农牧结合的优良传统，先民们创造了以农养牧、以牧促农、农牧两旺等重要的农牧互补经验。新石器时代早期，在黄河、长江流域的氏族部落已经出现原始农业和原始畜牧业，且具备了农牧结合的雏形。殷商时期，农牧业在原始形态的基础上有了进一步的发展，除了放牧之外，人们已经开始对家畜舍饲。周朝的农牧业又有了更大的进步，《诗经》中记载了大量关于农事和畜牧的诗篇。大批出土的该时期家畜骨料以及用骨料制作的骨耒、骨耜、骨铲、骨刀等工具，也成为当时农牧结合进一步发展的明证。

春秋战国时期，农区与牧区逐步分化。其中，农区以农业为主，牧业为辅，农牧结合；牧区则以牧业为主，农业为辅，牧农结合。并且，存在着一个相当广阔的半农半牧区横亘在农区和牧区之间，这个区域就是西北黄土高原。人民种植五谷，饲养六畜，从事多种经营。《墨子·天志上》云："四海之内，粒食人民，莫不犓牛羊，豢犬彘。"《管子·牧民》曰："务五谷则食足，养桑麻、育六畜则民富。"《孟子·梁惠王上》则更为具体："五亩之宅，树之以桑，五十者可以衣帛矣。鸡豚狗彘之畜，无失其时，七十者可以食肉矣。百亩之田，勿夺其时，数口之家可以无饥矣。"秦汉至隋唐时期，农牧业都有较大发展，二者互相促进，相得益彰。

第一，农业为牧业提供各种农副产品，以作为牲畜的饲草和饲料。以养马为例，西汉张骞出使西域，将大宛马、汗血马等名马带回的同时，也引进了苜蓿种，并广泛种植。此后，苜蓿栽培得到快速推广，大大促进了养马业的发展。北魏时期《齐民要术》对苜蓿的栽培技术、利用价值等都有详细的描述。唐朝的苜蓿栽培区域更加广泛，为饲养马匹提供大量饲料来源。以官养驿马为例，"凡驿马，给地四顷，莳以苜蓿。凡三十里有驿，驿有长，举天下四方之所达，为驿千六百三十九"。由此保守估计官驿种植苜蓿面积在 6 550 顷（唐朝 1 顷≈50 亩，1 亩≈523 m^2）以上，足见唐朝苜蓿栽培之盛。再如养羊，尤其是在大规模饲养的情况下，必须准备充足的饲料，"羊一千口者，三四月中，种大豆一顷杂谷，并草留之，不须锄治，八九月中，刈作青茭"。"青茭"是指豆在未老前收割，储藏为牲畜越冬的干饲料。除却民间利用农作物秸秆、茎叶等作为粗饲料饲养家畜，政府也向百姓征收刍藁以饲养官方牲畜，"殿中、太仆所管闲厩马，两都皆五百里内供其刍藁。其关内、陇右、西使、南使诸牧监马牛驼羊，皆贮藁及茭草"。可见，农作物秸秆在唐朝是饲养牲畜的重要饲料来源。

第二，牧业为农业提供必要的动力和肥料。大约在春秋时期，中国开始推广牛耕。睡虎地秦墓竹简《厩苑律》记载了官方对耕牛的评比考核以及对饲牛农夫进行奖惩的律令。西汉汉武帝刘彻时期，搜粟都尉赵过大力推行代田法，在很大程度上都得益于牛耕动力的运用。东汉王景任庐江太守时，起初当地百姓不知牛耕，"致地力有余而食常不足"，于是"景乃驱率吏民，修起芜废，教用犁耕，由是垦辟倍多，境内丰给"。这个时期农业生产的发展和繁荣，主要依赖于农耕动力的应用和推广。另外，中国有着悠久的畜粪肥田历史。早在战国时代，就已经非常重视多粪肥田，至迟在西汉时期就已经采用圈猪积肥之法。《氾胜之书》所言"溷中熟粪"，即指人、猪的粪尿混合后再经过腐熟的肥料。《齐民要术·杂说》记载了"踏粪法"，既能直接积攒牛粪尿，又可积制厩肥和堆肥。唐朝安史之乱以后，中国的传统畜牧业开始呈现出颓败的趋势。战争频仍、土地兼并以及自然灾害的多发，更是加速了农牧业的衰落。政府对牛马等大牲口采取"和买"与"征括"的政策，严重破坏了畜牧业的发展。明朝初至中叶时期，农耕区的畜牧业有了较大恢复和发展，北方还保留了相当规模的官牧。明末清初之后，人口剧增，土地面临巨大压力，南北各地因地制宜地创造出各种农牧互补的良好形式和经验，将传统农业和农牧结合，共同发展的优良传统提升到一个新的层次。

第四章
农业谚语与时令

第一节　谚语的概念与由来

一、谚语的概念

许慎《说文解字》："谚，传言也。"谚语是汉语的重要组成部分，谚语是俗语的一种，是指广泛流传于民间的言简意赅的短语或韵语，是我们中华民族民间智慧的结晶，是农民在生产、生活、实践中创造的民间艺术；反映了劳动人民的生活实践经验，谚语是民间集体创造、广为口传、简明扼要并较为定型的艺术语句，是民众的丰富智慧和普遍经验的规律性总结。形式上，句子简短，音调和谐，一般都是经过口头传下来的，多是口语形式的通俗易懂的固定短句或韵语。谚语反映的内容涉及社会生活的各个方面，包括衣食住行，各行各业，人情世态等，能反映出道理。大体有气象谚语、农业谚语、卫生谚语、社会谚语、学习谚语等。恰当地运用谚语可以使语言活泼风趣，也可增强文章的表现力。谚语能从识字率不高的古代跨越千年流传下来，可以说是字字珠玑，每句都蕴含着数十年数百年的人生经验。虽然在古代的封建思想影响下，有不少谚语有迷信的色彩，但在当时的时代背景下，这些谚语依然是人们的生存智慧的结晶。

谚语是人民群众口头流传的固定语句。谚语类似成语，但口语性强，通俗易懂，而且一般都表达一个完整的意思，形式上差不多都是一两个短句。和谚语相似但又不同的有成语、歇后语、俗语、警语等。谚语跟成语一样都是汉语整体中的一部分，可以增加语言的鲜明性和生动性。但谚语和名言是不同的，谚语是劳动人民的生活实践经验，而名言是名人说的话。

歇后语是汉语的一种特殊语言形式。是群众在生活实践中所创造的一种特殊语言形式，是一种短小、风趣、形象的语句。它是一种具有独特艺术结构形式的民间谚语，它由两部分组成，前面是假托语，是比喻；后面是目的语，是说明。分为寓意的和谐音两种。谐音歇后语，例如"便宜没好货，好货不便宜"歇后语主要用来表现生活中的某种情景和人们的某种心理状态，如"不当家不知柴米贵"。往往具有幽默讽刺意味，比如"老鼠上街——人人喊打"则是用某种或某些物件、动物作比方。

俗语是一种形象的定型化的短语，如"按下葫芦起来瓢""纸老虎""不听老人言，吃亏在眼前"等。

二、谚语的由来

谚语取材广泛，内容涉及农业、经济、教育、品德修养、人际交往、养生保健等多个方面。通过三言两句通俗简练的韵语，来表达种植作物栽培技术的关键，由于通俗易懂，便于记忆与传授，所以，目前在广大农村中流行，并成为指导农民生产的要诀。

谚语是人民群众的口头创作，是一种广泛流传于民间的简练通俗而富有意义的"现成话"。它体现了人民生活和斗争的经验或感受，是人民群众集体智慧的结晶。谚语源远流长，在我国至少已经有两千多年的历史。早在先秦的文献里就有不少"引谚"的实例。例如，"七月食瓜，八月断壶"（《诗经·豳风·月》），"不颠于山，而颠于垤"（《韩非子·六反》），这些都是总结农业生产和社会生活经验方面的谚语。《易经》《尚书》《左传》《战国策》《国语》《孟子》《史记》等古籍里，都提到并记载了谚语，明朝杨慎编纂有《古今谚》。

谚语是在老百姓语言文字水平普遍不高的情况下，民众不仅把它作为生产经验的表达工具，而且也是民间知识的传播通道。从表现形式上看，谚语语言的精练性，一方面，表现在采用短小有力的句式，把深奥的哲理生活化，把丰富的知识简明化，使其易记，显得简洁准确，生动活泼，像一把打开智慧宝库大门的钥匙，展现出了深邃的哲理美。另一方面，表现在其高度的概括性上。谚语是流传在民间的口头文学形式，它不是一般的传言，而是通过一两句歌谣式朗朗上口的概括性语言，总结劳动者的生产劳动经验和他们对生产、社会的认识，揭示客观事物产生、发展的规律和表达一种智慧的思想。精练、准确、形象、生动也就成为谚语的最大特色。它用简单通俗、精练生动的话语反映出深刻的道理，总结出丰富的经验，是中华民族的文化瑰宝，历来深受人民群众喜爱。在漫长的宇宙演进过程中，在千变万化的自然界中，古人不断对天地间的变化进行观察、总结。

随着人类社会的不断发展。多少历史事件此起彼落。这些都是产生谚语的丰厚基础。例如，三国之后，有关三国的谚语就多达数十条；而且有些是脍炙人口，家喻户晓的，例如，"三个臭皮匠，顶个诸葛亮""周瑜打黄盖，一个愿打一个愿挨"等。

有些谚语劝导人们扬善抑恶、勤劳俭朴、团结友爱，颂扬人世间的美好与正义，讥讽、鞭笞丑陋、虚伪的人或事。例如"为人莫贪财，贪财不自在""火要空心，人要实心""人心齐，泰山移""一根稻草抛不过墙，一根木头架不起梁""天时不如地利，地利不如人和""善有善报，恶有恶报""白日不做亏心事，半夜不怕鬼上门""勤能补拙，俭以养廉"等。

有些谚语则反映丰富的人生体验，总结社会生产、经济、生活以及各行各业的劳动经验，谚语跟成语一样都是语言整体中的一部分，可以增加语言的鲜明性和生动性，其内容包括极广，有的是农业谚语中的事理谚语，它是人们生活中的百科全书。例如人们常说的谚语"清明前后，栽瓜种豆""人哄地一时，地哄人一年""饭后百步走，活到九十九""酒逢知己千杯少，话不投机半句多""种瓜得瓜，种豆得豆""家有一老，黄金活宝""诚招天下客，誉从信中来""冬吃萝卜夏吃姜，不用医生开药方"等；这些谚语不仅口语表达生动，更能增加见识、明道理，具有启迪性；众多的闪烁着智慧光芒的民间谚语，时时刻刻活跃在人们的语言生活中，发挥了不可低估的重要作用。

第二节 农业谚语

一、农业谚语的概念

农业谚语又简称农谚，农业谚语就是我国历代劳动农民在长期生产实践中总结出来的，通过三言两句通俗简练的韵语，口头来表达作物栽培技术的关键、世代相传农业生产经验的精炼生动的语言，通俗易懂，便于记忆与传授。我国农业谚语起源很早，在先秦的一些典籍中已有记载，而在汉朝以后的农书中有更多的引证。在中国漫长的农业社会中，劳动人民由于文化所限，不能拿起笔来把农业生产经验写下来，只好用易说、易懂、易记的谚语来总结和传授生产经验，就形成了现在的农业谚语。农业谚语在我国古代、近代农业生产中起到指导生产的作用，在科学技术日益发达的今天，农业谚语对农业生产仍然具有一定的指导意义，在利用这些农业谚语为农业生产服务时要注意地域性、专一性，在不同的地区形成了适宜本地域时令的农业谚语，例如"五月桃尖红，快杀棉铃虫"，只适合于黄河流域棉区，因为在该地域棉铃虫的发生期才与桃的成熟期相对应，而不能机械地搬用到外地使用；其次，它有专一性，农业谚语只说明农业生产中的某一项技术的一个环节，或者只强调生产技术的一个要点，所以，在利用时要有系统的观念，防止顾此失彼，造成不必要的损失；最后，有些农业谚语带有封建迷信的色彩，在利用时要用其合理的成分而除其糟粕。

《齐民要术》序中记载："采捃经传，爰及歌谣，询之老成，验之行事；起自耕农，终于醯醢（酿造腌制之法）。"资生之业，靡不毕书，号曰《齐民要术》，体现了古人重视农业经验总结；是我国现存最完整的一部农业科学技术巨著。广泛总结前人的生产经验后所作。书中概括和总结了我国黄河中下游地区的农业生产经验，并大量搜集和记录了有关农业生产的谚语。它们都是当时劳动人民生产经验和生活经历，即使在现代科学技术高度发达的今天，有些内容仍具有很高的实用价值。

历代百姓在黄河流域、长江流域地区生活、繁衍，这里的土壤丰厚肥沃，适于生产耕作，世世代代传承着"耕读传家久，诗书继世长"的祖训，延续着农业为本的文化传统，他们不断开荒垦地，搞好农业生产，虽然在某一时期、某些地区有一部分人家因生活所迫或背井离乡、弃农从商、改做他业，但绝大多数人仍坚守在祖传的土地上，重复祖祖辈辈"日出而作，日落而息"的农业耕作方式。

农业谚语来源于生产实践，反过来又为生产实践服务，并且在实践的检验中，进一步验证其科学性。例如，"沙土培泥，好得别提""沙盖碱，赛金板"等农业谚语，是用于指导土壤改良的；"八月耕地满地油，九月耕地半地油，十月耕地白搭牛（指农历）"是用于指导秋耕时间的；"种在冰上，收在火上"正是对青海省河湟地区春小麦种、收时节的生动描述；农业谚语的思想感情是富有农耕气息、泥土气息的，其表达形式是广大群众喜闻乐见的，其语言是通俗易懂、便于记忆和传诵的，其内容生动活泼而内涵洞深刻。例如，东北地区的"冬日九九歌"中的"三九四九掩门叫狗"，其语言十分通俗，又充分说明东北地区三九严寒以致叫狗时都不能打开门的情景；"立春一到，农人起跳""麦子进场，秀女下床""春打六九头，穷汉子挣个牛""种地不上粪，等于瞎胡混"等农业谚语，都充分地显示出语言的通俗易懂。因此，在继承农业遗产、总结农业谚语的特点、应用农业谚语时，必须把握其群众性和通俗性。

果树防治病虫害的农业谚语有"苹果不结放放风，柿树不结刨毛根，梨树不结剪梨瘿"，梨瘿是指梨瘿华蛾为害梨枝条的为害状。中国农业谚语是永远存在的，它的内容是随着时代进步而不断发展和完善。现代农业科学给中国广大农村带来的新品种、新技术，内容非常广泛，有关科技性的农业谚语会随时产生，这就要求人们善于发现、善于总结、善于积累，使中国农业谚语不断发展。目前，仍在广大农村成为指导农民生产的要诀，而普遍地流行着。随着农业新技术的推广、应用，有丰富生产经验的农民结合科学理论便创造了新的农业谚语，应对其进行的搜集和整理。

（一）农作物施肥谚语

"农业谚语"是劳动人民智慧、知识的结晶，土壤肥料的有关"农业谚语"知识，对于指导施肥有着重要的作用。农业谚语中有"庄稼一枝花，全靠肥当家；有机无机肥，有机肥当家"。肥料是作物的粮食，有机肥料在农业生产中尤为重要，其原料来源广泛，主要来自农村和城市的各种有机废弃物，成分相对复杂，是天然有机质经微生物分解或发酵而成的一类肥料，习惯上也称作农家肥料。如粪尿肥、堆沤肥、厩肥、腐熟的秸秆、绿肥、沼气肥、饼肥、泥土肥、动物性杂肥、生活垃圾等。有机肥料含有丰富的有机质和各种养分，它不仅可以为作物直接提供无机养分及有机养分，有机肥在土壤养分的平衡中起着尤为重要的作用。有机肥除了在微生物的作用下能分解释放出各种无机养分外，还含有淀粉、纤维素、半纤维素、木质素、脂肪、树脂、单宁、有机酸、醛、醇、酚等，其中可溶性糖和酚类等一些可溶性化合物易被作物吸收利用。有机肥料除了作物的营养作用外，有机肥料能增加和补充土壤有机质，既可以改善土壤的理化性状，也可提高土壤的生物活性，因为有机肥料能为土壤微生物提供能量和营养物质，能促进土体微生物的繁殖，增强呼吸作用及氨化、消化作用等，合理地对农村牲畜粪便进行处理，还能减少环境污染。合理地利用农村广泛存在的有机废弃物资源，加大有机肥料的积制和使用，不仅可以改善土壤的供肥性，增加土壤的保肥性，提高土壤的缓冲性，还能增加土壤生物活性，减少污染，创造良好的农业生态系统，又可以改善农产品的品质、质量。

农业谚语是农民在生产实践中总结出来的农事经验，如"枣芽发，种棉花""今冬麦盖三层被，来年枕着馒头睡"等。农业谚语中有"肥沤不到，不如不要"有机肥料必须经过堆腐使其腐熟才能施用，给冬小麦追施有机肥料必须用充分腐熟的有机肥料。有机肥料中所含养分主要是有机态的，植物大多不能直接吸收利用，只有经过微生物分解，才能释放出来，供植物吸收。另外，有机肥料不堆腐直接施用，易滋生杂草，招致病虫；分解时释放的二氧化碳，会危害作物根系；分解时还会消耗水分等。总之，有机肥料经过腐熟后施用好处多，故，农业谚语中有"生粪咬苗""生粪上地连根坏"。

农业谚语中有"雪上浇尿，不如不要"。冬季，把尿直接泼洒在冬小麦上，是冬小麦重要的增产措施。但是降雪后，用尿浇麦，有时反而是有害的。尿（特别是人尿）虽然是有机肥料，但尿的成分主要是溶解于水的尿素、尿酸、马尿酸及钾、钠、钙、镁等无机盐类，植物能够直接吸收利用。正是因为尿中的养分主要是水溶性的，所以，尿能作追肥，直接泼洒在小麦上，下渗过程中被小麦根系吸收。但是，降雪后，小麦上覆盖了一层积雪，这层积雪可以减少土壤热量向大气散失，使小麦免受冻害，因而有"雪是麦被"之说。如果降雪后把尿泼洒在雪上，就会使积雪融化，使小麦遭受冻害。这个农业谚语也说成"尿泼雪上，不如不上"。同样，降雪后也不宜把土粪撒在积雪上，因为土粪颜色深，能强烈吸热，引起积雪融化，使小麦遭受冻害。这就是农业谚语"雪上撒土粪，等于白费劲"的道理。"冬上金，腊上银，正月、二月上粪是哄人"在北方大部分农村，在严寒冬季来临之前冬季普遍存在将土粪直接撒施在小麦地里，即作"浮粪"，但这次追施土粪宜早不宜晚。用人畜粪尿制成的土粪，含有植物生长发育所需的氮、磷、钾等多种养分，是一种优质的有机肥料，腐熟的土粪能作追肥，但要赶在降雪以前撒施在地里，雪水融化时将养分带入小麦根部，促进小麦生长。迟了，这种作用已很弱，特别是推迟到春季（农历正月、二月）施用效果会更差，因为春季雨水少，土粪在地表经长时间风吹日晒，养分的损失非常严重。

农业谚语中有"底粪麦子苗粪谷""麦子铺底粪，越长越有劲""种麦上足粪，收获时家里座上囤""十层八层，不如底粪一层""有水三追要适中，旱地基肥一炮轰""底肥上不足，追肥也难促""三追不如一底，年外不如年里。""麦喜胎里富，底肥是基础""秸秆还田，壮地松土又治碱"等。麦子在播种前施肥很关键，即要施足底肥；但是谷子却不同，不一定要施足底肥，而在幼苗期施肥即可，同样是肥料，但是不同的作物施肥的方法是不同的。"锄板底下见收成"等农业谚语，是农民的经验总结。铲趟的重要作用是锄掉杂草，消灭草荒。杂草是庄稼的大敌，它同庄稼争地力、养分和水分，同时，又为某些病虫害的发生提供了条件，农业谚语"要想地不荒，抓紧铲和趟""抓紧"就是要早铲早趟。"早铲一锄三指，晚铲一锄一指，草小铲，草大砍"说的就是这个意思。铲趟的另一个作用是改善土壤环境，为庄稼的生育创造有利条件。铲趟可使表土疏松，消除土壤结皮层和板结层，雨水容易下渗，减少土表径流；还能切断土壤毛细管，减少土壤水分蒸发。铲趟还可以散发土壤表层过多的水分，增加土壤的透气性，提高地温。另有，农业谚语"锄板底下有水又有火"就是这个道理。铲蹚的第三个作用是促使庄稼多发根。铲蹚后土壤疏松，培土层加高，有利于根系向纵横扩展。合理施肥是改善土壤养分状况的主要措施。它不仅能增加土壤养分数量，同时对改土培肥也有很重要的作用。故，农业谚语有"地靠粪养，苗靠粪长""柴多火焰高，粪足田禾好"，足见施肥对提高土壤肥力，增加作物产量的重要性。施用有机肥料可以全面地增加多种养分，持续供给作物需要，还能增加土壤有机质改良和培肥土壤。

厩肥腐熟堆积过程中，在过劲阶段半腐熟的厩肥在堆积过程中水、气、热条件不协调，例如干燥、高温、通气等，厩肥中的放线菌就会大量繁殖活动，结果使有机质受到彻底分解，几乎成为粉末状，并有特殊的泥土味，再加上放线菌的菌落是白色的，这就构成了过劲阶段厩肥的外部特征，即"灰""粉""土"，在北方春季干旱季节，圈外堆积的半腐熟厩肥，如果管理不当，往往会发展到过劲阶段。为了防止厩肥过劲，当粪堆出现了过劲的预兆（粪和垫圈材料出现灰毛）时，要及时翻倒和加水压紧措施控制放线菌的活动，否则会大量损耗有机质并降低肥效；故，有农业谚语"土放三年成粪，粪放三年成土"。

农业谚语中有"要想韭菜好，只要灰里找"，在古代、近代、现代偏远农村做饭的燃料就是麦秆、玉米（苞谷）秆、稻草、木炭等草本植物或木本植物，而这些植物废弃物燃烧后的灰烬其主要成分是碳酸钾，它是一种良好的钾肥，故，由此谚语，种韭菜里面一定要多添加，韭菜长势就会很旺盛；但注意就是碳酸钾是碱性的，不可以和酸性的铵态氮肥混用，造成氮肥失效（生成的氨气挥发）。

"种到老学到老，不要忘记河泥稻"即种稻的最好基肥是草河泥，也就是农家自造的塘草泥。又称塘草粪、灰塘泥、挟草泥。以河泥、稻草、绿肥、猪厩肥为原材料在淹水的厌氧条件下沤制而成的有机肥料。经混合后在淹水条件下被厌氧微生物分解沤制而成的一种有机肥料。它是氮、磷、钾三要素齐全，速效养分和迟效养分兼有的有机肥料。施用草塘泥与氮素化肥（尿素）配合使用可提高肥效。

（二）农作物栽培的谚语

改善农业生产中耕作层的有效办法，有耙、耱、中耕，冬灌就是冬季来临之前浇足底水（冬季灌溉农田俗称冬灌）。通过灌水过程，表土经水流的侵蚀融化，能使泥条、土块解体、散开，并踏实土层，使耕层结构均匀、实在，土壤与根系密切无间，有利于养分的吸收，可防止风、冷灾害。灌水以后，通过气候，使气的热冷交替变化，土壤冻消、胀缩的反复过程，使表土变成既疏松又绵软的保护层，保墒、保温、保肥，有利于小麦盘根分蘖。冬灌还具备补墒防旱、催解肥料、防冻保暖等效果。农业谚语有"墒缺浇水，墒饱浇土"的说法。

深耕具有翻土、松土、混土、碎土的作用，通过合理深耕能显著增产。深耕增产的原因，其一，疏松土壤，加厚熟土层，使耕层土壤疏松，容重降低，孔隙度增加，从而增强其通气透水性，改善了土壤理化特性（水、气、热状况等）大大扩大了根系扩展的范围，有利作物根系生长，为作物发育创造了有利条件。低洼湿地，通过深耕，有促进散墒提温，增加土壤通气性的作用，故，有利于作物的播种与生长发育；其二，熟化土壤，改善土壤营养条件，提高土壤的有效肥力；其三，改善良好的土壤耕层构造，提高作物产量；其四，能将土壤表层的杂草和杂草种子翻到下层闷死烂掉。同时，又能将下层的杂草种子和多年生杂草的根茎翻到上层晒干冻死，或诱其萌发加以消灭。许多病菌害虫在地面的可以翻入地下闷死，在地下的翻到地上冻死或被鸟啄食，从而减轻其危害。故，农业谚语有"深耕细耙苗儿壮""深翻一层土，多打一成粮"的说法，"豌豆一条根，只要耕得深""三耕六耙九锄田，一季庄稼抵一年"。

"谷子要浅，离不开碌碡""谷子不发芽，猛用碌碡砸"说的是谷子播后一般要进行镇压，因为谷子要适当迟播、浅播，播种时地气正往下走，气温较高且干燥多风，地表蒸腾大，往往容易造成失墒，影响发芽出苗，所以，播后要进行镇压，其作用在于提墒，这是因为播种后表土松散，经过镇压把它压紧，使土壤中的缝隙连接起来，形成无数的毛细管，土壤下层的水分就能沿着毛细管上升到土壤表层，供种子发芽用。另外，镇压后，种子与土壤密切接触，便于从土壤中吸收发芽时所需的水分。此外，由于镇压将土坷垃压碎，不但防止跑墒，而且可以减少"烧尖"现象。

"谷喜岭，稻喜洼，地瓜最喜高地沙""谷旱小、旱不死的谷""小苗要旱，老苗要灌""小苗旱个死，老来一肚子"这些农业谚语都是说谷子苗期比较耐旱，故，在拔节前一般不宜灌溉，应稍干旱，而通过锄地松土进行"蹲苗"，以利种子根向纵深深扎，同时使下部茎节粗壮，增强抗倒能力，收到壮苗效果。在生理上由于干旱的锻炼而增加体内糖分，从而加大了吸水能力，不仅增强抗旱性，而且增加新根伸长的潜能，为后期的穗大粒饱奠定良好基础。一般蹲苗到拔节期开始穗分化时为止，这一时期大约为出苗后 30 天。但如果发现种子根接不上墒，幼苗旱到中午叶片有扭曲现象时，也应酌情浅浇一次水，然后再锄地蹲苗。

"谷锄八遍，八米二糠""谷子锄八遍，圆得像鸡蛋""三犁六耙九锄耧，八米二糠谷子收"这些农业谚语形象地说明谷子必须勤锄地。根据科学种田的实践锄草的作用不但在于去草助苗，而且在于蓄水耐旱。如多锄 1～2 次，即使施肥不多，亦可增加收获量。锄地的好处，其一，除去杂草，以免消耗土壤中的养分和水分，并改善谷子的通风透光条件；其二，切断土壤毛细管，可减少水分蒸发，有抗旱保墒作用，雨水过多时锄地还能起到散墒的作用；其三，提高地温，使表土疏松，进一步影响土壤的养分状况，从而利于谷子幼苗生长。农业谚语中有"锄头底下有水、有火、有肥"，就是这个道理。

"谷锄（间、拔）寸，顶上粪""糜锄点点，谷锄针"这是说谷子要早锄，因为谷子种子小，播种粒数往往远超过要求的株数，发芽出土后比较拥挤，加上杂草多，而谷子又是喜光喜肥的中耕作物，故，为了调节个体营养上的需要和群体生产效能的关系，防止徒长和"荒苗"，应争取早锄草、早间苗。一般在苗高 3 cm（1 寸约 3 cm）就要进行。为避免间苗后发生虫害以致缺苗，多采取"一锄疏苗，二锄间苗，三锄定苗"的办法。在间苗时应结合拔弱苗和"灰背"（怕发病苗）以及谷、莠子。同时可以根据苗色结合进行去杂工作，比如，所种的品种是绿苗，则应把混杂的紫苗、红苗、黄苗等拔掉。间苗要细致，做到"间苗如绣花"，在深浅上有农业谚语"头遍浅二遍深，三遍不伤根（划破皮）"就是应掌握荞麦苗的特点来进行农事活动的，这是因为在锄头遍时，因这时谷苗根系弱、小，就不能深锄，以免伤苗、伤根，且要特别注意不要使土壤盖住小苗，锄二遍时谷苗已长大了，深中耕可以改进土壤的吸水性和透气性，扩大根部吸收肥水的范围，促进根系发育（此时略切断一些须根，反而有刺激生根的作用，即所谓挖瘦根、长肥根）有利于防止倒伏；锄三遍时，谷子的根系已遍布表土层内，所以不能深锄，以免过多伤害根系，影响对肥水的吸收。在中耕时要根据土壤温度，酌情采取"干壅湿扒"的措施。"干壅"就是在干旱时锄地要往根部壅土，以便减少根部水分的散失；"湿扒"就是在雨水多时锄地要把根际的土扒开一些，加速土壤水分蒸发，促进土壤孔隙中空气流通，防止根部受渍。谷子定苗一般在五六叶、苗高三四寸（即 9 ～ 12 cm）时进行，如发现缺苗断垄，则应结合间苗，在阴天或傍晚时进行带上座水移苗补栽，保证全苗。"谷子稠了没大穗，谷子稠了尽白皮"这个农业谚语说明种植谷子时，也不能片面地理解为谷子越稀就越好，而是说谷子定苗时要注意合理密植，留苗不宜过稠或过稀。密度太稀，穗大不多，不能充分利用地力和阳光，盲目密植，穗多不大，千粒重低。秕谷多，这是因为留苗过密，会造成谷苗过分拥挤，通风透光不好，植株细弱，旱薄地长不起来，肥水地引起倒伏减产，所以，过稠过稀都达不到丰产的目的。因此，各地要根据品种特性、土壤肥力状况等条件合理密植。

"谷打苞，水满腰""谷怕胎里旱"农业谚语是说在谷子拔节后开始幼穗分化到孕穗时期，因降水量占整个生育期的 50 % 以上，若缺水肥将会影响幼穗的正常分化，导致分枝数、小穗数显著减少，容易形成秕粒和秃尖，严重时影响产量。因此，这一时期应该加强水肥管理，一般情况下蹲苗后第一次浇水时，因苗小，施肥量、浇水量宜小，不宜过量，以防茎下部节间过度生长伸，造成倒伏现象。浇第二水时，浇水、施肥宜大些，以保证满足孕穗期的水肥需要。"谷怕卡脖旱""谷秀抱泥穗""抱泥秀谷""谷子抱泥秀，还得太阳助"等农业谚语均是说在谷子抽穗期全株各部分生长达到最高峰，对养分和水分的需要最多，故，应再浇水一次，保证充足的水分，以免发生"卡脖旱"，造成抽穗困难甚至抽不出穗来，严重影响产量。此时期若能在下午四时以后或傍晚进行根外追肥，可增加粒重。"谷怕雨淋（浇）花""淋出秕来，晒出米来"这是指谷子开花期（抽穗后 4 ～ 5 天开始开花，持续 10 ～ 15 天）需水量多，但忌大雨或连阴雨，因花粉粒遇雨极易吸水破裂影响授粉而造成秕粒。但此时期在高温干旱条件下，也对授粉不利，亦应浇水，以浅浇轻灌为宜，以免田间湿度过大或早晨露水过大，影响授粉而形成秕谷。

"寒露不摘棉，霜打莫怨天"。趁天晴要抓紧采收棉花，遇降温早的年份，还可以趁气温不算太低时把棉花收回来。江淮及江南的单季晚稻即将成熟，双季晚稻正在灌浆，要注意间歇灌溉，保持田间湿润。

新的农业谚语科学性更强，中华人民共和国成立后的农业谚语突出特点是科学种田、农业科技含量提高，体现了中国农业发展的时代特征和农业技术推广、农业科学普及的成果。例如，作物栽培方面的"控上促下，扒土晒根（玉米苗期管理）""马铃薯'抱窝'，个又大又多""矮化栽培不用愁，挠子、碌碡加喷头，挠子挠掉无效蘖，碌碡压短下半截，喷头拉住上半截"；土壤耕作方面的"深耕晒垡，三九磙地""压涝保墒，秋雨春用"；间套复种方面的"农民要想富，间套混复是条路""高与矮，巧安排，矮要宽，高要窄"；田间管理方面的"头遍浅，二遍深，三遍四遍别伤根""谷间寸，顶上粪"；无不充分显示出农业谚语的科技含量。目前仍在广大农村成为指导农民生产的要诀以及许多农业谚语，已被农业院校的教材、农业专著、农业学术期刊、农业科普期刊等引用，成为农业理论重要的组成部分，充分体现了理论来源于实践，反过来会指导农业生产、服务于"三农"。随着农业新技术的推广、应用，有丰富生产经验的农民结合科学理论便创新了新的农业谚语，亟待对其进行的搜集和整理。

（三）农作物病虫害防治农业谚语

病虫害防治方面的"以防为主，综合防治"，作物病虫害防治农业谚语有"治虫没巧：治早、治小、治了""条锈成行叶锈乱，秆锈是个大红斑"（小麦锈病症状）"冬季清除田边草，来年肥多虫害少。种麦把药拌，不怕病虫害""剪了枯枝除杂草，来年虫子少""要想明年虫子少，今年火烧园中草"；因枯枝、杂草是一些害虫的越冬场所，在作物收获后要把它们清除出田园。农业谚语有"年年挖稻根、螟虫没命根"因水稻螟虫在稻茬内越冬；农民用硫磺、石灰熬制一种农药（石硫合剂），专杀桃树上的白蚧虫，田旱菜虫怕柴灰。柴灰即草木灰。"麦种浸得好，来年乌麦少""麦种温水泡，不生乌疸麦，明年收了来，一担多一石"，乌麦、乌疸是小麦黑穗病，小麦种前进行种子处理包括温汤浸种、药剂拌种、浸种、闷种等可减轻小麦黑穗病的发生农业谚语中有"枪秆乌霉拔个净（遍）、来年地里就少见"；在小麦收前去除田间病株可减少小麦黑穗病的初侵染源，农业谚语又有"麦子黑了头，拔了不喂牛"，小麦黑穗病的病原物通过牛的消化系统后仍有侵染力，可通过粪肥传播到田间，"高粱阴天种，必生黑疸病""高粱连种长霉包、谷子连种虫满地、苞谷要长好，勤掰毒霉包"黑疸、毒霉、毒霉包即指黑穗病，"麦子种高垄，黄疸会少生"，小麦高垄种植，会减轻小麦锈病的发生，黄疸不打寒露麦，早播可以减轻麦锈病的发生。

植物病虫害的预测预报的农业谚语有"花椒发芽，棉蚜孵化；芦苇起锥，向棉田迁飞""棉絮遍地扬花，棉蚜长翅搬家""五月风四月雨，麦子黄疸谷子秕""玉米抽穗怕刮风，一刮就生虫""端午有雨，黏虫伤谷"。病、虫、杂草对农作物危害的农业谚语中"黄疸收一半，黑疸不见面""黄疸收一半，黑疸连根烂"，黄疸是小麦锈病，黑疸是小麦黑穗病，小麦黑穗病比小麦锈病对小麦的危害要严重，"麦怕金、稻怕瘟"。金为小麦锈病，瘟是指水稻稻瘟病，"茄子烟叶山药蛋，种了重茬，饿死老汉"，几种茄科作物连作易发生病虫害，"天不怕地不怕，就怕梨儿黑疙瘩"，黑疙瘩是指梨黑星病对梨果实的危害。

农作物常见虫害的农业谚语有"要想虫子少，除净果园草。菜要好，除虫草""人怕老来穷，禾怕钻心虫""螟虫除光，谷米满仓""麦子没盘根，蛴螬咬断根"；蝼蛄为直翅目蝼蛄科害虫，成虫，若虫均可为害，蛴螬为金龟子的幼虫，蝼蛄、蛴螬为作物苗期主要害虫；"蚜虫收，火龙丢"，火龙指棉花红蜘蛛；"棉花卷成蛋，收成减一半"，主要是蚜虫的为害状；"花不治虫，有苗没有铃""十桃九蛀"，说明桃蛀螟对桃为害的严重性；"地里谷茬拾干净，来年少生钻心虫""冬天把田翻，害虫命归天""人怕老来穷，谷怕秋后虫"，谷怕生长后期害虫为害，"进仓满当当，出仓一半光"，指贮粮害虫为害的严重性。

（四）土壤水气热的调节的农业谚语

在我国北方干旱地区农业谚语中有"土是根，水是命""有收无收在于水""蓄水如囤粮、水足粮满仓"，说明了这一地区土壤水分在农业生产中的意义，正如毛泽东主席所说："水利是农业的命脉。"

"旱浇田，涝浇园"是我国中原几省的农业谚语，旱浇田是指的旱田作物的田，旱天田中缺水，自然要浇田灌溉。涝浇园指的是菜园，当中原地区雨水，多逢涝时的天气炎热，空气的湿度大，细菌极易繁殖，菜园中的菜类易于造成腐烂，为了防止这种情况发生就要涝浇园。浇园用的是井水，温度较低（通常低 14 ℃），从而降低了地温，抑制了细菌繁殖，消除了它的危害，黄瓜尤其如此。在气候炎热的夏季，因阵雨后地表闷热，采用雨后很凉的井水浇灌菜园的办法，降低土温；同时，由于流动的井水容易有氧气，灌后还可排除土壤中污浊空气，改善土壤空气状况，有利于蔬菜的生长。

不同的土壤，盐基饱和度大小不同，并且差别很大。在我国北方碱土和石灰性土壤中，代换性阳离子全部是盐基离子，为盐基饱和土壤。但酸性土壤，盐基饱和度就比较低，为盐基不饱和土壤。故，有农业谚语"施肥一大片，不如一条线"，即在施肥技术上采取集中施用的原则，将肥料以条施或穴施的方法，施于根系附近，使局部土壤中该离子浓度较高，饱和度较大，以提高肥效。

由于人类不合理的生产活动，引起土壤次生盐渍化的原因是多方面的，总的说来，盐土的形成都是可溶性盐分在各种因素的综合作用下向土壤表面聚积的结果。这一过程与水有着密切关系。正如农业谚语所说："盐随水来，水随气走，气散盐存"，这句话简单说明了盐土的形成规律，同时也指出了盐土形成与水分的密切关系。盐不只是随水而来，并且也可以随水而去。因此，在土壤盐化的防治工作中，必须研究与掌握水、盐动态规律，采取相应的措施，才能收到良好的防治效果。

我国北方各地区，受着大陆性季候风的影响，降水量的分布很不平衡，其主要特征是春、秋、冬三季干旱，夏季多雨，各地都有"春雨贵如油"、陕西省关中平原有句"秋后一场雨，来年狗都能吃上白馍馍"的农业谚语。因此，前期灌溉和后期排涝便成为北方地区春小麦栽培技术中一项重要措施。各地生产实践证明，前期能否进行灌溉，常是春小麦丰歉的重要因素。

我国北方各地区冬春降水少，春季蒸发量大，十春九旱，常感春墒不足。故，有"你有万担粮、我有秋里墒""你家万石粮，我家歇茬地""麦收隔年墒"和"麦丢掐脖旱"的农业谚语。灌足底墒水，不仅满足小麦发芽出苗和苗期生长的需要，保证全苗壮，同时对中后期生长也有一定好处。为了解决"麦收隔年墒"的问题，可采用秋、冬灌溉的方法，它能充分利用冬季水源和劳力，调节灌溉时间，扩大灌溉面积，通过冬春冻融作用，土块自然散开，有利于提高整地播种质量，给小麦种子萌发出苗提供充足的水分条件，保证苗全、苗齐和苗壮。有条件的地区，应尽量争取在秋翻秋整地后，昼消夜冻进行蓄水灌溉。

二、农业谚语中的小麦栽培经验

农业谚语是中国农民种庄稼的歌诀，它用一两句话说出栽培上的关键所在。在封建社会时代，统治者是不关心农业技术的，所谓的士大夫知识分子又不屑与农民为伍，而一般农民在穷困和压迫之下，也很少人读书，关于农业技术上的经验著述也是很少的，虽说有一两本农书，但也不切实际，无裨益于农民。因此，劳苦的农民们，就把一些成功的经验和体验，编成口语，世世相传，成为各地广大农民种田的金科玉律。谚语的确是依据当地具体情况和不同环境体验总结出来的，是很实惠的经验。

小麦是具有分蘖特性的作物，在通常情况下，带有分蘖的小麦植株才能形成强大的次生根和健壮的地上部分。分蘖的多少常是植株健壮程度的标志之一，也是对营养供应水平的主要反映。从最后穗部状况来看，带有分蘖的主茎穗，优于没有分蘖的主茎穗。密度越大，小麦单株营养面积越小，植株分蘖小，成穗更少，甚至不能形成分蘖和分蘖穗。在一定范围内单株营养面积越大，单株分蘖越多，分蘖成穗也多。农业谚语"种密了不如长密了产量高"就是这个道理。因此，只有合理密植，保证有一定的基本苗，才能使分蘖的增产作用得到发挥。

各地群众对当地小麦播种的适期范围都有明确的概念。例如，河北省北部平原地区有"白露早，寒露迟，秋分种麦正当时"；河南省中部平原地区有"秋分早，霜降迟，寒露种麦正当时""种高山，寒露种平川""冬性早，春性晚"等谚语，都阐明了纬度、海拔和品种特性与播种的关系。从气象条件分析，大体纬度每增减1°，海拔每增减100 m，气温约差0.5 ℃，纬度和海拔越高、气温越低，播种就要早一些。从平原地区的播种适期来看，从北向南大体纬度每增减1°，播期推迟4天左右；在同一地区内，海拔每增加100 m，播期提早4天左右。大体北部麦区冬麦播种适期在9月上旬到10月上旬，黄淮平原麦区在9月下旬到10月中旬。

小麦灌浆时期，土壤水分充足，既可增加灌浆强度，又能延续灌浆时间，是提高粒重的重量因素。农业谚语有"灌浆有墒，粒饱穗壮"的说法。最适合籽粒灌浆的土壤含水分量为田间持水量的 70 % ～ 75 %。籽粒形成初期，如果水分不足，使穗部籽粒可能停止发育，造成缺粒，灌浆期间土壤水分不足，特别是大气干旱和高温结合的情况下，叶面蒸腾作用加剧，生长过程受到抑制，营养物质进入籽粒的速度显著减慢，灌浆过程提早结束，籽粒干瘪瘦小，产量降低。从另一方面看，土壤湿度太大时，也会造成贪青晚熟及锈病蔓延等情况，从而降低产量。

由于小麦前茬不同，耕翻时期各异，从各地多年的实践证明，伏翻（耕）优于秋翻（耕），早翻优于晚翻。因此，应当在前茬作物收获之后立即耕翻。因为早深耕可以接纳和保蓄较多的降水，做到饱蓄天上水，保住土壤水，农业谚语中有"伏雨春用""春旱秋防"的说法。早深耕使土壤有较长的熟化时间，能释放出较多的速效性养分。早深耕还有利于消灭杂草和病虫害，同时有充分的时间进行整地，便于提高整地质量。

适期早播，缩短播期，是春小麦高产栽培上的一项重要措施。适宜的播种期应当是根据春小麦的生长发育特性和当地的具体环境条件，使小麦的生育过程尽可能处在相对有利的外界环境条件下，最大限度地利用其有利因素和避免或减轻不利条件的有害作用，从而保证高而稳定的产量。农业谚语中有"种在冰上，死在火上"的说法，因此，不但要掌握春小麦的适宜播种期，也要考虑春小麦种子萌发时要求一定的低温条件和良好的土壤墒情。

播种的早晚不同，根系的生长有很多区别。适期播种的种子萌发后，幼芽因土温低而生长缓慢，根系生长则需较低的温度，故，生长迅速，在幼芽未出土以前已入土较深，待幼芽出土后已形成较为发达的初生根系，无论根的长度及侧支根数量均大大超过晚播的，这样就可以利用早春土壤中的水分。晚播虽然出苗快，但与地下部分生长发生一定矛盾，主要表现在对胚乳和养分、水分的利用上，根系生长相对受到影响，因此，农业谚语中有"早播早生根，晚播两头挣""早播抢墒、抓苗、穗大、早熟、高产"的说法，这充分说明了春小麦在不同播种期条件的生长发育特点。但过早播种，往往因保证不了播种质量而影响抓苗。故，播期不是越早越好，以能保证播种质量为原则。

小麦群体的经济产量，也就是小麦单位面积产量，是由单位面积有效穗数、每穗粒数和粒重三个因素构成，称为产量构成因素。这三个因素乘积越大，产量越高。农业谚语说得好，"麦收三件宝，头多、穗大、籽粒饱"。这三个因素是相互制约的，在同一条件下，单位面积上随着穗数的增多，每穗粒数和粒重相应降低；反之，每穗粒数和粒重就增加。在一般情况下，穗数和穗粒数变化幅度大于粒重变化幅度。

（一）选用良种，种子处理

"耕地勤换种，粮仓关不拢""小麦选种在田间，弄到场里就要掺""麦种晒和扬，粒实出苗壮""选种忙几天，增产一年甜""若要种子选得好，秆粗、穗大、籽粒饱""麦种年年选，产量步步高""扬一扬，秕粒剔除种子强""麦种用水漂，瘪粒能除掉""好儿耍好娘，好种出好秧""好种长好苗，好葫芦结好瓢""种地选好种，等于土地多两垅""麦种不选，年成对半减""麦种不选，三年会变""选得好，晒得干，来年多收没黄疸""种麦晒几遍，多收多出面"说明选种的作用，选用当地优良品种，并要实行穗选及盐水选种，以便选出优良饱满的种子，作为播种材料，种子选好后，于播前晒种 2～6 天，可以提高种子的生活力，对保证全苗提高产量的作用很大。

（二）轮作倒茬，培养地力

"种地要巧，三年一倒（倒茬）""豆麦轮流种，十年九不空""玉米带大豆，十年九年漏""麦要好，茬要倒""换茬如上粪，换茬不换土""换茬不换土，一亩顶两亩""棉种不倒茬十年没朵，麦种十年没颗""谷怕重茬，瓜怕顶茬"说明轮作增产的经验与连作减产的教训。轮作能使土壤不同耕作层中的不同养料得到合理的利用，还可以减少杂草病虫的危害，为不断提高产量打下基础。

"绿豆茬，要发家""麦地种黑豆，一亩一石六""麦不离豆，豆不离麦"说明豆科作物与小麦轮作的方式最好，在晒旱地压绿肥，即于麦收后种下绿豆或黑豆，在刚开花时翻入土中，是提高地力经济而省事的办法，亦可利用小麦与豌豆混播来增加生产。

标注："石"是古代重量单位，今读 dàn。在古书中读 shí，因古时一石约等于一担（即十斗），因此在民间"石"又可俗读为 dàn。在正式场合、诗词、古文之中应作本音 shí。十斗等于一石。一石等于一百二十市斤。一市斤等于一斤，故，一石等于一百二十斤。

（三）深耕早耕，精细整地

"你有万担粮，我有歇茬地""耕地深一寸，顶上一层粪""深耕不细耙，苗子难出齐""土块不打光，麦子土里伤""要想小麦苗子好，整地细碎少不了""土地耕得深，瘦土出黄金""深耕浅种，赛过上粪""犁在深土，耙在松土，种在湿土""深耕一寸，顶如上粪""深耕一寸，多收一囤""秋季早犁地，明年麦子打满柜""麦耕无早，越早越好""耕地不及时、自讨苦来吃"说明深耕早耕的经验，深耕可以加厚土层，保蓄土墒及消灭病虫杂草危害，早耕可以加强土壤的熟化，增加接纳伏雨的机会，对防旱保墒，提高地力，有很大的作用。农业谚语有"伏天深耕田，赛过水浇园"说明一年一熟制的晒旱地，小麦收获后随即浅耕灭茬，入伏后进行深耕，耕后不耙，以接纳伏雨，保蓄墒气比水浇园效果还好。农业谚语有"伏天抓破皮，强似秋后犁一犁"。（说明在两年三熟或一年两熟制的地区，伏天在秋作物地里进行中耕，可接纳伏雨蓄水保墒，比秋后犁地的效果还大，待前作收获后，随即浅耕灭茬，而后深耕扣耙。）

"头遍抓破皮，二遍向深犁""头遍碰破皮，二遍翻出泥""一年一层皮，十年深一犁"说明不同耕作制的地区、运用不同的耕作方法，同时指出，秋天麦田的基本耕作，应先行浅耕灭茬（草），而后深耕。一年一层皮告诉我们，深耕犁地时，应在原有的基础上逐年加深，以免一次犁翻生上过多，影响小麦生长。

"耕地如上粪，耙地如浇水""麦地耙出油，谷地绊倒牛""麦子不怕草，只怕坷垃咬""干打坷垃如上粪""贪工不耙，耽误一夏""犁湿土，耙油土"说明耙地不仅能够保墒而且可以耙细土块、消灭土坷垃、造成小麦适宜的发芽床、利于出苗生长。"犁湿土，耙油土"也说明耙地时要掌握土壤的宜耕性，以便达到更好的耙地效果。

还有农业谚语"深耕施肥再细耙，不收麦子是瞎话""犁深耙透多上粪，打得麦子撑破囤""麦子要好，犁深肥饱""麦子收在犁上，谷子收在锄上""耕得深，耙得烂，一碗汗水一碗面""地耕得深，根扎得深，小麦能打千八斤""坷垃耙不破，麦子受折磨""麦凭耕得深，秋凭锄得勤""早耕能歇地，长麦有力气""精耕细作，打得麦子无处搁""湿耕早，干耕迟，花脸耕地最适宜""麦耕火色地，扶犁向前看，耕地一条线""犁地到头到边，麦苗长得齐严""犁地不到路，必定荒三步""耕后灌堡，枉把力下""犁耢一起拿，耕后就耢下""光耕不耢，不如睡觉""耕后耢下，减少蒸发""上午耕到十一点，全部耢下才家转""下午收工前，耢下保墒全""宁可晚回家，把地全耢下""耕得深，耙得匀，地里长出金和银""好地难得淤沙，碱地难得坷垃""深耕不耙深，苗子难扎根""犁要深细，耙要透平""贪耕不耙，枉把力下""光耕不耙，枉费犁铧""贪耕不耙，满地坷垃""种麦不要怕，全靠一盘耙""麦耙紧，豆耙松，秫秫耙得不透风"。

（四）适期播种，合理密植

"秋分种高山，寒露种平地"播种期的早晚，各地变动很大，这是黄淮地区、中原大部地区均以寒露左右播种最为适宜，这是几百年前该地区农民对于冬小麦播种时期的经验总结。

"种麦到立冬，种一缸，打一瓮""早黍晚麦，不收莫怪。薄地早，肥地晚""山地早，平地晚""旱地早，水地晚""麦无二旺，冬旺春不旺""麦子不过九月节，单怕正月二月雪"（指播种过早易受冻害）说明在适宜的播种期限内，争取适当早播，对冬小麦生长是有利的，但播种期的早晚，应根据不同的土壤气候情况及品种特性灵活掌握，亦不能过于偏早，尤以春性品种为佳，以免冬季麦苗旺长，影响越冬及造成后期养分缺乏，"麦苗立冬不出土，不如土里捂""立冬不倒针，不如土里闷"（不倒针即不分蘖的意思）说明小麦播种时，立冬麦苗尚不能出，冬前分蘖少，根系发育不良，易受冻害，不如干脆在解冻前播种，冬前麦种发生短小的黄芽，埋在土中越冬，既能通过春化阶段，又可免受冻害，待至翌年出苗，幼苗生长健壮，收成反而较好，这是农民在生产实践中创造克服晚播的宝贵经验。

小麦合理密植的原则，其一，种子质量好的宜稀，种子质量差的宜稠；其二，土壤养分条件过差或过好的宜稀，土壤养分条件中等的宜稠；其三，土壤湿润条件宜稀，干旱条件宜稠；其四，晚熟品种、生育期长的宜稀；其五，早熟品种、生育期短的宜稠。

农业谚语有"惊蛰川里种，清明山里种"，说明这一时节是青海省河湟地区种植春小麦等作物的最佳时期，错过这一节气就没有收成了。

"谷要稀来麦要稠"，密植增产是窍门，种一亩地多三分。"耧种一条线，锄板一大片"（即加宽播幅的意思）"麦稀勿担忧，麦密无穗头"说明小麦密植能够增产，同时指出密植的基本要领，缩小行距，加宽播幅，适当增加播种量。

小麦种植中还有大量农业谚语"适时种麦年年收，过早过迟有闪失""先种淤地后种沙，七天出苗正合适""勿过急，勿过迟，秋分种麦正适宜""秋分麦粒圆溜溜，寒露麦粒一道沟""适时种麦年年收，种得晚了碰年头""早谷晚麦，十年九害""麦子早下种，十年九收成""早黍晚麦不归家，种麦'早'字要狠抓""麦种八月土，不种九月墒""适时早播老经验，适时晚播也增产，看种看地又看天，'适时'二字要把关""过早温高苗猛蹿，病重虫咬苗难全；过晚很难保穗足，管理再好难高产""二指浅，四指闷，种麦三指正当心""二指浅，四指深，三指准，中指二纹，不用问人""两三厘米浅，六七厘米深，四五厘米准""稀豆稠麦，收不会坏""稀麦稠豆，没啥来头""麦稀两手空，稠麦好收成""早麦要稀，晚麦要密""七宿麦子八宿谷，十二宿上看秋秋""麦出七，豆（春）出五，高粱十天才出土""豆三（夏）麦六菜（秋菜）一宿""麦子不出芽，猛使砘子压""麦怕春旱，谷怕急雨"。

（五）重施基肥，分期追肥

农业谚语有"有收无收在于水，收多收少在于肥""有肥没有水，庄稼干噘嘴""有水没有肥；庄稼饿肚皮""有肥又有水，庄稼有吃有喝抖神威""不怕施肥远，就怕施肥浅""不怕施肥浅，就怕埋不严""种麦不上粪，等于瞎胡混""庄稼百样巧，粪是无价宝""伏天三车粪，明年麦子打满囤""麦收胎里富（小麦幼苗期需肥，指基肥的重要性）""千层万层，不如脚底一层""草木灰，单积攒，上地壮苗又增产"说明小麦是一种需肥的庄稼，特别是重施基肥，可使幼苗生长健壮，冬前发生适当的分蘖，促进根系发展，增强幼苗对冻害的抵抗力，并为后期生育供给养料。

"麦施三遍肥，麦头多麦粒（基肥、冬追肥、春追肥）""清明前后掩老鸦，施肥浇水准不差（掩老鸦即小麦拔节时期）""土粪一大片，不如一条垄"说明除施用基肥外，并需注意冬（结冻前）春（拔节时）追肥，特别指出清明前后小麦开始拔节，小穗原始体正在分化，施肥浇水，可使麦穗加大，麦粒增多。

（六）适期灌溉，积雪养墒

农业灌溉谚语有"人怕老来苦，麦怕胎里旱""麦怕胎里旱，墒差就得灌""种麦底墒足，根多苗子粗""麦收底墒，秋收浮墒""水地争墒不争时，旱地争时不争墒""种麦不浇水，庄稼就捣鬼""头伏萝卜二伏菜，三伏有雨好种麦""麦吃八十三场雨（农历八月小麦整地播种前，十月结冻前，三月拔节时的雨水，利于小麦生长）""麦浇心芽菜浇花（心芽即小穗原始体的意思，拔节时小穗原始体正在分化，宜于浇水）""惊蛰有雨并闻雷，麦积场中如土堆（惊蛰小麦返青，需水日增，应浇返青水）""清明有雨麦苗旺，小满有雨麦头齐（清明有雨即拔节水，小满有雨即灌浆水）""施肥浇水要得法，看天看地看庄稼""麦子要长好，冬灌少不了""日均温五度，浇麦好时候"说明应根据小麦不同的发育时期进行灌水，（浇灌浆水），分五次进行浇灌，但不能机械搬用，应当看天看地看庄稼的生长情况，灵活掌握。

农业谚语还有"雪打灯，好年成""腊前三白，来年吃麦""一冬五雪，麦子不结""入冬麦盖三床被，娃娃抱着蒸馍睡"说明冬前下雪的好处，覆雪不但可以提高地温，帮助小麦越冬，并可增加土壤的含水量，有利于冬小麦生长，故，在旱地提倡冬季积雪，有其重大意义。

（七）中耕除草、加强田间管理

"锄麦地皮干，麦子不上疸""麦子锄三遍，来年好吃面""麦子锄三遍，等着吃白面""麦吃腊月土（腊月锄地耙麦，可以防冻保墒）""麦锄三遍没有沟（加强锄地，可使麦粒饱满，腹沟变浅）""麦锄三遍八一面，谷锄四遍八二米""麦田能锄三遍草，蒸出包来味道好""惊蛰不锄地，好比蒸馍跑了气""麦锄地皮干，可以不黄疸""冰雹打麦不要怕，一棵麦子扩两杈；加肥加水勤松土，十八天上就赶母""早耕如上粪，歇地如歇马""早耕不用问，杂草顶茬粪""早耕草作肥，晚耕如种草""秋田耕得早，消灭虫和草""早把地耕好，种麦误不了""松耱要轻，减少撞碰""大背小背耢一锄，划破地皮有好处"说明麦田锄地，可使土壤疏松，防冻保墒，消灭杂草病虫害，不但可以增加产量，而且可以提高品质，"麦田锄三遍，面满斗"，即冬小麦在冬季结冻前，早春雨水至惊蛰之间、惊蛰至春分之间各锄地一次，最为得宜，"谷根痒，麦根伤"说明除结冻前的锄麦，宜稍深以便结合培土外，春季锄麦，以抓破地皮，约二指深为度，以免损伤麦根，影响麦苗生长。

"麦吃腊月土，一亩两石五"，先从字面意思上解读，可以这样理解，小麦在腊月时要吃土，一亩地能吃两石五。"两石五"是古代的计量单位，两石五斗大概就是现在的 167.5 kg。其实这句话主要讲的是冬小麦管理时，要给小麦进行防冻保暖措施，这里的吃土其实指的是，在冬小麦进入腊月以后，可以对冬小麦田进行碾糖镇压，使得田地中的土稍微覆盖小麦根系位置。

在古代，农业生产技术没有那么高，劳动人民想要给小麦进行防寒，只能采用碾、糖、镇压等措施，使得小麦的根系、茎秆基部被土壤覆盖，起到保温的作用；而且在碾糖镇压的过程中，也能起到抑制小麦生长的作用，冬季小麦不旺长，那么就不容易受冻害，来年的产量肯定不会低。虽然辛苦一些，但确实能够起到防寒的作用。小麦冬季保暖措施做得好，来年小麦早返青，长势好，产量自然低不了；其实进入冬季以后，如果能给冬小麦进行一次防寒抗冻管理，那么来年对小麦生长发育更有利。

（八）防止倒伏，及时收获

"麦子倒了一把糠，荞麦倒了压坏仓""谷倒一包糠，麦倒一把草"说明小麦倒伏造成的损失是很大的，应设法加以防止。

"花收暖，麦收寒""芒种见麦茬，前晌不拔后晌拔""麦要撩青割，防避大风刮（撩青割即黄熟期收割）""麦怕老来风、麦秋如战场""谷老要养，麦老要抢"说明芒种小麦已达成熟阶段，最好掌握黄熟期进行收获，不能过早过晚，同时指出麦收工作，是一场激烈的战斗，成熟后应随即进行抢收，不能耽误时间，以免蒙受落粒损失。"麦熟一晌，蚕老一时"这句农业谚语是说在小麦成熟时间很快，通过蚕来作参考物，提醒人们抓紧时间收割小麦。大概意思是小麦成熟就在"一晌"的时间，"一晌"的意思是短时间、片刻等，经常种植小麦的农民都知道，如果天气允许的情况下，上午小麦还不能收获，比较潮湿，但是到了下午就可以收了，含水量也较少。提醒人们小麦收获要抓紧时间，不要错过了农时。同理，"麦收九成熟，不收十成落"这句农业谚语小麦完全成熟后再去收获，很容易出现"掉穗"现象。小麦完全成熟后，茎秆变黄，比较脆弱，而穗部又较重，一方面，小麦自身生长过程中，出现"头重脚轻"而"掉穗"，另外收获时人为因素也会导致"掉穗"。过去人们用镰刀人工收获，割麦过程中会触碰到"麦头"，而现在用联合收割机收获，收割机前面的拔禾轮接触到小麦时，也会导致"掉穗"，从而导致减产。如果从小麦生育期来分析，小麦的成熟期分为三个阶段，分别是乳熟期、蜡熟期和完熟期，一般情况下，蜡熟期内收获是最佳时期，也和"九成熟，十成收，十成熟，一成丢"这句话对应。

农业谚语有句"麦捆根，谷捆梢，芝麻捆在正当腰"，在过去人们收割都是人工打捆，但是捆庄稼也是有技术的，麦子要捆得往下点，而谷子要捆得往上点，芝麻最长要捆在中间的地方，这样就可避免掉穗掉粒发生。

"麦收有五忙，割挑打晒藏"农业谚语反映了以前人们收麦的场景，小麦收获一共分为五个步骤，割麦、挑麦、打麦、晒麦、贮藏。过去收麦季节因都是人工收麦，县、乡级的政府工作人员、学校都要放假一个礼拜，这时人们争先恐后及时回家收、打、碾开展"夏收"活动；农业院校学生们更是如此，要收学校的试验田里麦子了。以前收麦比现在要麻烦很多，人工收割小麦后，运输到家里或者直接在麦场中晾晒，简单晾晒后再进行打麦（碾麦），当时尚无太多打麦机，也就是现在脱粒机打麦过后，再进行晾晒，晒干后装袋或者散堆放贮麦粮库。

曾经在陕西省、甘肃省、宁夏回族自治区一些地方，每当在麦熟时节，因庄稼地里缺劳动力，这时，就有这样一群人成群结队地赶来收割麦子，人们称这群流动的、替别人割麦子的人为"麦客"，这群麦客是为了赚些贴补家用的钱，久而久之就有了专门以此为职业的"麦客"了。"舌尖上的中国"第1集"脚步"中，就有对中国古老的割麦人"麦客"的讲述："当陕西关中平原麦浪翻滚，脚下镰刀起起落落，他们弯着腰，低着和黄土地一样的干黄的脸色带几条深深的沟壑，这群人被人们称作'麦客'"。片中主人翁老婆婆用一碗飘着清香的陕西裤带面，配上臊子和油泼辣子，一碗充足的碳水化合物为这帮靠手工劳作吃饭的男人补充体力，饭后又是辛苦的劳作。招待辛勤劳作的麦客，是主人待客之道，麦客与主人互相尊重，这是世辈流传的麦客精神。主人对麦客说："都是庄稼人，都是出门人，吃好……"麦客马万全开心地说"挣上两个钱，回去给孩子买个啥，回去还还账，挣下些钱，回去吃一吃喝一喝花一花，咱们就开心了……"麦客用双手挑战机械化收割，现今麦客职业已被机器收割机取代，随着农业机械化、智能化的发展，麦客的身影渐渐远去，今天已经不多见，它是中华大地农耕时代的一种文化现象。

农业谚语有"麦收有三怕：雹砸、雨淋、大风刮""麦在地里不要笑，收到囤里才牢靠""麦熟一晌，虎口夺粮""麦收九十九，不收一百一""麦熟九成动手割，莫等熟透颗粒落""黄熟收，干熟丢""麦收要紧，秋收要稳""紧收麦子慢收秋""麦子夹生割，谷子要熟妥""麦收有五忙：割、拉、打、晒、藏；麦子入场昼夜忙，快打、快扬、快入仓""麦松一场空，秋稳籽粒丰""麦收时节停一停，风吹雨打一场空""快割快打，麦粒不撒""麦收无大小，一人一镰刀""田里看年景，场里看收成，仓里定输赢""拉到场里一半，收到囤里才算""麦入仓，谷入囤，豆子入库才放心""湿麦进仓，烂个精光""霉烂病虫能生灾，入到囤里还得晒""麦不让场，豆不让墒""豆不让宿，麦不让晌""割麦种豆不用犁，有雨抓紧耩地皮"。

民间小麦收获的农业谚语所蕴含的寓意，直到现在仍然有非常重要的借鉴意义，而有些农业谚语随着不断的发展，已经慢慢被淘汰，但后人可以从中了解中华农耕文化，感知先辈们的历史足迹，告知后人，以前的人们的生活场景。

三、植树造林农业谚语

在我国北方地区则有"节令到清明，栽树要抓紧"；在北方干旱地区农业谚语中"节令到春分，栽树要抓紧"，说明在黄河中下游地区，春分时节是树木栽种的大好时期；农业谚语有"春分分芍药，到老不开花；秋分分芍药，花儿开不败"说明芍药是采用分株方式繁殖的，对季节要求很严。春分时节，芍药经过冬季休眠已经开始生长孕蕾，此时分株，对植株伤害很大，伤口不易愈合，影响以后开花。秋分是芍药分株最适宜的时期，此时分株可使盛花期持续时间长。

四、农业气象谚语

人们对气象的最早认知、感知；可能就是"气象谚语"了，其中，以二十四节气衍生出的气象谚语居多，而这些源起黄河流域。例如，"清明早，小满迟，谷雨种棉正相适""立夏不下，小满不满，芒种不管""立冬出太阳，今冬无雪霜""落雪见晴天，瑞雪兆丰年""阴年大雪南风，阳年芒种下好雨""冬至阴天，来年春旱"等。它们朗朗上口，流传广泛，代代相传并延续至今。

在农业技术不发达的古代，人们主要是看天吃饭，其实是"看节气、知农时、知农事"，二十四节气对农业生产有着重要指导意义。农业谚语有"白露早，寒露迟，秋分种麦正当时"，意思是在"白露"节气种小麦太早，而到了"寒露"节气又太晚了，秋分时节正是黄河中下游冬麦区最佳播种时间。在秋分这一天，我国大部分地区进入秋季，冬小麦主要产区气温降到 $15 \sim 20$ ℃，而这个温度正是冬小麦种植和生长的最佳时间。

古人在农业生产中就注意防范灾害。在黄河流域，流传着"小满不满，麦有一险"的农业谚语。到小满节气，小麦刚刚进入乳熟阶段，它的籽粒灌浆饱满，但还没有成熟，只是小满，"小得盈满即小满"，这时农民需防范"一险"，即"干热风"。小满前后一般气温较高，如果有大风，往往就会形成干热风，导致小麦难以丰收。随着时代的变迁，二十四节气气象谚语走出黄河流域并得到广泛传播，内涵也愈加丰富。今天，二十四节气气象谚语的功能性作用虽然逐渐弱化，但，它们如同瑰宝已深深地沉淀在中华民族的记忆中。

气象谚语中有"久晴大雾必阴，久雨大雾必晴"，是指很长时间晴天后出现大雾一定会阴天，下雨很多天后有大雾就一定会天晴。反映了天气的变化规律。

青海省河湟地区每年 5—9 月是多雨季节，昼夜温差比较大，农民为了期盼今年的庄稼成熟有个好收成。西宁市湟中区总寨一带有句农业谚语"一晚上，下来（雨），一天加，晴（"加"读 jiā，意思是晚上下雨，白天晴了，这样有利作物生长）"。

五、青海农业畜牧业谚语

青海处于青藏高原东北部，气候冷凉干旱，农业作物结构单一，生态背景特殊，生产类型独特，地域特色鲜明。生活在这块神奇土地上的人民，依靠自己的聪明才智和勤劳勇敢创造了独具特色的物质文明和精神文明，谚语就是其智慧的结晶。它题材广泛，内容丰富，涵盖了青海各民族历史上各个时期社会生活的方方面面，贮存着在长期的生产、生活实践中积累起来的经验教训，集中体现了青海人民的智慧和共同的心理素质。青海谚语既风趣幽默，又言简意赅，易于记忆，而且颇具哲理，引人深思，每每使人领悟到一种做人之道，办事之理，处世之法，是青海各族人民教育后代，启迪智慧，促进社会发展的重要精神力量。

青海省东部农业地区的河湟谷地气候温和，农田广阔，土地肥沃，都为水浇地。1980 年前主要种植作物有春小麦、青稞、油菜、马铃薯（洋芋）、大头菜、苹果以"三红苹果"为主（红星、红元帅、红冠）。传统的农耕文化让这里也诞生了许多言简意赅又极具地方色彩的农耕谚语，例如，"若要地壮，拆锅头打炕（意为用灶灰和炕灰作肥料）""一九一场雪，猪狗不吃黑（'黑'读 he，指青稞等杂粮，意为瑞雪兆丰年）""立夏种胡麻，花儿开不罢""麦浇芽，豆浇花，青稞浇水一拃大""羊过清明马过夏，人过小暑再不怕（清明后青草可供羊吃；立夏后的青草可供马吃，小暑后粮食已熟）"等农业谚语。

青海作为中国五大牧区之一，少数民族多从事以游牧为主的畜牧业生产活动，这种以季节性的逐水草而牧的生活、生产方式，便以谚语的形式记载了下来。"秋天畜牧要粗放，春天一定要精放""抚养孤寡为振兴，饲养瘦弱为发展"等谚语不但是蒙古族人民在长期的畜牧业经济生活中摸索出来的生产、生活规律，而且也蕴含着一定的关爱生命的伦理思想。青海蒙古族主要从事畜牧业，兼顾狩猎。因而，在青海省蒙古族谚语中，如何处理好人与牲畜和大自然的关系，协调发展畜牧业经济和适当发展狩猎经济的思想和内容的谚语则十分丰富，而且有鲜明的地域特点。青海省冬季寒冷在养殖家畜时就有谚语"冬天少农活，草料要斟酌""粗料多，精料少，但是不能跌了膘"来进行畜牧业生产。

青海省蒙古族在长期的畜牧业生产和实际生活中总结出来的有关生产和生活的经验。这是特定的自然环境和生产力水平低下的最基本的经验和规律，从中可以看到高原多变的气候条件对其生产、生活方式的影响。同样的思想内容，在不同的地方却用了各自不同的词语和语言表达方式。例如，青海省蒙古族谚语"畜牧圈在阳坡上，蒙古包扎在高垧处"在其他地区的蒙古族谚语中变成了"秋天要在丘陵安居放牧，冬天要在洼地架帐放牧"。两句说的是同样的事，但表达方式各不相同，从地理上看，一个说的是山区的事，一个说的是丘陵地区的事；从表达的对象来看，一个是"阳光充足的地方"，一个是"避风的地方"。可见，不同的地区必须根据各自气候条件的变化，来决定放牧的方式和地点。再如，青海省蒙古族中常常用"秋天挤的牛奶多，春天死的牛犊多"的谚语，提醒和批评那些在秋天贪着挤奶而不给牛犊吃奶，只顾眼前不顾来年的错误做法。两个"多"字反映了蒙古族人民的辩证思想和科学理念。在其他地区的蒙古族谚语中则常常用"秋季不积攒牧草，春季就会死牲畜"来提醒和批评那些秋天不做准备工作的人家，这也是一种形象地表现畜牧业经济思想的谚语。

第三节　农业谚语与时令

"二十四节气"，节气又称"时令""时节"，是古代中国人用来指导农事的补充历法，其中也展现了中国人自然观、生命观、宇宙观、哲学观的体现。无论是"到了惊蛰节，锄头不停歇"还是"处暑满地黄，家家修粮仓"，无论是"天将化雨舒清景，萌动生机待绿田"还是"梨花风起正清明，游子寻春半出城"，无不反映着生活在这片土地上的老百姓最朴素的愿望，辛勤劳作、享受丰收的喜悦、祈求平安吉祥的夙愿，这与中华民族的精神内核是一脉相承的。"春雨惊春清谷天，夏满芒夏暑相连；秋处露秋寒霜降，冬雪雪冬小大寒"。2016 年 11 月 30 日，二十四节气被正式列入联合国教科文组织人类非物质文化遗产代表作名录，表明联合国教科文组织对该遗产项目的一致认可，同时体现出国家、社会对保护传统知识与实践类非物质文化遗产，以及将文化融入社会、经济和环境的可持续发展的重视；在国际气象界，二十四节气被誉为"中国的第五大发明"。

时节是汉语词汇，意思是指季节、时令、时光、时候。《管子·君臣下》："故能饰大义，审时节，上以礼神明，下以义辅佐者，明君之道。""时令"意思指犹月令，是古时按季节制定有关农事的政令：时令已交初秋，天气逐渐凉爽。按时节所颁布的政令，《礼记·月令》："天子乃与公卿大夫共饬国典，论时令，以待来岁之宜。"岁时节令。唐朝王维《奉和圣制从蓬莱向兴庆阁道中留春雨中春望之作应制》诗："为乘阳气行时令，不是宸游玩物华"。时令农业谚语是有关季节，气象、气候条件等方面的农业谚语，它是农民在长期生产实践里总结出来的经验。

一、立春时令农业谚语

"立春一日，百草回芽""一年之计在于春，一日之计在于晨""清明前后，种瓜点豆""立春一年端，种地，早盘算""立春雨水到，早起晚睡觉""雷打立春节，惊蛰雨不歇；雷打惊蛰后，低地好种豆"等。

二、雨水时令农业谚语

"雨水有雨庄稼好，下多下少都是宝""春雨贵如油，保墒抢时候""七九八九雨水节，种田老汉不能歇""雨水到来地解冻，化一层来耙一层""麦田返浆，抓紧松榜""雨水非降雨，还是降雪期""雨水节，雨水代替雪""不怕一冬旱，就怕正二三"等。

三、惊蛰时令农业谚语

"惊蛰节到闻雷声，震醒蛰伏越冬虫""春季造林好时机，因地制宜分树种""家禽孵化黄金季，牲畜普遍来配种""天暖花开温升高，畜禽打针防疫病""到了惊蛰节，耕地不能歇""春耕抢墒，秋耕抢时"等。

四、春分时令农业谚语

"立春阳气转，雨水沿河边""春分阴雨天，春季雨不歇""春分有雨到清明，清明下雨无路行""一场春雨一场暖，春雨过后忙耕田""春分有雨是丰年""春分刮大风，刮到四月中"等。

五、清明时令农业谚语

"麦怕清明霜，谷怕老来雨""清明有雨春苗壮，小满有雨麦头齐""清明前后雨纷纷，麦子一定好收成""清明湿了乌鸦毛，今年麦子水里捞""春分后，清明前，满山杏花开不完"等。

六、谷雨时令农业谚语

"谷雨过三天，园里看牡丹""谷雨到立夏，就把小苗挖""谷雨麦怀胎，立夏长胡须""谷雨麦挑旗，立夏麦头齐""谷雨前后，种瓜点豆""谷雨前后栽地瓜，最好不要过立夏""谷雨栽上红薯秧，一棵能收一大筐""谷雨有雨好种棉""谷雨有雨棉花肥""谷雨种棉花，能长好疙瘩""谷雨种棉家家忙""过了谷雨种花生""谷雨不种花，心头像蟹爬"等。自古以来，棉农把谷雨节作为棉花播种指标，编成谚语，世代相传。

七、立夏时令农业谚语

"立夏三日正锄田，锄板响，庄稼长；要想庄稼好，田间锄草要趁早""驴骡马喂养好，加强防疫常检查""小猪要动大猪静，放羊满天星为佳""春争日，夏争时""立夏前后连阴天，又生蜜虫（麦蚜）又生疸（锈病）""立夏前后天干燥，火龙往往少不了（火龙指红蜘蛛）""麦拔节，蛾子来，麦怀胎，虫出来（指黏虫）""小麦开花虫长大，消灭幼虫于立夏""豌豆立了夏，一夜一个杈"等。立夏表示即将告别春天，是夏天的开始。人们习惯上都把立夏当作是温度明显升高，炎暑将临，雷雨增多，农作物进入旺季生长的一个重要节气。

八、小满时令农业谚语

（一）小麦

"小满小满，麦粒渐满""小满未满，还有危险""小满小满，还得半月二十天""小满不满，芒种开镰""小满十八天，不熟自干""小满割不得，芒种割不及""风刮麦扑地，如若人工立，根断茎受损，籽粒变瘦秕""大麦不过小满，小麦不过芒种""过了小满十日种，十日不种一场空""小满节气到，快把玉米套（串）""小麦到小满，不割自会断""小满防虫患，农药备齐全""小满暖洋洋，锄麦种杂粮"等。

（二）水稻

"小满麦渐黄，夏至稻花香""麦黄栽稻（中稻），稻黄种麦""麦到小满，稻（早稻）到立秋"等。

（三）其他作物

"小满玉米芒种黍""小满芝麻芒种香""小满黍子芒种麻""小满芝麻芒种谷，过了立夏种黍""小满芝麻芒种豆，秋分种麦好时候""小满不起蒜，留在地里烂""小满有雨豌豆收，小满无雨豌豆丢""小满种棉花，光长柴火架""小满种棉花，有柴少疙瘩""大雨下在小满前，农民不愁水灌田""蚕老一个闪，麦熟一眨眼"等。

九、芒种时令农业谚语

"芒种忙，麦上场""杏子黄，麦上场""枣花开，割小麦""麦到芒种谷到秋，豆子寒露用镰钩，骑着霜降收芋头""种前后麦上场，男女老少昼夜忙""夏种无早，越早越好""夏种晚一天，秋收晚十天""豆子播上大雨下，不管黑白快套耙""豆子就怕急雨拍，抓紧划搂（地）莫懈怠""玉米地里带豆，十年九不漏，丢了玉米还有豆""芒种有雨豌豆收，夏至有雨豌豆丢""芒种芒种，连收带种"等。

十、夏至时令农业谚语

"夏至有雨三伏热，重阳无雨一冬晴""夏至伏天到，中耕很重要，伏里锄一遍，赛过水浇园""日长长到夏至，日短短到冬至""夏至种，秋分收，玉米百日保丰收""夏至不起蒜，必定散了瓣"等。

十一、小暑时令农业谚语

"小暑过，一日热三分""人在屋里热得跳，稻在田里哈哈笑""小暑热过头，秋天冷得早""小暑小禾黄""小暑不见日头，大暑晒开石头""小暑交大暑，热得无处躲""小暑不栽薯，栽薯白受苦""小暑热，果定结；小暑不热，五谷不结""小暑南风，大暑旱"等。

十二、大暑时令农业谚语

"大暑连天阴，遍地出黄金""大暑热不透，大热在秋后""大暑不暑，五谷不鼓""大暑大雨，百日见霜""小暑不算热，大暑正伏天""大暑无酷热，五谷多不结""小暑大暑不热，小寒大寒不冷""小暑吃黍，大暑吃谷""小暑雨如银，大暑雨如金""伏里多雨，囤里多米""伏天雨丰，粮丰棉丰"等。

十三、立秋时令农业谚语

"立秋之日凉风至""早上立了秋，晚上凉飕飕""早立秋冷飕飕，晚立秋热死牛""立秋过后，还有'（秋）老虎'在一头""立秋下雨人欢乐，处暑下雨万人愁""立秋处暑有阵头，三秋天气多雨水""立秋响雷，百日见霜""一场秋雨一场寒""立秋有雨样样收，立秋无雨人人忧""秋不凉，籽不黄""立秋十天遍地黄""立秋十八天，寸草皆结顶""立夏栽茄子，立秋吃茄子""立秋荞麦白露花，寒露荞麦收到家""立秋摘花椒，白露打胡桃，霜降摘柿子，立冬打软枣""立了秋，便把扇子丢""十场秋雨要穿棉""秋不食辛辣""秋不食肺"等。

十四、处暑时令农业谚语

"农时节令到处暑，早秋作物陆续熟""处暑好晴天，家家摘新棉""处暑处暑，热死老鼠""处暑三日割黄谷""绿肥盛花期，压青正适宜""处暑栽白菜，有利没有害""抓紧移栽大白菜，大葱继续来壅土"等。

十五、白露时令农业谚语

"白露割谷子，霜降摘柿子""白露种葱，寒露种蒜""白露谷，寒露豆，花生收在秋分后""白露节，棉花地里不得歇""白露到秋分，家畜配种带打针""畜禽防疫普打针，牲畜配种好怀胎""草上露水凝，天气一定晴""夜晚露水狂，来日毒太阳""白露打枣，秋分卸梨""白露打核桃，霜降摘柿子""白露到，摘花椒"等。

十六、秋分时令农业谚语

"一场秋雨一场寒，秋分有雨来年丰""青贮秸秆继续搞，牲畜配种机莫失""秋分见麦苗，寒露麦针倒""秋分收花生，晚了落果叶落空""秋分种小葱，盖肥在立冬""八月中秋正卸梨"等。

十七、寒露时令农业谚语

"吃了寒露饭，单衣汉少见""吃了重阳糕，单衫打成包""寒露时节人人忙，种麦、摘花、打豆场""寒露收豆，花生收在秋分后""寒露三日无青豆""过了秋分寒露到，采集树种要趁早""骡马驴，加夜草，劲头足，干活好""时到寒露天，捕成鱼，采藕芡（qiàn）"等。

十八、霜降时令农业谚语

"秋雁来得早，霜也来得早""雪打高山霜打洼""霜降播种，立冬见苗""寒露种菜，霜降种麦""晚麦不过霜降""霜降拢菜（白），立冬起菜""霜降拔葱，不拔就空""霜降萝卜，立冬白菜，小雪蔬菜都要回来""霜降摘柿子，立冬打软枣""霜降不摘柿，硬柿变软柿""霜降配羊清明羔，天气暖和有青草""霜降霜降，洋芋地里不敢放"（青海）"霜降腌菜，寒冬腊月可吃菜（青海）"等。

十九、立冬时令农业谚语

北方地区 "立冬之日起大雾，冬水田里点萝卜""立冬那天冷，一年冷气多""霜降腌白菜。立冬不使牛""立冬无雨一冬晴""立了冬，把地耕。冬耕灭虫，夏耕灭荒""田要冬耕，羊要春生""立冬温渐低，管好母幼畜""冬天耕地好处多，除虫晒垡蓄雨雪""粮田棉田全冬耕，消灭害虫越冬蛹""秋冬耕地如水浇，开春无雨也出苗""早来水，就早浇，晚来水，就晚浇，早浇要待麦全苗，晚浇莫过地冻牢"等。

南方地区 "立冬东北风，冬季好天空（闽南）""立冬南风雨，冬季无凋（干）土（闽南）""立冬落雨会烂冬，吃得柴尽米粮空（闽南）""立冬小雪紧相连，冬前整地最当先（江南）""立冬种豌豆，一斗还一斗（南方）""重阳无雨看立冬，立冬无雨一冬干（赣）"等。

二十、小雪时令农业谚语

"小雪雪满天，来年必丰年""小雪收葱，不收就空；萝卜白菜，收藏窖中""立冬小雪，抓紧冬耕。结合复播，增加收成。土地深翻，加厚土层。压砂换土，冻死害虫""小雪地封严（青海）""小雪不耕地，大雪不行船""小雪不封地，不过三五日""小雪不起菜（白菜），就要受冻害""到了小雪节，果树快剪枝"等。

二十一、大雪时令农业谚语

"雪有三分肥""冬雪一层面，春雨满囤粮""今冬雪不断，明年吃白面""雪在田，麦在仓""雪盖山头一半，麦子多打一石""冬天不护树，栽上保不住""天气渐寒，畜舍堵严""积雪如积粮"等。

二十二、冬至时令农业谚语

"冬至冷暖直到三月中旬""冬至寒，春暖早""冬至晴，正月雨；冬至雨，正月晴""冬至出日头，过年冻死牛""冬至天气晴，来年百果生""冬至萝卜夏至姜，适时进食无病痛""冬至地干燥，钟响人咳嗽""冬至不冷，夏至不热""冬至西北风，来年干一春""一年雨水看冬至"等。

二十三、小寒时令农业谚语

"小寒大寒，冻成一团""小寒大寒，准备过年""牛喂三九，马喂三伏""冷在三九，热在中伏""小寒不寒，清明泥潭""小寒无雨，小暑必旱""腊月大雪半尺厚，麦子还嫌被不够""薯菜窖，牲口棚，堵封严密来防冻""数九寒天鸡下蛋，鸡舍保温是关键""小寒大寒寒得透，来年春天天暖和"等。

二十四、大寒时令农业谚语

"小寒大寒，杀猪过年（春节）""过了大寒，又是一年（农历）""小寒不如大寒寒，大寒之后天渐暖""小寒大寒不下雪，小暑大暑田开裂""大寒一场雪，来年好吃麦""大寒见三白，农人衣食足""大寒不寒，春分不暖""大寒不寒，来年不丰""大寒白雪定丰年""大寒猪屯湿，三月谷芽烂"等。

第五章
现代农业与农耕文化

第一节　工业化农业

一、工业化农业

工业化农业的发展有近一百年的历史。1910 年美国开始使用拖拉机，第二次世界大战后美国开始普及农业机械化。20 世纪 30—60 年代，英国、法国、日本等工业化国家先后实现农业机械化。1900 年前后的欧洲开始生产过磷酸钙。氮肥工业的发展以 Haber-Bosch 反应过程为基础，在 1913 年实现固氮工业化的突破。20 世纪 50 年代，开始化肥生产的突飞猛进。

农业工业化是指运用工业化的经营方式和管理模式来谋划农业产业发展，在农业生产过程（产前—产中—产后）中推动一系列基要生产函数连续高度化的演进，实现农业与工业的高级形态的产业整合，即农业生产过程的工业化、农业生产结果的工业化和农业产业经营管理的现代化，最终形成工业化的新型现代农业生活方式。

工业化农业系统中农业生物组分单一，食物链（产业链）短，农业生产景观分布格局异质性低，通常呈直线性、规格化。与传统农业系统的结构相比，工业化农业在物种组成、规模、投入品、产业结构等方面均呈现出明显的变化与差异。工业化农业的功能也发生了重要的变化。

相对于传统农业生产而言，工业化农业存在许多明显的优势。首先，工业化农业拥有较高的劳动生产率、土地生产率和产品商品率、保证了产量，解决了大多数人的温饱问题。其次，工业化农业的发展使大量劳动力离开农业，将劳动力从农业中解放出来，投身到工业和其他产业中，进一步促进了社会经济的发展。另外，土地生产率的提高可以避免大量边际土地的开垦。

化肥、农药、机械等作为工业化农业的重要生产资料，是农业生产和实现农产品产量安全的重要保障。据联合国粮食及农业组织统计，在农作物增产的总份额中，化肥的作用占 40 % ～ 60 %。联合国粮食及农业组织的专家认为，如果没有化肥，全世界粮食产量将减少三分之一，这几乎相当于二十多亿人的口粮；也正是由于各种化肥的使用，使得单位面积的农作物产量大大提高，很多饥饿和粮食短缺问题也得以化解。

在工业化农业中，农药的使用有效减少了病虫害对农作物的危害，从而保证了农产品收成。相关研究指出，病虫草害引起的农作物损失可达 70％，通过正确使用农药可以挽回 40％ 左右的损失。在我国，20 世纪 70 年代，农药的使用使得年年成灾的蝗虫、黏虫、螟虫等虫害得到了有效控制。到 2015 年为止，我国粮食生产已经出现了连续 12 年增产。

农膜的使用在我国的农业发展中起到了重要作用，特别是在半干旱地区的节水效能和在冷凉环境的保温性能，促进了农业的发展，保障了社会有效供给。

农业机械化在工业化农业增效上也发挥着重要作用，是提高劳动生产率和解放农业劳动力的重要途径。以我国为例，1978—2009 年，农业机械化对农业经济贡献率达 17.19％，对现阶段农业生产力的提高起到了重要的促进作用。在发达国家农业机械化水平更高，取得的成效更明显。

根据联合国粮食及农业组织、国际农业发展基金会和世界粮食计划署三大粮农机构发表的《2015 年世界粮食不安全状况》，世界饥饿人口数量已降至 7.95 亿人，比 1990—1992 年减少 2.16 亿人，而发展中国家食物不足率已从 25 年前的 23.3％ 降至 12.9％。工业化农业手段在其中起到了举足轻重的作用。

二、现代农业

现代农业是在现代工业和现代科学技术基础上发展起来的农业，是萌发于资本主义工业化时期，而在第二次世界大战以后才形成的发达农业。其主要特征是广泛地运用现代科学技术，由顺应自然变为自觉地利用自然和改造自然，由凭借传统经验变为依靠科学，成为科学化的农业，使其建立在植物学、动物学、化学、物理学等科学高度发展的基础上；把工业部门生产的大量物质和能量投入农业生产中，以换取大量农产品，成为工业化的农业；农业生产走上了区域化、专业化的道路，由自然经济变为高度发达的商品经济，成为商品化、社会化的农业。

现代农业大幅提高了土地生产力和劳动生产率，与此同时也产生了诸多弊端，例如，能源大量消耗，资源紧张；滥用化肥、农药，造成环境污染；土壤遭到破坏，地力下降；过度砍伐放牧，导致水土流失、土壤沙化，等等。中国农业未来的发展，具体而言就是如何成功摆脱西方现代农业的窠臼而实现绿色、健康、可持续发展，恐怕需要求助于中国传统农业伦理的指导。这是由农业生产活动和农业科学技术的特点所决定的，合乎农业发展以及人类发展的客观规律。

三、中国式农业现代化

现代农业与农业现代化不是同一个概念，最根本的区别是追求目标不同，现代农业追求单一目标——经济；农业现代化追求的目标是体现为经济、社会、政治、文化、生态"五位一体"的系统工程。

人类农业发展历经原始农业、传统农业、现代农业三种形态。原始农业就是刀耕火种的农业；传统农业是在一个封闭的内循环状态下向前滚动发展的农业；现代农业则打破了封闭的内循环格局，注入外力，拉长产业链的农业，即对传统农业的改造和提升。现代农业分为前、后两个阶段，前现代时期的两个主要标志，一是化肥、农药的使用，二是用机械代替了人力、畜力；后现代时期的主要特征，是拉长了产业链条，建立了农业、农产品加工业、农业服务业这样一个一二三产业联通上中下游一体、产供销加互促的产业体系。也是我国现阶段农业现代化需要建设的产业体系。

农业现代化是一个复杂的系统工程。就是要通过科学技术的渗透、工商部门的介入、现代要素的投入、市场机制的引入和服务体系的建立，用现代科技改造农业、用现代工业装备农业、用现代管理方法管理农业、健全社会化服务体系服务农业，提高农业综合生产能力，增加农民收入，营造良好的生态环境，实现可持续发展。

农业现代化，农业是本体，农民是主体，农村是载体。而现代农业只要求实现"本体"的现代化，是不完整的现代化，"主体"和"载体"如果不能同时实现现代化，"本体"农业就无法实现现代化。只追求单一的经济目标，不追求"五位一体"的综合目标不是农业现代化。因此，必须重构农业现代化体系，重启农业现代化议程，做到"三体共化、十农并进"。"三体共化"，即作为本体的农业，作为主体的农民和作为载体的农村要共同实现现代化。"十农并进"，就是要在农村人才、农民组织、农民工、农村道路、农田水利、农村土地、农产品与农资价格、农村金融、家庭农场、农村环境等方面共同建设，同时推进。

总之，从理论层面而言，中国式农业现代化建设应着力于"五个创新"，一是内涵创新，构建一二三产业融合，上中下游一体，产供销加互促的产业体系；二是外延创新，实现"三体共化、十农并进"；三是目标创新，逻辑目标追求是土地产出最大化，不同于美国的劳动力产出最大化；综合目标追求是"五位一体"，不同于现代农业的单一目标；四是路径创新，外延扩张带动与内涵改造提升并重，让刘易斯模式与舒尔茨模式并重；五是结构创新，重构农业生态系统，从广义的生态学视角出发，使农业现代化追求的经济、政治、社会、文化和自然五大目标领域按照生态学原理在重构自身的同时，建造"五位一体"的整体构架。

种业是农业的基础产业，农业现代化的前提是种业现代化，粮食安全的前提是种业安全。要确保中国人的饭碗牢牢端在自己手里，就必须把种业紧紧握在自己手中。种业必须上升到国家理念、国家意志、国家战略的高度予以谋划。

（一）乡村富民产业

鼓励社会资本开发特色农业农村资源，积极参与建设现代农业产业园、农业产业强镇、优势特色产业集群，发展特色农产品优势区，发展绿色农产品、有机农产品和地理标志农产品。发展"一村一品""一镇一特""一县一业"，建设标准化生产基地、集约化加工基地、仓储物流基地，完善科技支撑体系、生产服务体系、品牌与市场营销体系、质量控制体系，建立利益联结紧密的建设运行机制。因地制宜发展具有民族、文化与地域特色的乡村手工业，发展一批家庭工厂、手工作坊、乡村车间。加快农业品牌培育，加强品牌营销推介，鼓励社会资本支持区域公用品牌建设，打造一批"土字号""乡字号"特色产品品牌和具有市场竞争力的农业企业品牌。支持社会资本投资建设规范化乡村工厂、生产车间，发展特色食品、制造、手工业和绿色建筑建材等乡村产业。

（二）生态循环农业

鼓励社会资本积极参与农业农村减排固碳。支持社会资本参与绿色种养循环农业试点、畜禽粪污资源化利用、秸秆综合利用、农膜农药包装物回收行动、病死畜禽无害化处理、废弃渔网具回收再利用，加大对收储运和处理体系等方面的投入力度。鼓励社会资本投资农村可再生能源开发利用，加大对农村能源综合建设投入力度，推广农村可再生能源利用技术，探索秸秆打捆直燃和成型燃料供暖供热，沼气生物天然气供气供热新模式。支持社会资本参与长江黄河等流域生态保护、东北黑土地保护、农业面源污染治理、重金属污染耕地治理修复等。

四、现代农业科技

现代农业科技从本质上讲，包括农业分子生物技术和数字农业技术。

（一）农业分子生物技术

就是指运用基因工程、发酵工程、细胞工程和酶工程以及分子育种等生物技术，改良动植物及微生物品种遗传性状，培育动植物和微生物新品种，以及生产生物农药、兽药与疫苗的新技术。它可以有目的地对农业生物进行更加高效和精准的遗传改良，从而提高生产效率和改善品质。在农作物遗传领域，主要包括分子标记辅助育种、转基因、基因编辑、双单倍体育种等。

它是从微观和内部的层面，通过基因定位、功能、修饰、转移、编辑、组合等手段，改造生物遗传的特性，提升效率，增加产量，改善品质，并可以获得经过设计出来的某些特性。同时，它能够打破传统的生物属种、品类、品种、地域和时间的隔阂，横扫传统农业的藩篱，开启人类进入自然王国的可能。

（二）数字农业技术

就是将遥感技术、地理信息和定位技术、计算机技术、通信和网络技术、自动化技术等各种信息技术与地理学、农学、生态学、植物生理学、土壤学等各种基础学科实现有机的结合，在农业生产全过程中从宏观到微观，对农作物的生长发育状况，对影响农作物的自然环境，以及影响农产品销售的市场环境，进行实时监测，定期获取信息并生成动态信息系统。对农业生产和经营中的现象、过程进行模拟和推演，以达到提升农产品产量和质量，降低生产成本，优化资源利用和改善生态环境，或者更好收益，以及促进农业可持续发展的目的。

现代农业科技并不是对传统农业科技所做的线性的改良和升级，它是在全新的维度上对农业产业进行的一场彻底的"革命"。它是从宏观和外部的层面，通过传统农业科技要素之间的优化和组合，内在要素与外在要素的融合，提高资源利用率和生产效率。它能够做到系统量化，以终为始，超越人类传统经验，以更加科学和智能的姿态，取代人类简单和粗糙的经验主义决策过程。

现代农业科技并没有给农业的生产过程创造出新的要素，但是它是在更高的维度上对于传统农业有了全新的认知，并对传统农业进行了彻底的改造。它是人类对于自然，对于环境，对于生命，对于农业生产过程以及自身命运的全新认知。由于人工智能的出现和逐步成熟，它将使得伴随人类进化和成长全过程的农业，有可能摆脱自然资源的制约，摆脱沉重的体力劳动，超越传统经验，让人类拥有丰富、多样和高品质的农产品的同时，使得农业生产劳动不再成为负担，并成为愉悦的体验。

五、现代农业科技栽培模式

现代农业包括设施农业、观光农业、无土栽培、精准农业、太空农业等农业生产经营模式，该模式运用现代科技手段进行农业生产种植和经营，实现农业规模化、产业化、精准化发展，促进农业附加值增长增收。常见的现代农业科技栽培模式，温室种植为例，目前主要是以智能玻璃温室、薄膜连栋温室大棚来实现种植，其中常见的有以下几种模式。

（一）规模化茄果类基质栽培

茄果类的蔬菜品种目前主要是有番茄、辣椒、黄瓜等。基质栽培的模式主要是有椰糠基质栽培、岩棉基质栽培。特点为产量高，生长快，无公害。

椰糠基质栽培是当前绿色环保、高产高效、高回报的一种生产方式，通过科学管理，工业化模式，精准化种植，物联网服务，改变传统生产方式，实现蔬菜生产现代化，解决土壤污染，减少农药使用，实现生产无公害，是未来农业的发展方向。

岩棉栽培是现代化农业最先进的栽培技术，从栽培设施到环境控制都能做到根据作物生长发育的需要进行监测和调控，农业岩棉具有良好的化学稳定性，通过岩棉渗水透气保水特点，让种植的植物达到高产。

（二）工厂化叶菜水培

菜类蔬菜多食用植物的茎叶，有些叶菜还以生食为主，这就要求产品鲜嫩、洁净、无污染。由于土培蔬菜容易受污染，沾有泥土，清洗起来不方便，而水培叶菜类比土培叶菜质量好，洁净、鲜嫩、口感好、品质上乘。因此，水培在叶菜蔬菜生产中的应用已日趋广泛。绝大多数叶菜类蔬菜均可采用水培方式进行，例如生菜、空心菜、紫背菜、叶甜菜、苦苣、京水菜、西洋菜等。

（三）立体高效栽培

利用高效生态型无土栽培技术，节约空间、提高水分利用率、节省劳动力的一种栽培模式。该技术操作方便，便于自动化生产和集约化生产，使得基质栽培立体化种植得以实现，空间利用率提升 2 ～ 3 倍。种植槽中基质营养成分不易流失，可保证植物的健康生长，美观实用。可生产洁净卫生无公害的产品。适宜推荐作物有草莓、菠菜、芹菜、生菜、花卉等。

（四）植物工厂

植物工厂以节能植物生长灯和 LED 为人工光源，采用制冷、加热、光照、二氧化碳浓度、光合效率与气肥调控、营养液在线检测与控制等 13 个相互关联的控制子系统，可实时对植物工厂的温度、湿度、光照、气流、二氧化碳浓度以及营养液等环境要素进行自动监控，实现智能化管理。

通过对工厂内环境的高精度控制，植物生长周期缩短，植物工厂的产量可以达到常规栽培的几十甚至上百倍。除蔬菜种植外，植物工厂在育苗上也有应用。

六、生态农业

生态农业是指利用人、生物与环境之间的能量转换定律和生物之间的共生、互养规律，结合本地资源结构，建立一个或多个"一业为主、综合发展、多级转换、良性循环"的高效无废料系统。它是农业系统工程结构中的重要系统之一，是搞好"人地粮"和"水土肥"平衡的重要内容。

生态农业就是利用原理把传统农业的精华和现代科学技术结合起来形成的一种新型农业。我国目前比较成功的模式有（传统）生态农业模式和（现代）生态农业模式等，他们的特点是充分利用（科技），提高（空间）的利用率和（能源）的再循环利用率，最终达到综合可持续发展。生态农业在我国目前比较成功的利用，例如，近年来我国各地推广的多种经营内空的"垄稻沟鱼""垄稻沟蛙""垄稻沟虾""瓜菜鱼"等。广西壮族自治区恭城瑶族自治县建立的"养殖业—沼气—种植业"循环模式，以沼气建设为纽带，畜牧业（主要是养猪）、沼气互相促进，沼液、沼渣又促进种植业（主要是粮食、水果）的发展。这是典型的生态农业模式。

生态农业模式是一种在农业生产实践中形成的兼顾农业的经济效益、社会效益和生态效益，结构和功能优化了的农业生态系统。根据生态学的组织层次，生态农业的模式可以分为三个层次，即区域与景观布局模式、生态系统循环模式和生物多样性利用模式。在一个农业的区域和景观区中，最重要的就是平衡农业生产、生活、生态功能的整体布局。在一个通过能量和物质流动串联起来的农业生态系统中，最重要的就是保证能流、物流的畅通和物质的循环利用。

生态农业的模式，包括北方"四位一体"生态模式及配套技术；南方"猪—沼—果"生态模式及配套技术；平原农林牧复合生态模式及配套技术；草地生态恢复与持续利用生态模式及配套技术；生态种植模式及配套技术；生态畜牧业生产模式及配套技术；生态渔业模式及配套技术；丘陵山区小流域综合治理模式及配套技术；设施生态农业模式及配套技术和观光生态农业模式及配套技术。

第二节　传统农耕文化对现代农业的借鉴意义

2022年10月16日习近平总书记在中国共产党第二十次全国代表大会报告中提出，大自然是人类赖以生存发展的基本条件。尊重自然、顺应自然、保护自然，是全面建设社会主义现代化国家的内在要求。必须牢固树立和践行绿水青山就是金山银山的理念，站在人与自然和谐共生的高度谋划发展。

在继承和发扬农耕文化的基础上大力发展有机农业，使古老的农业耕作智慧与现代有机科技相结合，探索天地人和谐共生的智慧农业，无异于让老树发新芽、开新花。这是当今传承农耕文化的重大现实意义。

当今正是农耕社会被工业化、现代化快速取代的时代，城市化的进程加速了农耕社会的消亡。城市膨胀，农村萎缩，土地板结，食品质量堪忧，故乡变得面目全非，现今大力提倡搞有机农业从某种意义讲是昨天人类对传统农业盲目破坏的反思和修复。

虽然农耕时代渐行渐远，农耕器物逐渐淡出我们的生活，但是源远流长的农耕文化，博大精深的农耕文明和农耕智慧，无疑是现代社会需要继承和发扬的。

青山绿水，空气清新，雨后春笋，野菇盛开，正是大自然对人们的恩赐。被铺天盖地无节制地使用的农药化肥、各种人工试剂侵略的大自然，水源被污染，土地被破坏，青蛙、燕子无处藏身，野菇无影无踪，生物链上螨虫的克星——瓢虫难得一见。

于是病虫害肆虐，广施农药，粮食污染。这更是大自然对人类的惩罚。

乡愁让人们反思，也让人们警醒，于是人们开始千方百计地寻找出路。其实出路就在眼前，就在我们老祖宗那里，几千年的传统有机农业的精髓，被现代人彻底摒弃，人类在尝到大自然惩罚的恶果后，想要回到过去却没有那么容易，时过境迁，情况变得更复杂，实现现代有机农业的困难也更多。

传统农耕文化蕴含着丰富的生态智慧，其顺天应时，遵循自然规律；种养结合，因地制宜；生态防治，消除虫害；变废为宝，有机循环；善待自然，节用资源；敬畏自然，感恩自然的理念和实践，对现代农业的发展仍具有重要的借鉴意义和现实价值。

一、顺天应时，遵循自然规律

传统农耕强调对自然规律的尊重，《吕氏春秋·审时》说："夫稼，为之者人也；生之者地也；养之者天也。是以人稼之容足，耨之容耨，据之容手，此之谓耕道。"所谓的"耕道"，就是农业生产过程必须处理好天、地、人三者的关系，遵循天时、地利、人事等客观规律。古代，在具体的农事活动安排上，人们按照自然节律和农业生产周期来进行，不同的节气农时有不同的生产要求，具有很强的时间观念，这是农业生产顺利进行的条件。二十四节气，不仅是我国先民在天文学上的重大发明，也是先民们在长期的农业实践活动中的生产经验和智慧的总结，后来又成为人们从事农业生产、开展农事活动的依据。历史典籍对于古代的农事活动安排就有不少这方面的记载，如《诗经》中的《国风·豳风·七月》，按照季节的先后，从年初写到年终，从种田养蚕写到打猎凿冰，记载了当时人们顺应季节进行不同的生产活动和生活安排，反映了周朝早期一年四季的农业生产和农民的日常生活情况，"七月流火，九月授衣。春日载阳，有鸣仓庚。女执懿筐，遵彼微行，爰求柔桑""六月食郁及薁，七月亨葵及菽。八月剥枣，十月获稻。为此春酒，以介眉寿。七月食瓜，八月断壶，九月叔苴"。农业生产具有强烈的季节性特征，传统农耕强调顺天应时、遵循自然节律对农业丰收的重要性，《孟子·梁惠王上》载："不违农时，谷不可胜食也。"《荀子·王制》提出："春耕、夏耘、秋收、冬藏，四者不失时，故五谷不绝而百姓有余食也。"《吕氏春秋·审时》也说："是故得时之稼兴，失时之稼约。"传统的迎春仪式就是为了不误春时，劝农耕作而举行的。例如青海省海东市化隆回族自治县塔加藏族乡塔加村是典型的半农半牧型藏族村，这里每年的农历二月十五村民们早早聚集在一起，穿上节日的盛装参加"开耕节"仪式，活动开始前，年轻的村民都会围坐在一起，听村里德高望重的老人讲述开耕节的由来，劝农不要误了春耕，吃过糌粑喝过奶茶后，一年一度的"开耕节"便开始了。

二十四节气是中国人将回归年划分为二十四个段落并分别予以命名的一种时间制

度，也是围绕这一时间制度形成的观念体系和实践系统。它传承久远，播布广泛，内涵丰富，顺天应时是二十四节气的文化精神，也是中国传统社会基本的行事准则。这一行事准则的形成有其深厚的实践基础和思想基础。顺天应时，就是人要尊重生命节奏，遵循自然规律，根据自然界的变化、时间的变化来调整自己的行为，循时而动，以合时宜，并充分利用自然之物，实现自身之圆满。《黄帝内经》云："夫四时阴阳者，万物之根本也……故阴阳四时者，万物之终始也，死生之本也，逆之则灾害生，从之则苛疾不起，是谓得道。"

在民间，无论是农业生产还是日常生活，都根据节气的特性行当行之事，不行不当行之事，节气由此成为农业生产的指南针和日常生活的方向标。也流传着许多顺天应时的农业谚语有"种地不看天，瞎了莫埋怨""种地不及时，囤里缺粮食""谷雨时节好插秧""清明前后，种瓜点豆""芒种，芒种，样样要种""惊蛰不耕地，好比蒸笼走了气""惊蛰春雷响，农夫闲转忙""寒露早，立冬迟，霜降种麦正当时"等。农业生产必不误农时，根据农作物的生命节律而适时播种管理收割。这些谚语是农民经过长期的生产实践，积累起来的对农业生产与农时节令之间的关系的经验总结。同时中国人格外注重养生，而根本的养生之道或养生之道的精髓正如"立秋后不吃西瓜，免得拉肚子""白露身不露，寒露脚不露"等谚语就是顺应自然界的气候变化，与天地阴阳保持协调平衡，使人体内外环境和谐统一。人们在二十四节气交接更替的过程中贯彻顺天应时的观念，形成丰富生动的社会实践，为全人类提供了宝贵的中国智慧和中国经验。

中国农业有着很强的农时节气观念，在新石器时代就已经出现了观日测天图像的陶尊。《尚书·尧典》提出"食哉唯时"，把掌握农时当作解决民食的关键。"不误农时""不违农时"是中国农民几千年来从事农业生产的重要指导思想。"顺时"的要求也被贯彻到林木砍伐、水产捕捞和野生动物的捕猎等方面。早在先秦时代就有"以时禁发的措施"。"禁"是保护，"发"是利用，即只允许在一定时段内和一定程度上采集利用野生动植物，禁止在它们萌发、孕育和幼小期采集捕猎，更不允许毁林而搜、竭泽而渔。"用养结合"的思想贯穿于整个农业生产的全过程，它准确地概括了中国传统农业的经济再生产与自然再生产的关系，也是我国农业之所以能够持续发展的重要基础之一。在《礼记·月令》孟春之月是"天地和同，草木萌动"、万物生长之时，所以此时就不许用母畜作祭品，不许砍伐树木，不许捣毁鸟巢，杀害幼虫、已怀胎的母畜、刚出生的小兽、正学飞的小鸟，不许捕捉小兽和掏取鸟卵，也不可发动战争。另一方面，人类符合时宜的活动也能对时间的顺利转化起到积极作用，从而有利于万物生长、天人和谐。正如《白虎通义》在解释为什么冬至日要"休兵不举事，闭关商旅不行"

所说的："此日阳气微弱，王者承天理物，故率天下静，不复行役，扶助微气，成万物也。"

农作物各有不同特点，需要采取不同的栽培技术和管理措施。人们把这概括为"物宜""时宜"和"地宜"，合称"三宜"。早在先秦时代，人们就认识到在一定的土壤气候条件下，有相应的植被和生物群落，而每种农业生物都有它所适宜的环境。但是，作物的风土适应性又是可以改变的。农业生物的特性是可以变的，农业生物与环境的关系也是可以变的。正是在这种物性可变论的指引下，古代先民们不断培育新的品种和引进新的物种，不断为农业持续发展增添新的因素、提供新的前景。

如今，随着农业科学技术的发展，农业生产已经能依靠技术缩短农产品的生长周期，能使其提早上市，并突破时令季节的限制，出现反季节的农产品，例如大棚种植使我们一年四季都能吃到各种蔬菜，但大棚内的光照、通风等条件与棚外的自然条件不同，所生产出的反季节蔬菜虽然外观漂亮，口味和营养价值却不如传统生产的时令蔬菜。但终因作物营养积累的时间不足而导致其质量受到影响。实践证明，农产品只有在当令时节，汲取天地之精华才能得到最佳的营养和口感。传统农耕不违农时实际是对自然规律的尊重。

现代农业通过人为控制生产条件突破农时限制，提高产量和经济效益，以解决人口增长对食物需求的增长，满足人们的口腹之欲，但这是投入了大量的外源能量换来的，并且容易产生土壤板结，地下水质恶化，病虫害繁殖等负面影响。而传统的种植是按农作物的时节进行的。因此，发展现代农业绝不应该排斥甚至完全抛弃不违农时的生产方式，尤其不能抛弃对自然规律的尊重和遵循的传统。

二、地力常新壮、种养结合、精耕细作、因地制宜

土地是农作物和畜禽生长的载体，是最主要的农业生产资料。种庄稼是要消耗地力的，只有地力不断得到恢复或补充，才能继续种庄稼，若地力不能获得补充和恢复，就会出现衰竭。我国在战国时代已从休闲耕作制过渡到连种制。先民们采用用地与养地相结合的多种方式和方法改良土壤、培肥地力，并创立形成了"土宜论"和"土脉论"之说。土宜论指出，不同地区、地形的土壤均各有其适宜生长的植物与动物；而地脉论则把土壤视为有血脉、能变动、与气候变化相呼应的活的机体。宋朝农学家陈旉提出"地力常新壮"论。正是这种理论和实践，使一些原来瘠薄的土地改造成为良田，并在高土地利用率和生产率的条件下保持地力长盛不衰，为农业持续发展奠定了坚实基础。历代先民在充分利用土地的同时，还通过增施有机肥料、栽培绿肥、作物合理轮作、耕作改土以及采用亲田法等一系列措施，积极养护赖以生存的土地，有效地维持着"地力常新壮"的局面，作物产量持续得到提高。

第一，广开肥源，增肥改土。古人历来重视施肥和积肥，西汉时期的肥料主要包括厩肥、羊矢、蚕矢、碎骨和豆萁等。春天种枲时，在播种之前要把粪肥均匀地撒在地里，将耕土覆盖严实，"春草生，布粪田，复耕，平摩之"。该法既可增加土壤肥力，又能够保墒抗旱，给作物持续提供养分。汉朝还逐步推广圈养猪，农家肥的数量和质量都得到较大提高。魏晋南北朝时期，肥料种类又大为增加，主要包括畜粪、厩肥、蚕矢、缫蛹汁、兽骨、草木灰、旧墙土和食盐等。此时已经广泛种植绿肥，《齐民要术》就非常重视绿肥的功效。宋元时期，人们施用的肥料已 60 余种。《陈旉农书》提及的肥料包括大粪、鸡粪、苗粪、草粪、火粪和泥粪等。《王祯农书》指出，只要根据不同的土壤施用相应的肥料，就能够做到少种多收，提高单产，还可以改良土壤，提高地力。人们改进了积肥方法，如使用河泥积制、饼肥发酵处理、烧土粪和沤肥积制等，还设置粪屋、粪窖等保存肥效的设施。明清时期，农家肥源的发展达到传统社会的顶峰，肥料类型已经超过 100 种。

第二，合理施肥，增产肥田。中国历代先民提出以基肥（"垫底"）为主、追肥（"接力"）为辅的施肥原则。明末清初张履祥《补农书·运田地法》云："凡种田总不出'粪多力勤'四字，而垫底尤为紧要""若苗茂密，度其力短，俟抽穗以后，每亩下饼三斗，自足接其力"。又言："盖田上生活，百凡容易，只有接力一壅，须相其时候，察其颜色，为农家最要紧机关。"这表明当时农家已经掌握看苗追肥的技术。《知本提纲》详细阐述了培肥地力和培育壮秆大穗取得高产的技术，明确了底肥与追肥的不同作用，以及以底粪为主、追肥为辅的重要意义。此外，传统农业特别重视施肥即因土制宜、因时制宜、因稼制宜的"三宜"原则。宋元时期强调"用粪得理"，亦即合理施肥。《陈旉农书·粪田之宜篇》说："相视其土之性类，以所宜粪而粪之，斯得其理矣。俚谚谓之粪药，以言用粪犹用药也。"

第三，栽培耕作措施方面，古代先民们经长期的实践，探索出了以耕、耙、耱、压、锄等一整套旱地农业生产耕作制度、措施；而在水资源相对丰富的黄河流域形成了旱轮作、间作套种和多熟种植为主的种植制度；有些地区在土地连种制基础上实现的轮作复种、轮作倒茬等灵活多样的耕作方法田间管理技术方面，人们以用养结合的方式利用耕地资源，遵循因地制宜的原则，发展出了平翻耕法、保墒耕法、深松少耕法、砂田耕法、轮作耕法、垄沟耕作法等田间管理制度构成的综合传统耕作体系建设。中国传统农业最显著的特点是发掘土地增产潜力，提高土壤有效生产率。以种植绿肥、轮作复种等用地、养地相结合的生产实践措施，中国古人将"地力常新壮"理论积极而有效地应用于农业生产实践中，在认土、用土、改土和培肥地力等诸多方面都积累了丰富的经验，形成了做到既用地，又养地，使土地越种越肥沃一整套完整且行之有效的技术体系。

传统农耕文化认为土壤除了自然肥力，还可通过人工培肥来增强土壤肥力，如果土地只种不养，再肥沃的土地也会变贫瘠，土地资源必须种养结合。传统培肥地力办法：一是通过施用粪肥、塘泥、草木灰等有机肥，改善土壤的肥力；二是采用形成了稻豆、粮肥等复种轮作、间作套种等实现生物养地，实现土地的可持续利用的作用。并根据当地的自然条件选择适宜的农业生产方式，这是对自然规律的尊重，也是农业生产取得丰收的必要条件。

三、生态防治，消除虫害

中国传统农业对于病虫害的防治，除了人工捕捉外，古代先民们还发明了农业防治、生物防治、天然药物防治等方法。农业防治是通过选用抗病良种、深耕、轮作、清除田园杂草、合理灌溉排水等方法来避免、控制、减轻病虫危害的方法，例如，作物轮作倒茬就可有效避免害虫依赖上某类特定农作物，深耕有助于消除杂草和虫害，贾思勰在《齐民要术》中也总结了农民利用耕翻、轮作、适时播种等农事操作和选用适当品种可以减轻病、虫、草害的方法。生物防治是利用生态系统中各种生物之间相互依存、相互制约的某些生物学特性，来防治虫害。西晋嵇含所著《南方草木状》记载了利用一种黄色蚁防治柑橘害虫的事例，这是迄今最早的生物防治虫害的方法的记载，唐朝刘恂著的《岭表录异》也记载岭南"柑子树无蚁者实多蛀"，于是，就有了"席袋贮蚁""和窠而卖""人竞买之，以养柑子"。天然药物防治则是利用天然的植物性或非植物药物防治虫害，历史上用"艾"防治仓储害虫，用苦参、百部等植物源药剂，防治蔬菜害虫，用石灰防治花卉果树虫害。上述防治方法具有显著的生态性特征，在抑制消灭病虫害的同时又保护了生态环境。现代农业的发展应反思对农药的滥用，继承传统农耕的生态防治方法，避免对农药化肥的过度使用，保障农产品安全，以免对农业生态环境造成破坏。

四、变废为宝，有机循环

在中国传统农业中，施肥是对废弃物农业资源化、实现农业生产系统内部物质良性循环的关键一环。中国传统农业是一个没有废物产生的系统。农户生态系统是"小而全"的结构单元，物质封闭循环，几乎所有的农副产品均被循环利用，以弥补农田养分输出的损耗。古人就是通过废弃物循环再利用，实现农业生产的无废物化，这是中国传统农业的一个显著特征和核心价值。

中国传统农业将种植业、畜禽养殖业紧密结合起来，将作物秸秆、人畜粪尿、有机垃圾等经堆积腐熟后还田，遵循了物质能量循环的规律。在传统农耕时代人们不断地开辟肥源，重视农业废物的再利用。农作物及其产品经过人类和畜禽食用后，其排泄物成为有机肥再返回农田，秸秆、生产上生活中垃圾通过焚烧或沤制发酵，也成为农田的肥料，实现了废物的再利用。传统农业利用各种农业生物的相生互养关系，在种植业、养殖业之间建立起农业生产的良性循环生态系统。

贾思勰在《齐民要术》所记载的："种不求多，唯须良地，故墟新粪坏墙垣乃佳。"就是用新粪、旧墙土和草木灰作为肥料来改良土壤，增加土壤的肥力。《氾胜之书》中有："以骨石布其根下，则科圆枝茂可爱"和"蚕矢粪之"等记载，这里指的是以动物的骨头、死去的动物尸体和蚕矢来作为改良地力的肥料。

又如，2005年5月被联合国粮食及农业组织评选出五个古老的农业系统"世界农业文化遗产"之一的浙江省青田县的"稻鱼共生系统"，据史料记载青田稻田养鱼始于唐宋，距今已有一千两百多年历史。光绪年间的《青田县志》载："田鱼，有红、黑、驳数色，土人在稻田及圩池中养之。"1999年，青田县的龙现村被农业农村部授予"中国田鱼村"的称号。"稻鱼共生系统"就是充分利用立体空间，在水稻田中养鱼。稻谷在水面上生长，鱼在水下生长，两者互不干扰。鱼为水稻除草吃虫，鱼粪肥田，使稻田免施化肥农药除草剂；而水稻则为鱼提供生长环境、饲料，鱼和水稻形成了"稻鱼共生"的生态循环系统。而且色彩斑斓的田鱼畅游稻田当中，又是赏心悦目的美丽田园景观。现代农业要走生态发展道路，应该借鉴传统农业的循环经济方式，实现废物资源化和无害化处理，这样既减少了对环境的污染，又节约了资源，还可以增强土壤肥力，从而大大减少农药化肥的使用，向社会提供优质安全的农产品。

五、善待自然，节用资源

《荀子·天论》中提出"循道而不贰，则天不能祸"，尊重自然，坚定地按自然规律办事，大自然就不会危害我们。《吕氏春秋》也提出如果人类掠夺式开发自然，"竭泽而渔""焚薮而田"，将导致"明年无渔""无兽"。古代保护资源已经法律制度层面在西周《伐崇令》中以法令的形式规定用兵时"勿伐树木，勿动六畜，有不如令者，死无赦。"《唐律》中规定"非时烧田野者笞五十"。这些思想和法令要求人们在开发利用资源，发展农业的同时，要注重对农业生态环境的保护，善待自然，节用资源，反对对资源进行掠夺性和毁灭性的开发利用。

现代社会，人类自然资源的开发利用超出了环境自我恢复的能力范围，由于乱砍滥伐而导致植被破坏、水土流失，过度放牧而导致草场退化，过度垦殖而导致土地荒漠化。这种趋势如果不能抑制，资源将枯竭，生态会失衡，人类终将自食恶果。人类应该善待自然、顺应自然、保护自然，人类应从中华传统农耕文化中汲取古人的智慧，对自然资源采用节用原则，不得对其无限制地掠夺性开发；从而促进农业生态良性循环，这才能保证农业资源的永续利用。

六、敬畏自然，感恩自然

在古代人们面对变幻莫测的大自然，人们感到神秘和敬畏，认为自然灾害是冒犯了天地间神灵所遭受的惩罚，如果人类能顺应它们，取悦它们，就能得到它们的保护。因此，农民除了辛勤耕作外，还把希望寄托在大自然的恩赐和各种神灵的保佑上，于是对众多与农事相关的事物，人们怀着敬畏之心，通过膜拜、祷告、祭祀等方式，祈求消灾降福、获得丰收、保护劳动果实，由此产生了土地崇拜和社神，从而形成了传统农耕文化的祭祀节，这种传统农耕文化习俗，表达的是对自然的敬畏和感恩，并祈求平安和丰收。古代靠天吃饭，农业的丰收是建立在以祈求风调雨顺的基础上；干旱无雨或不合时宜的大雨都会给农业生产带来不同程度的损失；这种对雨水的过分倚重，就形成了对雨神崇拜；在全国各地，龙王庙、河神庙到处可见，每逢风雨失调，久旱不雨，或久雨不止时，民众就去龙王庙或其他庙宇祭祀，供奉祭品，举行庄重的仪式，祈求诸神降雨或止雨，许多地方还伴有禁屠活命、斋戒等禁忌习俗。

在现代农业的发展过程中依靠技术的力量，提高了农作物产量、但人们过分夸大主观意志的作用，把自然看成是可以肆无忌惮、掠夺式、任意索取的对象，无休止对自然资源进行索取，造成环境污染、土壤退化、病虫害抗性增加、农产品品质下降等一系列问题。因此，从某种程度意义讲，是对自然的敬畏之心、感恩之心，既是保护自然，让自然万物得以自由地生长、实现人与自然生态的和谐统一，促进农业生态系统的良性循环，实现农业的可持续发展；维持我们人类的生命延续，故，传承好传统农耕文化、领会其内涵显得尤为重要。

七、保护生物资源的农业禁忌

《礼记·月令》中有："命祀山林川泽，牺牲毋用牝。禁止伐木。毋覆巢，毋杀孩虫、胎夭飞鸟、毋麛毋卵。"大意就是说，春天不能用雌鸟或兽祭祀，不能砍树，不能杀怀孕的母兽以及幼虫、幼兽等。《吕氏春秋》中的"四时之禁"，即在规定的季节中，禁止随便进山砍树，禁止割水草烧灰，禁止打鸟狩猎，禁止捕捞鱼鳖。否则皆为"害时"之举。《孟子·梁惠王上》曰："数罟不入洿池，鱼鳖不可胜食也；斧斤以时入山林，材木不可胜用也。"《荀子·王制》进一步强调："草木荣华滋硕之时则斧斤不入山林，不夭其生，不绝其长也；鼋鼍、鱼鳖、鳅鳣孕别之时，罔罟、毒药不入泽，不夭其生，不绝其长也。"可见，这一时期的人们很重视保护生物资源的再生能力，反对过早、过滥地损害草木鱼鳖的生长发育。这种"不夭其生，不绝其长"的思想标志着华夏先民对保护生物资源的认识已然相当深刻。在利用生物资源时，中国古人制定了"时禁"之制。《管子·八观》有云："山林虽广，草木虽美，禁发必有时……江海虽广，池泽虽博，鱼鳖虽多，罔罟必有正。"总之，宋朝《宋大诏令集》记载，宋太祖建隆二年（公元961年）二月下禁采捕诏，规定春天二月，一切捕鸟兽鱼虫的工具皆不得携出城外，不得伤害兽胎鸟卵，不得采捕虫鱼、弹射飞鸟，以此永为定式。当宋朝开国皇帝赵匡胤下这道保护命令时，正是宋朝准备统一中国之时，在这种情况下还能高度重视给予生物资源保护，十分难能可贵。

古代中国不仅设置专职官员，制定了相关的法令法规。古人反对"竭泽而渔、焚薮而田、焚林而猎、覆巢取卵"等行为，古人"不夭其生，不绝其长"的理念，是中华传统农业伦理的生动体现。

第三节　传统农耕文化与现代农业

一、传承传统农耕文化发展现代有机生态农业

科学技术是现代农业发展的动力，而传统农耕文化是现代农业的基础与源头。传统农业从来就是低碳环保的，传统农业耕作技术和实践经验使其形成并传承了自然资源和物种间的生态平衡系统和农耕文化，在发展现代有机生态农业中如何利用、保护和借鉴。

传统农耕文化精髓与现代农业的耦合发展，有助于发展高产、高效、优质、生态、安全农业。二者耦合发展的机制是市场的调节机制，政府的调控机制和文化的传导机制，在长期发展中，二者形成劳动主体耦合，劳动资料耦合，劳动对象耦合三种耦合发展模式，促进二者耦合发展的措施主要是对传统农耕文化精髓的宣传、保护、继承和创新、拓展农业多功能，打造农耕文化产业品牌。

二、发展现代农业是建设美丽乡村的根基

随着科学和生产力的发展，农业生产方式在不断进步，嫁接、扦插、组织培养、彩色杂交育种等高科技的应用，轮作、套种、间作、地膜覆盖种植、大棚栽种、无土栽培、立体种植、反季节种植、工厂化养殖等，使得现代农业呈现出五彩斑斓的景象。

强化生态农业的品牌，摒弃高消耗和高污染的农业现代化方式和模式，走一条原生态、环境友好型全优质、效率高、农业产业化和现代化道路。拓展现代农业的内容，积极发展都市农庄、生态农庄、生态园区、农业种植景观、农业工程景观、农业文化景观等，将农耕文明与现代农业紧密结合起来，打造反映各民族、各地区特点的现代农业。基于各民族和各地区的农业产业化特点，以农业美学的艺术化手法去展现一幅幅动人心弦的农耕画面；打造农业健康与养生产业，以有机、绿色农产品为基础、以

体现民族特点的现代农业为内容、以美丽的自然风光为保障，打造青藏高原特色高端健康和养生基地，提升农业产业化的水平和效益。

三、中国式现代化进程中农耕文化的传承与创新

在农业农村现代化进程中保护和传承中华农耕文化，保护的是一种文化特质，延续的是一种文化理念，传承的是一种文化精髓，连接的是一种文化脉络，构建的是一种文化和谐。保护和传承传统中华农耕文化，刻不容缓，意义深远。

中华传统农耕文化在现代化历程中的可能进路。文化是民族之魂，而农耕文化则是乡村振兴之基。习近平总书记明确指出，走中国特色社会主义乡村振兴道路，必须传承发展提升农耕文明，走乡村文化兴盛之路。农耕文化作为中国乡村社会几千年赖以存续的精神基础，正面临着消弭的危机，如何加强对其保护传承、活化利用，真正守住农业文明的根和魂，让璀璨的农耕文化遗产在现代化进程中焕发鲜活的基因，不仅是对历史负责，更是对未来负责。

第一，全面加强对中华农耕文化遗产的调查摸底。省级层面建立中华农耕文化保护工作领导小组，吸纳农业农村、宣传文化、旅游、水利、环保等相关部门作为成员单位，明确各部门在保护农耕文化方面的职责体系。分门别类组织开展对文化遗存、民居农具、自然环境、传统习俗等农耕文化资源进行调查、甄别，筛选出保护意义大、留存价值高的重点资源列为保护对象，为进一步保护传承明确方向和重点。

第二，加快制定中华农耕文化的保护名录。重点围绕民居建筑、桥梁水榭、农耕器具、手工业织造设备等有形文化遗存，生态湿地、河塘池沟、古树名木等自然生态资源，种植业文化、畜牧捕鱼方式等农业生产方式，婚丧嫁娶习俗、庙会、祭祀、民歌等农村传统习俗，建立中华农耕文化保护名录，对经审定为保护对象的农耕文化遗产，综合运用文字录像、数字化媒体等方式进行全面记录，形成翔实的档案数据库。根据不同遗存的历史文化价值和濒危程度，分类制定保护等级和操作细则。借助互联网、大数据等信息化手段，加强对保护名录的实时管理，掌握农耕文化资源的动态变化，提高保护传承工作的针对性和实效性。

第三，逐步完善中华农耕文化的政策保护体系。适时制定中华农耕文化保护的地方性法规，将相关文化遗存纳入法定保护体系。对分布零散的农耕文化遗存，可采取置换搬迁，就地改造的方式进行整合集聚，总体上达到不损原物、妥善保护的目的。对遗存分布相对集中的可探索建立保护区，对可移动的保护对象要集聚到博物馆内，实行分类展示，充分表达农耕领域的系列文化。

第四，持续营造保护传承中华农耕文化的浓厚氛围。要通过各种媒介宣传农耕文化的重要意义，鼓励建造开放特定主题的农耕文化园、农耕文化博物馆，对列入保护

范围的内容广而告之，重点推介，提高知名度和影响力。将乡土农耕文化宣传教育纳入青少年基础教育课程，让其像其他文化课那样呈现出明显的教学成果。将农耕文化的宣传保护与旅游业的规划发展结合起来，注重资源开发的同时强化保护利用，推动经济效益和文化效益相得益彰，实现中华传统农耕文化的创造性转化、创新性发展，宣传了自身文化，又获得了经济效益。

第六章

乡土文化

第一节　乡土文化概述

一、乡土文化的概念

乡土是指本乡本土，乡村是人口密度较小，具有明显田园特征的地区。千百年来人们在乡村繁衍生息，对于土地有着深深的依恋之情。乡村是中华传统文化生长的家园，在中国传统的观念中，乡村永远是历经坎坷、商海沉浮之后最好的心灵归宿。解甲归田、颐养天年是在朝为官者的终极人生目标，而自给自足、男耕女织的生活方式是古代文人们的理想乐园。

乡土文化是中华优秀传统文化的"根"，是社会主义先进文化和红色革命文化的摇篮，是坚定中国特色社会主义文化自信的根本依托。理解乡土文化、认同乡土文化、尊重乡土文化、热爱乡土文化不仅是增强文化自信的内在要求，也是实现乡村文化振兴的必要前提。

乡土文化是指乡村环境下长期积淀的，伴有浓厚地域特色的物质、精神及生态文化之和，具体表现为神话传说、历史故事、传统风俗等，乡土文化是中华文明生生不息的智慧与精神寄托。简言之，乡土文化是一个人出生地土生土长的物质或非物质的民间文化。

乡土文化是地方优秀文化精神的集结，不断激励着人们前进与成长。重拾乡土文化的德育、美育价值，不仅有助于培育农村学生的人文素养，也能够促进传统乡土文化的发展。乡土文化经过不断传承会深刻地反映出时代的印记，经过不断积累会沉淀为特殊的文化习俗，对于青少年德育、美育成长可谓影响深远。重拾优秀乡土文化的实践活动可以结合时令节气、过年走亲访友、清明踏青扫墓、端午包粽子、乡风民俗，传统节日、传统礼仪、饮食习惯以及民间游戏等民族传统等挖掘乡土生活中的德育、美育社会资源价值，让人们亲近乡土文化、关注乡土文化，使其真正成为助人成长、利人成才的优质德美育资源。

乡土文化孕育守护着中华文化的精髓。中华优秀传统文化的思想观念、人文精神和道德规范，植根于乡土社会，源于乡土文化。我国优秀传统农耕文明历史悠久、内涵丰富，一系列价值观念彰显着中华传统美德。在中华优秀传统文化的形成和发展过程中，乡土文化不仅起到了"孕育者"的作用，还发挥了"守护者"的作用。近代以来，尽管中国乡土文化屡次遭受磨难，但其文化精髓并没有丧失，而是深深植根于中国农村广袤的土地上，并在新时期焕发着强大的生命力。

乡土文化涵养呵护着宝贵的文化遗产，在历史的长河中除了不断为中华民族提供丰富的精神滋养外，还留下了万里长城、都江堰、大运河等众多文物古迹，古琴艺术、木版年画、剪纸等丰富的非物质文化遗产，以及散落全国各地、独具特色的传统村落、民族村寨、传统建筑、农业遗迹、灌溉工程遗产等。依托这些丰富而又宝贵的文化遗产，中国连绵几千年发展至今的历史从未中断，创造了世界上独一无二的文明奇迹。

习近平总书记在参加十三届全国人大一次会议山东代表团审议时强调，要持续深入发掘传统农耕文化所蕴含的优秀思想观念、人文精神和道德规范，培育挖掘乡土文化人才，弘扬主旋律和社会正气，培育文明乡风、良好家风与淳朴民风，改善农民精神风貌，提高乡村社会文明程度，焕发乡村文明新气象。推动新时代乡村文明建设与乡土文化传承。弘扬乡土文化既是教育后人、了解历史、凝聚国民、陶冶情操、净化灵魂的载体，又具有重要的经济价值；它既是团结凝聚广大人民群众的重要纽带，也是长久的文化资源和文化资本。

乡土文化散发着色彩斑斓的独特魅力。乡土文化既是一方水土独特的精神创造和审美创造，又是人们乡土情感、亲和力和自豪感的凭借。乡村旅游大发展，传统村落成为人们趋之若鹜的旅游地，民俗体验、乡村写生等成为消费热点。美丽乡村建设蓬勃兴起，传承乡土文化、保持乡村特色成为一致共识，一批文化底蕴深厚、充满地域特色的美丽乡村在全国各地不断涌现，中国乡村文化正以愈发自信的步伐走向世界，受到世界人民的广泛赞誉。

二、乡土文化的属性和地域特色

乡土文化是中华民族得以繁衍发展的精神寄托和智慧结晶，是区别于其他文明的唯一特征，也是民族凝聚力和进取心的真正原因。对乡土文化的保护和延承性也必须覆盖物质的、非物质的各个领域，而且始终将保护是第一位的，即使要利用它发展旅游等产业也要突出"保护第一"的原则。对乡土文化最有效的保护是积极的全方位的延承。所谓"积极的延承"指的是既要继承乡土文化传统的东西，也要适应现代生活需求创造新的东西；既要保护好原生态乡土文化，又要创造新生态乡土文化。所谓"全方位的延承"指的是既要延承乡土文化的"文脉"，也要有选择地沿承作为乡土文化载体的"人脉"，既要延承乡土文化的物质表象，即"形似"，也要注意延承乡土文化的精神内涵。

"乡土文化"的标志主要有村落建筑类标志；山水风景类标志；器物手工艺品类标志；地方特色美食类标志；乡土生活习俗类标志；乡土观念情怀类标志。由此可见，我国乡土文化并没有特定的某种标志，都是基于当地各个方面的文化特色来选择最适合当地的乡土文化标志。

乡土文化是客观历史条件下所形成的文化形态，是传播制度和传统的知识系统，是承载乡村传统生产、生活方式的物质与精神财富，在中国历史发展的进程中占据了重要的地位。既担负着对中华传统文化的继承与传播，又维系着乡村、宗族，社会经济与文化道德等诸多方面的发展。它具有鲜明地域特色，能够充分反映某一地区百姓的日常生产活动方式以及生活习惯；是人类在特定区域内历史、人文、生产劳动力、意识形态的见证；是祖先留给我们的弥足珍贵的文化遗产，是不可再生的文化资源。其主要涵盖两种不同属性的文化形式，即物质与非物质文化形态。物质文化形态具有典型可识别性特征，它包括了乡土建筑、乡土景观、历史遗迹、农耕器具等有形文化形式；非物质文化形态则主要包含了精神文明、生态文明、民风民俗、民间艺术、传统手工艺、村落营造理念等无形文化形式，乡土文化无论是物质的、非物质的都是不可替代的无价之宝。其中，包含民俗风情、传说故事、古建遗存、名人传记、村规民约、家族族谱、传统技艺、古树名木等诸多方面。故，乡土文化是一个地域与其他地域不同，有自我的地域性、民间性、传承性特征的典型文化。

三、乡土文化的内涵与价值

（一）乡土文化的内涵

文化的内涵层次丰富，有物质文化与精神文化两分说；物质、制度、精神三层次说；物质、制度、风俗习惯、思想与价值四层次说；物质、社会关系、精神、艺术、语言符号、风俗习惯六大子系统说等。乡村优秀传统文化是新农村文化的生长点，乡村优秀文化可以从四个层面进行系统分析，物态文化层面包括乡村山水风貌、乡村聚落、乡村建筑、民间民俗工艺品等；行为文化层面包括民风民俗、生活习惯、传统文艺表演、传统节日等；制度文化，包括农村生产生活组织方式、社会规范、乡约村规等；精神文化即观念文化，包括孝文化、宗族家族文化、宗教文化等。在新农村文化建设中，乡村优秀传统文化将发挥凝聚认同价值、塑造新农民的价值，保持文化多样性、原生态的特点，促进文化事业、文化产业的发展和开发。

1. 物态文化

乡村的物态文化层面是农村有别于城市的显在表现之一，其文化的异质性强烈吸引着城市人。例如分布在渝东南及桂北、湘西、鄂西、黔东南地区苗族、布依族、侗族、土家族等，村落依山靠河就势而建，村落建筑讲究朝向，或坐西向东，或坐东向西，传统民居吊脚楼，也叫作"吊楼"；分布在福建省龙岩永定县、漳州南靖县和华安县以土、木、石、竹为主要建筑材料，与未经焙烧的土并按一定比例的沙质黏土和黏质沙土拌合而成，用夹墙板夯筑而成的两层以上的房屋建筑，被称为"土楼"，适宜大家族居住的、具有很强的防御性能，是世界独一无二的大型民居形式，被称为中国传统民居的瑰宝。2008 年 7 月中国"福建土楼"被正式列入《世界遗产名录》；位于广东省江门市下辖的开平市塘口镇自力村的"开平碉楼"，有 15 座风格各异、造型精美、内涵丰富的碉楼，是开平碉楼兴盛时期的杰出代表。碉楼主要建在村口或村外山岗、河岸，高耸挺立，视野开阔，多配有探照灯和报警器，便于提前发现匪情，向各村预警，是周边村落联防需要的产物。碉楼是中国乡土建筑的一个特殊类型，是集防卫、居住和中西建筑艺术于一体的多层塔楼式建筑，有古希腊、古罗马及伊斯兰等多种风格，2007 年 6 月"开平碉楼与古村落"被列入《世界遗产名录》，由此诞生了首个华侨文化的世界遗产项目。位于安徽省黟县黄山风景区内的西递、宏村，始建于宋朝时期，是皖南民居中最具代表性的两座古村落。村落空间变化韵味有致，建筑色调朴素淡雅，所有街巷均以黟县青石铺地，古建筑多为砖木结构，布局灵活、结构精巧、装饰华美、内涵丰富，为中国古民居建筑群所罕见，具有很高的历史、艺术、科学价值，被誉为"中国明清民居博物馆"。村落背倚秀美青山，清流抱村穿户，数百幢明清时期的民居建筑静静伫立，西递、宏村以世外桃源般的田园风光、保存完好的村落形态、工艺精湛的徽派民居和丰富多彩的历史文化内涵而闻名天下。1999 年，联合国教科文组织将皖南古村落西递、宏村列入世界文化遗产名录。

青海省循化县红光村红色教育基地位于青海省海东市循化撒拉族自治县查汗都斯乡红光村。红色革命遗址主要有由红西路军被俘人员修建的红光清真寺、红军小学等。为缅怀革命先烈，弘扬红西路军精神，2014 年，被命名为"海东市市级爱国主义教育基地"；2006 年，被列为国家级重点文物保护单位。红色遗址遗迹充分展现了红西路军被俘指战员身陷困境，却仍坚信革命必将胜利，共产主义必将实现的坚定信仰，体现了他们忍辱负重、顾全大局的献身精神和不怕牺牲、宁死不屈的英雄气概。正是这些代表革命、寄托情感、表达信念、鼓舞斗志的红军符号，让我们感受到一种超越时空的精神力量。循化县红光村红色教育基地已成为党员干部群众接受爱国主义和理想信念教育的滋养地。

2. 行为文化层面

农村传统文化的行为文化层面大致包括了民风民俗、生活习惯、传统文艺表演、传统节日等。民间传统文艺表演在农村是富有生长性的，表演的内容素材取自当地，表演形式喜闻乐见，表演人才后继有人，应当比任何外来的艺术形式都有生命力。

重大节日、纪念日、民族民间传统节日，是繁荣和丰富农村文化的有效平台；中国的传统节日、重大节日、纪念日，是中华文化的重要组成部分，是传承中华民族精神的载体之一。

传统的节庆习俗，例如汉族的春节、清明节、端午节、中秋节、重阳节，少数民族的泼水节、火把节等，都是民俗文化的重要传承载体，具有典型的民族特色。在青海各地人们以不同的艺术形式来展现不同民族的民俗文化，例如，青海省海东市互助土族自治县的土族乡村每逢农历二月二、三月三、四月八等日子，都要举行"波波会"，时至今日，每年的"波波会"仍香火旺盛，法鼓不停。县域内的五峰寺每年农历六月初六都要举行当地民间祭祀、花儿会等活动，"花儿"又称少年，是青海、甘肃、宁夏等省区民间的一种艺术表现形式，回族、土族、东乡族、撒拉族、保安族、裕固族等民族传统歌会。西宁市大通回族土族自治县"老爷山花儿会"即"大通登山节（老爷山，又名六朔山）"于每年农历六月初六举办，歌手登台比赛，优胜歌手被披上红绸带作为奖赏。花儿会多和当地的庙会同时举行，其主要内容便是唱花儿。以这种文化平台的方式，宣传当地传统文化，不仅增加了地方知名度，而且扩大了地方影响。在青海省同仁市藏族村庄特有的传统文化节"热贡六月会"已流传一千四百多年，每年农历六月，热贡地区的广大藏族村庄都要举行当地民间祭祀活动。2006年5月，同仁市申报的热贡六月会经国务院批准列入第一批国家级非物质文化遗产名录。

"中国民间文化艺术之乡"是指运用民间文化资源或某一特定艺术形式，通过创新发展，成为当地广大群众喜闻乐见并广泛参与的群众文化的活动形式和表现形式，并对当地群众文化生活及经济社会发展产生积极影响的县（市、区）、乡镇（街道），20世纪80年代起，文化和旅游部在全国范围内开展了"中国民间艺术之乡"命名评选活动。该活动旨在弘扬中国民间艺术，促进民族民间艺术的传承和发展。目前，我国已有400多个地方被授予"中国民间艺术之乡"和"中国民间特色艺术之乡"，它们是民间艺术和民间文化传承基地，既保护了地方传统民间文化品牌，又在传承的基础上向市场经济渗透和延伸。各地极富民间特色的民间艺术项目、传统和地域特色的艺术形式，例如，剪纸、绘画、陶瓷、泥塑、雕刻、编织等民间工艺项目，戏曲、杂技、花灯、龙舟、舞狮等艺术形式，在构建和谐社会、促进农村社会可持续发展、解决农村养老问题上也有积极的作用，当然必须融入时代的发展元素。首先，弘扬优秀传统孝文化是人类种系繁衍的要求。优秀的孝文化也有利于家庭关系的和谐，渐成风气之后整个社会的道德状况就会呈现良好发展状态，这对于维护社会的稳定乃至国家和民族的稳定与团结都具有十分重要的意义。其次，弘扬优秀传统孝文化是时代发展的要求。

建立有时代特色的现代孝道，以及以孝为起点和核心内容的家庭美德，是正确认识和处理家庭关系及老龄化社会带来的一系列社会保障问题的时代需要。最后，弘扬优秀传统孝文化是农村精神文明建设的要求，以"孝"为核心的家庭美德建设是农村家庭道德建设的重要内容，因此，弘扬优秀传统孝文化，意义重大而深远。

青海省有 29 个民间艺术之乡，互助土族自治县五十镇"土族盘绣"、互助土族自治县丹麻乡"花儿"、互助土族自治县东沟乡"土族盘绣"、大通回族土族自治县"农民画"和"花儿"、大通回族土族自治县黄家寨镇"皮影"、湟源县"排灯"、湟源县大华镇"剪纸"、湟源县日月藏族乡"花儿"、湟中县鲁沙尔镇"高跷"、湟中县多巴镇"锣鼓"、湟中县田家寨镇"秦腔"、湟中县李家山镇"河湟曲艺"、湟中县"农民画"、西宁市城中区"锅庄健身舞"、民和回族土族自治县官亭镇"纳顿"、民和回族土族自治县中川乡"纳顿"、乐都县李家乡"马术"、乐都县高庙镇"社火"、乐都县下营藏族乡"射箭"、乐都县洪水镇"火龙"、乐都县瞿昙镇"花儿"、甘德县柯曲镇"格萨尔说唱"、曲麻莱县"歌舞、格萨尔说唱"、贵南县"歌舞、藏绣"、贵德县河西镇"奇石"、同仁县年都乎乡"堆绣"、平安县三合乡"社火"、称多县拉布乡"歌舞"、同仁县隆务镇"唐卡艺术"。

（二）乡村优秀传统文化的功能

1. 凝聚文化认同价值

乡村传统文化资源是一定区域内人民群众的共同的精神认知，有深厚的群众基础，容易产生共鸣，保护和传承、利用这些文化资源，可以使人们形成认同感、归属感，进而产生对家乡的荣誉感和自豪感。乡音乡情乡风乡俗乡品是一个地方区别于另一个地方的文化标志，不仅对本土本乡人有吸引力，也是游走他乡、远赴异国的游子魂牵梦萦的牵挂。

从某种意义上来说，对乡土文化的尊重与延续是一种文化自觉意识。乡土文化的重要性在于它既是自我与家庭、亲友、邻里、种群之爱的延伸，也是社会、国家、世界和人类之爱的基础。尊重他人乡土，各族群互相尊重与学习，凝聚民族文化、开阔气度、拓宽视野，更有利于培养具有人本情怀、乡土意识的世界公民。

我们应落根于本土、本族的文化，面向多元发展的乡土文化。而如何走向共同繁荣和谐社会，建立多元一体文化的中国，有赖于更多人的关心与投入。其主要精神在于唤起人们对自身所处人类种群、居住环境的热爱与认知。重视但不局限在那些古老、传统和朴素的民俗、活动、特质。因此，不只是传承，更包含了批判和创新，这样民族传统、乡土文化的命脉才会亘古弥新，可持续发展，从而充分体现其内涵与价值。

2. 保持文化原生态、多样性

在全球经济一体化、信息化、数字化、智能化的大背景下，文化的同质化现象就会日趋严重，其中，城市文化对乡村文化的同化有目共睹。在城市化过程中，大量的农村居民成为城市居民，他们丢掉了土地、放弃了传统谋生方式、忘记了来自乡间的传统文化，迅速地融入了快节奏的城市生活。而即使身处乡间的人，由于信息沟通的日渐通畅，也在内心过起了城市化的生活。

文化的多样性是促进文化繁荣、文明进步的重要因素，是健全文化生态的保障。在文化的发展中，既需要文化的交流与融合，也需要文化的独立和自我完善，而后者是前者的基础。从这个意义上来讲，任何一个民族或地域的传统文化都是重要的。没有多样、多元的民间、乡村传统文化的繁荣发展，很难获取文化持续健康发展的内在动力。因此，乡村振兴需要复兴乡土文化多样性。

3. 文化产业开发的源泉

挖掘、开发各地富有浓郁地方特色、独特的乡村传统文化具有广泛的群众基础，打造深受农民喜爱的区域形象、地域活动、地域品牌，使每个地域都拥有自己特定的文化符号和标识。推出的"一村一品""一镇一品"文化品牌，就需要乡村传统文化的给养，否则这种开发就会落空，就会进入虚假的"人造"，就失去发展的活力与后劲。乡村传统文化当中的物质载体、生活习俗等都可以作为商品开发、旅游开发。随着乡村传统文化产品的开发，旅游业的兴起，又在一定程度上带动当地第三产业的发展。因此，乡村传统文化是拓展当地丰富的文化事业、开发文化产业项目的动力源泉，它对文化产业项目开发起着良好的支撑作用。

4. 培育新型职业农民

农民是农村生产的主体，是传承创造新型农村文化的主体，他们素质的提高直接关系到整个农村的发展水平，为构建和谐的社会主义新农村提供持久的精神动力。优秀的传统文化在实现现代转型后，应该为培养新一代爱农业、懂技术、善经营、有适应新形势的文化知识结构、新技能、创新精神和能力，政治素质过硬的新型职业农民作出贡献。通过优化农业从业者的结构，使新型职业农民成为乡村振兴的主力军。

2007年1月，《中共中央、国务院关于积极发展现代农业扎实推进社会主义新农村建设的若干意见》首次正式提出培养"有文化、懂技术、会经营"的新型农民，同年10月新型农民的培养问题写进党的十七大报告。2017年12月12日，习近平总书记在江苏省徐州市考察时强调，实施乡村振兴战略不能光看农民口袋里票子有多少，更要看农民精神风貌怎么样；乡村振兴既要塑形，也要铸魂。

四、实现乡风文明的途径

2020 年 12 月 28 日，习近平总书记在中央农村工作会议上强调，农村精神文明建设是滋润人心、德化人心、凝聚人心的工作，要绵绵用力，下足功夫。要加强农村思想道德建设，弘扬和践行社会主义核心价值观，推进农村思想政治工作，把农民群众精气神提振起来。要开展形式多样的群众文化活动，孕育农村社会好风尚。推进农村移风易俗，注重精神文化生活等。

2006 年 2 月 21 日公布的中共中央、国务院《关于推进社会主义新农村建设的若干意见》指出，繁荣农村文化事业的方法之一是，保护和发展有地方和民族特色的优秀传统文化，创新农村文化生活的载体和手段。农村业余文化队伍的成立发展、农民兴办文化产业、和谐文化的创建等都有赖于对优秀传统文化的继承发扬。

实现乡风文明，一是应该着力培养良好家风、文明乡风和淳朴民风，普遍建立村民理事会等群众性自治组织；二是普遍制定完善村规民约，充分发挥村规民约在调解村民事务、弘扬善行义举、推动移风易俗等方面的积极功能。

中国的传统文化是乡土性的文化，它产生并服务于农耕社会。优秀传统文化是新农村文化的生长点，优秀传统文化是建设社会主义新农村的"软实力"。无论外来制度、文化多么完美先进，它的功能发挥都有赖于人们内心深处的认同。新农村文化的建设，我们应该从梳理农村传统文化根基开始，努力寻找现代工业文明与农村传统文化的契合点，构建起适应新形势的新农村文化，将优秀传统文化与当代生活对接，使其既从乡土的土壤中萌发，又能在一定程度上指导新农村建设、提升农村居民素质，构建起广大农民从内心深处认同的、适应新形势的新农村文化，助推社会主义新农村建设。

五、乡土情怀的文化意义

（一）安土重迁与亲情关系是乡土文化的情感基础

安土重迁是中国农民的传统习俗，在中国古代人们的乡土观念十分浓厚，只有遇到严重的天灾人祸，在本地实在没有出路了，人们才会被迫背井离乡，骨肉分离。否则只要有一丝希望，人们还是会留在故土，不愿轻易搬迁，留恋故乡是所有人共同的情感，亦是人之本性的心理诉求。在当代社会中"安土重迁"的思想，依然对社会稳定经济发展起着重要的作用。

以孔子及儒家思想为核心的中国传统文化，强调人与人之间建立以仁爱为基本形态的社会伦理；而这种社会伦理，是以父子、兄弟之间的亲情为参照系的。《论语·学而》说："其为人也孝弟，而好犯上者，鲜矣；不好犯上，而好作乱者，未之有也。君子务本，本立而道生。孝悌也者，其为仁之本与！"也就是说，一个人的童年与父母、兄弟生活在一起，接触到的人都是自己的父母和兄弟等亲人，如果能培养出幼儿孝敬父母、友爱兄弟的品德，长大以后进入社会，就不可能不会爱人。只有遵守和行使"孝悌"的人，才是一个具有仁爱和忠信之人，并会以礼以信维系各种社会关系，才会有真正的智慧之人，这样世间才会和谐共处，故，孝悌不仅仅是处理父母兄弟关系的原则，同时也是一个人学习爱人的基本途径。

"乡愁是一湾浅浅的海峡，我在这头，大陆在那头。"中国台湾诗人余光中的《乡愁》道出了两岸同胞剪不断、理还乱的文化情怀。乡愁是什么？"乡愁，就是你离开这个地方就会想念这个地方。""乡愁是沿着泥瓦飘散的炊烟，是十八弯向家门口的山路，是妈妈手里的糯米团，是后院那棵总不结果的龙眼树……"乡愁浓缩了一个地方的生活，是文化认同的情感投射，故，国之思，家园之望是中华民族的文化传统，更是当今美丽乡村的魅力所在。

在邻里之间，是共同生活在最基础的行政区域的人，因比邻而居，共饮一口井水，低头不见抬头见，因此，有着更多的接触机会。乡土情怀是家庭关系的拓展，共同的生活环境，需要邻里之间的互相照顾，"远亲不如近邻"，虽然并不是说邻里关系超过了以血缘为基础产生的亲属关系，但邻里互相接触的机会要远大于非邻里的远房亲戚。邻里之间在日常生活中需要共享资源，共同应对风险，邻里之间的和睦相处、互帮互助就变成了人际关系的必要准则。

（二）乡土温情是国家向心力的基石

中国古代的乡里制度，以家庭为基本计算单位，家庭是乡土情怀产生的基础，家庭也是乡土文化的出发点。组织机构层级越接近底层，则越接近家庭，也越具有凝聚力。归根结底，乡土情怀是家庭情怀的延伸，或者说乡土情怀就是家乡情怀，家乡情怀就是家庭情怀。

《礼记·大学》有云："古之欲明明德于天下者，先治其国。欲治其国者，先齐其家，欲齐其家者，先修其身。欲修其身者，先正其心。欲正其心者，先诚其意。欲诚其意者，先致其知。致知在格物。物格而后知至，知至而后意诚，意诚而后心正，心正而后身修，身修而后家齐，家齐而后国治，国治而后天下平。自天子以至于庶人，皆以修身为本。其本乱而末治者否矣。其所厚者薄，而其所薄者厚，未之有也。此谓知本，此谓知之至也。"君子格物致知、诚意正心、修身、齐家、治国、平天下，而乡里介于家庭与天下之间，乡土情怀是家庭伦理的扩充，也是治国平天下的起点。

《尚书·尧典》称赞帝尧云："曰若稽古帝尧，曰放勋，钦、明、文、思、安安，允恭克让，光被四表，格于上下。克明俊德，以亲九族。九族既睦，平章百姓。百姓昭明，协和万邦。黎民于变时雍。"帝尧能克明俊德，即修身。以亲九族，九族既睦，即齐家。平章百姓，百姓昭明，即治国。协和万邦，黎民于变时雍，即平天下。家庭和乡里作为邦国和天下的基础组成部分，家庭和乡里的亲睦和谐，即国治和天下平。

《孟子·尽心上》说："杨子取为我，拔一毛而利天下，不为也。墨子兼爱，摩顶放踵利天下，为之。"《孟子·滕文公下》说："杨氏为我，是无君也；墨氏兼爱，是无父也。无父无君，是禽兽也。"杨朱是战国时期早期的道家思想家。道家因为社会黑暗，不可救药，所以有"知其不可奈何而安之若命"（《庄子·人间世》）的观点，而杨朱倡导的"为我"主张，正是这种思想的体现。因为社会黑暗而不可救药，就放弃对国家社会的关心，这是没有情怀的体现。而墨子虽然主张兼爱，但爱是相对于不爱而言的，墨子只说了爱，却没有告诉人用什么方式去爱人，也没有说怎么去爱人。因此，平等的爱就可能变成了对一切人的不爱。而孔子及儒家思想家不但告诉我们应该爱人，而且应该以爱自己父母子女的方式去爱他人的父母子女，这就使爱可以有实现的途径。因此，有爱才有情怀，对家的爱、对乡土的情怀是国家向心力的基石。

第二节 乡土文化与美丽乡村建设

一、乡土文化是乡村振兴的文化基石

乡村振兴是一个系统性的工程，想要让广大农民过上更加美好的生活，使其公平地分享现代化的成果，就不能将乡村振兴局限于使农民生活富裕、产业兴旺即可，而应该以此为基础，构建生活富裕、产业兴旺、治理有效、生态宜居、乡风文明等"五位一体"的新型农村社群及生态关系，而其中乡土文化延承则将成为乡村振兴事业的"根"和"魂"。

中国是一个具有悠久历史的传统农业大国，五千年的历史亦可称为一部农耕文明史，广袤的农村和土地承载着全体中华儿女的乡土情结，乡土文化赫然已成为中华文明源远流长的活力之源。文化兴则乡村兴，文化强则乡村强。实施乡村振兴战略，必须传承发展提升农耕文明，走乡村文化兴盛之路。乡村文化兴盛既是乡村振兴的重要动力，也是乡村振兴的重要标志。

乡村振兴，要文化夯基。文化是一个国家、一个民族的灵魂。一个国家、一个民族的强盛，总是以文化兴盛为支撑点，中华民族伟大复兴需要以中华文化发展繁荣为条件。在全面建设社会主义现代化国家的新征程上，实施乡村振兴战略，文化振兴必当先行。推动新时代乡土文化复兴，必须正视乡村文化价值，把握建设方向，打破自身困境，激发内在活力，打造规划引领、人才聚能、事业产业双支撑的"组合拳"，才

能让传统乡土文化焕发蓬勃生机，因为乡土文化是支撑中华民族绵延千年的精神支柱，它为乡村振兴乃至中华民族伟大复兴提供来自根脉的不竭动力。

（一）乡土是中国人的文化根脉

当代中国，在生产方式的历史变革与城乡关系的巨大变迁中，数亿中国人告别了曾朝夕相处的乡村，对熟悉传统的劳动工具不再熟悉，也不再适应传统的劳动关系。工业文明的巨轮轰鸣向前，割裂了众多历史传承，也造成了巨大的城乡鸿沟。然而，只有文化，仍然坚定地守望着历史、迎接着未来，仍然在继往开来中赓续中华民族独有的精气神；也只有文化，依旧连着城市、牵着乡愁。深扎在土地中的文化根脉，不仅孕育出传统、历史和乡村，同时乡土文化是"脉"连接着现代、未来和城市。例如，田间地头中产生的农业谚语在国际会议上被巧妙地引用，黄土高原的信天游在现代化音乐厅中歌声嘹亮，舌尖上的乡土味道成为多少城市人无法割舍的文化基因。在五千多年的历史长河中，乡土文化源源不断地为中华民族奉献着最本真的力量、最深情的呵护和最绵长的滋养。

（二）实施乡村振兴战略是中国人对乡土饱含深情的创举

中国共产党带领中国人民取得了脱贫攻坚战的全面胜利，迎来了全面建成小康社会的伟大成就，开启了全面建设社会主义现代化国家的新征程。实施乡村振兴战略是全面建设社会主义现代化国家的重大历史任务，关注农业、关心农村、关爱农民的"三农"政策，它既承载着农民的美好梦想，更得到老百姓们的认同。从小康到现代化，"一个也不能少"的话语里始终怀着整个国家与社会对老百姓的深情厚谊，这种情感正是来自文化相融、根脉相通。即使暂时我们离开了乡村，但依然得到乡村文化的滋养，理解乡村文化的底蕴，尊重乡村文化的规律，正视乡村文化的价值，无比感恩来自乡土根脉赋予我们巨大的精神力量。

何谓乡土文化？其实中国的传统文化就是乡土性的文化，它产生并服务于农耕社会。优秀的传统文化是新农村文化的"生长点"，是建设社会主义新农村的"软实力"。

乡土文化是一个特定地域内发端流行并长期积淀发酵，带有浓厚地方色彩的物质文明、精神文明及生态文明的总和。以具有本土乡情历史所形成的乡土文化为设计元素，结合现代工艺及生活形态而形成的具有经济物质形态的产品，即乡土文化创意产品。中国的乡土文化源远流长，而广大农村则是滋生培育乡土文化的根源和基因。改革开放以来，乡土文化并没有得到应有的发展，源于中国乡土文化的理解、认识不足。

挖掘、传承乡村传统文化，用乡村传统文化凝聚广大农民，重振乡村精神，增强农民自豪感，重新树立农民的文化信仰，促进乡村传统文化的繁荣和发展，是进行社会主义新农村文化建设的重要内涵。乡下人离不开泥土，是因为在乡下种地是最普通的谋生方法。我们的民族与泥土是分不开的。乡土在我们的文化中占有特殊的位置。乡土社会的信用就是一种行为的规矩，熟悉到不假思索地遵守。

"乡土"能够演绎和表达一个时代要义，是人类最初始的情感与最深刻理性集合成的一种文化形态。从原始意义上看，"乡土"是众多作家们的物质家园。其中表现对土地、村庄、故乡的怀念，又转化为一种对物质家园的精神追求。因此，"乡土"也成了文明的发源地。从宗教意义上看，是神造乐土。"乡土"成为感情寄托的地方。从现代意义上看，"乡土"是人类的精神家园。

乡村传统文化是生活在特定区域内人们独特的精神创造和审美创造，其包含的风俗、礼仪、饮食、建筑、服饰等，构成了地方独具魅力的人文风景，是人们的乡土情感、亲和力和自豪感的来源。具有强大的凝聚力和生命力。它既是教育后人、了解历史、凝聚国民、陶冶情操、净化灵魂的载体，因此，有着重要的经济、文化价值；它既是团结和凝聚广大人民群众的重要纽带，也是长久的文化资源和文化根本。

二、地域性乡土文化背景下的"美丽乡村"建设

"美丽乡村"建设内涵涉及政治、经济、社会、文化等各个方面。乡村建设不仅要满足百姓生产生活需求，还应将乡土文化的保护与传承工作作为首要任务。但从目前我国多数乡村在建设中多以基础设施建设为主，却忽略了乡土文化在乡村建设过程中所承载的物质与精神价值。而部分新建村落只是复制式的模仿建设，导致了原生态的村落被"建设性"破坏，此外，在对传统村落进行保护、利用、开发过程中，也因过分追求经济效益导致的"开发性"破坏，致使乡土文化的典型的地域性特征消失、承载乡土文化形式与生存空间发生了根本的变化。针对目前乡村整体生存、发展现状，政府通过传承保护型，创新新建型，挖掘改造型三种形式来完成的新农村建设，使之成为在保留着地域性乡土文化背景下的"美丽乡村"建设。

"美丽乡村"建设是关系到我国农民生存状况的重要举措，也关乎对中华民族传统文化的继承与延续。将乡土文化保护与乡村建设有机融合是"美丽乡村"建设的核心所在，旨在以传承乡土文化为切入点，改善目前乡村建设中"千村一面""建设性破坏"等现象，并以此拓展乡村经济产业结构，为百姓营造具有精神归属感的宜居家园；乡土文化背景下的"美丽乡村"建设，将对我国城乡建设、乡土文化保护等具有现实的指导意义。

（一）传承保护型

传承保护型是针对具有典型乡土建筑遗存的古村落，20世纪80年代以来，我国农村城镇建设的逐步推进和社会、经济的发展，但也伴随着古村落生存环境状况日益恶

化，农村原有建筑风貌被损坏，农田污染、田间的水系被填埋、山林植被被砍伐，不仅改变了乡村原有的整体空间形态，也打破了农业景观的生态格局，优秀传统民间文化形式的生存空间逐步消亡。

首先，乡村建设中通过拆除、合并村落与城镇聚集地实现资源优化配置，使乡村面貌和空间形态等遭到破坏。古村落是某一地域环境下历史发展进程中生产、生活方式的一种呈现，集历史、文化、艺术、社会、科学、经济等于一体，包含了村落布局、建筑形式、空间形态、生产生活方式等诸多方面。古村落保护不等同于历史建筑、文物建筑的静态保护，应体现自身的活态化特征与价值，这也使古村落保护在实践操作层面具有很大难度，如何正确处理基础设施改造、乡土建筑及其环境修复、乡土文化资源开发利用等问题是建设保护的重点与难点。2020年中央一号文件，明确提出，要"保护好历史文化名镇（村）、传统村落、民族村寨、传统建筑、农业文化遗产、古树名木等"，农业文化遗产保护的重要性日益凸显。

其次，提升改造乡村基础配套设施与乡土文化资源保护相衔接，发展古村落观光旅游，可有效带动乡村经济的可持续发展。在我国广大乡村具有典型保护价值的村落应遵循以保护性修缮为根本，对原有乡村聚落环境进行整体性活态化保护，包括了村落、街巷形态与格局、地貌遗迹、古文化遗址、乡土建筑等，完善村庄道路、水系、基础配套设施，按照修旧如旧的原则，提升乡村整体文化形象，对古村落进行合理地保护、利用开发。

（二）创新新建型

近年，国家对地理位置偏远、自然灾害频发或基础设施过于落后的乡村地区，国家及政府出台的一系列惠民政策，另辟新地进行重新建，为乡村居民创建更加适宜安居生活的家园。地方各级政府通过加强"美丽乡村"、特色农民聚居区建设，在满足完善住房、交通、卫生、垃圾处理等基础和公共服务设施的基础上，实现乡村人居环境及其面貌达到全面提升的效果。在各聚集区的建设中，村落选址充分考虑基础功能与产业导向等因素，在村落风貌、布局设计中将乡土文化融入整体设计之中，其建筑样式、色彩、材质等都在原有形式上得到了创新。在民居、乡村景观等设计方面，注重传统乡土文化传承，尊重传统生活习性，较好地保持了本地区的乡土风貌特色。其次，将产业导向与生态观光、休闲度假的乡村旅游发展模式相衔接，在村民享受良好生活环境的同时，通过产业发展带动地方经济，使搬迁居民住得下、留得住。新建型村落在"美丽乡村"工程建设中应将传承、创新有机融为一体，根据地缘优势探索乡土文化、绿色生态等相结合的乡村发展道路。在建设规划中应依托乡村产业导向进行村落规划设计，最大程度地保持移民原住地建筑风貌与室内结构布局，并依托原生态的乡土文化特色对居住区公共文化设施等进行规划和建设。

（三）挖掘改造型

挖掘改造型建设模式是"美丽乡村"建设过程中最为复杂与多见的一种形式。这种模式是针对目前我国农村建设中"千村一面"等问题而提出，通过对乡村内部与外环境进行建筑更新、综合环境整治、基础设施改造，提升村落整体形象，有效改善乡村人居生活环境。

以创建"美丽乡村"为目标，以延续历史文脉，重塑商贸古镇原貌，着力打造宜居乡村为切入点，对村落基础设施、环境进行整治、完善，将原有乡土民居、商铺进行保护性修复，对村民自建房进行统一规划，对主要路段进行商贸古道、步行街开发、改造、利用。将乡土元素与符号融入整体村落的历史原貌、风貌之中。其次，实施水资源开发，修建拦水坝，使干枯河道形成静态水面。依托良好自然生态环境，为乡村旅游观光业的发展奠定基础。改造型"美丽乡村"建设既要将乡土文化予以传承延续，又要充分挖掘地域乡土文化本质与内涵，在"美丽乡村"的规划、改造、设计时，就应该整体考虑村落规划布局、民居形态、乡土景观、产业布局等问题。

乡土文化的"美丽乡村"建设原则，乡土文化因地域不同而特色鲜明，并具有延续、不断发展的可持续性；"美丽乡村"建设不仅要在乡村保留传统乡土文化的本质与内涵，还需通过合理的传承方式使之成为一个完整、连续的文化脉络。"美丽乡村"建设应以乡土文化为切入点展开各项工作，应避免盲目追求样式、风格而使乡土文化生存空间缺失，建设前期应进行充分的科学研判，从而形成针对保持乡土特色的"美丽乡村"建设及其改造方法，为乡土文化的生存发展提供最基本的土壤。

在"美丽乡村"创建中应遵循以下几方面原则，原则一，保持、创新地域乡土建筑原则。针对具有保护价值的村落，应以整体性保护为根本，最大程度地保留原有村落的地质景观、水体景观、生物景观等，包括结构与聚落空间环境等要素；在"挖掘改造型""传承新建型""美丽乡村"建设中，应充分考虑村落的历史沿革，继承、创新乡土村落环境的布局、结构、样式、色彩、材质等构成要素。原则二，延续、传承乡土文化资源原则。以村落为载体，对优秀乡土文化资源进行整体性保护、利用，尽可能避免因过度建设、开发所带来的破坏。原则三，绿色生态可持续发展原则。对乡村周边自然景观与农业景观进行合理保护与利用，有效整治违规采石、挖沙，乱砍乱建行为，坚持保护与开发并重，防止生态环境遭受建设性破坏。原则四，公众参与原则。"美丽乡村"建设不仅是一种政府行为，也是一种公众行为，乡村建设应与老百姓的日常生产、生活结合起来，为百姓营造舒适的、宜居的、归属感的乡村生活环境。原则五，产业导向多样性原则。探索"生态—观光—人文—体验"为一体的乡土文化保护、利用模式，利用古村落的自然景观、农耕景观、林地景观、养殖景观等要素，形成集人文、生态为一体的产业发展方向。

三、乡土文化在"美丽乡村"建设中作用

（一）乡土文化与传统村落及其环境

我国土地资源辽阔、民族众多，许多县域的乡村仍然保留着，很多原生态地方特色浓郁、底蕴深厚的民间传统艺术、古老民居、民俗民风等各类文化资源，这些乡土文化资源是建立在千百年中华农耕文明基础上的、以村落为载体、自然形成的独特的村落文化，构成了中华民族信仰的基础，是传统文化的根基。乡土文化根植于广大乡村，具有原生态、本土化、地域性等典型特征，这些文化理念及形式是当地先民在生产生活经验、审美、道德、价值观等诸多方面的具体体现，并在百姓中具有强烈的认同感。虽然乡土文化具有物质与非物质不同的属性特征，但两种文化形式并非完全独立并存，而是在一种和谐共生的状态下相互交融、共同发展，例如乡土建筑、传统聚落环境即是乡土文化意识的物质表征，同时它们又承载着对其他乡土文化的传承与发展。这种相互依存与相互促进的共生性关系在我国传统村落的历史发展中无处不在，是构成乡土文化的内在核心。

从中国人居环境的最基本形式来看，源出巢居的干栏式、源出穴居的窑洞式、源出庐居的帐篷式，都体现了先民在不同地域环境下在历史发展进程中对乡土文化观念的继承与延续。例如，我国黄土高原多数地区百姓居住的窑洞，其主要材料黄土具有冬暖夏凉、保温隔热等优势，根据不同建造工艺可划分为土窑、接口窑、地坑窑、砖窑、泥拱窑等，在形态上有下沉式、靠崖式、独立式、混合式等，其选址、布局、结构、选材、形式等特征，充分反映了当地百姓因地制宜、就地取材、节约能源，注重生态平衡，合理利用自然以及与自然和谐相处的乡土文化观念。其次，村落环境作为物质载体还承载着对乡土文化的传承与发展，传统生产生活方式、手工艺、民间习俗等的产生与演变，都与村落建筑环境密切相关，并且相互影响。以陕西省长安北张村传统造纸工艺为例，其工艺流程主要包括浸、蒸、碾、制浆、捞纸、压纸等流程，制作环节多在建筑空间环境中完成，在长期历史发展中村落布局与建筑形制也因造纸工艺而发生改变。又如，我国南北方地区存在巨大的饮食习惯差异，也同样对建筑空间环境提出了不同要求，两者共同构筑了各具地域特色的乡土饮食文化。

（二）乡土文化在"美丽乡村"建设中作用

党和国家指出，"强富美"是中国"三农"发展的目标，即中国要强，农业必须强；中国要富，农村必须富；中国要美，农村必须美。"美丽乡村"建设是新农村建设

工作的再次升级，是在提高乡村基础配套设施基础上，推动文化与生态文明建设的重要举措，针对当下农村建设中"联排别墅""千村一面"现象，乡土文化遭受严重破坏等问题所提出的有效解决途径，关系亿万农民的生存与发展，关乎乡村的"根"，民族的"魂"。当代乡村建设既要改善和提高乡村生产、生活环境与质量，又要保留乡土文化的发展根基，保持乡村历史沿革、乡村文化和地域特色，使广大群众有家园的认同，并为乡土文化在新历史时期创造可持续传承、延续、发展的生存土壤。同时乡土文化也是构建美丽乡村建设重要核心，它具有促进社会和谐发展、凸显地域文化特色，推动农村经济发展的重要作用。

1. 促进社会和谐发展

在全球一体化的进程中，以城市化为特征的现代化不断推进，乡土社会及其礼仪规范逐渐被贴上了"落后""愚昧"等标签，致使乡村社会逐渐出现不和谐现象。人们越发认识到原生态文化的缺失对民族、地区、国家在文化可识别性方面所造成的危机。在保护传统文化过程中就应将乡土文化教育问题纳入其中，不同类型文化形式在为人类带来乡村独特美感，达到更为深层次的审美教育意义。进而促进民族文化的传播与发展，增进社会稳定，避免一体化所带来的文化冲击。

在长期的历史发展过程中，人类文化呈现出不同历史时期与不同文化背景下的文化意识形态。这种文化观念成为反映某一民族、地区、国家，在历史、政治、文化、经济等方面的重要因素。礼仪文化作为乡土社会的基本内核，包括了自然观、价值观、伦理观、善恶标准等事项，是民众之间的处世规则与相守之道。它们的传衍往往通过某种表演与口传形式，在村落中的戏楼或特定空间进行，或通过建筑装饰等艺术形式予以弘扬、警示，体现于村落、建筑布局等多个方面。这些乡土文化表达形式不仅具有其自身的文化遗产属性，同时又是构成乡村和谐发展的力量与源泉。它们由人的行为和所创造的生产物质等构成，代表着民众的思想、观念、心态以及风俗习惯，是人类根据自身的历史与环境，将群体所选择或做出的某种行为方式予以肯定的标准行为模式，是维系社会生产、生活稳定的重要因素，也是构建当代乡村文化与和谐社会的重要基础。

2. 地域文化特色

乡土文化具有物质与非物质的双重属性，以及相互关联性、唯一性、可识别性等特点。其根植于农村生产、生活领域的各个方面，无论是传统的农业生产方式，还是民俗文化活动、乡土建筑、农业生产景观等，都是地区文化符号的表达与承载形式。以我国乡土建筑为例，按照地域可划分为东北、华北、江南、西南、闽粤、西北等建筑形式，它们因生产生活方式、民风民俗、地域环境等不同，在建筑形式、造型、选址、选材、装饰、工艺等诸多方面特色各异，并逐渐形成了自身特有的乡土建筑营造理念，呈现出因地制宜、形式多样的村落结构布局与环境。"美丽乡村"建设旨在为广大乡村百姓建设物质与精神的幸福家园，包括对物质性生产生活空间的建设以及对非物质性乡土文化的保持与传承。

20世纪50年代前青海省西宁市湟中区共和镇苏木世村有一项贯穿全年农事祭祀活动，祭祀仪式围绕着庄稼的种植、养护、收割、打碾以及祈求平安等展开，与春播、秋收紧密相关。纯朴的村民们赋予这些活动以各种富有汉藏结合特色的名称，主要包括炒大豆、试犁、送"毛祭"、夏甲群、拉毛雷、交苗、背经、谢降、窝碌碡、祭碌碡为祈求农业丰收、人畜平安而开展的民间活动，围绕着庄稼的种植、养护、收割、打碾等各环节展开，表达了对风调雨顺、五谷丰登的期盼。比如，在秋收时节举办农事祭祀"窝碌碡"，打碾完最后一场后，村民要把碌碡的鳍（安装在碌碡两边的木棒）卸下来，再将碌碡存放在一起。这之后，要大吃一顿以示庆贺，叫"窝碌碡"。这体现了人们对大自然的崇拜、敬畏和感恩之情，反映了对人与自然和谐共生共荣的美好愿望，又如"祭碌碡"，这里的人们认为碌碡是有灵气的，所以，每年除夕夜要向碌碡献祭，以求它来年不断、不折，打碾时不出事故。这些农耕习俗体现了天人相通、天人合一的和谐观念，古人认为，人可以用祭祀形式与神灵谈心交流，让神灵来了解自己的要求与愿望，这是人们向神灵求福消灾的一种精神安慰，古人用祭祀形式与自然交流的一种方式。

非物质文化遗产凝结着一个民族历史的记忆，是未来人类文明发展的重要基础。保护它就是保护我们民族的历史记忆。青海省是一个历史久远、地域广阔、人文资源环境独特的地区，历史上各民族不断迁徙、融合，多种文化的碰撞、交融，孕育了青藏高原文化的多样性和独特性，展现出浓郁的民族特色和原生态之美。大量的有形文化遗产和无形文化遗产记录了历史，承载着过去，是凝聚人类智慧的"活化石"。特别是在民间流传的各种神话、史诗、音乐、绘画、刺绣、服饰等艺术和手工技艺及千姿百态的民族民间活动，这些都是青海人文资源亟待保护和开发的富矿区，也是青海省发展先进文化的根基和重要的精神文化资源。例如，作为地域文化杰出代表的湟源排灯，就是融入了不同民族的文化因子；湟源排灯有底座图案，形成多样的灯彩艺术，有机地汇集了木工、雕刻、绘画、装饰、剪纸、皮影、书法等多种艺术，充分体现了湟源排灯的多样性和丰富性，具有较高的收藏价值和研究价值，在灯彩世界中独树一帜；还有《格萨尔》堪称世界最长的英雄史诗，代表着古代藏族民间文化与口头叙事传统的最高成就。这些独有的乡土文化要素，是"美丽乡村"建设中最能深刻体现乡土文化特色的物质与精神载体，是保持、体现村落乡土特色与风貌的重要核心，是新时期乡村形象、内涵建设的基础所在，是唤起民众对本源文化、地域文化、民族文化的归属感、认同感、自豪感的重要途径。

3. 提升生产、生活环境综合质量

在社会、经济高速发展的时代，乡村作为承载百姓生产生活的物质空间环境，因受其生产力水平较低、经济水平不发达等问题制约，致使乡村功能未能得到同步更新、发展，已不能够完全满足百姓的生产、生活需求。面对城市化的快速发展与冲击，乡村百姓开始将标准向城市化生活看齐，意识形态受到了来自城市化进程的巨大冲击，致使传统价值观念以及对家园的认同感开始发生认识上的扭曲。在乡村的盲目建设与改造中，乡村传统固有的布局与结构被打乱，村容、村貌、乡村农业景观（农耕景观、林地景观、养殖景观）等协调性方面遭到了不同程度破坏，传统民居被拆除；取而代之的是具有现代城市居住区景观与建筑特色的乡村环境，这种做法虽使村落基础设施等得以改善，但其构成要素、功能特点与乡村生活却缺乏紧密联系。

"美丽乡村"建设应以尊重乡村历史沿革、民俗风情、传统习俗等为根本，不能完全等同于城市建设。乡村建设应在借鉴、传承传统村落优秀选址、布局、营造理念的基础上，合理解决乡村住宅、基础与公共服务设施水平低等问题。将历史与现代有机融合，使乡土文化与理念融入当代乡村建设与改造之中，为百姓营造具有较好乡土文化氛围与较高生活质量的乡村生产、生活空间。

4. 促进乡村经济发展

乡土文化不仅与当代乡村文化、村容村貌等方面建设紧密相关，同时也是支持农村经济发展的重要源泉。从传统意义来看，乡村产业结构以农业生产为主导，随着城乡发展，乡村的生态功能、空间优势、古老的中华文化传统与经济价值已经引起政府、社会的高度重视。乡村已不仅仅是农业的生产之地，更代表着一种生活方式、一种与城市完全不同的生态、环境与文化氛围。文化作为一种软实力，已成为当今世界综合国力竞争的焦点。例如，青海省互助县丹麻土族花儿会亦称"丹麻戏会""丹麻花儿会"就是一种具有一定影响力的群众传统集会，因起源和活动地点在该县丹麻镇而得名；丹麻土族花儿会集戏曲表演、花儿演唱、商品贸易于一体，一般在每年的农历六月十三举行，会期为五天，每年一次，规模宏大，影响深远。2006 年，入选中国国家级非物质文化遗产。这些丰富的民俗文化资源可以成为乡村旅游发展的助推力，提高青海省海东市互助县乡村旅游的竞争力，已经成为农民群众文化带动商贸经济发展增收的典范。也许，他们的经验会给我们更多的启迪，让更多的乡土文化为当地经济社会发展起到牵线和推动作用，更好地为构建和谐、文明的现代化青海服务。

乡村的农业景观、渠道、民居、美食、集市庙会、乡村民间艺术、风俗习惯等都充满着浓郁的地域文化气息，对于生活在紧张和繁忙的城市中的人而言，乡村无疑是人们追求田园风光、体验农耕文化的理想目的地。保持发展与传承乡土文化，不但有利于增强乡村自身特色与生态建设，还能够有效促进乡村旅游、观光、体验的可持续发展，为改善、优化乡村传统产业经济结构，并为提升乡村经济收入水平提供了多种途径。

四、保护村落，留住乡愁

村落，主要指大的聚落或多个聚落形成的群体，常用作现代意义上的人口集中分布的区域。包括自然村落、自然村、村庄区域。

古村落是指民国以前建村，保留了较大的历史沿革，即建筑环境、建筑风貌、村落选址未有大的变动，具有独特民俗民风，虽经历久远年代，但至今仍为人们服务的村落。

村，古为"邨"。《说文解字》："邨，地名也。从邑，屯声。"徐铉曰："今俗作村。"《集韵》："村，聚也。"村的本义是指乡间农民聚居的地方。所以，"村"，如今成为村庄的通称。

庄，古作"莊"。《玉篇》："莊，草盛貌。"《正字通》："莊，田舍曰莊。俗作庄。"庄，可理解为建筑在山林田野间的住宅。也指旧时皇室、贵族、地主在乡下的大片土地及其建筑物，即庄园。所以，叫"庄"的地方，一般有过大户人家在此建过住宅或拥有庄园。

寨，《集韵》："柴，篱落也。或作寨。"《玉篇》："寨，羊宿处。"又"寨，军宿处。"寨的本义是指围有篱笆或栅栏的羊圈。继而引申为军营。也指四周有栅栏或围墙的村庄、村落。所以，称"寨"的地方，曾有过军营驻扎或有过围栏、围墙环绕。

堡，《广韵》："堢，堢障，小城。堡，上同。"堡的本义是指土石筑的小城，后指有围墙的村寨、集镇。所以，称"堡"的地方，曾经有过比较坚实的围墙，且内部相对繁华。

村落在世界的角落生根壮大，在人们的生活中扮演着重要角色。村庄是中国人的主要居住形式之一，还是礼仪的发源地，传统伦理的根基。从这种意义上说，村庄是中华文化的源头。保护村庄就是留存人类的农耕文明，保留村庄原始风貌就是见证历史沧桑的变迁，赓续先贤前辈的集体记忆。只有从文化自觉的高度认识村庄，村庄才不至于消失，村庄原始风貌才有望保留。

在促进城乡一体化发展中，在建设美丽乡村的过程中，应大力倡导保留村庄原始风貌，让"村庄"以全新的内涵进入我们开发的视野。要避免砍树、池塘被填埋、古老民居被拆等现象发生，更要杜绝大拆大建、大挖大填、大砍大伐式的所谓"乡村建设"，而是要在保留历史原貌的基础上的改善居民生活设施；真正让乡村回归自然的本来面目，慎终追远是家族传承的核心精神，它是中华民族的优秀传统。个人是家族的一分子，家族又是民族的一单位，只要我们每个家族、个人都恪守祖训、奉公守法、心拥奉献社会之心、淳厚之心，中华民族伟大复兴才指日可待，这正是祖先谆谆教诲我们"人能弘道，非道弘人"的意义。

任何一个人、一个群体都无法割断与生于斯长于斯的文化母体之间的精神联系，每位中国人身上总带有难以抹去地域文化的传统印迹，因她懂得乡情、乡愁之可贵。回到故乡不仅仅是为了祭祖、寻根，更是为了中国人不断寻找"我从哪里来——找到回家的路——寻找由特定亲缘、地缘、宗族等构成的社会连接脐带，寻求心灵的慰藉与宁静"。而当这种乡情、乡愁渐渐远去，让生活在城里的人们失去了回家的魂。

一个完整的村落、村寨，它不仅是具有建筑表象的物质空间，其文物价值、艺术价值、历史价值、生态美学价值等蕴含着中华传统文化的精神内涵，这就使得古村落的保护更具有意义。

乡愁从某种意义上讲，就是一种国家历史文化记忆，一种历史文化的民族情感，一种民族历史文化的思想内涵。"记住乡愁不仅要保护青山绿水，更要留住人民创造的文化和他们对本民族文化的情感。"保留村庄原始风貌就记住了乡愁，记住了乡愁也就记住了回家的路。

"宁恋本乡一捻土，莫爱他乡万两金"，受乡土情怀的影响，在我们内心世界，故乡和土地永远是我们内心最可靠的依托和最宝贵的财富。

第七章
休闲农业

第一节　休闲农业

一、休闲农业的概念

生态休闲农业起于 19 世纪 30 年代，由于城市化进程加快，人口急剧增加，为了缓解都市生活的压力，人们渴望到农村享受暂时的悠闲与宁静，体验乡村生活。于是生态休闲农业逐渐在意大利、奥地利等地兴起，随后迅速在欧美国家发展起来。关于其概念，休闲农业一词来源于英文的 Agritourism 或 Agro. Tourism，是由农业（Agriculture）和旅游（Tourism）两个词组合起来翻译的。因而对于休闲农业有都市农业和乡村旅游的说法。

休闲农业是指利用田园景观、自然生态及环境资源，结合农林渔牧生产、农业经营活动、农村文化及农家生活，提供民众休闲、增进民众对农业及农村之生活体验为目的之农业经营。休闲农业是以农业生产、农村风貌、农家生活、乡村文化为基础，开发农业与农村多种功能，提供休闲观光、农事参与和农家体验等服务的新型农业产业形态。

休闲农业作为一种产业，兴起于 20 世纪 30—40 年代的意大利、奥地利等地，随后迅速在欧美国家发展起来。在日本、美国等发达国家休闲农业已作为一种产业进入其发展的最高阶段——租赁；在 1865 年意大利就成立了"农业旅游全国协会"，专门介绍城市居民到农村去体味农田野趣，距今有一百多年的历史。休闲观光农业是 20 世纪末的时尚，在我国则是从 20 世纪 90 年代开始；而我国的休闲农业，作为一个新兴的产业，虽然发展前景较好，但是，经过三十年的建设，其发展仍处于探讨发展、完善阶段。

休闲农业是利用农业景观资源和农业生产条件，农村风貌、农家生活、乡村文化为基础、开发农业与农村多种功能，提供休闲观光、农事参与和农家体验等服务的新型农业产业形态。休闲农业（包括农家乐、休闲农园、休闲农庄和休闲乡村）是在经济发达的条件下为满足城里人休闲需求，利用农业景观资源和农业生产条件，发展观光、休闲、旅游的一种新型农业生产经营形态。可以深度开发农业资源潜力，调整农业结构，改善农业环境，增加农民收入的新产业模式。在综合性的休闲农业区，游客不仅可观光、采果、体验农作、了解农民生活、享受乡土情趣，而且可住宿和度假。

休闲农业的基本属性是以充分开发具有观光、旅游价值的农业资源和农业产品为前提，把农业生产、科技应用、艺术加工和游客参加农事活动等融为一体，供游客领略在其他风景名胜地欣赏不到的大自然情趣。休闲农业（又称观光农业或旅游农业）是以农业活动为基础，农业和旅游业相结合的一种新型的交叉型产业，也是以农业生产为依托，与现代旅游业相结合的一种高效农业。

全国各地的发展实践证明，休闲农业与乡村旅游的发展不仅可以充分开发农业资源，调整和优化产业结构，延长农业产业链，带动农村运输、餐饮、住宿、商业及其他服务业的发展，促进农村劳动力转移就业，增加农民收入，致富农民，而且可以促进城乡人员、信息、科技、观念的交流，增强城里人对农村、农业的认识和了解，加强城市对农村、农业的支持，实现城乡协调发展。

总之，休闲农业是综合利用农村的资源环境，为城市居民提供观光、休闲、体验等多项需求的农业经营活动，是一种以农业为基础，以休闲为目的，以服务为手段，以城镇市民为对象，贯穿农村一二三产业，融合生产、生活和生态功能，紧密连接农业、农产品加工业、服务业的一种"以农为本，创造新价值"的新型产业形态和新型消费业态。

二、农家乐

又称休闲农家，主要以农户为单元，以农家院、农家饭、农产品等为吸引物，提供农家生活体验服务的经营形态，是休闲农业基本形态之一。农家乐是新兴的旅游休闲形式，一种回归自然从而获得身心放松、愉悦精神的休闲旅游方式。一般来说，农家乐的业主利用当地的农产品进行加工，满足客人的需要，成本较低，因此，消费不高。而且农家乐周围一般都是美丽的自然或田园风光、空气清新、环境放松，可以舒缓现代人的精神压力，因此，受到很多城市人群的喜爱。2017 年 12 月 1 日，《公共服务领域英文译写规范》正式实施，规定农家乐标准英文名为 Agritainment。

"农家乐"旅游的雏形来自国内外的乡村旅游，并将国内特有的乡村景观、民风民俗等融为一体，因而具有鲜明的乡土烙印。同时，它也是人们旅游需求多样化、闲暇时间不断增多、生活水平逐渐提高和"文明病""城市病"加剧的必然产物，是旅游产品从观光层次向较高的度假休闲层次转化的典型例子。

农家乐是以乡野农村的风光、生活和活动为基础，可以满足旅游者娱乐、求知和回归自然等需求的一种旅游活动，它是众多旅游形式中的一种，是隶属于生态旅游的一种专项旅游形式。而国外较为普遍接受的则是 Gilber 和 Tung（1990 年）的定义，农家乐就是农户为旅游者提供食宿等条件，使其在农场、牧场等典型乡村环境中从事各种休闲活动的一种旅游。

乡村旅游始于 20 世纪 80 年代，它在特殊的旅游扶贫政策指导下应运而生；中国各地的乡村旅游开发均向融观光、考察、学习、参与、康体、休闲、度假、娱乐于一体的综合性方向发展，国内游客参加率和重游率最高的乡村旅游项目是以"住农家屋、吃农家饭、干农家活、享农家乐"为内容的民俗风情旅游；以收获各种农产品为主要内容的务农采摘旅游；以民间传统节庆活动为内容的乡村节庆旅游。由此可见，农家乐旅游是乡村旅游的一种形式，它是传统农业与旅游业相结合而产生的一种新兴的旅游项目。

中国农家乐最初发源于四川成都，都江堰市的青城山，郫都、温江等地，后来发展到整个成都平原，四川盆地，直至全国。真正以"农家乐"命名的乡村旅游始于 1987 年，在休闲之都——成都郊区龙泉驿书房村举办的桃花节。农事活动、乡村田园风光、乡土民俗文化、乡村民居和聚落文化与现代旅游度假、休闲娱乐相结合，形成了一种全新的旅游形式。

三、乡村旅游

乡村旅游是指以农村的特定环境、农业的自然风光以及与农村、农业相关的民俗文化为旅游吸引物的旅游活动，其活动场所必须限定在农村地区。从定义上可以看出，除了乡村的自然风光资源外，乡村旅游中的一大部分是以农耕文化为资源基础的，尤其是农耕文化中的农耕民俗文化部分。比如，现在非常流行的"农家乐"旅游，它不仅使游客享受乡间的自然风光，更重要的是使游客体验农村、了解农村的生活及风俗习惯；从一定意义上说，农村的生活状态本身就是农耕文化的一部分。

乡村劳作形式越古老，其萌生的乡村传统文化意象就越独特而鲜明，也就越吸引游客。在农耕文化旅游的开发中，要注重把中国几千年的农耕文化积累很好地融入旅游中去，使游客在旅游中感受我国的农耕文化的辉煌和灿烂。例如，对农村文化遗存、传统民居的旅游开发就很好地体现了文化的融入。要大力发展以农耕文化为主的农业旅游和乡村旅游。要在农业旅游和乡村旅游开发中更多地体现农耕文化，挖掘农耕文化。

在民间文化中，民间风俗、民间信仰，民间节日、民间祭祀等，都是与农耕文化分不开的。民俗旅游中要涉及农耕文化，最典型的农耕博物馆也是民俗旅游的一种。

四、农家乐促进乡村旅游

做好做足"农""家""乐"三字文章。发展"农家乐"旅游不仅丰富了旅游活动内容，扩大了旅游容量；而且带动了农业产业结构调整和农民增收致富，促进农村经济社会的发展。

"农家乐"发展要以"农"为根，农民要通过自家的良田、果园、庭院、鱼塘、牧场等展示农村风貌、农业生产过程、农民生活场景，以此吸引旅游者；餐饮接待设施可利用自家的宅地和现有生活设施改建或改善而成，要充分体现农村、农业、农家、农民的乡土气息。

"农家乐"发展要以"家"为形。"农家乐"应该以家庭为单位，不求全，不求大，其形应该体现出"家庭"的形态。既然是"家"，其规模就应该适度，不应贪大求洋；发展应该特色化，不应大众化。"农家乐"就是以土、特、多而著名。所以，"家"是农家乐的载体，无家不以成"农家"。

"农家乐"发展要以"乐"为魂。"农家乐"以什么取乐？城里人戏言，换个地方打牌。其实，"乐"也要利用"三农"做文章，设计参与性强的项目，简单的农事、农活，例如采摘、推磨、碾场、果树修剪等。以"乐"为魂就是要发扬光大"农家"的文化内涵，深入挖掘，突出特色，做出项目，例如，农民喜闻乐见的社火、花灯、皮影戏、花儿、踩高跷、讲农业谚语等，使"农家乐"旅游充满魅力，实现可持续发展。

第二节　农耕文化与休闲农业

一、农耕文化在休闲农业中的作用

（一）休闲农业中的农耕文化

休闲农业、乡村旅游的重要功能是传承农耕文化，使城市居民在休闲旅游中享受和体验农耕文化、民俗文化的清爽快乐，休闲农业是集农业生产与农业观光休闲于一体的新型农业产业，具有农业产业、服务产业、文化产业的多重特点，其特点如下。

1. 古老的乡土文化活动——以青海河湟地区年俗为例

先秦时期青海省为古羌地，汉朝时期，随着中原王朝经略河湟，汉族移民和汉文化才随之传入青海，随后，历朝历代都有大量汉族百姓移民青海，青海人的年从冬至开始可能是沿袭了古俗。经历了几千年的发展演化，至今依然传承着丰富的乡土文化，青海省河湟地区的汉族群众开始准备过年时就要大扫除、做年馍馍、办年货、祭祀祖先等一系列年俗活动依次展开。年俗既有明显的地域特色，也有许多外来风俗，古老的年俗寄托着河湟地区汉族群众挥之不去的乡愁。腊八节是年前非常重要的一个节日，相传这一天是古人欢庆丰收的日子。据史书记载，中国人喝腊八粥的历史已有一千多年，很多地方的腊八粥是用大米、小米、薏米以及红枣等多种食材熬制而成，青海人腊八吃的却是麦仁饭。麦仁饭的历史非常悠久，青海省已故文化学者董绍宣先生在唐朝的《册府元龟》中发现了麦仁饭的记载。书中记载，唐高宗时期，中书令李敬玄率军与吐蕃交战，李敬玄大败仓皇而逃时将麦仁饭倒了一路。行军途中，将去皮的麦子和各种肉类一起煮，既能饱腹，又方便烹煮，此后，麦仁饭便在青海流传了下来。青海省河湟地区汉族群众的年"过了腊八就是年"的俗语却是从冬至开始的。视冬至为年的开端的习俗由来已久，俗语称"冬至大如年"，古人把冬至视为仅次于春节的大节，是因为冬至这天，阳光直射南回归线，北半球白昼最短，其后阳光直射位置逐渐北移，白昼逐渐变长，所以，古人有"冬至一阳生"的说法，把冬至看作节气的起点。冬至节也称"亚岁"，古人的冬至庆祝活动仿效除夕，只是隆重程度稍弱。青海省著名民俗学者朱世奎先生说："河湟地区汉族群众的年俗其实是农耕文化的产物，20世纪50年代以前，河湟汉族的年俗受清末民国初年俗文化的影响比较大，后来，随着经济的不断发展和移民文化的影响，青海的年俗也慢慢发生了一些变化。"

青海年俗中的祭灶，《河湟杂俎》记载，20世纪50年代以前，临近腊月二十，河湟地区的乡镇街衢，会有很多小商贩一手拿着木刻套色印刷的灶神夫妇和灶马画像，一手拿着装有麦芽糖的篮子，高喊："灶王爷请上！灶马拉上！灶糖儿称上。"腊月二十三这天，主人家会认真打扫锅灶，并把祭灶贡品贡奉在锅台上。中国人祭灶的习俗春秋时期就已经存在。河湟地区汉族群众讲究"女不祭灶，男不拜月"，这是因为害怕女子多言，会在厨房讲一些不好的事情。

青海省河湟地区汉族民间说法，"尘"与"陈"谐音，新春扫尘就有"除陈布新、驱除晦气"的含义。汉族群众习惯称扫尘为扫房，每年腊月二十四当天，人们会将家里的边边角角都认真打扫一遍，连铺在炕上的毛毡都要拿到院中使劲拍打去尘。旧时，老西宁人扫房非常认真，不放过一点儿积灰的地方。那时冬天没有暖气，家中的水缸特别容易结冰，扫房当天，家里人会将水缸里的冰圈取出来，做成一个非常好看的冰灯。

河湟地区汉族家家户户在腊月要做年馍馍，青海省有句俗语："内地人的菜，青海人的馍。"在青海馍馍其实是多种面点的统称，青海人做的馍馍品类繁多，有蒸的、烙的、焜的、炸的……

河湟地区汉族群众过年时，会做一种叫炉馍馍的面食。制作炉馍馍的工具叫鏊，它由两部分构成，下面是三足的铸铁平底锅，上面是正好盖在锅口上的鏊盖，鏊盖稍微向里凹下，为熟铁锻制，盖边均匀分布着四个抬鏊用的抬环。做炉馍馍的时候将揉好的面团放到锅里，再在鏊的下面和鏊盖上同时加热，这样出来的馍馍烤得色泽金黄、焦香扑鼻。当时的鏊非常少，大家会借着使用，或者几家凑在一起做炉馍馍。鏊是一种流传已久的制作面食的工具，目前，河南省、江苏省、山东省等还在使用。不管是焜锅馍馍还是炉馍馍，都是非常易于保存的食物，青海省自古以来就是兵家必争之地，又是丝绸之路青海道的重要节点，这样的面食非常适合行军或商贸途中携带。馓子、花花、油饼、油圈圈也是青海人过年必备的美食。馓子也称环饼或寒具，是春秋战国时期为纪念晋国名臣介子推而做的。相传，寒食节要禁火三天，于是人们便提前炸好一些环状面食，作为寒食节期间的食物。

河湟地区有句谚语："有钱没钱，光光头过年。"除夕当天，大家都会穿上新衣，剃好光头，然后贴钱马（绘有龙、凤、钱、马的图案纸）、贴春联、打扫卫生、到祖坟祭祀祖先。

到了除夕日，还会有人走街串巷卖水。他们会高喊："青龙扑满怀，元宝请进来。"这时，很多人家都会买几担水，因为水代表财，买水便是入财。从初一到初三，河湟地区的汉族人家的水是不允许往外倒的。与现在除夕吃饺子不同，旧时河湟汉族人家过年一般吃熬饭或面片。熬饭是用肉、马铃薯、萝卜、丸子、粉条等做成的烩菜。"吃熬饭取意没有煎熬、没有烦恼。"除夕夜，河湟地区汉族群众还会守岁。子夜时，在院子里点松蓬、放爆竹。这时家中长辈会带领全家人磕头，祭拜祖先，之后大家就会相互拜年，长辈要给晚辈发年钱儿。

大年初一清晨，老西宁人会吃元宝形状的馄饨。这个习俗与江淮地区的习俗一样，很有可能是明清时期随着江淮地区的移民传播到青海的习俗。新年吃馄饨，取混沌初开之意。传说盘古开天辟地，结束了混沌状态，才有了四方宇宙。而且，馄饨与"浑囤"谐音，意思是粮食满囤、五谷丰登。

早饭后，就要开始紧张的拜年活动。众人一般会先到长辈或年长者家中行跪拜礼。同辈之间行作揖礼，口称"恭喜，恭喜"。过年期间即便遇到不认识的路人，都要相互作揖或者点头致意。

在我国，很多地方元宵节后年便算过完了，青海省汉族群众的年却要持续到农历二月二，民间流传着这样一句俗语："亲戚走到二月头，既没酒来又没肉"，意思是到了二月拜年，主人家已经没有什么好吃、好喝的东西来招待亲友了。青海省河湟地区素有"过了二月二才算过完年"的说法。农历二月初，正值青海省河湟谷地春回大地、农事开始之时，又是百虫出蛰、蠢蠢欲动之时，故民间有舞龙、引青龙、剃龙头之举，又有食龙皮、龙须、龙子、龙鳞饼、吃炒豆、喝麦仁粥等风俗。青海"二月二"最独特的风俗是"炒蚕豆"，当地人俗称"大豆"，象征着"金豆开花，龙王上天"，带来新年的好收成，祈盼一年风调雨顺。

青海省河湟地区汉族群众也有二月二炒大豆的传说，传说玉皇大帝得知武则天登上帝位，勃然大怒，传谕四海龙王，命其三年不得降雨。可龙王实在不忍直视人间哀嚎遍野、生灵涂炭的悲惨景象，便违背旨意，私自降雨。玉帝知晓，将龙王打入凡间，压于山下，山上立碑，字曰："龙王降雨犯天规，当受人间千秋罪；要想重登灵霄阁，除非金豆开花时"。人们为了救出善良的龙王，开始到处寻找开花的金豆。就在第二年的二月初二，人们在翻晒谷物种子时，忽然想到，这玉米和豆子就像金豆，一炒开了花，不就是金豆开花吗？于是，家家户户爆玉米花、炒大豆，并在院中设案焚香，供上开花的"金豆"。玉帝一看人间家家户户院里金豆花开，也只好传谕，诏龙王回天庭，继续司其行云布雨、恩泽人间之职。从此，民间每到二月初二这一天，老百姓就吃炒大豆，象征"金豆开花，龙抬头"，龙王上天，保佑农民在新的一年风调雨顺，心想事成。

民间还盛传这样的说法，"二月二、炒豆儿，男女老少开窍儿"。进入冬季，高原外出干活的人们都满载而归，家人为了报答他们的辛勤劳动，尽量拿出家中最好的东西给他们吃。一个冬季的好吃好喝，迷糊了这些"挣钱人"的心眼，于是，在天气逐渐变暖，人们计划外出之前，家家户户会炒大豆，让他们吃，"嘎嘣一声开了窍"，逐步就形成了"二月二炒大豆"的习俗。

在青海，"二月二"蕴含着深深的吉祥寓意。按照民间说法，"二月二，炒豆豆，人不害病地丰收"。因此，青海人在这一天有炒大豆、吃大豆的习惯。俗话说"二月二，龙抬头"，农历二月初二被中国民众视为一个非常吉利的日子，民间一直有"理发去旧"的风俗。在青海省海东市互助土族自治县城乡市民扎堆理发，龙抬头忙剃头市民争抢好彩头，土乡人家精挑细选簸炒大豆，把握火候勤搅快炒，炒制出黄澄澄豆豆，亲朋好友一起分享民间传统节日带来的幸福欢乐，大家吃炒豆豆香飘情趣浓，人们在生活中不断传承丰富民俗文化，共同感受着新一年的美好时光……

比如，民间年俗中的大扫除、做年馍馍、祭灶、办年货、祭祀祖先、拜年活动等，这些农耕文化活动蕴含着中华文化发展过程中的重要元素，通过对这些文化因素的挖掘，可以拓展出今天我们发展休闲农业的新理念。

在青海省农村的汉族、土族等村庄习惯称中秋节为"八月十五节"，在中秋之夜，通常有献月饼、献瓜果，赏月等活动。这天家家户户都要在院子里支起桌案，"献"（供）上自家蒸的大月饼和各类水果。在月亮升起时，家中老人会在月光下的供桌前煨起桑烟，焚香化表，虔诚叩拜、祈祷。这一仪式称为"玩月儿"。

在月圆之时由家中女性拜月，女性拜月祈祷团圆和丰收最为吉祥。中秋是月亮最圆的时节，此时拜月，人们还希望预卜到来年的年景。古来传说，月中有玉兔，在拜月时，要是看到月亮被云彩遮住，则预示来年年景一般，反之，则预示着丰收和圆满。青海的中秋月饼别具一格。献月的月饼，显示当家主妇的厨艺。中秋月饼，分大月饼和小月饼两种，均用扇蒸笼做。大月饼一扇蒸笼只蒸一个，小月饼根据蒸笼大小，一扇蒸笼可蒸 4～8 个。有的捏成蟠桃、蛇等形状，祈求早生贵子；有的写一个"寿"字，希望多福多寿。在青海省，尤其是汉文化影响较浓的河湟地区同样传承了这些民俗。

2. 祖先的农耕遗存

截至 2023 年 11 月 10 日我国全球重要农业文化遗产增至 22 项，数量居世界首位，我国被联合国粮食及农业组织认定为全球重要农业文化遗产，总数量、覆盖类型均居世界之首，成为点亮世界农业文明的璀璨明珠，也为全球生态农业的发展贡献了中国人的智慧。这些来自中国遗产所在地的丝绸制品、桑叶茶、生态稻米和特色农业文化展示了中华农业文明，折射出了中国生态文明的魅力。在漫长的发展历史中，我们祖先留下了丰富的农耕遗存，作物耕种方式的不同本身也是一种农耕文化的传承，耕作者既可以通过农耕活动获得农产品，也可以将农耕活动本身作为一种旅游资源来经营，对这些遗存的挖掘和利用也是我们发展休闲农业的一种途径。

（1）云南省红河元阳哈尼族梯田是典型的农耕文化的"活化石"。红河哈尼稻作梯田系统于 2010 年 6 月列入联合国粮食及农业组织全球重要农业文化遗产，遗产区范围包括元阳新街镇、攀枝花、小新街、嘎娘、牛角寨，红河宝华、甲寅、乐育，绿春三猛、大水沟，金平阿得博、马鞍底 4 个县 12 个乡镇，梯田总面积约 54 700 hm^2，开垦历史已有 1 300 多年。哈尼梯田拥有独特的灌溉系统和奇异而古老的农业生产方式，形成了江河、梯田、村寨、森林为一体的良性原始农业生态循环系统。

（2）内蒙古敖汉旱作农业系统，位于内蒙古自治区赤峰市敖汉旗。在燕山山脉东段北麓，科尔沁沙地南缘。这里山川秀美，沃野无边，是中国古代农业文明与草原文明的交汇处，境内分布着被誉为"华夏第一村"的兴隆洼遗址和"旱作农业发源地"的兴隆沟遗址。兴隆沟的考古发现证实粟和黍的栽培已有八千年的历史。作为典型的旱作农业区，敖汉旗杂粮种植是其优势产业，盛产谷子、糜黍、荞麦、高粱、杂豆等绿色杂粮，其中谷子是第一大杂粮作物。2012 年 8 月 18 日，联合国粮食及农业组织批准敖汉旗旱作农业系统为全球重要农业文化遗产。

（3）陕西佳县古枣园，佳县古枣园位于"中国红枣名乡"陕西省榆林市佳县朱家坬镇泥河沟村，是世界上保存最完好、面积最大的千年枣树群，总面积 2.4 hm^2，现存活各龄古枣树 1 100 余株。泥河沟村也被誉为"天下红枣第一村"。佳县有着三千多年的枣树栽培历史。千百年来，耐旱的枣树被视为人们的"保命树""铁杆庄稼"。久远而又浓郁的红枣文化气息渗透在佳县人的日常生活之中。枣树具有增加空气湿度，保持水土和养分等生态功能。在黄河沿岸的坡地上，其生物多样性保护、水土保持、水源涵养和防风固沙等方面的生态功能显得尤为重要。2014年被联合国粮食及农业组织批准为全球重要农业文化遗产。

（4）甘肃迭部扎尕那农林牧复合系统位于甘肃省甘南藏族自治州迭部县益哇乡，距迭部县城28 km。早在三千年前，这里就出现了畜牧文明的萌芽。蜀汉时期，蜀国名将姜维把先进的汉族农耕文明引进到此。吐谷浑时期，汉地农耕文化和藏区游牧文化相互融合，明清"杨土司"时期，农林牧复合系统逐渐发展起来。农田、河流、民居、寺庙与周边的山林和草地互相映衬。农、林、牧之间的循环复合，使扎尕那的生产能力和生态功能得以充分发挥，游牧、农耕、狩猎和樵采等多种生产活动的合理搭配，使这里的劳动力资源得到充分利用。可以说，独特的生态区位促进了游牧文化、农耕文化与藏传佛教文化的融合与发展，造就了独特的扎尕那农林牧复合系统。甘肃迭部扎尕那农林牧复合系统2018年列入联合国粮食及农业组织的全球重要农业文化遗产。

另外，被收录全球重要农业文化遗产保护名录有江西万年稻作文化系统（2010年）、浙江青田稻鱼共生系统（2005年）、江苏兴化垛田传统农业系统（2014年）、福州茉莉花与茶文化系统（2014年）、浙江绍兴会稽山古香榧群（2013年）、河北宣化城市传统葡萄园（2013年）、云南普洱古茶园与茶文化系统（2012年）、贵州从江侗乡稻—鱼—鸭系统（2011年）、浙江湖州桑基鱼塘系统、山东夏津黄河故道古桑树群农业系统、中国南方山地稻作梯田系统（2018年）由江西崇义客家梯田、福建尤溪联合梯田、湖南新化紫鹊界梯田、广西龙胜龙脊梯田组成、福建安溪铁观音茶文化系统（2022年）、内蒙古阿鲁科尔沁草原游牧系统（2022年）、河北涉县旱作石堰梯田系统（2022年）。浙江庆元林—菇共育系统（2022年）、河北宽城传统板栗栽培系统（2023年）、安徽铜陵白姜种植系统（2023年）、浙江仙居古杨梅群复合种养系统（2023年）。

青海省这片文化的沃土，从远古而来的悠远历史，汉族、藏族、回族、土族、蒙古族、撒拉族六个世居民族，使瑰丽多姿的非物质文化遗产在高原的诞生和延续成为一种必然。

青海省非遗最亮丽的是从热贡唐卡艺术、土族盘绣、藏族黑陶到柏郎祥碧藏香，从河湟剪纸到陈家滩传统木雕异彩纷呈的背后，是千百年来民间的薪火传承。青海省正在着力保护和传承古老非遗，使古老的非遗焕发出了耀眼的时代光彩。在青海省民间"青绣"品牌，例如皮绣、土族盘绣、贵南藏绣、蒙古族刺绣，六个世居民族都有各自的刺绣技艺，有土族盘绣、河湟刺绣等十七种刺绣类别。在河湟地区，更是几乎村村有绣娘。居家用品、服装装饰等用品上，都可以看到刺绣的踪迹。正是看到了青海省刺绣的丰富品类和深厚的民间基础，近年来，青海省整合民间刺绣非遗资源，努力打造"青绣"品牌，使之成为助力脱贫攻坚、乡村振兴的一条重要渠道。

在青海省藏乡许多地方，例如海南藏族自治州贵德县拉西瓦镇、海东市循化撒拉族自治县尕楞藏族乡建设堂村等村落，至今用"二牛抬杠"这一最有特色、最传统、保留最完整的古老仪式，开启春耕第一犁。春耕仪式的重头戏就是"春牛开犁"，开耕仪式，是藏传佛教天文历法推算而定，是新年农耕最吉祥的日子，仪式前会按照属相、年龄、性别，选取村子能干、贤惠、家庭和睦的长者或青年人来担任主持、掌犁和播种的角色，选出村里牵牛汉子，"只有吉祥的人才能给村民带来福气和好运"。它不仅承载着社会发展的印记，也是农耕文化的起点，而且还传承着一代一代村民对丰收的渴望，对美好生活的祈盼，仪式开始后，村民端着制作精美，寓意风调雨顺五谷丰登的馍馍，来到田间。并给耕牛头上披上经幡，村民们手捧哈达，把一条条洁白的哈达献给开"第一犁"的青年男女、耕牛、盛满青稞良种的农器具，同时就地在农田里跳起锅庄舞，祈求风调雨顺、好收成，并在这天撒播下充满希望的第一把青稞种子。这种古老的春耕仪式作为承载青藏高原社会发展过程的印记、见证了藏族先民从"逐水草而居"的游牧生活向"日出而作，日落而息"的农耕生活发展与变迁，也是汉藏民族文化相互交融发展的体现。这种乡村休闲生活体验必须亲自到乡村去，才会有那种审美乐趣、体验、风趣。

非物质文化遗产凝结着一个民族历史的记忆，是未来人类文明发展的重要基础，保护它就是保护我们民族的历史记忆。截至目前（2021 年 12 月），青海省有非遗项目 2 361 项、不可移动文物 6 400 处，代表性传承人 3 160 名。其中有联合国教科文组织人类非遗代表作名录 6 项、国家级非遗 88 项、省级非遗 238 项，国家级传承人 88 名，省级传承人 343 名。全省共有热贡文化、格萨尔文化（果洛）、藏族文化（玉树）三个国家级文化生态保护区，互助土族文化、德都蒙古族文化和循化撒拉族文化三个省级文化生态保护区。《青海省非物质文化遗产条例》将从十个方面推动青海特色的非遗保护传承高质量发展。青海省将鼓励支持传统手工技艺与现代制造工艺的融合，通过合理利用非物质文化遗产资源，开发青海特色的文化产品和服务，打造唐卡、格萨尔、"花儿"等具有区域和民族特色的文化品牌。

3. 传统的庭院文化

青海省传统庄廓院是一种由四周围合着高大夯土筑成的围墙、居中开设砖木门楼的合院式民居类型。青海农村家家户户都居住在庄廓院内，是当地汉族、藏族、回族、撒拉族等民族建筑的基本形式。庄廓是青海省的土话，"庄"意思是村庄，俗话称"庄子"；"廓"同"郭"，字面意思是城墙外围的防护墙，内为城、外为郭，合为"城郭"，青海省传统庄廓院外形就似一个缩小的城郭，所以称为"庄廓"。

青海省河湟地区典型的庄廓院坐北朝南，以一户独立一个庄廓为基本单位，平面呈正方形或长方形，四面夯土围墙高 4～5 m、厚 80～90 cm，墙上不开窗，一般夯土围墙，墙体应比院内建筑高约 1 m。院门开在南面围墙的正中，大门严密厚实，院内四周靠墙建房。整个院落以南北中轴线左右对称，中间留出庭院，院中设置花坛，种植花草树木。主体建筑是木构架承重体系，平屋顶表面覆盖黄土，屋顶外挑形成檐廊，四周夯土墙围合成合院式民居，院内各房屋按方位有固定的用途。各族的庄廓以户为建筑单元，每户一庄廓，然后由几个庄廓相邻或围绕形成庄廓群，最后由若干庄廓群及其他公用设施由道路网线相互连通形成村庄。

20 世纪 90 年代前有句俗语叫"青海的房上能赛跑"，更加反映了青海传统庄廓院的又一大特色。由于那时青海省全年夏季降水量较少，屋面的坡度一般控制在 10 %～15 %，形成较平缓的屋顶庄廓院，屋顶的木构件向外挑出 0.6～0.8 m 形成檐廊，檐廊具有阻挡紫外线和有效地防止雨水冲刷房屋前墙面的功效。屋顶采用木檩条、木椽条承重；上铺厚麦秆、黄土做保温层；然后用草泥做屋面，分三层抹好，最后形成草泥屋面。它不仅是居民晾晒谷物的空间，还为邻里之间相互交谈提供了方便的场所，平屋顶实质上是对庄廓院空间的一种补充。

青海省河湟谷底为代表的河湟地区的"1 亩之宅"。在今天，通过挖掘其深远的文化内涵，就可以将其视为乡土文化产品，来供人们参观和体验。

青海的民族民居在多重文化的影响交融下，体现了儒家、道教、佛教合一的文化现象。青海省汉族是土木四合院。后来为了适应青海寒冷的环境，而逐渐发展成由夯土建成的黄土平屋顶防御性极强的"庄廓院"式民居。

青海省土族和回族主要聚居在河湟地区，与汉族一样居住在庄廓院内，也有部分采用土木楼。这些民族所住的庄廓院外形大致相似，但由于宗教信仰不同庄廓院在聚落的分布形态和建筑的装饰色彩、内容及复杂程度上有很大不同。

青海省撒拉族主要聚居于循化撒拉族自治县，他们采用的传统民居主要有两种，一种是"庄廓院"，另一种是具有历史悠久的"篱笆楼"。篱笆楼目前仅存于循化孟达地区，濒临灭绝。篱笆楼是撒拉族先人利用当地富产的林木、石土借鉴附近的藏族、汉族、回族、土族、保安族等多民族的建筑文化创建而成。篱笆楼的通常是两层的框架结构，院落布局以三合或者四合院为主，院墙厚重封闭，底层采用卵石、夯土砌筑，其他部位采用该地区特产的树木枝条编制形成，建成后在墙体两面涂抹草泥，再在外表抹白灰。篱笆楼的墙体做法融入了手工编篱技术，是一种地域特色很强的建筑形式。

青海省藏族的居住形式可分为帐篷、庄廓院、碉房及碉楼这四种。帐篷是青海以游牧为生的藏族的居住形式。它不仅雨雪不侵、冬暖夏凉，更重要的是结构简单，装卸方便，易于搬迁，是游牧民族的理想住所。碉房是青海省藏族另外的一种民居形式，在玉树、果洛等一些农业区可以见到。碉房的外墙都是由下大上小的片石和泥巴堆砌至厚约 1 m 而形成的。碉房常见为两层，下层作为圈养牛、羊、马等的畜牧房或堆放杂物，上层盖成木质平屋顶，作为人的居室。碉楼则主要见于果洛班玛一带，是一种造型奇特、别具一格的居住形式。碉楼大多三层，四面围合中间留有一个貌似天井的方孔，贯通的楼梯是由一个砍有上下踩踏的台阶状的圆木做成的独木梯。一层用作畜牧棚，二层用作居住，主要用于储物。碉楼选址在向阳的山坡或者山顶之上，外墙四周用块石堆砌，其他构件选用木料，二层与三层的阳面设有被约 0.5 m 高的围墙包围的阳台，室内光线较暗。青海省藏族的庄廓院与汉族外形大致相似，区别在于建筑装饰和色彩上。

蒙古族主要居住形式为蒙古包。定居在土木结构的庄廓院中。蒙古包是一种高 2.5 m、直径为 5 m 的圆形的白色毡包，周边用可折叠的木质栅栏围合，顶部做成圆形天窗，外面围合覆盖着白色毛毡和帆布。这种易于拆卸和运输的居住形式适合蒙古游牧民族的生活和生产方式。

4. 农耕工具发展演进过程

农耕工具在不同发展阶段代表着不同的农耕时代。每个时代农耕工具的发展所蕴含的是当时社会科技水平以及文化倾向，是值得后人探究的；因此，在研究农耕工具的发展演进过程，从其挖掘出休闲农业的发展思路，在今天有着重要的现实意义；比如，各地举办的"农具博物馆""古旧农具展示厅"等活动，都是针对农耕工具发展演进过程来经营休闲农业。

5. 种植作物发展演替过程

经过祖祖辈辈的经验的传承，在我国黄河流域逐步形成了以种植旱粮为主的耕作习俗和在长江流域形成了以种植水稻为主的耕作习俗。青海省河湟谷地是青藏高原最为温暖湿润的地区，年平均气温 5 ~ 8.6 ℃，年均降水量 250 ~ 400 mm，主要集中于 6—9 月，雨热同期主要作物为春小麦、青稞、大麦、豆类、马铃薯和油菜等。此外，这里也是蔬菜、瓜果的重要生产基地；对农耕作物发展历程的挖掘，对古老传说中文化因素的收集、整理、发掘也可成为我们发展休闲农业的思路。

6. 勤劳、朴实、憨厚的乡土精神

勤劳、朴实、憨厚的乡土精神历经了几千年的发展，至今依然为人们所推崇；人们繁忙之余中希望有更多的闲暇，而在闲暇之中就希望回归乡土，体验那朴实无华的乡土风情，因此，对人们崇尚的乡土精神的挖掘同样也是发展休闲农业的新思路。

在休闲农业中发展文化产业就必须深入挖掘我国悠久的农耕文化历史，将我国灿烂悠久的农耕文化作为当今休闲农业的"文化基因"，这样农耕文化就能在休闲农业的发展中起到重要作用。

（二）如何体现农耕文化元素

农耕文化作为一种人类文明和历史的载体，在休闲农业与乡村旅游中起到了很重要的作用。在项目设计中，具体从群众集会、网络直播、民俗体验、美食品鉴、乡村旅游、丰收大集、农事绝活、体育比赛、文艺汇演、品牌推介、产销对接、非遗表演、城乡联动庆丰收，节庆活动等方面来体现"农耕文化"元素的丰富多彩；农民参与度、基层覆盖面显著提高，充分展示了"三农"发展的巨大成就、农耕文化的丰富灿烂、农民群众的时代风采、乡村振兴的光明前景。如今，"乡村旅游打卡地""网红婚纱户外摄影地"的河湟谷地和扎碾公路，慕名前来观光旅游打卡的游客络绎不绝，青海省将积极围绕传统古村落、独特的岭上风光等独具特色的文旅资源，推广徒步、骑行、露营等旅游项目，打造乡村户外运动休闲基地。着力推动并形成以观光度假、农事体验、民俗文化、乡村民宿、特色美食为主的乡村旅游模式，将少数民族文化、农耕文化和河湟文化有机融入旅游开发中，打造"党建引领民族团结"文旅品牌，让越来越多的百姓在家门口吃上"旅游生态饭"。

1. 土特产或农副产品的各种传统加工技艺

青海省地方特色甜醅、牦牛酸奶、湟源陈醋、酿皮、青海搅团、油炸花花、油炸馓子、熬饭、熬茶、青海月饼等各种制作工艺，都是中华民族农耕文明的结晶，值得传承。

2. 农耕信仰和神话传说

中国关于农耕文化的神话传说已经流传千百年，农耕信仰沿着"天人合一"的方向发展，先民希望通过祭祀天地而获得消灾降福和佑护。包括各种信仰和传说，如以各种农产品作为祭品的祭祀活动。

中国古代著名的四大神话——女娲补天、共工触山、后羿射日和嫦娥奔月，最先在《淮南子》中较为完整地出现。共工（又称共工氏）相传为上古部落首领，曾与颛顼争为帝，侵陵诸侯，怒而触不周之山，致使"天柱折，地维绝""天倾西北，地不满东南（《淮南子·天文》）"。

3. 农事活动经典歌谣、农业谚语

劳动号子、歌谣咏唱、山歌、田间小调（小曲）等是人们上山砍柴、田间劳动、山野放牧或行脚、小憩时，从而加强劳动者在劳动中的情感交流，保证行动的一致，提高劳动效率；鼓舞劳动者的情绪，放牧山歌是放牧者为吆喝牲畜或互相问答逗趣所

唱的山歌；多为少年儿童所唱，曲调活泼，唱词生动，富有情趣。为了抒发内心的情感或向远处的人遥递情意、对答传语；是人们在劳动之余的日常生活中以及婚丧节庆用以抒发情怀、娱乐消遣的民歌。农业谚语是人们在长期生产实践里总结出来的经验，对天时气象与农业生产关系的认识，不断深化和升华的基础上，产生出来的。虽寥寥几字，却是对农业生产与天时气象关系的深刻总结和高度概括。农业谚语流传相当久远，不少古书上已有记载。农业谚语是从歌谣中分化出来的一个重要分支，讲的是农业生产，类似于现在的技术指导手册。

4. 手工技艺及农民艺术作品

黄南牦牛酸奶酿造技艺、青海藏族黑牛毛帐篷制作技艺、热贡牛角雕刻技艺、玉树市囊谦藏黑陶、互助土族刺绣、平安月饼制作技艺、酥油茶制作技艺、河湟焜锅馍馍饮食习俗、洋芋筋筋制作技艺、豆面搅团制作技艺、湟源酸辣里脊制作技艺、河湟皮影戏雕刻技艺、传统青稞酒酿造技艺、西宁回族花花制作技艺、湟中农民画、湟源皮绣、湟源排灯等各种精湛的传承技艺，包括各类民间艺术，不少仍在广泛应用。

5. 乡村风情体验及传统的农耕体验

乡村生活之美的本质在于参与和体验，乡村风情的体验就是乡村生活体验，乡村生活包括乡村劳动生活和乡村休闲生活，它正是人实践的典型，因此，乡村生活之美的本质在于参与和体验。从审美角度，许多传统的乡村劳动都具有审美特性，能勾起人们对田园生活的美好回忆，让游客参与各种作物的栽培种植、精耕细作等，包括耕种、浇水、定期施肥、除草、捕捉灭虫、碾场、剪羊毛、挤牛奶、放牛羊等农耕体验，以及育苗、堆肥、推磨、传统收割麦、晾晒谷物技巧、采摘果蔬、嫁接修剪果树等农业技术；观察母鸡抱窝（也叫恋巢）、纺线织布、刺绣、剪纸民间等民间艺术活动以及农业生产工具的制作工艺及使用方法。

"休闲"从字面上解释，"休"是指休憩、休养，"闲"是指闲适、闲散。乡村休闲生活体验方式主要有集市庙会和乡村民间艺术。

（1）集市庙会

赶集、逛庙会是乡村休闲最常见的形式，许多农村依然保留着这种乡村休闲形式的集市。在集市中人们往往进行消遣娱乐、体验淳朴的民风民情；陕西人把这种赶集俗称为"赶会"，陕西省武功县是中华农耕文明始祖后稷的故里，武功县东河滩物资交流会（俗称"河滩会"）也由来已久，其起源的迄今四千多年历史，是关中西部历史悠久的以纪念农业始祖后稷而形成的传统古会；历年农历十一月初七至十七，共十一天在陕西省武功镇教稼台漆水河河滩上举行；东河滩会不仅是原始农耕文明的文化传承，更是对现代物流运输的形成产生着深远的影响；东河滩万亩良田是我国农业始祖后稷开发得最早的古代农业示范基地，也是保存至今最大的纪念后稷农业物资盛会；2010年3月4日陕西省咸阳市人民政府公布武功镇东河滩会为咸阳市非物质文化遗产保护名录。

（2）乡村民间艺术

乡村民间艺术包括民间艺术品、民间表演艺术。我国富于乡村色彩的工艺品有剪纸、刺绣、捏泥人、捏面人、吹糖人、蜡染、年画、编竹筐、泥陶等，从日常用品到装饰用品，从而体验乡村休闲生活之美。

民间表演艺术包括地方戏曲、乡村音乐、民间小调、说书、唢呐等形式，与城市戏剧相比，乡村的剧目更显得接地气，更贴近百姓生活，青海皮影（又名灯影子、灯影戏、皮影子、牛皮娃娃），这是浑厚、强烈、古朴、粗犷的一种非常古老的乡土艺术，具有浓厚的高原特色。不仅为庙会增添了节日喜庆色彩，而且当地群众也习惯以"唱皮影"来祭祀神明，以祈求丰年、灭灾降福来表达对未来美好的期盼。这些原汁原味的乡土艺术，只有亲自到乡村去体会、感受，才能有那种审美的意境和体验。

6. 传统饲养技术经验

我国先民在畜牧和兽医方面，积累了丰富的科学知识和技术经验。相马术、阉割术、杂交术等饲养技术经验，至今仍熠熠闪光，值得学习和传承。

7. 青海农耕生产和商贸习俗

千百年来，我国形成了很多祈求农耕丰收，在青海农业生产有着漫长的历史，河湟地区是主要的农业区，世世代代生活在这里的人们在长期的农耕生活中逐渐形成了传统种植经验的生产习俗，几乎存在于农耕生产的每个阶段，且随自然地理环境的不同，呈现明显的地域文化差异，具有很强观赏性。也有别于中原内地的民俗文化。

青海的商家有商行、铺子家、摊贩、货郎子、歇家、牙行、寺商等；其中，歇家在青海是一种特殊的群体，他们精通汉语、藏语、蒙语等，并开设旅店专供蒙藏群众住宿；事实上"青海路"和"唐蕃古道"等商业之路，都是由商家所开辟；茶马互市后商贸活动被进一步细化，在来往于青海与内地之间的行商队伍中出现了脚客、驮帮这样的脚力行，在青海当地市场上也出现了各种与之相适应的行业；各歇家一般有自己熟悉的蒙藏货主，这些货主把自己的货物卖给歇家，再由歇家出售给内地客商；在过去，毛皮集散地都有歇家，以湟源、循化的歇家最为有名，有"四十八歇家"之称。商业贸易在清末民初时，仍以茶马互市为主要形式。当地的商品主要有马、牛、羊、毛皮、食油、食盐、鹿茸、麝香、大黄、甘草、虫草等。从外地运来的生活用品主要有茶叶、布匹、绸缎、铁器、铜器、瓷器、大米、黄酒、文具、纸张、药材以及日杂百货等。那时，商家进行交易时并不直接喊价，青海的生意人谈价格一般是在袖筒中或在一块布单下捏指谈价的。食指表示 1，食、中二指表示 2，再加无名指表示 3……。如"536"这个数，捏住五指说："这个百数"，捏住食指、中指和无名指说："这个十数"，捏住大拇指和小拇指说："这个零头"，对方讨价还价也是捏指依次进行。而且生意人还会采用暗语来增加本行业的神秘性，如把麝香称为"香"，虫草称为"草"，鹿茸称为"格叉（角）"，沙金称为"沙子"，小口径步枪子弹称为"尕钉钉"等。

青海省的喇嘛寺庙也经商，但不以寺院名义，而是由寺院提供资本，以喇嘛个人名义或信教群众进行。民和县三川地区的土族喇嘛以善于经商而闻名，有"山西的客帮，三川的喇嘛"之称。就民族来说，回族、撒拉族都善于经商，他们不仅遍布城镇和农村，而且经常行货至边远牧区，甚至在那儿开店经营。

遥想当年在河湟谷地，山陕商人靠着顽强的意志和大无畏的开拓精神，奔赴路途遥远、社会动荡、自然环境恶劣的西宁、湟源，做起了茶叶、皮草、布匹、药材等生意；山陕商人锲而不舍的精神，促进发展繁荣了当地经济，今湟源的多数居民都是明清以来秦晋商人的后裔。这里贸易繁荣直接带动了青海省南部藏区的经贸繁荣。山陕人商贾摩肩，商队接踵，好一派热闹景象。而商贸的繁盛也进一步促进了各民族的交流与融合，形成了多元文化共融的河湟民俗文化。

8. 时令和节气

二十四节气，源自农耕文明，是传统农事活动的重要依据，也是宝贵的农耕文化之精髓，是华夏民族认识、提炼、运用自然规律于生产和生活的智慧结晶，千百年来一直影响着我们的生活，并发展为具有深刻内涵的节气文化。可利用科技手段展示"节气与天时""节气与农事""节气与生活""节气与养生"的关系，用二十四节气歌诵读、艺术展示二十四节气、互动体验、讲座交流等方式，诠释了人类非物质文化遗产——二十四节气的丰富内涵，更好地让人们理解节气文化，传承节气文化，弘扬科学精神，坚定文化自信。

9. 乡村农业景观

乡村农业景观指主要由人类的农业活动产生的景观群体。依据农业景观的形态特征可以分为农耕景观、林地景观、养殖景观等类型。农耕景观包括农田景观、设施农业、农场景观等。农田景观是传统乡村农业景观的主体，而设施农业和农场景观则具有集约农业景观的特征，正逐渐成为现代乡村农业景观的主体。林地景观包括果树景观、人工经济景观、人工生态林景观等类型。传统果园是林地景观的主体，随着经济的发展和环保意识的增强，人工经济林和生态林景观也日益得到普及和推广。养殖景观包括人工牧场景观、养殖小区景观、塘区景观和湖区景观、海滨景观等类型。

传统生态农业系统和景观，有"农牧结合""乡村＋农业"的乡村旅游方式、"公司＋合作社＋农户"的运营模式，作为一种新型经济生态农业模式，特别是"乡村＋农业"等传统模式，农户种植的绿色天然蔬菜水果、手工制作的豌豆、马铃薯粉条和酿造的青稞酒等特色产品。建设了集花卉观赏、农事体验、古老"庄廓"文化体验、徒步健身、特色小吃于一体的生态休闲农庄。不仅具有悠久历史，生态景观也很美，在青海省多地落地开花，成为当地乡村振兴中的重要引擎。

10. 传统名特优农副产品展示和原产地保护

生态原产地产品是指产品生命周期（即产品生长、原材料提取、生产、加工、制造、包装、储运、使用、废弃处理等过程）中符合绿色环保、低碳节能、资源节约要求并具有原产地特征和特性的良好生态型产品。勤劳智慧的中华先民，创造和培育了丰富的名特优农副产品，可按地域分类办特产展销馆展销。还可以通过对传统名特优产品进行原产地保护，进一步提高其知名度。

2018 年青海省获得第一批生态原产地保护产品有"青海湖"牦牛纯牛奶、牦牛酸奶；"昆仑山"雪山矿泉水；"苏弥山"红、黑枸杞；"西海源""马海源"枸杞干果；"遥远地方""天下康普"枸杞、"大格勒枸杞"及枸杞制品等已获得国家生态原产地产品保护。

11. 古村镇村寨民居保护

在城镇化的大潮中留住古村落，就是留住了乡愁；不能为了发展城镇的同时，而丢失乡土文化，让乡土文化解体。村庄不仅是中国人的主要居住形式之一，还是礼仪的发源地，传统伦理的根基。从这种意义上说，村庄是中华文化的源头。保护村庄就是留存人类的农耕文明，保留村庄原始风貌就是见证历史沧桑的变迁，赓续先贤前辈的集体记忆。只有从文化自觉的高度认识村庄，村庄才不至于消失，村庄原始风貌才有望保留。中国古村落、民居有优美的山水环境，有数百年以上的建村历史，有丰富的人文景观，是中国传统文化中人与自然和谐相处的范本。很多古镇、古村都凝聚了很多先辈的智慧，是一大笔优秀的历史文化遗产。

（三）农耕文化在休闲农业项目中的表现形式

农耕文化与人的融合，可以通过体验，参与的方式开展，而不仅是摆在某个区域的观赏品。休闲农业与乡村旅游必须突出农耕文化，农耕文明与现代工业文明反差越大，其田园意味越足；农耕文化越突出，越典型、越贴近城镇居民亲近大自然的"乡梦"。针对游客需求，让游客欣赏、了解、参与，感受到农耕体验的趣味和魅力，体会传统与现代、古与今的和谐对话，才能既引来游客，又留住游客；既好玩，又创收。休闲农庄的项目设计，可以从以下十六处体现"农耕文化"。

1. 农耕信仰和神话传说

炎帝，是中国上古姜姓部落的首领尊称，号神农氏，别名：五谷帝仙，相传他亲尝百草，发展用草药治病；他发明刀耕火种，发明了的斫木为耒耜（两种翻土农具），教民垦荒种植粮食作物；他还领导部落人民制造出了炊事用的陶器和炊具；是传说中的农业和医药的发明者，撰写了人类最早的著作《神农本草经》继伏羲以后，神农氏是又一个对中华民族颇多贡献的传奇人物。

中国关于农耕文化的神话传说已经流传千百年，农耕信仰沿着"天人合一"的方向发展，先民希望通过祭祀天地而获得消灾降福和护佑，包括信仰和传说，例如，在获得丰收后常常把最新鲜的农产品拿出来祭祀祖先神灵，然后再自己食用，这是一种文化习俗，为祈求来年更风调雨顺。

青海省许多民族对大地与地神的崇拜与"天"崇拜相对应的，在古人看来，土地能生长五谷，供人享用，给人类带来巨大的恩惠。在农业生产很不发达的年代里，农业主要是靠天吃饭，依赖自然，因此人们应顺应农时而不能违拗，同时还将收获的希望寄托于神灵的护佑和恩赐，定期举行祭祀，不敢稍有怠慢。人们利用它所属的任何东西，都首先必须经过它的同意，而这种沟通就是各种各样的祈求和祭祀方式。

青海省东部农业区的汉族、土族、藏族、蒙古族等把春耕开犁视为很重要的活动。开耕要选吉日，耕牛牛角披红，并燃放鞭炮，跪拜天地，祈求丰年。藏族从下地到秋收也十分注意对神灵的敬仰，他们往往通过煨桑、祈祷、念经祈求神赐予他们丰收。如果遇到久旱无雨，青海的各族群众，往往要进行"求雨"活动。祈雨主要跟宗教有关，因此，诞生了诵经法会、抬龙王等民俗活动。等到五谷丰登时，汉族、土族群众要燃香焚表，叩头谢神，蒙古族群众则在打场结束后要宰牲向神灵祭祀。

2. 民间文学类的青海湖的传说

（1）青海湖之西海传说

古时候，大海里的老龙王有四个儿子，为让儿子们学好治海本领，他把海分封给儿子们管理。大儿子分到东海，二儿子分到南海，三儿子分到北海。小儿子呢，老龙王没有分给他，只是对他说："我的海都分完了，你要是勇敢的龙的子孙，就自己去造一个海吧。"听了父亲的话，小儿子驾起云头，到处寻找造海的地方。他先是沿着东海飞，看见那里已经有两个大湖，洪泽湖和太湖；于是他又往内地飞，又看见两个大湖，鄱阳湖和洞庭湖。他飞来飞去找不到一块造海的地方，只得又回到老龙王身边。老龙王劝他往远处飞，去找理想的造海之地。小儿子也不甘心就这样半途而废，于是他又飞呀飞，最后飞到了大西北，发现了这块广阔的土地。他来到这里，大显神通，汇集了108条河水，造出了一个西海来。这就是现今的青海湖。

（2）女娲补天蓝宝石传说

有人把青海湖比作是"大海退却时遗落的一滴伤心泪水，抑或是地球山崩地裂自我嬗变时留下的一份蓝色忆念。"无论是"泪水"还是"蓝色忆念"，我们却把它看成是女娲补天时不小心遗落下的一块蓝宝石，或是镶嵌在世界屋脊上的一面明镜。

（3）青海湖之咸水湖由来的传说

青海湖原先是个淡水湖，湖中生物很多，变成内陆湖后，随着湖水的不断下降，湖水中盐分逐渐变浓，盐度达到了千分之六，加之海拔较高，水中的含氧量比较低，浮游生物稀少；湖中的动植物因之也大大减少，有的则随着自然界的变化而变化了。

青海湖由淡水湖变成咸水湖也有个传说。青海湖本身是一眼神泉，当年二郎神杨戬被孙悟空打败，逃至这眼神泉边解乏，用三块石支了一口锅做饭吃，取泉水后忘记了盖好神泉盖子，二郎神刚把盐撒到锅里，泉水马上涌出成了一片汪洋。情急之下，他抓起了一座山压在神泉之上，便成了现在的青海湖和湖中的海心山，支锅的石头便是现在湖中的三个小岛（三块石），撒在锅中的盐和水溶在一起，所以，湖水是咸的。

（4）青海湖藏族民间传说

美丽的青海湖畔还生活着勤劳善良的藏族和蒙古族同胞，而他们也有自己关于青海湖的传说。藏族传说，在很早以前，千里草原上只有一眼清泉，一块石板盖在其上，泉水长流不溢。周围居住的放牧百姓，饮水后必须把石板盖好，否则将会大祸降临。有一年，吐蕃王朝宰相隆布嘎尔父子逃亡来到这里，儿子饮完水忘记盖石板，泉水便汹涌奔泻出来，越来越大，千里草原变成了汪洋大海，成千上万牧民被海水淹没。此事震撼了天神，天神将印度赤德山岗的峰头搬来压住了海眼，青海湖和海心山就这样形成了。

（5）青海湖蒙古族民间传说

青海湖，一片湛蓝色。远看，天连水、水连天，美丽，辽阔。湖边牧草茂盛，多么富饶的天然牧场。这里，古往今来，各民族的牧民，环湖而居，生息繁衍。但是，一些部落的头人，被权势欲支配，不断挑起战争，你杀我打，常常搞得阴风怒号，愁云惨淡，尸横遍野，血染草原。后来，蒙古族内出了一位明智的英雄，他的名字叫库库淖尔。他，耐心地教育着本民族的兄弟，和邻居和睦相处。他，反对头人们挑起的不义之战。邻族人受到狼、豹的袭击，他带领本族人，帮助他们驱逐狼、豹。邻族人受到天灾，牛羊成群死亡，他说服本族人相助周济。渐渐地，这里的蒙古族和相邻的其他各族牧民，解仇隙，消战祸。亲如家人，团结共处。为了各民族的团结，库库淖尔奔走劳累，鞠躬尽瘁，积劳成疾，后来他死了。人民的哀思和痛哭，震惊了上天，上天知道他是个最好的人，是个真正的英雄，便封他为团结之神，并由他管理湖周边牧民的福祸。牧民们知道了这件事，奔走相告。于是蒙古族就把青海湖也叫作库库淖尔，永远成了团结友爱的象征。

（6）文成公主进藏之日月宝镜之传说

青海湖是一个美丽、神奇的湖，很多神话传说给它蒙上了一层浓浓的神秘色彩，其中，最有意义的当属倒淌河的传说。在青海湖的西面，有一条河叫倒淌河。因为中国的河流大都是从西向东流，而这条河却是由东往西流，故得名。传说唐朝时文成公主远嫁吐蕃，路过此地，眼见前面一片茫茫大草原，已换了一个世界，想想从此开始就要改坐轿为乘骑了，因此伤感地哭起来，哭声感动了大地，引起这条河流的共鸣，于是这条河流便向西倒流，伴着公主向西而去。

3. 乡村民谣、农业谚语等民间文艺

最早的歌谣咏唱的是生产劳动，主要是狩猎、采集和农耕。农业谚语是从歌谣中分化出来的一个重要分支，讲的是农业生产，类似于现在的技术指导手册。青海河湟谷地民俗大通"六月六花儿会""正月十五的社火""西宁贤孝"等活动均是民间文艺。花儿与小调这艘"千年渡船"这两朵民间艺术奇葩，传承中华中自然会更加艳丽，越来越发挥出不可替代的作用。我们要传承和发展民族文化影响，增加民族文化内涵，发扬民族文化优良传统，提升民族文化品质，展现民族文化优势，牢固民族文化根基的战略高度，以发掘花儿与小调这朵民间艺术奇葩的独特性，使其沿着传统艺术发展规律来演绎符合时代的旋律。

青海省河湟谷地气候温和，农田广阔，土地肥沃，都为水浇地。1980年前主要种植作物有春小麦、青稞、油菜、马铃薯（洋芋）、大头菜、苹果以"三红苹果"为主（红星、红元帅、红冠）。传统的农耕文化让这里也诞生了许多言简意赅又极具地方色彩的农业谚语："若要地壮，拆锅头打炕（意为用灶灰和炕灰作肥料）""一九一场雪，猪狗不吃黑（'黑'读he，指青稞等杂粮。意为瑞雪兆丰年）""立夏种胡麻，花儿开不罢""麦浇芽，豆浇花，青稞浇水一拃大""羊过清明马过夏，人过小暑再不怕（清明后青草可供羊吃，立夏后的青草可供马吃，小暑后粮食已熟）"等农业谚语。

青海省互助是全国唯一的土族自治县，土族民俗风情浓郁，文化源远流长。土族在饮食、服饰、建筑和语言等多方面都有着独特的民族习俗，而土族的音乐、舞蹈、刺绣等艺术传承更是百花齐放。"花儿"是我国西北地区广为流传的民歌，传唱于河湟地区的互助土族自治县，当地群众用"土族花儿"吟唱民族风情，描绘美好生活。每年盛夏，丹麻镇的"土族花儿会"总会吸引甘肃省、宁夏回族自治区等西北多地的"花儿"歌手和游客们纷至沓来，赏美景、"漫"花儿。黄南藏族自治州同仁市是热贡艺术的发祥地，青海省唯一的历史文化名城，第三个获文化和旅游部批准的国家级热贡文化生态保护区。唐卡、泥塑、刺绣、堆绣等热贡艺术传统技艺流传已久，是当地独具特色的宝贵文旅资源。

随着社会的发展，生产力的提高，许多传统的农业民俗已失去了传承的基础和意义，少部分的遗存在内容和形式上也都有较大的变化。尽管如此，每年正月里西宁市大街小巷的高抬表演、二牛抬杠、太平鼓、秧歌……那一队队承载了中华农耕文明身影的社火正红遍大街小巷。使人们对传统民俗文化的追忆并未消失。

文化和旅游部发布的《2021—2023 年度"中国民间文化艺术之乡"的通知》中，青海省海东市互助土族自治县丹麻镇（土族花儿）和黄南藏族自治州同仁市（热贡艺术）入选 2021—2023 年度"中国民间文化艺术之乡"。

4. 各种美食制作、农副产品各种加工技艺及相应的文化传承

中华美食，举世闻名，广袤的原野乡村上，各种地方风味、时令美食、"青海美食节"，让青海本土餐饮市场发展日趋壮大，大小餐饮店越来越多地打出"特色"招牌，拉动地方经济成效显著。青海本土餐饮市场，越来越多的餐饮企业和品牌也开始依靠本土美食，传承和发展历史传统、地域文化，全力以赴传播青海味道，让更多的外地人记住了"大美青海"，打造品牌是本土酸辣里脊、青海三烧、糊羊肉、袈裟牦牛肉、青海黄菇炒肉等 10 大品类青海名菜，甜醅、酸奶等本土美食形成了"青海印象"、留下了"西宁记忆"。在西宁莫家街马忠食府的洋芋酿皮、青海老酸奶等青海本地小吃，吃客络绎不绝。在循化，"撒拉美食"只为吃上一口地道、特色的撒拉美食；"做餐饮就是做文化"，使地方的餐饮文化内涵更能让人口耳相传。在无肉不成宴的青海，"白条手抓"是青海人挥之不去的乡土记忆，是一种传统文化的象征。青海省的季节性食品黄蘑菇和法国的黑松露一样的限量珍贵；用青海特产"黑青稞"酿制的"青醋"，原生态的纯粮酿造这种特色原生态的食品都有其背后的文化内涵。

青海省独特的地域文化、厚重的文化内涵，例如，青海人都熟知的祁连黄蘑菇、互助土豆、青海蕨麻酥、龙羊峡三文鱼、贵德梨汁等是青海各族群众的家常菜、特色美食；饮食文化在一定程度上反映着一个地区和民族物质文明以及精神文明的发达程度。当今时代，文化与经济相互渗透与融合日益深入；饮食文化同时也是人类文明、地域文化的一个重要组成部分；充分利用好地方特色资源，办好特色文化节庆活动，不仅能促进文化的交流，还可以推动城市经济的发展，丰富人们的物质生活和精神生活，"青海地方特色小吃大赛暨西宁美食节"的举办，足以证明美食与文化两者相互融合，相得益彰，密不可分。没有文化的饮食就没有魅力，饮食与文化有着天然的不可分割的联系，文化要素已经渗透到餐饮业发展的全过程和方方面面，传统技艺、食俗、节庆等文化资源日益成为餐饮业发展的基础资源。因此，各种类型的美食节庆活动，

对继承弘扬和创新发展传统饮食文化、促进当地的文化生活及经济发展，起到了很好的作用。而青海的特色餐饮文化，也通过品种丰富、风味多样、醇香鲜美的地方风味美食，积淀出独具特色的高原民族饮食文化，形成了大美青海·幸福西宁亮丽名片；这对西宁市城市文化品位、品牌具有不可估量的重要作用；青海省依靠本土美食，传承和发展历史传统、地域文化，全力以赴传播青海味道，游客只为吃上一口地道、特色美食。记住了"大美青海"、形成了"青海印象"、留下了"西宁记忆"；这是中华民族农耕文明的结晶，有的已经凝聚为中华农业文化遗产，乃至节日的一部分，包括物质性遗产和非物质性遗产，如经典的饮食文化、酒文化、茶文化，尤其是青海地方面食文化、酸奶文化都更值得传承。

5. 手工技艺及农民艺术作品

青海省海南州藏绣作为藏族妇女们的传统绣技，展示当地淳朴的民风民俗、多元的宗教文化、旖旎的山湖草原、独具地方特色的高原精灵等为主的藏绣产品；通过指尖上精湛的技艺，把展示青海大美的风光、民俗、文化描绘在玻璃上，或描画或烙印在皮革上，三江源湿地保护、发展旅游奔小康、北山风光、卖酸奶的阿娘、转动轮子秋的土族阿姑等，不管是栩栩如生的玻璃画，还是惟妙惟肖的皮烙画。

湟中县八瓣莲花游客不仅能欣赏，体验各种"非遗"的制作，让古老的艺术在自己的手里"活"起来。湟中堆绣是一种运用"剪""堆"等技法塑造形象的艺术，多用于唐卡制作，距今已有六百多年的历史，例如藏族织毯技艺、河湟皮影制作技艺以及青海塔尔寺"艺术三绝"酥油花、壁画、堆绣，于2008年列入第二批国家级非物质文化遗产名录。湟中农民画形成于20世纪70年代，是青藏高原融合了汉、藏传统民间绘画艺术创造出的一种当代民间绘画艺术。它以极高的艺术性、观赏性和装饰性逐步走向市场，成为广大群众收藏、厅堂装饰和馈赠友人的文化礼品。要让游客充分了解农民画，接受农民画，最好的方法也是体验，游客的体验主要以色彩为主，给画上色。农民画的色彩很重要，鲜艳，对比强烈。现场也可以体验，要是时间紧的话，游客可以带体验包，体验包里绘画的颜料、画笔什么都有，可以回家去画。

6. 传统的农耕和生产工具的制作工艺及使用方法体验

乡村豆腐坊的手工制作坊，石磨、过滤豆浆的工具进行豆腐的制作，体验传统的豆腐制作过程——磨、滤、煮、定，品尝了纯手工豆浆——香、纯、浓。

青海省湟中县塔尔寺脚下的"八瓣莲花"文化产业示范基地"八瓣莲花"文化产业示范基地，制作佛像各个流程的过程，来自当地的农民技师带着无比虔诚的心，制作出一个个精美、庄严的佛陀塑像，在聆听铜皮的敲击声，勾起了信徒和教众的膜拜对过去难忘岁月的回忆。

各种作物的栽培种植、精耕细作等耕作方式；农业生产技术，包括播种、耕种、浇水、定期施肥、除草、捕捉灭虫、收割等农耕体验，以及插秧、堆肥、打场、传统收获及晾晒技巧，果蔬采摘、果树修剪、嫁接各种园艺技术；传统渔业的垂钓、捕捞、养殖等；以及农业生产工具的制作工艺及使用方法。

7. 传统饲养技术经验

我国先民在栽桑养蚕、畜禽养殖和兽医方面，积累了丰富的科学知识和技术经验。包括捕捉、放牧、养殖、挤奶经验，以及相马术、阉割术、杂交术等饲养技术经验。鸡、鸭、鹅、鸽等家禽是我国很早就驯养的动物，在长期的驯养实践中，劳动人民积累了丰富的饲养和繁育技术经验，为我国及世界家禽业的发展作出很大贡献。

家禽育肥方法古代先民们发明许多，其中最常用最有效的方法就是对家禽的阉割，这一技术在世界养禽史上也是首屈一指，至今仍在许多地区使用。对鸡的阉割一般是选择产蛋少、就巢性强的母鸡、老母鸡或者开产前半个月的仔鸡以及仔公鸡进行。

古代家禽育肥的另一方法就是大量饲喂动物性饲料。在汉朝的《家政法》中就有介绍了人工育虫饲鸡的方法；隋唐时期，记载有以昆虫、蚯蚓等动物性饲料饲喂的记载。明朝徐光启的《农政全书》在前代人工育虫喂鸡的基础上又有创新，如在一大园中划为四区，轮番育虫喂鸡，"俟左尽即驱于右。如此代易，则鸡自肥而生卵不绝"。此外，明朝《几亭全集》中记载"乡民有畜鸭者，放之田间见其抢蝗而食，因捕蝗饲之，其鸭极肥大"，是集养鸭育肥与除虫防害的完美结合。

家禽育肥的第三种方法就是强制快速肥育技术。早在北魏时期，根据《齐民要术·养鸡》记载："鸡春夏雏，二十日内，无令出窠，饲以燥饭。"对肉用鸡的饲养："其供食者，又别作墙匡，蒸小麦饲之。三七日便肥大矣。"对产蛋鸡则提出："唯多与谷，令竟冬肥盛，自然毂产矣，一鸡生百余卵。"对于幼鸭鹅雏："雏既出，……先以粳米为粥糜，一顿饱食之。名曰'填嗉'。然后以粟饭，切苦菜、芜青英为食。"宋元时期，我国人民又发明鸡鸭鹅的栈禽育肥法，如据《居家必用事类全集·丁集》记载的栈鸡易肥法："以油和面捏成指尖大块，日与十数枚食之，以做成硬饭，同土硫黄研细，每次与半钱许，同饭拌匀喂之，不数日即肥矣。依养鹅法寨定，勿令走动。"对于鹅的栈肥法："以稻子不计，煮熟，先用砖盖成小屋，放鹅在内，勿令转侧，门以木棒签定，只令出头吃食，日喂三四次，夜多与食，勿令住口。如此五日必肥，如稻子、小麦、大麦，皆要煮熟喂之。"这种育肥方法主要是多予精料，减少运动，以促进其脂肪积累，从而达到快速育肥的目的。其后明朝朱权的《臞仙神隐书》也记载了这种方法。我国的北京鸭就是常用此方法进行育肥。

古代在禽病明朝《便民图纂》记载：鸡"若遇瘟疫，急用白矾、雄黄、甘草为末，拌饭饲"；治疗鸡病，用"麻油灌之"。清朝《三农纪》还提出要隔离病鸡，单独喂养，以防传染。清朝《鸡谱》，记载第一本养鸡的专著。

清朝的《三农纪》中记载，人们普遍应用于家畜的针刺疗法用于治疗鸡鸭鹅瘟病，提到"雏发风，头施以磁锋，刺其胫掌，即愈"；清朝王纕堂的《卫济余编》记载"鸡鹅鸭瘟，左翅上有黑筋一条，针刺去黑血，以油米饲之"可以治愈。

因此，认真总结我国历史上养禽技术经验，不仅对我国当前养禽生产具有借鉴和参考，用这些至今仍熠熠闪光的中国农耕文明故事，传播好、凸显出值得世界关注的"中国方案、中国智慧、中国力量"。

8. 生产、生活和商贸习俗

"花儿"是流传在青海省、甘肃省、宁夏回族自治区广大地区的民歌，誉为大西北之魂，是国家级人类非物质文化遗产，是民族团结的象征，人类罕见的文化现象，2009年9月被联合国列为人类非物质文化遗产。青海是花儿的重要传唱地区，历史悠久，曲令众多，歌手辈出。2006年国务院颁布的第一批国家级非遗保护名录的全国8个花儿会中青海省大通老爷山六六花儿会（农历六月初六）、互助丹麻农历六月十三土族花儿会、乐都县瞿坛寺农历六月十五花儿会、民和县七里寺农历六月初六花儿会入选。玉树赛马会是目前青海藏区最大规模藏民族盛会，2008年6月被列入中国第二批国家级非物质文化遗产名录。玉树牦牛文化艺术节、传统舞蹈类的鲁沙尔高跷、传统体育类的浩门走马、传统美术类的化隆宗喀白日光唐卡、传统技艺类的拉加寺彩沙坛城制作技艺、传统医药类的尤阙疗法、传统美术类的化隆宗喀白日光唐卡、传统技艺类的拉加寺彩沙坛城制作技艺等列入省级非遗名录。

随着农村实现了农业机械化普及、智能化的推进，但青海藏族依然用"二牛抬杠"这一传统的方式开启新春"第一犁"就是寄托对国泰民安、五谷丰登的美好期望，千百年来，我国形成了很多祈求农耕丰收，传统种植经验的生产习俗，包括"日出而作、日落而息"的生活习惯，几乎存在于农耕生产的每个阶段；且随自然地理环境和时令季节的不同，呈现明显的地域文化差异，表现为民俗表演、民俗文化节日，具有很强观赏性。

9. 二十四节气文化

农历二十四节气，是古代中国人认知一年中时令、气候、物候等变化规律所形成的完整知识体系。"春雨惊春清谷天，夏满芒夏暑相连。秋处露秋寒霜降，冬雪雪冬小大寒。"从这首中国人几乎都会背的二十四节气歌中，我们看到古人卓越的观察力和创造力。二十四节气从未过时。它不仅是深受农民重视的"农业气候历"，同时深刻影响着我们的思维方式和行为准则。二十四节气、九九歌谣源自农耕文明，是传统农事活动的重要依据，也是宝贵的农耕文化之精髓，是中华民族认识、把握、运用自然规律于生产和生活的智慧结晶，千百年来一直影响着我们的生活，并发展为具有深刻内涵的节气文化。

10. 传统生态农业系统和乡村农业景观

青海传统生态农业系统和景观有农牧结合生态农业、旱作农业、梯田种植等传统模式，不仅具有悠久历史，与当地原野生态、野生动植物结合在一起、乡村农业景观在中华农耕文明更具有审美性。

在农田景观下的田园风光，微风吹拂下的麦浪，晴空万里下一望无际的油菜花、晨雾中锄禾的农夫，夕阳下晚归的牧童等，这些景色都给人以视觉的美感。另外，位于青海省海北州门源县的万亩油菜花田，更是农田景观奇特美的典型代表。

乡村景观是最能够触摸到的审美感受，人们可以采摘田野路边的野花，抚摸田里沉甸甸的麦穗、拾起鸡窝里还热乎乎的鸡蛋，爱抚农家院落里的鸡鸭鹅、小狗、小猫、马驹、牛犊、羊羔、兔等。而果品的采摘与加工以及粮食作物和蔬菜瓜果的不同质感，光滑、粗糙、柔软、坚硬、凉爽等触觉比视觉和听觉更直接和亲切，更能够带给人们乡村真实的美感体验。

乡村的各种如蛙声、鸡鸣、犬吠、驴叫声、昆虫鸣声等对城里人来说都有一种久违的亲切感，这是大自然赋予乡村的天籁和充满蝉噪林愈静，鸟鸣山更幽的视觉美感，这和爱乡村扁担吱悠、小溪的溪流淙淙、水车咕噜、村民欢声笑语人文生活情绪的各种声响完美结合，这对于居住、生活在喧嚣都市的人们，来这里是体验农村宁静安详的氛围最好的听觉之美。

在果树景观中春天粉红色的桃花、雪白的梨花展现着勃勃生机；落花时节微风伴随着花瓣飘舞，使人想起《红楼梦》中林黛玉，使人心生怜香惜玉之感。夏秋果树成熟季节粉红色的桃子、火红的柿子，充满了丰收的喜悦，预示着人们生活红红火火的到来。人工经济林和生态经济林中有四季常青的树木，随着四季轮回，树叶随机变换色彩带给人们截然不同的审美意境、审美情趣。

养殖景观中人工牧场绿色的草场和形态各异的牛、羊、马、鸡、鸭等既有动态之美、又给人以色彩之美。近年养殖种类许多具有观赏性的动物，如火烈鸟、孔雀、鸵鸟、热带鱼、梅花鹿、名猫、名犬等都具有审美价值。

在塘区、库区、湖区养鱼、虾、蟹等养殖过程就是科学技术之美和生态之美，在捕捞季节人们更能感受到湖面碧波荡漾、银光闪闪、鸟飞鱼跃、虾肥蟹壮的举动态美、色彩美。

乡村景观还具有嗅觉之美，乡村中泥土的气息、植物的清香，甚至马粪、牛粪、羊粪、骆驼粪等，对于饱受城市汽车之苦的都市人们来说，乡村能享受大自然清澈气息，农作物、树木的花、叶、茎、果实都具有独特的气味之美，有清新淡雅的、香甜苦涩的、刺鼻的等都能引起人们的审美联想、审美体验。

11. 传统名特优农副产品展示和原产地保护

青海地处青藏高原，日月山以西为牧业区，属高原牧区，牧区内草原广袤，牧草丰美，独特的地理环境使这里物产丰富，青海勤劳智慧的先民，创造和培育了丰富的名特优农副产品，可按地域分类办特产"乐都沙果""乐都藏香猪""乐都长辣椒""乐都紫皮大蒜""乐都地膜洋芋""互助马铃薯""互助八眉猪""互助青稞酒""诺木洪枸杞""贵德长把梨""同仁黄果梨""泽库藏羊""河南欧拉羊""青海牦牛（肉）""门源奶皮子""祁连黄蘑菇""湟源陈醋""龙羊峡三文鱼"等，可通过对传统名特优产品进行原产地保护，来进一步提高其知名度。

例如互助八眉猪，青海省互助土族自治县特产，中国地理标志产品（农产品地理标志）。因其额具纵行倒八字纹，故称八眉猪，俗称为"大耳朵"。八眉猪种质资源独特，在青海高原特定环境下，经过长期自然和人工选择而形成的地方猪种，具有适应性强、性早熟、抗逆性好、产仔多、母性好、沉积脂肪能力强、肉质好、能适应贫瘠多变的饲养管理条件、遗传性状稳定、对近交有抗力等特性。被国家标准管理委员会评定为"无公害瘦肉型猪肉"，2000 年 8 月 23 日农业农村部发布公告确认国家级畜禽遗传资源保护品种的 19 个猪种之一。

又如乐都藏香猪，青海省海东市乐都县的特产，乐都藏香猪在瞿昙镇台沿村有悠久的养殖历史。乐都藏香猪是高原特有的原始猪种，体格健壮，嘴尖头长，蹄细骨硬，善于奔跑，生长在海拔 1 800～3 900 m 的山间密林中。乐都素有"青海小江南"的美誉，这里山清水秀、植被茂密、水源充足，是乐都藏香猪的主产地之一，也是最适宜养殖藏香猪的地区之一。近年来，乐都地区大力推进藏香猪养殖专业户培育、农牧民技术培训，乐都藏香猪养殖产业呈现蓬勃发展之势。

再如门源奶皮，青海省门源回族自治县的特产，为纯手工奶制品。青海门源奶皮因取自优质牧草和雪山泉水养育的牦牛、犏牛的新鲜奶汁为原料，采用回族民间传统工艺制作而成，富含优质蛋白质、脂肪，以及钙、铁、锌等多种人体所需的微量元素，营养价值丰富；奶皮白中透黄，油花点点，其状似饼非饼、似糕非糕、似酥非酥，美味可口。

还有青稞酒，用青稞经发酵而制成的低度烧酒，是青藏人民最喜欢喝的酒，也是青海著名的特产酒，具有清香醇厚、绵甜爽净，饮后头不痛、口不渴的特点。由于其"地理环境独特、酿酒原料独特、大曲配料独特、制酒工艺独特、产品风格独特"，至今兴盛不衰，被全国酿酒专家誉为"高原明珠、酒林奇葩"。青海省是青稞酒的重要产区，其中尤以互助县、湟中县的青稞酒最为著名，而"互助青稞酒"是青海省海东市最具代表性的地方特产，为国家地理标志保护产品，是一款清香型白酒。青海特产名酒还有西宁老窖、青沙棘冰酒等。

"诺木洪枸杞"产于青海省海西蒙古族藏族自治州。鲜果玲珑剔透，红艳欲滴，状似红宝石，色红粒大，果实卵圆形，籽少、肉厚，大小均匀，无碎果，无霉变，无杂质，品质优良，这主要得益于青海柴达木盆地独具特色的高原大陆性气候。枸杞子味甘、性平，具有滋阴补血，益精明目等作用。中医常用于治疗因肝肾阴虚或精血不足而引起的头昏、目眩腰膝酸软、阳痿早泄、遗精、白带过多及糖尿病等症。

湟源陈醋又名黑醋，青海省汉族传统名产之一，陈醋富含人体必需的氨基酸，可以将酸性体质调整成碱性体质，顺气消胀，净化血管及三酸甘油酯并促进消耗体内过多脂肪，加强蛋白质和糖类的代谢。是以青稞、麸皮为主要原料，加入草果、大香、豆蔻、枸杞、党参等一百多种中草药，经过六十多道生产工序，酿出质地浓稠、香味浓郁、冬天不冻、夏天不腐的陈醋。距今有三百余年的酿造历史，是丹噶尔古城商业文化的组成部分，其传统生产工艺已被列入青海省第二批非物质文化遗产保护名录。

12. 古村镇村寨民居和民宿度假

中国古村落有优美的山水环境，有数百年以上的建村历史，有丰富的人文景观，是中国传统文化中人与自然和谐相处的范本。很多古镇、古村都凝聚了很多先辈的智慧，是一大笔优秀的历史文化遗产。村中的街巷、民居、祠堂、公堂、寺庙、坊墙、楼阁、市井、庭园等各种类型的民间建筑一应俱全，特别是邻里和睦、互帮互助、勤劳俭朴等传统美德和传统礼仪，更值得现代人借鉴。不少地方成为乡间度假和民宿体验的好去处。

13. 传统和现代农业的分类科普

传统的，例如，青海酒文化科普、青海饮食文化科普、藏茶文化科普等。现代农业，例如，有机农业、设施农业、节水农业、智慧精准农业、无人驾驶机械栽培技术等，包括嫁接、扦插、组织培养、杂交育种技术，轮作、套种、间作、无土栽培、立体种植、无人机防控、工厂化养殖等各种新技术。

14. 工具类农业文化遗产、农业物种变迁、农业古今名人传记展示

作为一个传统农业大国，中国农业工具遍布全国各地。在长期的农业生产生活实践中，中国人民发挥聪明才智，不断创造、发明并对农业工具进行改进和改良，在制作材料、造型、使用功能、动力和机构等方面由简单到复杂不断丰富发展。同时，人们发明创造了大量造型丰富，适合各地地理、地质、气候条件的农具类型，与所在区域的生态环境、农业产区生产要求以及当地物产条件相匹配。

工具类农业文化遗产是指在古代农业和近代农业时期，由劳动人民所创造，在现代农业中缓慢或停止改进和发展的工具类农业文化。例如，涉及的整地工具有铁犁、方耙、人字耙、滚耙、耢（耱）、耖、平耙等；播种工具有瓠种、耧车、砘车（碾压镇土）、筒播器、点穴棒等；中耕工具有铁铲、铁锄（条锄、板锄、月牙锄）、铁镢、板镢、二叉镢、月亮镢、尖镢、铁锹、薅锄（短柄小锄）、铁锸、耧锄、铁搭（四齿耙）等；加工储藏工具有脚踏碓、水碓（槽碓、水连机碓）砻磨、手推磨、石碾石砣、箩筐（笸箩、荆箩）、畚箕、糠囤、泥囤、铁锨、木锨、杈（桑杈、铁杈、排杈、木扬杈）、筛、笤帚、扫帚、推杋、杷（木杷、谷杷、竹杷）、刮板、铲等；运输工具有大车（太平车）、独轮车、拖车、平板车、牛车、马车、独轮车、架子车、车围、牛轭、耕索、耕椠、笼嘴、颈环、鞭、扁担、钩担等。这些涉及的农具主要包括依靠人力、畜力、水力、风力等非燃气、燃油动力的农具，以及在由人、畜、风、水力农具向机械化农具转变时期，人们创造使用的半机械农业工具。这类文化遗产可分为物质文化遗产和非物质文化遗产两大类，物质文化遗产包括已经鉴定为保护文物和尚未鉴定为保护文物的农具实物，非物质文化遗产包括各类农具的制作工艺、使用法及其精神文化价值等。

在现代科技的严重冲击下，大量传统农业工具在快速消失。培养工具类农业文化遗产制作技艺传承人，既可以实现技艺的传承保护，又可以进一步拓展为对传统农具进行艺术品制作，挖掘艺术价值，在市场中实现活态保护。农具艺术品制作主要包括“实物或微缩农具模型制作、农具工艺品制作、农具绘画、农具制作使用专题片、农具图鉴绘制等。”农具艺术品制作既是对农业文化遗产的活态保护利用，也能实现农业文化遗产的市场价值，与转型中国的变化相适应。

中华农业文明是一个多元交汇的体系，外来作物的引种推广是其中重要组成部分。域外作物大多通过“丝绸之路”传入，隋唐时期以前陆上丝绸之路是主要传播途径，宋元时期以后海上丝绸之路日渐显著。

中国五大粮食作物中有四种源自国外（小麦、玉米、马铃薯、番薯）；五大油料物中，有三种来自国外（花生、芝麻、向日葵）；古代中国，男耕女织，最重要纺织原料棉花（亚洲棉和陆地棉）亦来自国外。这些外来作物大多通过陆上和海上丝绸之路传入中国，经过长期适应和改良，完全融入中国传统农业，成为中华农业文明的重要组成部分。

宋朝时期，人们的主粮仍为粟、麦、稻，但相对地位发生重大变化，小麦生产消费在北方已远超小米。以小麦为特征的中国面食体系基本成型，形成了馒头、包子、饺子、面条、饼为代表的五大品类，沿承至今。

不同历史时期引种推广的农作物往往会带有一定的历史特征及地域特色，这在作物命名上都有迹可循。据著名农史学家石声汉的研究，秦汉和魏晋引进的异域事物多冠以"胡"字，如胡服、胡琴、胡麻（芝麻）、胡荽（香菜）、胡瓜（黄瓜）、胡蒜（大蒜）、胡豆（蚕豆、豌豆）、胡桃（核桃）、胡椒等；南北朝以后，则多用"海"字，例如海棠、海枣、海芋、海桐花等。隋唐时期是中国作物引种的又一个活跃时期，新引进的作物有蓖麻、菠菜、芒果、西瓜等。元及明清时期传入的域外作物多冠以"番"字，例如番薯（红薯）、番豆（花生）、番茄（西红柿）、番椒（辣椒）、西番菊（向日葵）等。此期传入的还包括高粱、豇豆、胡萝卜、甘蓝等。晚清从海路传入中国的作物则多用"洋"字，如洋芋、洋葱、洋白菜、洋槐、洋姜等。

总之，这些外来作物经过长期的适应和改良，已经完全融入传统农业，外来作物的引种推广不仅极大丰富了中国人的饮食和衣料供给，对经济、社会、文化的发展也产生了广泛而深远的影响。外来作物的引进是中外农业交流的重要内容，是多元交汇中华农业文明体系的三大支柱之一和中国传统文化不可或缺的组成部分。它们的推广对中国经济、社会和文化发展产生了深远的影响。

黄道婆是我国宋末元初棉纺织家，在上海松江乌泥泾地区通过棉种植业，对棉布的普及，改变了人们"富穿丝、穷穿麻"的穿衣习俗的生活方式；妇女的社会地位由此得到提高，对纺织技艺的改革和传播，特别是江南地区女性生存空间的扩大，改善了宋元时期上海松江人民甚至我国人民的衣装家居，形成了以松江府为中心的长三角棉纺织品产区，促进了长三角城镇群的形成和繁荣；黄道婆精神是中国工匠精神的集中体现，当前，更好地宣传黄道婆这种勇于革新的工匠精神；同时，黄道婆对纺织业的改革和传播增进了汉、黎两族的文化交流，她是沟通两族文化的使者，这样的民族交流不仅具有历史意义，还有现实意义。

袁隆平，被誉为"世界杂交水稻之父"，袁隆平是杂交水稻研究领域的开创者和带头人，致力于杂交水稻技术的研究、应用与推广，发明"三系法"籼型杂交水稻，成功研究出"两系法"杂交水稻，创建了超级杂交稻技术体系。培育出数百个杂交水稻品种，极大地提高了水稻的产量和品质，为中国和世界的粮食安全作出了巨大贡献，并提出、实施"种三产四丰产工程"，实现双季超级稻年亩产 1 537.78 kg，创双季稻产量世界纪录；袁隆平始终把人民的利益放在第一位，把自己的一生奉献给了祖国和人民。2019 年 9 月 17 日，国家主席习近平签署主席令，授予袁隆平"共和国勋章"。袁隆平事迹和精神将激励着一代又一代中华儿女为实现中华民族伟大复兴而奋斗。

15. 各种乡村体育竞技和教育培训

乡村体育是体育强国建设的重要组成部分，近年来，村超、村BA、野外徒步、骑马（驴等）、赛马、赛牦牛、赛骆驼比赛、藏族射箭、山地自行车等为标志的乡村体育竞技火爆，既折射出老百姓对体育的内心渴望和精神追求，也折射出政府在体育治理中更加需要立足健康中国、体育强国的目标要求，切实承担起体育强国和健康中国建设的重要任务，并以乡村振兴为契机，不断修正自身的定位和行为，加强乡村体育的引导，保驾护航，推动体育健身服务走村入户，激励全民参与、指导村民科学体育锻炼，不断提升体育竞技水平，以进一步满足人民群众对美好生活的日益增长需要。

乡村体育赛事坚持乡民为主体，充分融合民族民间文化和非遗文化。乡村赛事因其承载国人的乡愁记忆、映照火红乡村生活新貌成为国人重新审视乡村、凝聚振兴合力的渠道，赛事的聚人气效应不断放大，吸引流量，带动农特产品"出山"、回乡人才"反哺"、游客网红"涌入"、球星明星"助兴"等，实实在在让地方农、文、旅、体得到融合发展。"村超"球员虽为业余球员，未能跻身大型竞技场，但他们展现出的是内心对运动最热切的爱，在场上也频频踢出令人惊叹的"世界波"，确保了村超的观赏性和吸引力。为此，提升竞技水平是赛事的底色、本色，才能确保赛事的承载能力得到进一步的巩固和提升，使得赛事成为乡村振兴不可或缺的手段并可持续健康发展。

野炊指在野外和朋友一起烧火做饭，一般是指休闲娱乐的一种有野地的情调、月夜的浪漫、真情活动。野炊厨艺教育培训，野炊灶在野外使用时，应特别注意避免发生火灾，建灶时应将灶边杂草等易燃物清理干净，并需有防火措施；使用后要将余火熄灭或用土掩埋，以免留下火灾隐患。

16. 主题农业活动

各种主体性农业活动，例如，摘葡萄、草莓、苹果，挖洋芋等田野节，农夫生活之旅，乡村音乐会等；农耕文化与人的融合，重在体验，重在参与，不仅是摆在某个区域的观赏品。针对游客需求，让游客欣赏、了解、参与，感受到农耕体验的趣味和魅力，体会传统与现代、古与今的和谐对话，才能既引来流（量），又留住客；既好玩，又创收。

休闲农业项目设计的原则是定位人群、做出特色、因地制宜、就地取材。落实到农耕文化上，可谓取之不尽用之不竭。做休闲农业要植根于中华文明基础上的各种原生态的乡村风貌、民俗节庆、礼仪习惯等民间传承，都具备浓厚的地域文化特色，能为我所用，持久发展，成为休闲农庄的亮点和灵魂。

二、发展休闲农业传承农耕文化

近一百多年来，由于国人对文化的漠视，中国许多好的传统遭到了我们自己的摧毁和抛弃，尤其是长期的政治运动，特别是"文化大革命"，不仅摧毁掉了大量的传统建筑和传统文化，而且严重损害了中国"讲文明、守秩序、重礼仪"的优良传统，人与自然之间、人与社会之间、人与人之间的基本关系遭到了毁灭性的破坏。一个民族在危难中失去的优良传统和文化，必将在社会稳定和发展中得到恢复与发展。古老辉煌的中华文明需要重新振兴，而振兴则需要漫长的时间，因此，我们繁荣农村文化，发展乡村旅游必须丰富文化内涵，特别是在保护、传承和利用农耕文化上多下功夫。随着人们对农耕文化的逐渐认识和充分理解，其价值也会逐步凸显出来，保护和利用好农耕文化也将会使整个社会受益。农耕文化是连接乡村传统生活与都市现代生活的纽带。

休闲农业是可以充分开发利用农村旅游资源，调整和优化农业结构，拓宽农业功能，延长农业产业链，发展农村旅游服务业，促进农民转移就业，增加农民收入，为新农村建设创造较好的经济基础；同时，休闲农业可以促进城乡统筹，增加城乡之间互动，城里游客把现代化城市的政治、经济、文化、意识等信息辐射到农村，使农民不用外出就能接受现代化意识观念和生活习俗，提高农民素质。

（一）传承农耕文化能促进中华民族健康生活

我国悠久的农耕文化，总是给人以积极向上的、充满希望的、顺应自然的人文理念。例如，几千年来中华民族一直提倡药食同源，我们吃的中药、吃的天然食物，都是来自自然界。药食同源，千百年来护佑着中华民族世代繁衍、生生不息、民族昌盛。例如，青海省东部农业区开发出"中草药园"农医游新模式，摒弃了种植传统大田作物的理念，选择用绿豆、红豆、黑豆、山药、党参等药食同源的中草药取而代之，这些中草药不仅具备较高的观赏价值，还可以食用。让游客在享受大自然的同时，品尝到美味的养生药膳，喝到养生茶饮，"让人们玩得舒心，吃得养生。"

（二）传承农耕文化能促进我国生态农业发展

在我国现代农业发展中，传承农耕文化，汲取农耕文化中的精华和营养，对树立和落实科学发展观、发展现代农业都有重要的意义。传统农耕文化作为一种精神资源，倡导"天人合一"，倡导人与自然和谐相处，这些都是当今我们发展生态农业的基本理念。伴随着农业产业化的发展，现代农业不仅具有生产性功能，还具有改善生态环境质量，为人们提供观光、休闲、度假的生活性功能。

从 2019 年开始青海农业发展史重大变革全面启动绿色有机农畜产品示范省建设，是青海省委省政府的重大战略决策，是对习近平总书记对青海重大要求的具体化、实践化；是青海省生态文明建设的重大制度设计，立意在生态，工作在农业，成效在市场，受益在群众，是促进生态生产生活良性循环的"多赢"之举，必将在全国乃至国际上产生重大影响。

（三）传承农耕文化能保护农村生态环境

当前，我国部分乡村的生产生活环境恶化，农村生活污水和废弃物的污染逐年增加，部分地区的农业点源污染和面源污染已经威胁到人与牲畜的安全。要治理和改善乡村生态环境、人居环境，也能从农耕文化中获得启发；我国传统农业利用多样化的种植，来实现用地与养地相结合，这既能净化农耕环境，也能增加土壤肥力，还能在维护生物多样性的基础上实现农业生态系统的稳定性运行。因此，我国传统的农耕文化能保护农村生态环境，进而为乡村休闲农业发展提供良好的生态环境基础。

（四）传承农耕文化能丰富乡村田园风光

农耕文明的遗迹和乡村生活形态，都是休闲农业发展的资源。随着我国城市化进程加快，城市人口规模扩大，交通拥挤、空气污染、环境恶化，生活和工作在城市压力增大。因此，长期生活在城市的人们希望在假日能到郊区乡村观光休闲、度假休闲，通过改变环境来放松身心、恢复体力。

古朴的乡村农耕情调，是农耕文化的载体，其韵味独特、风光宜人，独具田园情调。消费者通过深入乡间体验当地特色民俗、风土人情、农事活动，来感受乡村生活的乐趣、享受农耕文化对精神的陶冶。通过休闲农业，不仅为农业发展注入丰富的农耕文化内涵，还可增强人们保护乡村资源和乡村环境的自觉意识。从而激发人们情感深处的那一缕缕"乡愁"。休闲农业对挖掘、保护和传承农耕文化起到了发展和提升，形成了新的农村文化、农耕文明。

三、发展休闲农业建设美丽乡村的基石

随着经济社会的发展和人们生活节奏的加快，人们开始渴望从喧嚣、污染的城市环境中解脱出来回归自然，在空气清新、环境幽静的乡村中享受充满田园情趣的休闲生活。还可通过从事农事活动，了解当地特色的民俗、风土人情，感受和体验乡村生活的乐趣，享受农耕文化精神陶冶。优美的田园风光、古朴的农耕情调是农耕文化的载体和韵味，也是发展休闲农业、建设美丽乡村的基石。利用乡村自然环境、田园风光、农牧渔业生产、农家生活等资源条件，通过合理改造、适度开发，以农业生产为依托，使农业与自然、人文景观以及建设美丽乡村相结合，为城镇居民提供观光、休闲、度假、体验、娱乐、健身等服务。通过这种新型的美丽乡村建设的形式，不仅为建设美丽乡村注入丰富多彩的文化，还可以唤醒人们重视生态环境，增强环境保护意识，进一步丰富农耕文化的内涵，提高建设美丽乡村的品位，使发展休闲农业、建设美丽乡村成为传承农耕文化的载体，成为有利于农民多渠道就业、增加农民收入，促

进区域经济发展的产业。

青海省的河湟文化就是在利用农耕文化的基础上，发展休闲农业、建设美丽乡村的典范；我国的休闲农业与建设美丽乡村处于初期发展和探索阶段，在利用农耕文化发展休闲农业与建设美丽乡村的过程中还存在不少值得研究和关注的问题。许多休闲农业只是表层开发，既缺乏农业文化遗迹的保护，又缺乏创意和创新，农耕文化特色不突出。挖掘当地民俗风情、人文资源，丰富活动娱乐性和文化性不够，突出农耕文化特色内容不够。发展休闲农业，保护当地自然资源特色是最重要的。在不同的地方，尤其是在过去交通不便利的乡村，各有独特的农耕文化与民俗文化，现在还没被完全破坏，要特别注意珍惜和保护，适度开发与利用。优美的田园风光，古朴的农耕情调同样是发展休闲农业、建设美丽乡村的重要组成部分，也是农耕文化的直接展现。以农为本，突出农家特色，体现农耕文化的精髓，是发展休闲农业、建设美丽乡村的重要环节；中国乡村地大物博，民风淳朴，传统的农耕文明遗迹和生活形态都是发展休闲农业、建设美丽乡村的优势资源与基石；农耕文化越突出、越典型、越贴近城镇居民、越亲近大自然，休闲农业与建设美丽乡村才会越有发展活力。

第八章
农业文化遗产

第一节　农业文化遗产的概念、特征及其传承与保护

一、农业文化遗产的概念

全球重要农业文化遗产（Globally Important Agricultural Heritage Systems，GIAHS）是联合国粮食及农业组织在全球环境基金支持下，联合有关国际组织和国家，于 2022 年发起的一项综合性计划，旨在建立全球重要农业文化遗产及其有关的景观、生物多样性、知识和文化的保护体系，并在世界范围内得到认可与保护，使之成为可持续管理的基础。农业文化遗产在概念上等同于世界文化遗产，按照联合国粮食及农业组织将其定义为："农村与其所处环境长期协同进化和动态适应下所形成的独特的土地利用系统和农业景观，这种系统与景观具有丰富的生物多样性，而且可以满足当地社会经济与文化发展的需要，有利于促进区域可持续发展"。

从产生形式上分为记忆中的农业文化遗产、文本上的农业文化遗产、现实中的农业文化遗产。从内容上分狭义的和广义遗产，又将分为物质的与非物质的、有形的和无形的农业文化遗产。广义的农业文化遗产等同于一般的农业遗产，而狭义的农业文化遗产则更加强调对农业生物多样性和农业景观，强调遗产的系统性。

农业文化遗产的概念有包括广义和狭义之分，狭义的农业文化遗产是指人类在历史上创造并传承保存至今的农耕生产经验，例如开荒的、育种的、播种的、防止病虫害的、收割储藏的等这类经验均称为狭义农业文化遗产；而广义的农业文化遗产则是人类在历史上创造并传承、保存至今的各种农业生产经验和农业生活经验。

农业文化遗产大致又可分为大农业文化遗产概念、小农业文化遗产概念。前者指人类在历史上创造并传承、保存至今的农业生产、生活经验，而后者仅指农业生产经验。依以往经验，在保护农业文化遗产的过程中，秉承的大农业文化遗产概念比秉承的小农业文化遗产概念要有利得多。因为这不但更有利于我们认识农业文化遗产内部间的文化联系，同时，也更容易通过综合保护，使农业社会传统农业文化素质得到全面整体提升。

农业文化遗产是指人类与其所处环境长期协同发展中创造并传承至今的独特农业生

产系统有着紧密的联系。各地独特的自然地理环境，造就了丰富的农业文化遗产。这些系统具有丰富的农业生物多样性、传统知识与技术体系和独特的生态与文化景观等，保护与传承好对我国农业文化传承、农业可持续发展和农业功能拓展具有重要的科学价值和实践意义。中国重要农业文化遗产应在活态性、适应性、复合性、战略性、多功能性和濒危性方面有显著特征，具有悠久的历史渊源、独特的农业产品、丰富的生物资源、完善的知识技术体系、较高的美学和文化价值以及较强的示范带动能力。

2013 年 5 月 21 日，农业农村部公布了河北宣化传统葡萄园、内蒙古敖汉旱作农业系统等 19 项传统农业系统为第一批中国重要农业文化遗产，2022 年 5 月 24 日联合国粮食及农业组织通过线上方式完成考察，正式认定我国 3 个传统农业系统为全球重要农业文化遗产，分别是福建安溪铁观音茶文化系统、内蒙古阿鲁科尔沁草原游牧系统和河北涉县旱作石堰梯田系统。

例如，2022 年 5 月 20 日阿鲁科尔沁草原游牧系统被联合国粮食及农业组织正式认定为全球重要农业文化遗产，这是目前全球唯一一个蒙古族特色的草原游牧系统。是我国入选的首个游牧农业遗产地，也是全球可持续牧业和脆弱牧场管理的典范。早在新石器时代，该地区就有早期居民狩猎和游牧生活。阿鲁科尔沁草原游牧系统历史悠久，核心区位于巴彦温都尔苏木，总面积 33.3 万 hm^2，涉及 23 个嘎查，当地牧民传承祖训、敬天爱人，至今恪守着古老而传统的游牧习俗，是中国第一个游牧类的农业文化遗产。阿鲁科尔沁草原群山巍峨、草原广袤、河流密布，依然原汁原味地保留着逐水草而居、食肉饮酪、骑马射箭的蒙古族传统游牧生产生活方式。在长期的游牧生产生活中，牧民创造了富有区域民族特色的游牧文化独特魅力，包含了极具特色的民俗风情、歌舞音乐、民间工艺等各类传统文化，阿鲁科尔沁草原游牧文化系统拥有森林、草原、湿地、河流等多样的生态景观。当地牧民现今仍是传统游牧生活，通过不断转场放牧，植被受到保护，水资源得以合理利用，畜牧产品稳定供应和多样化的食物来源得到保障。

我国是个农业大国，农业文化遗产是国家的主要财富，因此保护农业文化遗产应该在我国这样一个农业国的文化遗产保护中占有重要一席。特别是在以农药、化肥、除草剂、催熟剂等所谓农业现代化充斥于世的时候，传统农业文化遗产保护更有其急迫性和必要性。我们中华民族的祖先在历史上所创造出的丰厚的农业文化遗产，不但使我们这个土地贫瘠、自然条件并不算十分优越的古老国度，在数千年间实现了超稳定发展，同时我们的祖先也通过利用施用农家肥、轮种、套种、种植苗肥（绿肥）等传统技术，基本上实现了对土地的永续利用。但令人不可预测的是，随着以化肥、农药等西方现代文明莽撞介入，但我们的土地仅在短短的三十多年中，便已出现了硬化、板结、地力下降、酸碱度失衡、有毒物质超标等一系列问题。在此，我们提出农业文化遗产保护，实际上就是将我们传统农业知识与经验系统地整理出来，为今后农业文明发展提供更多更好的中国智慧、中国方案、中国力量，为人类农业的可持续发展提供一份有益的参考，提升国家文化软实力和中华文化影响力。

二、农业文化遗产的特征

（一）复合性

农业文化遗产不仅包括一般意义上的农业文化和知识技术，还包括那些历史悠久、结构合理的传统农业景观和系统。它与一般意义上的自然或文化遗产不同，是一类典型的社会—经济—自然复合生态系统，更能体现出自然与文化的综合作用，也更能协调保护与发展的关系。它集自然遗产、文化遗产与文化景观的特点于一身，既包括物质部分，也包括非物质部分。物质部分的遗产要素包括乡村自然景观（地质景观、水体景观、生物景观等）、乡村农业景观（农耕景观、林地景观、养殖景观等）、土地利用系统、农具、农业动植物等，而非物质部分主要是农业文化遗产系统内部和衍生出的各类文化现象，例如，农业知识、农业技术以及地方农业民俗、民间歌舞、手工艺、民间工艺品（年画、剪纸、丝织刺绣、泥塑、木雕、唐卡、堆绣等）、地方饮食等。农业文化遗产的物质部分所对应的是其自然组成要素，而非物质部分则主要呼应其文化组成要素。从概念上来看，农业文化遗产更接近于文化景观，其特点是更加清晰地体现出文化景观中农业要素的重要性，是人与自然在农业地区协同进化的典型代表。因此，从某种意义上讲农业文化遗产体现了自然遗产、文化遗产和文化景观的综合特点，以及独特的农业生物资源与丰富的生物多样性，是一类复合性遗产。这些农业文化遗产拥有的历史沉淀和丰富的文化多样性，在社会组织、精神、宗教信仰和艺术等方面具有文化传承的价值。

（二）活态性

与其他遗产类型相比，农业文化遗产最大的不同在于它是一种活态遗产。农业文化遗产系统特征是农民目前仍在使用，可提供保障当地居民粮食安全、生计安全和社会福祉的物质基础。世界遗产委员会对遗产保护的总体趋势已经体现出从"静态遗产"向"活态遗产"的转变，文化景观的出现就是活态遗产的典型代表。而农业文化遗产则比文化景观更具活态性，因为整个农业系统中必须有农民的参与才能构成农业文化遗产，而同时农业系统又是社会经济生活的一部分，是随历史的发展而不断变化的。这些系统历史悠久，仍然具有较强的生产与生态功能，是农民生计保障和乡村和谐发展的重要基础。农民是农业文化遗产的重要组成部分，因为他们不仅是农业文化遗产的重要的保护者，同时也是农业文化遗产保护的主体之一。农民生活在农业文化遗产系统中，并不意味着他们的生活方式就要保持原始状态，不能随时代发展。农业文化遗产保护传统农业系统的精化，同时也保护这些系统的演化过程。农业文化遗产地居民的生活水平和生活质量需要随社会发展而不断提高。因此，农业文化遗产体现出一种动态变化性。

（三）战略性

农业文化遗产是一种战略性遗产，从本质上体现出农业文化遗产特点的重要性，更是一种关乎人类未来发展方向的遗产。这些系统具有遗传资源与生物多样性保护、水土保持、水源涵养等多种生态服务功能和景观生态价值。农业文化遗产强调对农业生物多样性、传统农业知识、技术和乡村农业景观的综合保护，一旦这些农业文化遗产消失、灭亡，其独特的、全球和地方水平上的农业系统以及相关的环境和文化利益也将随之永远消失。因此，保护农业文化遗产不仅是保护传统，更是在保护人类生存和发展的未来。保护农业文化遗产系统对于应对经济全球化和全球气候变化，保护生物多样性、生态安全、关乎国家粮食战略安全，对解决贫困等重大民生问题以及促进农业可持续发展和农村生态文明建设具有重要的战略意义。

（四）适应性

农业文化遗产系统随着自然条件变化、社会经济发展与农业科学技术进步，为了满足人类不断增长的生存与发展需要，在系统稳定基础上因地、因时进行结构与功能的调整，才能充分体现出人与自然和谐发展相适应的生存智慧。这些系统在长期人与自然交互中形成了独特的景观。

（五）多功能性

农业文化遗产系统同时为人类源源不断地提供了食品安全保障、工业原料供给、就业增收、生态环境保护、休闲观光农业、农耕文化传承、农业科学研究等多种功能。并且各功能又表现分功能，各功能相互依存、相互制约、相互促进的多功能有机系统特性，系统蕴含生物资源利用、农业生产、水土管理、景观保持等本土知识和技术。具有超越时间的重要价值和强大生命力，是祖先给我们的珍贵馈赠。我们要坚持在发掘中保护、在利用中传承、在创新中发展，不断挖掘多种功能，释放多元价值。它是培育特色品牌农业的重要依托和先天优势，又是发展乡村旅游极具魅力的看点，让农业文化遗产在保护和传承中实现与产业兴旺、生态宜居、乡风文明、治理有效、生活富裕的有机融合，通过各种举措，让农业文化遗产真正"活"起来，时下，要利用遗产地鲜明的绿色标识，走农业文化遗产品牌化之路，是各遗产地致富的"金钥匙"。这为推进乡村全面振兴注入了重要的文化动能。

（六）濒危性

由于政策与技术原因和社会经济发展的阶段性造成该系统过去五十年来包括物种丰富程度、传统技术使用程度、景观稳定性以及文化表现形式的丰富程度等处于下降趋势；影响了该系统健康维持的主要因素，例如，气候变化、自然灾害、外来生物入侵等自然因素和城市化、工业化、农业新技术、外来文化等人文因素。会使其这些系统的变化具有不可逆性，会产生农业生物多样性减少、传统农业技术知识丧失以及农业生态环境退化等诸多方面的风险。

三、农业文化遗产的保护

（一）采用动态保护机制

由于农业文化遗产是一种活态遗产，是农业社区与其所处环境协调进化和适应的结果，因此不能像保护城市建筑遗产那样将其进行封闭保护，否则只能造成农业文化遗产的破坏和农业文化遗产地的持续贫穷。农业文化遗产要采用一种动态保护的方式，也就是说要"在发展中进行保护"。农业文化遗产的保护要保证遗产地的农民能够不断从农业文化遗产保护中获得经济、生态和社会效益，这样他们才能愿意参与到农业文化遗产的保护工作中。尤其是社区参与机制的建立在农业文化遗产的保护中占有重要地位。中国浙江省青田稻—鱼共生农业文化遗产的多方参与机制试点建设已经取得了很好的效果。从农业文化遗产动态保护途径的经济学分析——以云南省哈尼梯田为例，农业文化遗产动态保护的三种主要途径：生态补偿、有机农业生产和可持续旅游发展。三种农业文化遗产动态保护的途径都可以通过经济学的理论进行阐释。生态补偿本质上反映了人与人之间的关系，通过生态与环境的传递作用，实现人对人的补偿。从经济学角度来看，生态补偿属于一种庇古方法，只有在通过使用市场机制费用过高的情况下才应该作为替代性的合约使用。有机农业生产和可持续旅游发展本质上都是科斯方法，长期来看，其效率高于庇古方法，在农业文化遗产的保护中应发挥主要作用。三种保护途径相互联系、相互促进、相互作用，在不同的保护时期发挥不同的保护作用，在政府主导的农业文化遗产保护中，要注意政府干预市场和有效监督市场的度。

（二）适应性管理

适应性管理是指因地制宜地保护和管理农业文化遗产，这也是农业文化遗产保护的重要要求。一般而言，农业文化遗产大多存在于落后、偏远、自然条件比较差的地区，这些农业系统很好地适应了当地的特殊环境，因地制宜，规模小而分散。由于不同的农业文化遗产存在的环境不同，保护和管理的方式也不相同。在长期的历史发展中，农业文化遗产地的居民在资源贫乏的环境中坚持自力更生、不断尝试、适应和创新，积累了丰富的当地知识和经验，可以为农业文化遗产的适应性管理提供基础。另外，农业文化遗产的动态保护和适应性管理是密不可分的，不同的动态保护措施要根据当地的实际情况加以考虑，同时对这些系统进行适应性管理，因地制宜采取适合当地可持续发展的农业文化遗产保护措施，才能更好地实现农业文化遗产的保护。

（三）可持续发展

基于农业文化遗产的活态性和农业生产的多功能性特点，联合国粮食及农业组织倡导对全球重要农业文化遗产一定要实行就地保护和动态保护。农业生态系统是有人参与的活态系统，农业文化遗产是自然遗产、物质性文化遗产和非物质性遗产的集成，农业文化遗产保护中最重要的是一定要有人依赖和使用它。

古老耕作方式至少在那些地理偏僻、生态脆弱、耕作条件相对较差的地方，适当保留传统的耕作方式及农耕文化，并通过多功能价值的挖掘促进当地经济的发展和农民生活水平的提高。

例如，浙江省青田稻—鱼共生系统是先民们依山开垦梯田、田里种稻，稻下养鱼，培育出地方特有品种"瓯江彩鲤"，在耕地匮乏的山区撑起"饭稻羹鱼"的田园梦。经过千年积淀，当地形成了这种典型的农业生产方式，这是古人的智慧所在既适合那里的自然条件，同时也满足当地社会经济与文化发展的需要，有利于生态循环，大大减少了系统对外部化学物质的依赖，增加了系统的生物多样性，促进区域可持续发展。农业文化的推广就更应关注我们的先人历经千百年所总结出来的人与自然和谐的思想、生态环境保护和资源循环利用的思想。这是农业文化遗产中的精华之处。又如，福建安溪铁观音茶文化系统位于福建省东南部。宋元时期，安溪茶叶经海上丝绸之路走向世界，如今已经成为海上丝绸之路的重要文化符号，该系统同时还具备显著的涵养水源、保持水土、调节小气候等生态功能。中国传统农业系统得到国际认可，成为全球重要农业文化遗产项目的示范点，并通过积极探索，为世界其他地区农业文化遗产的保护和国际可持续农业的发展提供有益的经验。

从全球重要农业文化遗产的概念和内涵可以明确看出，这一遗产类型"可以满足当地社会经济与文化发展的需要，有利于促进区域可持续发展"。事实上，农业文化遗产与其他遗产类型的不同之处，农业文化遗产更加关注可持续发展、关注农业系统中人类长久的生存、关注系统内外部人类未来的生存问题。联合国粮食及农业组织之所以发起"全球重要农业文化遗产"的保护，正因为是由于现代化和工业化的冲击，大量珍贵的传统农业系统正面临消失的威胁，已经威胁到人类的生态和可持续发展。另外，对于农业文化遗产的保护也要遵循可持续发展的原则，通过动态保护和适应性管理，建立农业文化遗产的长期自我维持的机制，从而更好地促进农业文化遗产的保护，实现农业文化遗产动态保护和适应性管理的目标。

四、农业文化遗产的传承保护与农耕文明的生态意义

（一）传承保护

在农业文化遗产的传承保护方面，我国积累了全球范围内丰富、成功的经验，被认定为全球重要农业文化遗产项目数量最多、项目类型最丰富、项目开展最好的国家之一。我国先后形成了"先行先试、全球示范"的"文旅结合、助力脱贫"的"哈尼经验"，云南省红河哈尼稻作梯田系统是 2006 年进入第一批国家级非物质文化遗产保护名录。《哈尼四季生产调》是对举世闻名的哈尼梯田农耕经验的总结。深刻地阐述了春、夏、秋、冬四季轮回更替中的打埂、培育谷种、撒秧、插秧、打谷子、入仓等劳动全过程，在演唱时，没有表演动作和乐器伴奏，其音调古朴、庄严，且平缓、稳健，具有很高的民俗价值和艺术价值，这一系列保护措施被实践证明行之有效的农业文化遗产传承保护的典型，云南省红河哈尼梯田农耕经验的总结、浙江省青田稻—鱼共生系统、重庆市石柱黄连生产系统的农耕结合，不仅促进当地经济可持续发展，同时利用和保护这种文化遗产，促进了遗产所在地的经济和旅游业的发展、社会文化的进步。

（二）与农耕文明的生态意义

中国在农业文化遗产的传承与保护工作不仅与中国政府支持和专家的推动有关，更与中国"农为国本"的传统观念、传承的中华传统农耕文化智慧中蕴含的古人在生态保护意识有关。

中国传统农业社会属于自然友好型生态社会，人类在长期的农业生产实践中积累了系统完备的耕作技术经验，形成了自成体系的农业科学技术、传统农业文明理念。原始形态农耕文明中形成"人地合一"理念，成为中华传统文明生命观的有机内涵。尊重自然，顺应自然，视万物有生，和谐共存相依。

"活态"传承的农业文化遗产展示了人类历史上乡土社会的农耕智慧和经验，诠释了劳动人民对传统农业的理解和探索，在漫长的中华农业文明中不断演化和发展。漫长的农耕、畜牧的发展历程积淀了应时、取宜、守则、有度等农业生产的时序安排与生产制度。

（1）应时。农业生产本身就是按照节气、物候、气象等条件而进行的具有强烈季节性特征的劳作活动，其时间性是很强的。古人把一年分为二十四节气，人们依节气安排农事活动。按照自然节律和农业生产周期而安排日常生活，因此，顺天应时是几千年人们恪守的准则，"不违农时"是世代农民心中的农事准则。例如，在青海省繁衍生

息的藏族同胞，就是依据自然环境变化和牲畜习性，根据牧草长势、畜群规模，每年在夏秋季和冬春季进行两次转场。一日之内"看天""望风"，以日影移动变化确定放牧路线，按照布谷花发芽、开花来判断季节更替，"四季轮牧""逐水草而迁徙"的游牧方式沿用至今，应时而牧的游牧方式沿用至今已成为游牧民族生产生活的坐标。

（2）取宜。取宜主要是对"地"来说的，即适宜、适合。中国是很多物种的起源地。在一定的土壤和气候条件下，"九州之内，田各有等，土各有差；山川阻隔，风气不同，凡物之种，各有所宜。"相应的植被和生物群落在适宜的环境下，有益于栽培与生长。中国传统农业强调因时、因地、因物制宜，把"三宜"看作是一切农业举措必须遵守的原则。种庄稼最重要的是因地制宜，"取宜"是农业生产的重要措施。古人在农事活动中应用"取宜"的原则，中华农耕文化中的"相地之宜"和"相其阴阳"理念，就是"取宜"的实践经验总结，在指导人们认识自然和从事农业生产中发挥了重大作用。按照"因地、因时、因物"的三宜育种原则，古代培育的新品种和物种，为现代农业可持续发展提供了新的元素。例如，北京玉泉山下种植的"京西稻"，史称皇家稻，在北京西部种植而得名，是中国历史上唯一由皇帝引种选育，供皇室专用的"御稻"。它身家高贵、历史悠久，随着历史的变迁，最终成为北京城最珍贵的文化印记之一。2015年，农业农村部批准对"京西稻实施"国家农产品地理标志登记保护，京西稻成为中国农业文化遗产之一。

（3）守则。则，即准则、规范、秩序，它是人与自然长期互动形成的实践原则。在传统的农业社会，农民对大自然充满了敬畏之情。农业是人与自然相互作用的物质基础，也是人与生灵和谐共处的产物。祭祀活动与农业生产环节紧密相依。祭农神、祭土地神、祭水神、祭谷魂、祭虫神等仪式活动，以及对各种生产禁忌的恪守，集中表达了农耕民族祈求风调雨顺的文化心理。民众对自然的崇拜和对动植物的禁忌保护，维护了人与自然的和谐关系。崇尚和谐、顺应自然、因地制宜是我们必须遵循、恪守的农业规律，这样才能解决农业的可持续发展问题。

（4）有度。儒家伦理强调"节用御欲""不违天时"，反对不分时节砍伐、盗猎，禁止"暴殄天物"等，古代的"节用御欲"思想、"御欲尚敛的节约观"是农业遗产的精华，强调"取之有度，用之有节"，使得我国几千年来大多数农田仍保持肥力，堪称世界农业史上的奇迹。春秋战国之际的轮作、复种、间作、套种技术以及耕地轮作休耕制度形成了"用地养地，循环利用"的传统。稻—鱼共生系统能够充分利用农户在生产、生活过程中产生的畜禽粪便、秸秆、淘米水、烂菜叶、厨房洗涮水、剩菜剩饭等废弃物，减轻生活环境污染，与"村容整洁"要求契合。稻—鱼共生系统通过"鱼食昆虫杂草—鱼粪肥田"的方式，维持着生态系统自身的循环，体现了"用地养地，循环利用"的理念。不仅具有良好的经济效益，且提高了可持续发展的潜在能力，与"生产可持续发展""生活富裕"密不可分，稻—鱼共生系统所体现的习近平生态文明思想也是"乡风文明"的重要组成部分；再次，农产品的安全问题促使越来越多的人选择安全、无污染的无公害农产品、绿色农产品、有机农产品等。稻—鱼共生系统所生产出的产品安全、健康，正迎合了消费者的现代需求；最后，稻—鱼共生系统中稻—鱼的共生作用能很好地解决农村的生态环境问题，减少化肥农药的污染。浙江省湖州桑基鱼塘系统形成起源于春秋战国时期，千百年来，区域内劳动人民发明和发展了"塘基上种桑、桑叶喂蚕、蚕沙养鱼、鱼粪肥塘、塘泥壅桑"的桑基鱼塘生态模式，最终形成了种桑和养鱼相辅相成、桑地和池塘相连相倚的江南水乡典型的桑基鱼塘生态农业景观，并形成了丰富多彩的蚕桑文化。

福建省尤溪联合梯田通过山顶竹林截留、储存天然降水，再以溪流流入村庄和梯田，形成特有的"竹林—村庄—梯田—水流"山地农业体系；云南省红河哈尼稻作梯田系统则是因"森林—村庄—梯田—水系"；福建尤溪联合梯田、云南省红河哈尼稻作梯田系统都是四素同构而堪称世界山地立体生态农业的典范，是传统农业整体协调与循环再生的重要呈现。

（三）与生态系统的平衡

现代工业化农业模式对传统农业生产方式形成了持续的冲击，那些代表着一个时代、一个地域农业发展最高水平的传统农具，正在被现代机械智能化的抽水机、除草机、收割机、打谷机等取代，与此同时，化肥、农药、植物生长调节剂等工业产品的过度使用，造成土地硬化、土壤板结、土壤肥力降低、土壤盐碱化加重、作物品质下降等一系列问题。我们不能拒绝工业文明带给我们的福利，但当一系列生态环境问题出现甚至频发，我们就应当反思，将如何实现生态系统与人类发展、生存之间的平衡，如何实现人与自然的和谐相处，而这可以在传承古代的农耕智慧和当代的农业文化遗产保护利用中找到答案。中华文化是"土地里长出来的文化"，中国农业文化遗产中蕴含着中华传统文化的根与魂。阴阳协和、五行风水和中庸之道，贯穿在我国农业生产过程之中。在独特的人文环境与地理单元的作用下，一些少数民族因地制宜形成的农耕习惯、务农观念、农耕礼教、休耕习俗等地方性原生态理念，反而是对中华农耕文明的有益借鉴和补充，也影响着中华民族的文化建构与道德价值。我们在保护农业文化遗产中，应当充分发挥了乡土知识的生态调节功能，为现代农业注入了"天人合一，和谐共生"的思想，利用传统的农耕智慧开展当代的生态系统平衡实践。

（四）与人类未来之路

中国共产党第十九次全国代表大会报告中指出："人与自然是生命共同体，人类必须尊重自然、顺应自然、保护自然。"生态环境是人类生存最为基础的条件，是我国持续发展最为重要的基础。中国农业文化遗产蕴含的传统生态智慧和传承保护实践中形成的生态系统平衡经验，不仅仅是中国开展生态文明建设的重要法宝，也是人类走向未来的珍贵财富。

2022 年 1 月 22 日，中国科学院地理科学与资源研究所研究员、自然与文化遗产研究中心副主任闵庆文做客 CCTV-1"开讲啦"栏目，讲述"农业文化遗产：留住传统 发展未来"，指出农业文化遗产是历史时期形成的，不断发生变化，现在还依然具有重要的生产功能，同时还具有生态功能和文化功能的一种农业生产系统，不同的地域文化滋养出形态迥异的农业文化遗产。我国的全球重要农业文化遗产为世界贡献了丰富且领先的耕作方式，祖先在长期农业生产中衍生出了灿烂的农耕文化，创造出了壮丽的农业生态景观，农业文化遗产对于保护物种遗产资源和生物多样性具有非常重要的价值。闵庆文研究员通过剖析"浙江青田稻—鱼共生系统""云南红河哈尼稻作梯田系统""江西万年稻作文化系统""河北宣化城市传统葡萄园""浙江绍兴会稽山古香榧群""陕西佳县古枣园""浙江湖州桑基鱼塘系统"等中国全球重要农业文化遗产的科技奥秘，指出农业文化遗产是历史时期形成的，不断发生变化，现在还依然具有重要的生产功能，同时还具有生态功能和文化功能的一种农业生产系统，不同的地域文化滋养出形态迥异的农业文化遗产。我国的全球重要农业文化遗产为世界贡献了丰富且领先的耕作方式，祖先在长期农业生产中衍生出了灿烂的农耕文化，创造出了壮丽的农业生态景观，农业文化遗产对于保护物种遗产资源和生物多样性具有非常重要的价值。

守护了中华农耕文明，就是留住农业文明的根与魂。农业文化遗产不是传统品种、技术或文化等单一要素，而是由这些要素组成的"复合性"遗产；不是局限于种植业，而是"大农业"遗产；不是历史时期农业遗址或遗迹，而是不断演化的"活态性"生产系统；不仅是关乎过去的，更是关乎人类未来的文化遗产；不仅能为当今发展提供生物、技术与文化"基因"，而且仍然具有重要的"生产功能"；保护的目的不仅是让人们了解过去、记住乡愁，还是为了让遗产地的农业、农村与农民有更好的发展；保护不应当是原汁原味的"冷冻式保存"，而是合理吸收现代理念和技术的"动态性保护"；发掘与保护不单是农业农村部部门的工作，而是需要包括林业草原、文化旅游、生态环境、水利、住房建设等多部门的协同，相关研究则需要农业历史与文化、产业与经济、政策与管理、资源与生态等多学科的合作。

联合国粮食及农业组织于 2002 年发起全球重要农业文化遗产保护倡议，旨在探索全球农业的可持续发展道路，减轻气候变化、工业化、城镇化等对农民带来的影响，并提高传统农业系统的生态、经济和社会效益。近二十年的发展表明，全球重要农业文化遗产的保护与发展对实现全球粮食与生计安全、保护生物与文化多样性、促进农业可持续发展和乡村振兴、实现联合国可持续发展目标具有重要意义。截至目前，共有22个国家的62个传统农业系统被认定为全球重要农业文化遗产项目。中国是全球重要农业文化遗产保护倡议的最早响应者、积极参与者、坚定支持者、重要推动者、成功实践者、主要贡献者。截至2021年11月农业农村部已认定了6批138个项目中国重要文化遗产。农业文化遗产发掘与保护在脱贫攻坚、乡村振兴和美丽乡村建设、农业可持续发展中发挥了重要作用。

农业文化遗产蕴含着先进的生态智慧和可持续发展思想，是农业绿色发展的源泉，其中的物种资源、民俗文化、乡村农业景观对于生物多样性保护、气候变化适应、民族文化传承、多功能农业发展具有重要意义。农业文化遗产并不是静止不变的，而是随着社会经济发展、科学技术进步不断演化。

中国共产党第二十次全国代表大会报告中指出："我们坚持绿水青山就是金山银山的理念，坚持山水林田湖草沙一体化保护和系统治理，生态文明制度体系更加健全，生态环境保护发生历史性、转折性、全局性变化，我们的祖国天更蓝、山更绿、水更清。"报告还指出："我们要推进美丽中国建设，坚持山水林田湖草沙一体化保护和系统治理，统筹产业结构调整、污染治理、生态保护、应对气候变化，协同推进降碳、减污、扩绿、增长，推进生态优先、节约集约、绿色低碳发展。"现代生态农业应当是我们未来农业发展方向，这种现代化生态农业是传统生态智慧和现代科学技术的有机结合，而农业文化遗产地正是这些传统生态智慧的集大成者。因此，挖掘和保护农业文化遗产应该得到足够的重视，要从传统的农耕文化中汲取生存与发展的智慧，助力新时代中国特色社会主义生态文明建设，为构建人类命运共同体、完善生态治理体系贡献中国智慧和力量。

第二节 农业文化遗产的保护与乡村振兴

传统农业文化遗产来源于祖祖辈辈的生产生活实践，是传统儒家思想和农耕社会有机耦合的产物。传统农业文化是原始艺术的重要组成部分，其以特定的审美情趣和价值观念，潜移默化地影响和约束着人们的道德意识和生活行为。不仅是一个地区在历史积淀中形成的农业文化，而且是一种约定俗成并世代传承的农业生产制度和乡村行为准则。传统农业文化不仅能凝聚村民情感、丰富乡村精神生活，还有利于塑造乡村社会价值共同体，达成乡村社会善治目标。在城镇或工厂务工的农民，疲于奔命的生活节奏，让很多农民工穿梭在城市和农村之间，不仅带来了身心疲惫，还背离了农业精耕细作的优良传统。农业文化遗产，主要涉及农产品加工技艺，反映农业劳动、祈福的传统音乐、舞蹈以及农耕民俗。例如云南省红河州哈尼族聚居区的《哈尼四季生产调》是山区梯田生产技术及其礼仪禁忌的百科大典，按季节顺序讲述梯田耕作的程序、技术要领以农业文化遗产的保护困境与传承路径以及与之相应的天文历法知识、自然物候变化规律、节庆祭典知识和人生礼节规范等。农业类的景观、知识、传统农业系统已纳入世界的遗产保护体系，例如云南省红河哈尼梯田文化景观，广东省开平碉楼与村落，安徽省皖南古村落——西递、宏村均被列入世界文化遗产；南京云锦、二十四节气被列入人类非物质文化遗产；浙江省青田稻—鱼共生系统等 22 个传统农业系统被列入全球重要农业文化遗产；2022 年 10 月 6 日国际灌溉排水委员会（ICID）主持评选的 2022 年度（第九批）世界灌溉工程遗产名录中四川省通济堰、江苏省兴化垛田、浙江省松阳松古灌区、江西省崇义上堡梯田 4 处全部申报成功。至此中国世界灌溉工程遗产已达 30 处，世界灌溉工程遗产具有文化传统或文明的烙印，都是古代水利工程可持续利用的典范。

农业文化遗产及其现实载体包括物质遗产、非物质遗产以及物质与非物质遗产相互融合的形态，并将农业文化遗产细分为 10 类，即物种、遗址、技术方法、工具与器械、工程、聚落、景观、特产、文献及制度与民俗。农业文化遗产有广义和狭义之分，广义的农业文化遗产包括遗址类、工程类、景观类、文献类、技术类、物种类、民俗类、工具类、品牌类，而狭义的农业文化遗产更强调农业生物多样性和农业景观，强调遗产的系统性。传统农业生产系统既包含物质性遗产，例如传统品种、农具，也有大量的非物质遗产，例如传统知识和技术，农俗等。生产系统是物质性和非物质性遗产的，一旦受到破坏或者荒废，系统内的物质性和非物质性遗产就丢失了存在和传承的土壤，进行系统性的保护更有现实意义。

我国已经进入快速发展轨道社会经济转型发展中发展迅速，使得农业文化遗产呈加速消亡态势，生存环境恶化导致传承危机。目前 农业文化遗产的保护制度未成体系，传承途径、创新政策支持方式均缺乏创新点。针对农业文化遗产保护传承存在困境与问题，在保护好遗产本体的基础上，挖掘其精神内涵，如何让农业文化遗产"活"起来，使得农业文化遗产保护与乡村振兴能够有机融合、彰显其时代价值。这对保护传承优秀农业文化遗产对延续中华文明火种，推动乡村全面振兴具有重要现实价值。

一、农业文化遗产的重要性

（一）农业文化遗产的重要性

农业遗产是世代传承的传统技艺。发掘、传承、利用经过历史考验的优良技术遗产，有助于克服现代农业由于过量施用化肥、农药、除草剂、生长素而产生的生态环境问题、食物品质问题、农业面源污染问题。

2013年12月，在中央农村工作会议上习近平总书记指出，农耕文化是我国农业的宝贵财富，是中华文化的重要组成部分，不仅不能丢，而且要不断发扬光大。要站在弘扬中华文明、延续文化香火、坚定文化自信的高度，深刻认识保护农业文化遗产的重要性。政府不仅要肩负起保护农业文化遗产的责任，坚持保护农业文化遗产的人民导向，充分依靠广大农民群众，保护的成果要更多地惠及广大农民群众，还要引导广大群众遵循"在保护中发展、在发展中保护"的理念，通过持续的宣传、广泛的动员，营造保护农业文化遗产的良好社会氛围。

保护和传承农业文化遗产不是让农业发展回到过去，让农民生活依然落后，而是挖掘农业文化遗产蕴含的宝贵智慧和经验为现代农业发展和乡村振兴所用。现代方式、科技手段对农业文化遗产进行适当改造，以老百姓喜闻乐见的形式进行转化和创新，使农业文化遗产更好融入当今农民现代生活中，让保护和传承的成果成为农民脱贫奔小康的新动能。当然，任何事物都是在一定社会和时代背景下产生的，我们要以辩证的态度，去其糟粕，取其精华，扬弃地开展农业文化遗产保护和传承。

第一，深入挖掘农业文化遗产资源，使其成为乡村产业兴旺的新动能。优化地理标志认证，挖掘传统品种资源的文化内涵，加大品牌培育，让这些农产品不仅吃得放心，吃得有营养，更吃出"文化"味。基于农业文化遗产发展创意农业，建设集农事体验、文化展示、科普教育为一体的农耕文化园，破解乡村旅游同质化问题，提高文化品位。依托乡村旅游创客示范基地和返乡下乡人员创业创新培训园区（基地），遴选具有较大产业开发价值的农村传统手工艺进行重点打造，鼓励技术和设计能力较强的企业、高校等单位到农村设立传统手工艺工作站，结合现代生活需要，改进设计、材料，提高农村传统工艺产品的品质和市场竞争力，充分发挥传统手工艺在带动农民增收、促进精准扶贫中的作用。

第二，发扬传统农业中人与自然和谐共生的思想，运用现代工程、科技手段，大力发展现代生态农业。在农村人居环境整治、传统村落保护中，在景观设计、建筑形式上注重本土文化元素的植入，从设计风格、空间布局、色彩搭配上尊重乡村机理，形成林、田、路、宅、水的和谐统一。

第三，发挥农业文化遗产培育文明乡风和促进有效治理的作用。挖掘本地区传统的节庆节日、民俗活动，选择性地进行恢复，并融入农民丰收节，使农民丰收节办得更有乡土味，让更多的农民乐于参与其中。将农业文化遗产所蕴含的应时守则、父慈子孝、敬老孝亲、兄友弟恭、勤俭持家、淳朴敦厚、吃苦耐劳等精神品格重构为社会主义核心价值观引领下的现代版"村规民约"，经过村民议事会、村民大会充分讨论后加以固化，利用农村大喇叭、标语、手机微信、自媒体等推送等方式扩大宣传，将其内化为价值准则，外化为行为规范。持续开展好家风、最美家庭等评选活动，发挥以文化人的重要功效。

总之，农业遗产的核心价值，就是要把传统优良品种和传统优良技术保护好、传承好、利用好。我国现代农业的创新，需要注入农业遗产的农耕文化元素，大力发展有机、生态、绿色、循环农业的生产方式，大力提倡低碳、绿色、健康的生活方式，大力推进产业兴旺、生态宜居、乡风文明、治理有效、生活富裕的乡村振兴战略。通过农业遗产的优良传统与现代农业科技的有机结合，创造出更加高效、更加环保、更加安全的可持续发展的农业体系，创造出更加辉煌灿烂的农业文明。

（二）重要农业文化遗产的保护利用

我们应该重视农业文化遗产的抢救和保护，重视农耕文化的传承和弘扬，为人类文化遗产的保护与传承，保护文化的源头和母本。特别是在经济社会快速发展中，在发展现代农业、新农村建设、推进城镇化进程中，应注意借鉴和汲取农耕文化的理念，保护传统民俗、传统民居和地方特色文化，弘扬鲜明的地域文化，传承和发扬中国优良的传统人文精神，保持生产生态生活的和谐发展。

农业遗产是我国优秀传统文化的重要组成部分。深入开展中国重要农业文化遗产的保护工作是落实我国生物多样性保护战略、促进农业可持续发展的重要举措，对于弘扬中华优秀传统文化、增强文化自信，推进生态文明建设具有重要意义。2021年中央一号文件明确提出，深入挖掘、继承创新优秀传统乡土文化，把保护传承和开发利用结合起来，赋予中华农耕文明新的时代内涵。汲取和发扬农业遗产的优良技术传统，逐步摒除"化学农业"的弊端，逐步走上生态、绿色、环保的发展道路，建设优质、高产、低耗的生态农业系统。例如，"河北涉县旱作石堰梯田"位于河北省邯郸市，始建于元朝，总面积 14 000 hm² （21 万亩 =14 000 hm²），石堰长度近万里，是旱作农耕文化的典型代表。数百年来，在脆弱的生态环境系统中，通过混林农复合发展花椒、小米、核桃、黑枣、柴胡等种植，形成了极具特色的生态农产品。依山而建的石头梯田、颇为丰富的食物资源、既是生产工具又是运输工具还是有机物转化重要环节的毛驴、随处可见的集雨水窖、散落田间的石屋，在人的作用下巧妙结合，融为一个可持续发展的旱作生态系统。该系统不仅保留了丰富的传统作物品种和环境友好的耕作技术，因其独特的传统生产方式和知识体系，确保了山区恶劣条件下的农业生产发展，还创造了山地梯田景观，见证人与自然的和谐相处。在食物与生计安全、重要的农业生物多样性、社会价值与文化以及杰出的生态价值、景观等方面具有显著特点和全球重要性。这些重要的文化遗产都需要我们去发掘利用。

（三）保护传统农业遗产的行动

为了抢救、挖掘和可持续利用世界上优秀的传统农业生产方式和文化资源，2002年8月，联合国粮食及农业组织、联合国开发计划署、全球环境基金、联合联合国大学等十余个国际组织以及一些地方政府，共同发起一项旨在保护具有全球重要意义的传统农业系统项目——全球重要农业文化遗产。此项目2004年4月项目正式启动。

从2005年浙江省青田稻—鱼共生系统等被列为第一批全球重要农业文化遗产以来，全球重要农业文化遗产地的评选标准必须具备全球重要性和公共产品价值，支撑粮食安全、生计安全、农业生物多样性、知识体系、社会价值观和文化，且景观秀美。"全球重要农业文化遗产已通过非凡的生态农业方法，证明其可持续农业模式的巨大潜力。通过对农业体系原有特色加以利用，能够为农村注入新的活力，推动农村发展"。

2023年9月15日农业农村部农社发〔2023〕3号文件《农业农村部关于公布第七批中国重要农业文化遗产名单的通知》，认定50项传统农业系统为第七批中国重要农业文化遗产。其中，青海三江源曲麻莱高寒游牧系统成功入选，实现青海省在中国重要农业文化遗产名录零的突破。

青海三江源曲麻莱高寒游牧文化系统是在游牧生产的基础上形成的，包括游牧生活方式及与之相适应的物质文化和非物质文化。牧民与自然之间，不仅是依存和利用的关系，还存在着文化联系。这种联系反映在观念、信仰、风俗、习惯、社会结构、政治制度、价值体系等要素上，涵盖了文学、艺术、宗教、哲学等方面，成为游牧生产方式和生活方式的历史反映和写照，是对高原生态环境加以融合的畜牧方式，对保护三江源的生态环境乃至整个国家的生态安全和可持续发展都具有重要意义。

我国不同地区自然与人文的巨大差异，创造了种类繁多、特色明显、经济与生态价值高度统一的重要农业文化遗产。这些都是我国劳动人民凭借独特而多样的自然条件和他们的勤劳与智慧，创造出的农业文化典范，蕴含着"天人合一"的哲学思想，具有较高的历史文化价值。然而在经济快速发展、工业化、城镇化加快推进的过程中，现代农机具、农药、化肥等以及工业化农业技术的大量广泛使用，传统农业的耕作制度和生产方式逐渐被取代。同时，由于缺乏系统有效的保护 正面临着被破坏、被遗忘、被抛弃的境地。

二、留守的农村、记忆中的故园

绿色的田野、清清的河流、古朴的古朴村庄，是国人心之所往的终极家园，总能唤起我们无数美好的情感。"在农耕文明中，地里不仅生长着粮食，还生长着伦理观念和中国人的归属。"从文化"基因"来说中华文明建立在农业文明基础之上，传统文化与农耕有着密不可分关系，要想了解中华传统文化，就不能不了解中国传统农业。传统农业包含着众多中国传统文化的基因，是解读传统中国文化的魅力、创新中国特色文化的重要资源。不容忽视的是，随着工业文明的崛起以及近年来城市化建设步伐的加快，新的生产方式正在影响着农村一切，古老的中国农耕文化一点点湮没，许多农耕时代的传统村落形态消失了，许多农耕文化的精髓被抛弃了，在许多地方马车、碾磨、犁耙等老式农具渐渐地淡出人们的视野，乡愁作为一种意境、情结、观念而不断被人感受、吟诵，伴随着全球化、后工业文明的到来，导致越来越多的农民搬迁进城或在地城镇化，在城镇化发展的同时，农村也得到快速发展和提升。对故乡的远离和故土家园的变容，使得"故乡、乡土"这种乡愁、乡情情结表现得愈发强烈。每个人意识中都有"故乡"的存在，"乡愁"的感受方式即使不尽相同，但在城市化大背景的今天，乡愁情感的凸显却是毋庸置疑的。

三、农业文化遗产的保护与"三农"政策

（一）农业文化遗产保护

中华民族的祖先在历史上所创造出的丰厚的农业文化遗产，我们的先祖利用施用农家肥、轮作倒茬、秸秆还田、精耕细作、稻田养鱼等传统技术，实现了对土地的永续利用。在传统农业文化遗产保护工作中，首先，对原有的种质资源、耕作措施、灌溉设施、病虫害生物防治、储藏加工等原生态农业生产经验的保护，这是保护工作的重中之重。其次，对传统农业生产工具；农作物、畜禽品种资源的保护性开发和利用工作。在有条件的地区兴办传统农具博物馆的方式，将这些农具保护起来；为避免农作物品种的单一化，在建立国家物种基因库，使更多的优质农作物、畜禽品种等独特的地方稀有资源品种得以保护，还应明确地告诉农民要重视保留各种地方品种资源，为日后农作物、畜禽品种的更新，留下更多的遗传多样性种源。第三，对原有的传统农业生产制度进行保护，实践证明，传统的农业生产技术是农业可持续发展的源泉之一。最后，农业信仰是农业民族的心理支柱；没有信仰做依托，传统农耕文明就不可能实现有序、稳定、可持续的发展。因此，必须对传统农耕信仰等实施综合保护。

（二）"三农"政策

农业文化遗产与"三农"政策，农业文化遗产保护是展示了一个国家文明进步的程度和教育科技文化发展的水平。被列入世界遗产名录的文化和自然遗产能够提高一个国家、一个地区和一个城市在世界范围内的知名度，甚至使一些原本默默无闻的地

方一夜知名。开展农业文化遗产保护教育有助于青年学生乃至全体国民增强对地球自然资源和本民族文化的认同感、自豪感，树立民族的自尊心、自信心，同时也使人们学会在世界多样文化的背景下与其他文化共处，热爱大自然，增强环保和可持续发展意识，这对维护世界和平、促进共同发展有着不可替代的作用。农业文化遗产保护与"三农"政策的影响可概括如下，其一，在农业方面，这有利于传承农耕文明，拓展农业功能。中国传统农业蕴含着资源保护与循环利用、生物间相生相克、人与自然和谐相处的朴素生态观和价值观，传统农业积累的生产技艺和管理知识在现代农业发展中依然具有应用价值。其二，在农村方面，有利于保护农村生态，建设美丽乡村。例如，河北宣化城市传统葡萄园，是城市之中独特的农业文化遗产，具有一千三百多年历史，是以庭院漏斗架式及多株穴植栽培为特色的传统葡萄种植系统。遗产地位于河北省张家口市宣化古城，传统葡萄园现存近千亩，主要集中在春光乡三个城中村。2013 年被联合国粮食及农业组织认定为"全球重要农业文化遗产"。宣化城市传统葡萄引种始于唐朝，通过"丝绸之路"从古代西域大宛国引进，经当地果农世代精心栽种繁衍至今。核心区葡萄树龄均为 100 ～ 600 年。葡萄栽培于庭院中，与民居浑然一体、相得益彰，"清远楼下两天地，半城瓦舍半城绿"，是宣化这座河北历史文化名城的独特景致。宣化悠久的葡萄栽培历史孕育了丰富多彩的"葡萄文化"，衍生出独具特色的寺庙文化、节庆习俗等，打拶鼓庆丰收成为当地流传已久的民俗活动。2009 年，王河湾拶鼓入选河北省非物质文化遗产名录。其三，在农民方面，有利于改善农民生计，实现收入倍增。农业文化遗产保护强调"多方参与，惠益共享"的原则，根据多个遗产地的探索实践，适度发展旅游是进行农业文化遗产保护的有效途径，对促进当地社会经济发展起到重要作用。

四、农业文化遗产与传统农耕技术的关系

要想实现对传统技术的认同，澄清人们对传统技术认知观是问题的关键。因为在很多人的观念中，传统农业技术是落后的。其实，这种观点并不全面。在没有电气化、机械化的过去，传统农业技术巧用自然伟力，成功地解决了传统农村地广人稀及劳动力不足等问题，为人类社会的进步，立下了汗马功劳。这些传统文化、传统技术，在当时所代表的就是先进文化。而在现代化问题重重的今天，利用自然、无污染的传统农耕技术，也是我们学习的楷模。我们的任务不是用现代化取代传统农业技术，而是在充分继承农业文化遗产的同时，利用现代技术改进农业技术，使之更加科学，更加合理。

积极维护农业循环链在古代农业生产中，收获果品、粮油、肉制品、蛋等同时，也伴有秸秆、畜禽粪便、油粕、酒糟等副产物，这些副产物被资源化利用为土壤的肥

料、生产生活的燃料、畜禽饲料等形成了农业循环生态链。而今，大量化学肥料的投用、有机肥施用量的减少，打破了这一农业循环链，使土壤肥力与生态环境都受到了严重的破坏。学习古老农耕文明，敬畏天地、尊重自然，天地人合一，是我国古老的哲学智慧，是现代农业发展的理想出路；人不能因为自我的贪欲去破坏自然，绿水青山是留给子孙后代最好的财富。

要学习古人，积极利用农业副产物（秸秆、畜禽粪便等），包括一些工业有机废弃物（如医疗保健品领域无提取价值的氨基酸、壳聚糖等），资源化利用为农业生产服务，形成农业循环生态链，是维持"地力常新壮"、培肥地力最经济、最环保、最生态的方式。我国数千年的农耕文明，在种地、养地的农业实践中留下了许多宝贵的财富，许多智慧值得现代人借鉴。

五、农业文化遗产地域标志性文化的活态保护

普通文化、文化遗产、地域标志性文化。在为一个地域创造文化品牌时，在文化大普查的基础上，厘清本区域的文化遗产，并在文化遗产的基础上选定出该地域的灵魂——地域标志性文化是非常重要的，在选定过程中，当地人的认可非常重要。

（一）地域标志性文化保护

生产经验的农业文化遗产，通常都是以鲜活的状态存在并服务于民间社会的。将某些农业文化遗产原原本本地记录下来，或是将它们做成标本放进博物馆固然是重要的，我们保护农业文化遗产的最终目的是想让这些人类历史上所创造的农业生产经验在新的历史条件下得到弘扬，并让它们以鲜活的状态传承于民间。否则，保护农业文化遗产真的会失去它应有的意义。

在我国五千多年文明史上，黄河流域孕育了河湟文化、河洛文化、关中文化、齐鲁文化等。青海省是黄河的发源地，在青海省境内，黄河流域历史文化源远流长，非物质文化遗产丰富。从热贡唐卡到青绣，从河湟剪纸到藏族黑陶……瑰丽多姿的非物质文化遗产是千百年来民间的薪火传承，也展示了我省大力保护和传承古老非遗的成果。为让古老非遗焕发新活力，青海省出台《青海省非物质文化遗产条例》，制定《青海省省级文化生态保护区管理办法》《青海省省级非遗工坊认定和管理办法》等，逐步完善保护传承体系，探索推进多种保护方式，加强传承能力建设，形成独具特色的青海省非遗保护传承发展模式。

（二）传统手工技艺寻"突围"

翻开青海省非物质文化遗产名录，青绣、剪纸技艺、鎏金技艺、"花儿"会、皮影戏、民族婚礼、民族服饰等这些非遗项目既丰富又亲切，承载着一代代青海人的乡愁

和民间文化印记，展现了青海独具风格的民族文化特色。

在青海省各地，非遗工坊、传习场所、手工技艺类非遗资源已成为市场潜力巨大的特色产业，以产业融合发展推动了非遗，助力古老非遗从高原走向全国、走向世界。截至2022年1月4日青海省现有非遗名录2 361项，其中有国家级非遗项目88项、省级非遗项目238项、市（州）级非遗项目782项、县（区）级非遗项目1 253项，非遗代表性传承人3 160名。

在很多人的印象中，手工艺人总是安静地关门做事。如今，青海各地非遗传承人架起手机开始网络直播，通过直播，更多非遗项目进入寻常百姓家，吸引着年轻人的眼球。

黄南州是热贡艺术的故乡，是青海省非物质文化遗产最丰富的地区，唐卡、堆绣、石雕、泥塑、建筑彩绘等热贡艺术不仅描绘出热贡文化的瑰丽多彩，更描绘出当地百姓的幸福生活；海北藏族自治州嘉福苍手工皮艺在皮具上，活灵活现了解到青海各地的民族文化特色。

在西宁市湟中区，响了百年的小锤声从青海的大街小巷传到全国各地。银铜器制作手工技艺传承人和民间艺人打造的银碗、铜碗、手镯等手工艺品畅销国内外。一錾一刻间，匠人们不仅传承着传统手工艺，还通过网上销售平台，推动青海银铜器走向更广阔的市场。

在青海非遗从深闺走向全国乃至世界各地的同时，传统文化与当代生活相融合的创意，也让非遗"潮"起来。各地的青绣工坊、刺绣企业，通过各自的文化理念打造的"青绣"系列文创产品，培育了一批青海省非遗商标、民族文化地理标志、民族文化区域品牌等，"青绣"元素亮相国际舞台。

六、农业文化遗产面临的危机

工业化、信息化、智能化的工业模式，尚未能解决中国农业的所有问题。传统农业中用地养地、循环利用、间作套种、精耕细作的技术与模式被"大水、大肥、大药"的"石油农业"取代，传统农事操作规范几近失传。种养结合链条断裂，把耕地、山林等资源当成无限使用的"机器"，由此的城镇建设和工业发展的用地挤占，追求高产的单一化和商品化种植与养殖，使农业种质资源种类与数量显著减少，特别是交通便利地区作物野生近缘植物消失速度加快。例如青海省贵德长把梨、乐都沙果等由于全球气候变暖、土壤环境等因素造成导致原有的品种基本灭绝。湟水、黄河水域环境污染加剧了该流域野生水生生物资源数量下降的趋势。

农村劳动力持续向工业和城镇转移，自然村落加速消亡。农民在改善居住条件时，不断拆旧建新，有祠堂、庙宇、牌坊、老宅、戏台被大量拆除或被现代建筑形式取代。

"耧、犁、镰刀、锄、石磨、碾盘、杈〔chā，一种用来挑（tiǎo）秸秆、柴草等的农具。多为木制，一端一般有三个较长的弯齿，一端为长柄〕、耙、锹"等传统农具，农村老物件被当成"破烂"大量丢弃。传统技艺、民间艺术等大量消失，20世纪后50年，中国传统戏曲剧种减少四成多，其中减少最多的是农村小剧种。

第三节　古代治水文化

一、治水文化

一个地方的文明史，很大程度上是一部水患治理史；一个地方的发展史，很大程度上是一部水利建设史；一个地方的伟大复兴史，很大程度上依赖于水文化的传承和弘扬。深入挖掘传统水文化遗产，摸清传统水文化遗产情况，系统梳理传统文化资源，在新时代里深化历史遗产的文化内涵，让收藏在博物馆的文化、陈列在广阔天地上的遗产，书写在古籍的文字都"活起来"。是致力于打造特色鲜明的水利文化、弘扬传统治水精神、筑牢提升水利发展境界的文化根基，对促进水利文化事业健康发展、建立"文化治水、科学治水"长效机制发挥着重要作用。

水文化是指以水和水事活动为载体人们创造的一切与水有关文化现象的总称，包含了水利文化的全部内容。是从全社会的视野来看待水和水利的。是人类社会历史发展过程中日积月累形成的关于如何认识水、利用水、治理水、爱护水、欣赏水的物质和精神财富的总和。

《山海经》记载"女娲补天""精卫填海""大禹治水"的故事，民间口传文学所述，远古洪荒，洪水滔天的传说，于今看来虽是一种"神话的感知"，但这种"原初层"的原始智力所独具的文化认同，仍可使我们感悟到"水文化"的内涵。

水文化，一般来说分为自然水文化和社会水文化。自然水文化主要指因江河、湖海、雨雪、雾露、冰川、地下水等天然水源景观所产生诗词歌赋等文化。社会水文化主要指因改造利用天然水源所产生的物质和精神成果，其更具有治水的性质，因此被称作治水文化。

所谓治水文化，是指人类在躲避、逃避因水而引起的自然灾害（即水旱灾害），在除水害、兴水利、保护水资源以及与此有关的历史实践活动中所形成和创造出来的物质文化与精神文化（如制度、技术、知识、思想与价值、艺术、风俗习惯等）的总和。治水文化与水利关系密切，故，治水文化中不可避免地包含水利科学与技术的内容，尤指水利科技中所隐含的思想、精神与价值等，传统治水文化中最核心的就是"天人合一"的理念。

二、大禹治水

　　大禹是我国古代伟人中最受人们崇敬的一个，在我国到处都有关于大禹的遗迹和传闻，在河南洛阳更有大禹开凿龙门的传说。这些遍布中国的大禹遗迹，记刻着大禹的丰功和人们的思念。大禹姓姒（sì），名文命，因治水有功，后人称他为大禹，也就是伟大的禹的意思。从他父亲鲧（gǔn）的时候起，就开始治水，我国人民与洪水搏斗的古老故事，就是从鲧开始的。

　　相传距今四千多年前，我国是尧、舜相继掌权的传说时代，也是我国从原始社会向奴隶社会过渡的父系氏族公社时期。那时，生产能力很低下，生活条件太简陋，有些大河每隔一年半载就要闹一次水灾。有一次，黄河流域发生了特大的水灾，洪水泛滥，滔滔不息，房屋倒塌，田地被淹，五谷不收，人民面临死亡，人们经常受到洪涝的侵害，活着的人们只得逃到山上去躲避。

　　部落联盟首领尧，为了解除水患，召开了部落联盟会议，请各部落首领共商治水大事。尧对大家说："水灾无情，请大家考虑一下，派谁去治水？"大家公推鲧去办理。尧不赞成，说："他很任性，可能办不成大事。"但是，首领们坚持让鲧去试一试。按照当时部落的习惯，部落联盟首领的意见与大家意见不相符，首领要听从大家的意见。尧只好采纳大家的建议，勉强同意鲧去治水。鲧到治水的地方以后，采用拦阻的办法，哪个堤岸冲了补哪个，沿用了过去传统的水来土掩的办法治水，也就是用土筑堤，堵塞漏洞的办法。他把人们活动的地区搞了个像围墙似的小土城围了起来，洪水来时，不断加高加厚土层。结果挡来挡去，这边的挡住了，那边的又冲垮了，但是由于洪水凶猛，不断冲击土墙，结果弄得堤毁墙塌，洪水反而闹得更凶了。鲧治水九年，劳民伤财，一无所成，并没有把洪水制服。

　　舜接替尧做部落联盟首领之后，亲自巡视治水情况。他看鲧治水毫无起色、对洪水束手无策，耽误了大事，就下令把鲧办罪，处死在羽山（神话中的地名）。随后，他又命鲧的儿子禹继续治水，还派商族的始祖契、周族的始祖弃、东克族的首领伯益和皋陶等人前去协助。禹深知治水之事事关重大，治不好也会丢掉身家性命。可是，眼看着洪水如此肆虐，人们苦不堪言，禹就勇敢地接受了这个重任。

　　大禹领命之后，首先寻找了以前治水失败的教训，接着就带领契（本名子契）、弃（后稷）等人和徒众助手一起跋山涉水，把水流的源头、上游、下游大略考察了一遍，并在重要的地方堆积一些石头或砍伐树木作为记号，便于治水时作参考。这次考察是很辛苦的。据传说有一次他们走到山东的一条河边，突然狂风大作，乌云翻滚，电闪雷鸣，大雨倾盆，山洪暴发了，一下子卷走了不少人。有些人被咆哮的洪水淹没了，有些人在翻滚的水流中失踪了。大禹的徒众受了惊骇，因此，后来有人就把这条河叫徒骇河（在今山东省禹城市和聊城市一带）。

禹认真总结了父亲失败的教训，感到用堵的办法是行不通的，于是大胆地设想了一个与父亲背道而驰的治水方案——疏通河道，顺其流势，将水引走。大禹对各种水情做了认真研究，最后决定用疏导的办法来治理水患。大禹亲自率领徒众和百姓，带着简陋的石斧、石刀、石铲、木耒等工具，开始治水。禹历经千难万险，开沟修渠，终于战胜了洪水的灾害，促进了农业发展，使百姓能安居乐业。

大禹当上部落联盟首领以后，不辞辛苦地到各地去巡视，为百姓做了很多有益的事情。据考证，当时大禹治水的地区，大约在现在的河北省东部、河南省东部、山东省西部、南部以及淮河北部。大禹指挥人们花了十年左右的时间，凿了一座又一座大山，开了一条又一条河渠。他公而忘私，据传说大禹治水十三年，三次经过家门都没顾得上进门看一看，他把整个身心都用在开山挖河的事业中了。

治水成功之后，大禹来到茅山（今浙江省绍兴城郊），召集诸侯，计功行赏，还组织人们利用水土去发展农业生产。他叫伯益把稻种发给群众，让他们在低温的地方种植水稻；又叫后稷教大家种植不同品种的作物；还在湖泊中养殖鱼类、鹅鸭，种植蒲草，水害变成了水利。伯益又改进了凿井技术，使农业生产有了较大的发展，到处出现五谷丰登、六畜兴旺的景象。

大禹因治水有功，被大家推举为舜的助手。过了十七年，舜死后，他继任部落联盟首领。后来，大禹的儿子启创建了我国第一个奴隶制国家——夏朝，因此，后人也称他为夏禹。夏禹死后就葬在茅山，后人因禹曾在这里大会诸侯，计功行赏，所以把茅山改名为会稽山。这就是绍兴大禹陵的由来。而今的禹陵背负会稽山，面对亭山，前临禹池。大禹为民造福，永远受到华夏子孙称颂，大禹刻苦耐劳的精神，永远为炎黄后裔怀念。

大禹神话传说是我国古老的神话传说之一，目前，大禹神话传说遍布祖国各地，特色鲜明、情节完整、生动，遗存丰富，具有较高的史学价值和语言学价值。大禹传说反映的时期是我国由原始社会向奴隶社会的变革期、由禅让制到"家天下"的转型期，从中可以窥见当时的社会风貌。夏朝起在我国历史上是有明确的文字记载。因此，大禹神话传说对研究中国由原始社会进入奴隶社会、历史转变为真正的文字记载有很高的史学价值。另外，他还有文化价值、科学价值。大禹神话传说，不仅是非物质文化遗产，而且是重要的文化资源。

鲧以强堵方法治水失败，禹以疏导方法治水成功，最后统治天下。这不仅说明在我国的自然条件下水利和治国兴邦的紧密联系，也告诫我们在水利工作中必须不断认识水的规律，探索治水理念。我国传统的治水文化，在大禹治水后得以形成，经过一代代的传承和积累而逐步发展起来。

三、《尚书》治水记载

《尚书》叙事自尧舜至夏商周，跨越两千余年，是西周至战国时期人们追述华夏历史的珍贵史料汇编，其中《尧典》《皋陶谟》《禹贡》《盘庚》等篇记载，距今四千年的大洪水和治水活动，客观呈现出水利与中华文明起源的渊源，水利对中华文化基因的深刻影响。

禹浚九河，治水成功，舜帝让位于禹，华夏统一中原诸族，划定十二州封侯以治，以祭山川为国之大事。华夏的中国由此产生，这就是传说的五帝时代，是中华文明的起源与形成的时期。《尧典》中记载的舜帝在政治活动中的谈话，使我们从中可以看出舜帝政治活动的基本情况，治水的记载从一个侧面揭示了他的治国思想和措施，说明治水在最初的国家形态下占有举足轻重的地位，当时部族领袖的重要国事，也是其进行政治、文化活动的重要组成部分，从这个角度可以看出，水利这个悠久的公共事业从一开始就与治国紧密地联系在一起，所以中华民族的发展史也是一部治水史。《尧典》记载舜帝封禹为司空之职，让其治水。从这个记载看，这也是水官职制度的雏形阶段，后世予以传承。《禹贡》是《尚书》中的一篇，是中国最早的地理著作，讲述了大禹治理洪水、划分九州、记载各地山川脉络、土壤等级、物产分布等情况，以及各州贡赋的品种、所经的途径等。这是大禹治水活动的最早记载，把大禹治水的过程记录下来，疏通了九州河川，筑起了九州大泽的堤坝，使国家得到了治理，老百姓得到了安定的生活。大禹治水无论从政治经济上，还是在文化上都对中国第一个王朝——夏朝的建立起到了重要作用。大禹治水是中华文明起源期的历史记忆，它不仅代表了中华文明起源时期的治水活动，更是治水作为国家职能的开始，是国家治理体系中的重要组成部分。秦朝建郡县制后，政府将水利纳入国家职能范围，其后一脉相承贯穿于中国历史的始终。大禹治水在以后的史籍中被频繁引用，例如，司马迁在《史记》的《五帝本纪》和《河渠书》中也记载了大禹治水的史料，使得大禹这一形象深入人心并传之后世；大禹体现的是勤劳勇敢、坚忍不拔、自强不息的民族精神，象征着中国人的力量，也象征着中国人的智慧，几千年来，为我们的人民所秉承，世代相传，大禹治水精神是我们中华民族精神源头和象征。

我国的水利历史悠久，内容博大精深，具有非常深刻的文化意义。自"大禹治水"以来，中华民族在兴水利、除水害的长期历史过程中，取得了辉煌的成就，这些成就都充分体现了人民的智慧和历代科技的先进水平。而治水文化，就是伴随着这一历史过程而逐步形成的一系列文化现象，现代社会在拥有了看似无所不能的现代科技时，往往对古代科技不屑一顾，进而对传统文化不屑一顾。实际上，我国的传统治水科技、传统的治水文化，是历史留给我们的一座宝库，蕴含着许多深刻的哲理与智慧，不应被岁月的尘土所埋没；现代中国治水文化的"人与自然和谐共处"的理念实质上是对我们古代治水文化"天人合一"思想的演进和升华，是弃其糟粕，取其精华，并应用现代科学技术的综合体。我们的治水思想经历了从"天人合一"到"人与自然和谐共处"的演变，也表明了我们在水利工作的实践中，不断认识水的客观规律，探索治水理念。

中华民族历史悠久，文化源远流长、博大精深。"史称六经之首，现谓科技之父"的文化瑰宝——《易经》曰："润万物者，莫润乎水。"夫子曰："水所以载舟，亦所以覆舟。"晋朝郭璞《玄中记》："天下之多者水冶，浮天载地，高下无不致，万物无不润。"水，乃生命之源，人类之先物。而行水之道、蓄水之洼、识水之学、用水之义、管水之理，则不可不谋，谋辄福，不谋辄祸，天之理也。治水如治国，对于我们这样的农业国而言，显得十分重要。

国家水利遗产是指具有重大国际国内影响力，或具有显著除害兴利功能价值，或对特定历史时期具有重大影响或突出社会贡献，以物质形态或非物质形态存在的水文化系统遗存。首批国家水利遗产认定以水利工程为主体的物质遗产为主，要求其建成或传承历史文化不少于一百年。反映中国共产党带领人民治水、具有突出革命文化属性的水利遗产认定年限不少于五十年。

在挖掘水利文化遗产民间故事、保存环境和传承情况，建立水利文化遗产名录、水利文化遗产数据库。努力寻找优秀传统水利文化遗产与现实水利实践相联系的结合点，将水利文化遗产转化为服务当代水利建设的文化资源，在水利实践中得到合理继承和发扬。要妥善处理保护与利用的关系，在保护传承的基础上科学合理利用水利文化遗产，通过科学合理利用促进水文化遗产的保护传承，实现文化遗产资源的可持续发展。

2021年起，水利部正式启动国家水利遗产认定工作，是对已延续利用千百年的水利遗产"在保护中发展，在发展中保护"的迫切需要。通过开展国家水利遗产认定，对于保护、传承和利用水利遗产，弘扬中华优秀治水文化，不断提升水利改革发展软实力，推动新阶段水利高质量发展具有重要意义。

四、京杭大运河

春秋战国时期，是运河工程的初创期，秦汉时期，是运河工程的南北向大发展期，也正是大统一的封建中央集权帝国建立和巩固时期。秦灭六国，为了征服岭南，在公元前219年开凿了广西兴安的灵渠工程，把长江水系和珠江水系连通起来。秦同时还拓展了江南运河工程，隋唐时期，是运河工程的东西向大发展期。经过元、明、清三代持续不断改进、完善，最后形成了如今世界奇观的京杭大运河，它是中国运河工程发展两千多年的结晶，是中国古代水利科学技术和发明创造的集大成，是世界航运工程史上的杰作。

大运河位于中国中东部，地跨北京、天津、河北、山东、江苏、浙江、河南和安徽，沟通了海河、黄河、淮河、长江、钱塘江五大水系。中国大运河的开凿始于公元前5世纪，7世纪完成第一次全线贯通，13世纪完成第二次大沟通，历经两千余年的持续发展与演变，直到今天仍发挥着重要的交通与水利功能。

依据历史上的分段和命名习惯，中国大运河共包括十大河段，通济渠段、卫河（永济渠）段、淮扬运河段、江南运河段、浙东运河段、通惠河段、北运河段、南运河段、会通河段、中河段。申报的系列遗产分别选取了各个河段的典型河道段落和重要遗产点，共包括中国大运河河道遗产27段，以及运河水工遗存、运河附属遗存、运河相关遗产共计58处遗产。这些遗产根据地理分布情况，分别位于31个遗产区内。

大运河是世界上唯一一个为确保粮食运输（"漕运"）安全，以达到稳定政权、维持帝国统一的目的，由国家投资开凿和管理的巨大工程体系；它是解决中国南北社会和自然资源不平衡的重要措施，以世所罕见的时间与空间尺度，展现了农业文明时期人工运河发展的悠久历史阶段，代表了工业革命前水利水运工程的杰出成就；它实现了在广大国土范围内南北资源和物产的大跨度调配，沟通了国家的政治中心与经济中心，促进了不同地域间的经济、文化交流，在国家统一、政权稳定、经济繁荣、文化交流和科技发展等方面发挥了不可替代的作用。大运河由于其广阔的时空跨度、巨大的成就、深远的影响而成为文明的摇篮，对中国乃至世界历史都产生了巨大和深远的影响。

运河工程的发展，大体经历了初创期、大发展期、完善期和维持期，这一进程正好紧扣着中国封建社会、中央集权的封建帝国的建立巩固、发展兴盛和逐渐衰落的全过程。

作为世界上最早开凿、规模最大、距离最长、持续发挥效益最久的人工运河，作为中国封建社会兴衰的历史见证，作为中国水利文明的重要载体，大运河不仅是中国宝贵的历史文化遗产，也是全人类的宝贵文化遗产。大运河是"活态文化遗产、流动的文明史"。它的"活态"说明，它一直在为人类服务，不仅有传承教育功能，而且有实际使用价值；它的"流动"，说明人类不断在创造文明，适应自然社会的历史变化，并使其在新的条件下持续为人类服务，更彰显了这类文化遗产对人类智慧的凝聚，因而更具有价值。大运河变化发展的历史就是一个生动的证明。它是人类重要的文明成果。故，大运河是一部百科全书，是一个文化宝库，但它更是一个运河工程，是一个伟大的水利工程系统，因此，我们要保护好大运河工程，切实纠正各种损毁古代运河工程的现象，抢救那些正在受到破坏的重要工程遗址，把"保护"和"利用"科学地结合起来。

五、芍陂

芍陂（què bēi）又称庐江陂、期思陂、龙泉陂、安丰塘等。位于古安丰县（今安徽省寿县城以南）以南 30 km 处，始建于春秋楚庄王时期（公元前 598—前 591 年），由令尹孙叔敖主持修建，是我国古代淮河流域最早蓄水灌溉工程，被誉为"世界塘中之冠"，目前的安丰塘，是古芍陂淤缩后的遗迹。比都江堰还早三百多年，距今两千六百多年，与都江堰、漳河渠、郑国渠并称为我国古代四大水利工程。

芍陂在漫长的历史岁月中，几经兴废，经淠史杭综合利用工程兴建后，安丰塘经过不断加固完善，成为淠史杭灌区一座中型反调节水库。1988 年被列为全国重点文物保护单位。2015 年 10 月 12 日芍陂入选 2015 年的世界灌溉工程遗产名单。

六、都江堰

都江堰位于四川省都江堰市灌口镇，被誉为"世界水利文化的鼻祖"，被称为"活的水利博物馆"。由秦国蜀郡太守李冰及其子率众，于公元前 256 年修建并使用至今，是全世界迄今为止年代最久、唯一留存、以无坝引水为特征的宏大水利工程。

都江堰工程包括鱼嘴、飞沙堰和宝瓶口 3 个主要组成部分。鱼嘴是在岷江江心修筑的分水堤坝，形似大鱼卧伏江中，它把岷江分为内江和外江，内江用于灌溉，外江用于排洪。飞沙堰是在分水堤坝中段修建的泄洪道，洪水期不仅泄洪水，还利用水漫过飞沙堰流入外江水流的漩涡作用，有效地减少了泥沙在宝瓶口前后的淤积。宝瓶口是内江的进水口，形似瓶颈。除了引水，还有控制进水流量。它充分利用当地西北高、东南低的地理条件，根据江河出口处特殊的地形、水脉、水势，因势利导，无坝引水，自流灌溉，使堤防、分水、泄洪、排沙、控流相互依存，共为体系，保证了防洪、灌溉、水运和社会用水综合效益的充分发挥。

都江堰治水文化是中国传统文化中"天人合一"观念的具体表现，人类要生存、发展，必须顺应自然规律，然而如果一味地做自然温顺的奴隶，人类又会失去其生存与发展的起码保障。"天人合一"，是人与自然间关系的一种理想境界。一方面，人类活动要顺应自然规律，不能破坏与超越自然规律，另一方面，自然规律又要为人所用，使之服务于人类的经济繁荣与社会进步。在成都平原上发展农业，首要的是除水之害、兴水之利，既要使岷江多余的洪水不危害灌区的生产，又要保证有足够的水流进入灌区。在充分认识了岷江河道、水流、泥沙、水文等规律之后，通过鱼嘴、飞沙堰、宝瓶口三大主要工程，调动水流，引导泥沙，使自然规律为我所用，服务人类的生产发展。同时，都江堰工程既不修筑拦断岷江的堰坝，又不设立取水调水的控制闸门，在无任何人为干预（如开闸、引水、泄洪等）的情况下，能够自动地、自如地调配水量，枯水季节有足够的水量进入灌区，洪水季节又能将多余的水量排出外江，达到"分四六、平潦旱"（治水《三字经》）的目的，使灌区内"水旱从人，时无凶年"。这一切，充分反映了历代工程建造者的智慧。这种智慧，是建立在对工程枢纽及灌区所在地自然环境、河道条件、地貌地质、水流泥沙等多种因素的充分认识的基础之上的，是建立在对各项工程对于河道、水流、泥沙等因素的反作用的深刻认识的基础之上的。没有对自然规律的深刻认识与把握，就不会有真正意义上的"天人合一"。尤其需要强调的是，工程延绵二千余年，不仅没有对岷江河道、枢纽所在的周边地区以及灌区内产生任何生态与环境的负面效应，反而促进了整个成都平原生态效益、环境效益、社会效益与经济效益的进一步提高与协调发展。由于灌溉面积的连续增加，由此而带来的"绿洲效应"不断强化，整个成都平原的生态环境保持良好的状态。都江堰这一复杂、巨大而又巧妙、绿色的工程，使我国传统文化中"天人合一"的思想得到了淋漓尽致的体现。

七、郑国渠

《史记》《汉书》有"凿泾水自中山西抵瓠口为渠"和"始皇帝元年，击取晋阳，作郑国渠"的记载。引泾灌溉，最早始于战国时代秦国于公元前246年修建的郑国渠，是中国最早的大型无坝引水灌溉工程，古时候的国力主要是依靠粮食产量，粮食产量的大幅度增长，大大地增强了秦国实力，为秦统一六国奠定了扎实的基础。现存郑国渠口、郑国渠古道和郑国渠拦河坝，附近有秦以后历代重修、增修的渠首、干道遗址，并有大量的碑石遗存。郑国渠修成后，成为我国古代最大的一条灌溉渠道。郑国渠工程之浩大，设计之合理，技术之先进，实效之显著，在我国古代水利史上是少有的，在世界水利史上也是少有的。

郑国渠在陕西省关中地区农业发展史乃至中国历史进程中都具有里程碑意义。郑国渠的修建，是秦国举全国之力修建郑国渠，历时十年完工，当时（公元前3世纪）的科技水平下创造性地解决了多个技术难题，建成总干渠150余km、灌溉面积18.7万hm^2的工程规模，使当时的粮食亩产量达到125 kg，在当时属于工程奇迹。后人为纪念郑国的功绩，将这条渠亲切地称为"郑国渠"。更富戏剧性的是，这场"疲秦之计"被韩国当作救命稻草、消耗秦国的郑国渠不仅最终失败还适得其反，不仅促进秦国物产更加丰富，在秦岭山脉和陕北黄土高原之间，这片东宽西窄的狭长地带——渭河平原，也由此成就中国最早被称为"金城千里，天府之国"的地方。自此，关中形成丰饶沃野的新格局。还成为秦国国力强盛的物资保障。两千多年前，郑国渠为秦统一天下奠定了粮食基础，秦汉唐时期，郑国渠持续发挥作用，使陕西省关中平原成为秦帝国的粮仓。

郑国渠的工程变迁，见证了泾河流域河床变迁的自然史；郑国渠灌区的演变和管理制度的变迁，见证了古代和近、现代陕西省关中地区社会文化发展历程乃至中国的政治经济发展史；是郑国渠更具有突出的历史价值。1929 年，陕西旱灾接连不断，庄稼几乎颗粒无收，人民死亡流散的人很多。李仪祉先生和郭希仁先生深感灾害与人民之痛苦，一心恢复渭北水利。民国二十一年（公元 1932 年）在杨虎城、于右任等人的大力支持下，李仪祉先生在郑国渠的基础上主持修建泾惠渠。新中国成立后，经过多次改建扩建和挖潜配套，泾惠渠效益更加显著；泾惠渠是继郑国渠及历代引泾灌溉工程之后，由我国近代著名水利科学家李仪祉先生主持修建的一个现代化大型灌溉工程。泾惠渠灌区位于陕西省关中平原中部，是一个从泾河自流引水的大（Ⅱ）型灌区。引泾灌溉，距今已有两千多年的历史，可以说贯穿了中国历史的始终。

郑国渠承载着丰富的文化内涵。郑国渠一直作为陕西省关中地区秦文化的代表之一，修建的故事为世人广泛传颂。郑国渠无坝引水、淤灌模式、工程规划等，反映了古代中国的哲学思想，郑国渠延续至今，承载了两千多年陕西省关中历史变迁的政治、军事、经济、文化的内容，历史文化价值内涵丰富。郑国渠保存有历代水利纪事及灌溉制度碑刻 14 块，相关历史文献众多，这些都是郑国渠灌溉工程遗产的重要组成，也是郑国渠水利文化价值的载体。

至今仍润泽关中平原，郑国渠演变成泾惠渠，继续为关中平原农业灌溉发挥作用，保证了国家粮食安全。2016 年 11 月郑国渠申遗成功，"天下第一渠"的郑国渠成为陕西省首个"世界灌溉工程遗产"。

八、灵渠

灵渠，古称秦凿渠、零渠、陡河、兴安运河、湘桂运河，是古代中国劳动人民创造的一项伟大工程。灵渠位于广西壮族自治区桂林市兴安县境内，是连接湘江和漓江、长江流域和珠江流域、中原与岭南地区的一条古代运河，全长 36.4 km。

建立秦王朝后，秦始皇为统一百越民族，派史禄凿渠运粮，至始皇三十三年（公元前 214 年）凿成通航，后世称其为灵渠。灵渠流向由东向西，将兴安县东面的海洋河（湘江源头，流向由南向北）和兴安县西面的大溶江（漓江源头，流向由北向南）相连，沟通了长江水系与珠江水系，是中国南北水上运输的重要通道和周边农业生产的主要水源。灵渠是当今世界上最古老、保存最完整的人工运河，与都江堰、郑国渠并称为"中国秦代三大水利工程"。

灵渠的主要工程设计原理是用由大小天平和铧嘴组成的渠首分水设施截断湘江上

游的海阳河，将其一股（今称南渠）引入漓江上源支流；将另一股（今称北渠）重开新渠再并入湘江，从而将漓江和湘江二者沟通。整体工程按功能分为渠首分水枢纽、航运设施、防洪设施、灌溉设施四类；渠道包括北渠、南渠人工河段、南渠半人工河段和南渠自然河段；水利设施的类型有大小天平、铧嘴、陡门、堰坝等。整体工程因地制宜、设计精妙，体现了我国古代水利工程的高超水平灵渠的科学价值是山区越岭运河的范例、中国古代分水技术的杰出代表；是改造复杂山区地形的杰出范例、具有弯道代闸航道技术特色；水利设施灵活组合；协调航运、防洪、灌溉多种功能；体现了因地制宜、就地取材的智慧。如今，灵渠已成为集灌溉、防洪、城市供水和旅游等多功能为一体的综合水利工程和重要文化遗产。

灵渠是世界上最古老的运河之一，有着"世界古代水利建筑明珠"的美誉。灵渠是广西壮族自治区首个"世界灌溉工程遗产"名录。1988 年 8 月灵渠被公布为第三批全国重点文物保护单位；灵渠 2018 年 8 月 13 日入选世界灌溉工程遗产名录。

九、槎滩陂

江西省吉安市泰和县禾市镇桥丰村有一座叫槎（chá）滩陂的引水工程，陂坝位于赣江二级支流牛吼江上，据爵誉村周氏祠堂墙壁上嵌存的碑口《槎滩碉口二陂山田记》记载："后唐天成年间（公元 926—930 年）监察御史周矩（公元 895—976 年），金陵人，于后周显德五年（公元 958 年）避乱迁居泰和万岁乡，因地处高燥无秋收，乃在禾市上游以木桩压石为大陂，长百丈，导引江水，开洪旁注，以防河道漫流改道，名槎滩"。据此推算，槎滩陂为南唐金陵监察御史周矩父子（爵誉村周氏开基祖）凿石始建，周矩父子开挖灌溉渠道 36 条，使当时禾市镇和螺溪镇 600 hm² 田地变成吉泰盆地的鱼米之乡。槎滩陂属于"低作堰"，上游山区森林茂密，植被完好，堰坝泥沙淤积少，是个极佳的纳凉的好去处。时间在公元 958 年前后，距今已有一千余年历史。完善的古代水利工程管理制度，使得这座水利工程虽然历经千年风雨，至今仍灌溉泰和约 2 666.7 hm² 粮田，发挥着显著的灌溉效用，被专家称为"江南都江堰"。水渠自西向东依次流经禾市镇，在上蒋村时又分为南北两条支流，分别称为"南干渠"和"北干渠"，继而流经螺溪镇及石山乡，在三派村汇入禾水。在主坝上的基角处，暴露出众多的红石条是最早的筑坝材料，已阻水千年。这些红石条分 4～5 层垒叠筑起。浸于水中的红石条长 4 m，宽 0.4 m，厚约 0.5 m。槎滩陂在工程修筑、建后管理和养护上为后人提供了可资借鉴的宝贵经验，槎滩陂是中国古代农业灌溉文明的代表性工程，其因地制宜的工程规划、系统完善的工程体系，保障了区域经济、政治、社会、文化的发展，见证了泰和自然、社会的变迁，具有突出的历史、科技、文化和旅游价值。

2013 年被国务院核定为第七批全国重点文物保护单位。2016 年 11 月 8 日，被国际灌溉排水委员会评为世界灌溉工程遗产名录。2017 年 2 月，槎滩陂水利风景区获批为 2016 年度江西省省级水利风景区。

十、桔槔井灌工程

桔槔作为最古老的提水器械，桔槔井灌是最古老的灌溉方式之一，桔槔井灌工程位于浙江省诸暨市赵家镇。古井主要分布在泉畈村、赵家村、花明泉等村周边，这里的桔槔提水井灌历史悠久，最早可追溯至南宋。这种最为古老的灌溉方式至今仍在泉畈等村使用，当地将这种桔槔提水灌溉的井称作"拗井"。当地人现在还用提上来的井泉灌溉水稻和樱桃等作物，堪称灌溉文明的"活化石"。

八角井、六角井、方井、圆井等样式众多，大小也不一样。唐朝古井、钱王井、大王井，这里的古井不仅年代久远，而且传说很多，文化底蕴深厚；诸暨市赵家镇泉畈村一带隐藏着上千口古井。

20 世纪 30 年代以前，赵家有井 8 000 多眼，到了 20 世纪 60—70 年代，泉畈村和附近的花明泉村、赵家新村共有古井 8 000 多眼；就是目前，明的暗的还有上千口井，可谓星罗棋布。这里的古井分布区，海拔只有 50 m，而周边山地海拔却有几百米，最高处超过 800 m，所以井水充盈，形成了泉畈村独特的农耕文化和生活方式。泉畈，就是泉上有畈、畈中有泉、泉在畈中的意思。岁月久远，沧海桑田，泉畈一带的古井，依然清澈明净。由于桔槔搭建简便、成本低廉，在中国长达两千多年的历史上，桔槔井灌在地下水丰富的地区应用十分普遍。

诸暨市赵家镇泉畈村一带隐藏着上千口古井，保留着最完整的井渠灌溉工程体系，还在发挥着作用，确实是井灌工程的"活化石"，堪称奇观。这些古井大都分布在村中近 133.3 hm² 的古田畈中，构成了一个古井的世界。星罗棋布的古井密布如此，在全国也堪称一绝。元朝时期王祯所著的《王祯农书》中就称"桔槔"是"今濒水灌园之家多置之，实古今通用之器。"

桔槔承载有悠久而独特的中国传统文化与哲学思想，诸暨桔槔井灌在发展演变过程中与吴越文化融合，衍生出具有浓厚区域特色的"拗井"文化，并反映在居民生产生活中，特别是在当地民谣、戏剧等文化形式中表现出来。遗产区居民对千百年来逐渐形成的"拗井"文化有高度的认同感和自豪感。拗井已成为诸暨赵家镇独具特色的文化符号之一。

十一、坎儿井

坎儿井，是维吾尔语"karez"的音译，是"井穴"的意思，西汉时期的新疆、甘肃一带就已经开始利用坎儿井开采地下水，至今已有两千多年的历史。坎儿井是西域拓边的重要战略支撑。早在《史记》中便有记载，时把"井渠"则称为"坎儿孜"。《汉书·西域传》记载："汉遣破羌将军辛武贤将兵万五千人至敦煌，遣使者按行表，穿卑鞮侯井以西，欲通渠转谷。"而后来的历史中清朝也进行了大量的修建。

"坎儿井"工程共分三个部分，一是竖井，又称工作井，是和地面垂直的井道，在开掘和修浚时用于出土和通风。一条坎儿井的竖井，少的有十几口，多的可达一二百口以上。二是暗渠，是在地下开挖的河道或输水道，把地下潜水由地层送到农田。三是明渠，就是田边输水灌溉的渠道。从高山雪水潜流处，寻其水源，在一定间隔打一深浅不等的竖井，然后再依地势高下在井底修通暗渠，沟通各井，引水地下流。地下渠道的出水口与地面渠道相连接，被聚集在进水部分，再通过输水部分把地下水引至地面灌溉农田。正是因为有了这独特的地下水利工程——坎儿井，把地下水引向地面，灌溉盆地 6 666.7 hm^2 良田，才孕育了吐鲁番各族人民，使沙漠变成了绿洲。

吐鲁番盆地北部的博格达山和西部的喀拉乌成山，每到冰雪融化的季节，大量积雪融水流下山谷，潜入戈壁滩下；人们利用山的坡度和涝坝的阻挡作用，将多余的水巧妙地引入地下沟渠。巧妙地创造了坎儿井，引地下潜流灌溉农田；流入地下的水蒸发少，不受狂风、暴晒等影响，可以常年保存。到了干旱时节，人们又将地下存储的水引出灌溉农田，这是生活在荒漠地区的人们经过长期的探索，将竖井、地下渠道、地面渠道和涝坝巧妙地结合为一体的特殊地下水利灌溉系统。

坎儿井并不因炎热、狂风而使水分大量蒸发，因而流量稳定，保证了自流灌溉。新疆汉语称为"坎儿井"或简称"坎"。内地各省叫法不一；如陕西省叫作"井渠"，山西省叫作"水巷"，甘肃省叫作"百眼串井"，也有的地方称为"地下渠道"。"坎儿井"古人常记为"卡井""闸井"，坎儿井是开发利用地下水的一种很古老式的水平集水建筑物，适用于山麓、冲积扇缘地带，主要是用于截取地下潜水来进行农田灌溉和居民用水。

林则徐当年途经吐鲁番时，见到了坎儿井，并在他的日记中赞曰："见沿途多土坑，询其名曰'卡井'，能引水横流者，由南而北，渐引渐高，水从土中穿穴而行，诚不可思议之事。""坎儿井"与万里长城、京杭大运河并称为中国古代三大工程，是目前仍在延续利用的"活的文化遗产"；2006 年坎儿井成为第 6 批全国重点文物保护单位；坎儿井不仅是伟大的水利工程更是一项珍贵的历史文化遗产。

第四节　青海在地文化遗产

"在地文化"简而言之指当地地区、地域的文化，又称为"地域文化"。地域文化指中华大地特定区域源远流长、独具特色、传承至今仍发挥作用的文化传统。地域文化在一定的地域范围内与环境相融合，因而打上了地域的烙印，具有独特性。地域文化中的"地域"，是文化形成的地理背景，范围可大可小。

地域文化中的"文化"，可是单要素的，也可是多要素的。地域文化专指中华大地特定区域的人民在特定历史阶段创造的具有鲜明特征的考古学文化，这是由于自然地理环境、移民、政治权力与行政区划、民族分布不同，使得在方言、饮食、民间信仰、民间建筑上都有不同的特点文化。古时候有"十里不同风，百里不同俗，千里不同情"的说法。

一、热贡文化

热贡是对青海省黄南州同仁县、泽库县地域的藏语称呼，意为"梦想成真的金色谷地"。"热贡"汉语意为金色的谷地，是一块神奇而神秘的地方，一块孕育文化的沃土，长期繁衍生息在这块土地的，热贡文化是热贡区域内各民族多元的、原生态文化类型的总称。长期以来，热贡文化以其鲜明的民族性、集中的区域性、遗存的原真性、与佛教文化的依存性构成了我国西部少数民族地区特有的、有形无穷的一块文化秘境。

青海省黄南州是一个以藏族为主体，多民族聚居的地区，藏族文化艺术源远流长，多民族长期聚居，文化的互相渗透，形成了独特的历史文化。是中华文明的典型代表，热贡文化包括隆务河两岸以保安古城为标志的屯堡式村落堡寨，以国家文物保护单位隆务寺为标志的藏传佛教各教派寺庙等为代表的物质文化和热贡六月会、土族於菟、热贡艺术、黄南藏戏，还有日石刻技艺、寺院羌姆、天文、历算、医药、民俗、建筑、雕塑、歌舞、弹说唱、服饰等非物质文化遗产。称热贡为"活着的历史文化名城"、藏民族文化的"原生地"毫不为过。热贡地区的文化特征，一是文化的多元性，热贡文化多元性的前提是热贡地区民族来源的多元性，元明清代以来，随着蒙古族、土族、汉族、回族等民族入居热贡地区，为热贡文化多元性的形成打下了基础。就热贡地区的宗教文化而言，它融合了汉传佛教文化、藏传佛教文化、原始万物有灵的萨满教、本教文化，还有道教、伊斯兰教、儒教文化因素，在热贡地区形成了一种独具特色的宗教文化景观，其文化的多元性一目了然，清晰可辨。二是文化的宗教性，热贡文化的核心是宗教文化，在这里到处都可以感受到浓郁的宗教文化气氛。隆务寺是安多地区藏传佛教的中心之一，同时也是热贡地区藏传佛教中心，它是当地藏传佛教格鲁派的宗主寺院，其属寺有14座，管理上自成体系，统摄于隆务寺下，每年都大量的佛事活动在这里举行，僧俗群众云集于此，香火旺盛。藏传佛教派别在热贡地区主要有宁玛派、萨迦派和格鲁派。三是文化的融合性，文化融合的现象，在热贡地区是非常典型的。由于历史上前后有不同的民族迁徙到热贡，在长期杂居共处的过程中以相互冲突、排斥转而吸收、融合，这种现象，在热贡地区的核心地带即隆务河中下游地区是非常普遍的。

热贡文化内涵包容量之大、品种之多、历史之悠久、规模之宏大，在青海省乃至全国都是十分罕见的。尤其可贵的是诸多文化元素融合得如此紧密、发展得如此成熟、形成得如此密集、各村社的特色又如此繁多，让人叹为观止。每一个文化品种都渗透着历史的沧桑，体现了诸多文化的背景，很难找出可指定为单一元素构成的文化品种。

热贡文化是多元文化的集合，是最为广泛的文化集成，热贡文化经过数百年的引进，已从纯宗教中逐步脱胎出来，成为群众生活中传统行为习惯的一部分。不仅在青海等地具有代表性，而且在青藏高原也是独具特色、精美绝伦的，具有独一无二的地域文化特征。

二、古老祭祀"於菟"

在黄南藏族自治州同仁县有一个古老的村庄——年都乎村。据记载，年都乎村是公元 1210 年成吉思汗军队南征时，部分军士留此居住而形成的。清代《循化县志》对年都乎古堡的形成也有记载："明朝初立河州卫分兵屯田，贵德 10 屯，而保安有 4 屯。"年都乎古堡就是"保安四堡"其中之一。年都乎村已成为闻名遐迩的首批中国传统村落之一，素有"堆绣村"的美誉。"年都乎"是藏语，但这个村落却是一个有着数百年历史的土族村落。走进年都乎村，首先映入眼帘的是四合院的矮小平房及其家家户户摆设的藏式家具，藏式家具在造型上古朴华丽，尤其是金属装饰品。绚丽彩绘所覆盖的藏式家具，尤为引人注目，院落里种的花草树木显得格外清新。年都乎和保安城、吾屯、郭麻日共同构成了同仁古堡群。年都乎古堡位于村落西南部，保存至今的有古城门、古民居建筑群，古堡内建筑的历史大多在一百年以上，部分建筑历经三百余年，是保存较完好的古建筑群落。传统建筑多为土木结构，门窗多为木雕工艺，技艺精湛。历史悠久的古城墙及古堡，仿佛通过时光车轮把人带到了那个悠久的年代，年都乎古堡是国家重点保护文物，具有重要参观旅游价值和史料价值。年都乎还有着丰富的民间文化艺术活动，除了远近闻名的"六月会"，最具特色的要数年都乎村的"於菟"。作为国家非物质文化遗产，"於菟"可谓是热贡艺术的一朵奇葩。

"於菟"（wū tú）古代人称老虎。"於菟"是一古词，早在《左传·宣公四年》中这样记载："楚人谓乳谷，谓虎於菟。"《辞海》："於菟，虎的别称。"跳"於菟"是古羌部族虎图腾崇拜的一种遗俗。相传楚国著名的政治家令尹子文是个私生子，被丢弃在云梦泽这一地方，被一只母虎抚育长大，因而称为毂於菟，当时楚国称老虎为"於菟"，把喂乳叫"毂"，意思是"虎乳育的"。在我国，很多民族都有自己独特的傩舞（俗称"鬼戏"或"跳鬼脸"），作为民间艺术的"活化石"，它们传递着一个民族的历史与文化。青海黄南藏族自治州隆务河畔年都乎村的跳"於菟"正是这样一种古老的、特色独具又极富生命力的珍贵古文化遗存。

　　於菟又是舞者的称谓。於菟舞流传于青海黄南藏族自治州同仁县年都乎村，仪式开始时，名为於菟的舞者在赤裸的上身绘上虎豹图案沿村进行表演，挨家挨户跳舞。土族於菟舞流传至今已有数百年历史。是当地特有的一种民俗文化形态，土族每年农历十一月初五至二十，这一天必定举行的隆重祭祀活动，而与此相邻的其他土族村庄就没有这项活动。这一天，七名事先选好的青年男子扮演"於菟"，他们上身赤裸，将单裤腿挽至大腿，用煨桑台内的香灰涂抹全身，意在洁身和请神祇附身，再用黑白色将自己画成虎纹图案，双手执长棍，树棍顶端系上写有经文的白纸条，在村二郎神庙进行肃穆的仪式后，由法师向"於菟"依次敬酒，"於菟"们以连续的"前端腿跳"舞蹈出庙门，在围煨桑台舞蹈一圈后，由村民们鸣枪驱赶时，"於菟"们便狂奔山下，进入村庄，入户翻墙寻觅食物，边走边舞，以示将家家户户的灾病吸附于自己之身，最后在村民的驱赶中"於菟"恐慌飞奔村外隆务河边，用河水清洗全身纹饰，当夜在村外食宿一夜，次日回家。活动包括念平安经、人神共娱、祛疫逐邪等仪式。目的在于驱邪逐魔、祈求吉祥，因此，作为一种独特的文化现象，它吸引着越来越多的人来到这里，欣赏这一民间祭神驱邪、祈求平安的祭祀舞蹈古老的祭祀活动。跳起"虎舞"凝重、豪放、粗犷，再现了古人因崇拜而模拟老虎姿态的习俗。"於菟"是一种很古老原始的民俗文化，是研究古老民族历史文化弥足珍贵的"活化石"。

　　关于"於菟"习俗的历史渊源，有楚风说、羌俗说、本教仪式说等多种观点，民间也有多种说法。与这一称谓有关的故事中讲述，土族至今仍保留"於菟"这一对老虎的别称以及驱"於菟"的习俗，是土族傩舞与巴楚文化间有关联的一个现实佐证。关于虎的崇拜，还有许多民族文化间的关联，如彝族崇黑虎，而彝族的先民与氐羌有着密切的联系。土族的先民中也与氐羌有融合之处，土族所处地也属于古羌人地区。"於菟"虽是属于楚风古舞，是楚人信巫崇虎的遗迹，怎么会流传地处青藏高原的青海一山村呢？有人认为，有几个阶段的历史变迁可做依据，其一，从历史上看，同仁地区在古代为边关要塞，也是兵家必争之地。据史书记载，自秦汉以来，多有军队戍边屯田；其二，明初又有江南移民移居此地，这在 20 世纪 50 年代末在年都乎村发掘明朝时期的文物王廷义石碑就可佐证（考古专家认定王廷义为明朝时期戍边屯田的有一定官职的人物）；其三，据传说，禹王治水曾率部到河州（今甘肃临夏）、循化、同仁等地区巡察水情。仪式开始时，名为"於菟"的舞者在赤裸的上身绘上虎豹图案，沿村进行表演，挨家挨户跳舞。

　　其实，於菟的活动是从前一天夜里开始的，村民会在后山上点起篝火，进行"邦祭"的活动。首先是请神，在天亮时分，把二郎神的轿子从二郎神的庙里请到要举行"邦祭"的人家里，在"拉哇"（即法师）的带领下进行祭祀，在祭祀的过程中，由"拉哇"挑选表演"於菟"的人员。

天亮后，家家户户每个人都会用清水洗头，洗去污垢，以求得健康、平安。中午时分，被挑选跳"於菟"的小伙子便一起赶到村里的二郎神庙开始做活动的准备，扮成"於菟"的小伙子脱光上身、挽起裤管，由村里的画师用锅底黑烟在他们的脸、上身和四肢上都画满虎豹斑纹，还把头发一撮撮扎成毛刷状，似愤怒状的老虎。他们个个腰挎长短刀刃，两手各持一根粗树枝，枝上粘有白色带经文的符纸。"於菟"装扮就绪后，便在头戴五佛冠的巫师"拉哇"带领下到山神庙中跪拜诸神，由"拉哇"击鼓诵经，祈求神灵保佑全村平安并授予"於菟"以神力，为各家驱魔除疫。此时，长老不断给众"於菟"灌酒，以达到抵御寒冷和促使"於菟"酒醉晕迷进入应有境界。在"拉哇"向众"於菟"传达神灵的旨意后，"於菟"从此不再说话而成为驱魔的"神虎"。

"於菟"有小"於菟"与大"於菟"。小"於菟"共有七个，传说很早以前是八个，有一次在跳"於菟"时，有一个负责驱赶的人失手开枪打死了一个，人们认为这是上天的旨意，就没有再增加，保留了七个。小"於菟"们在村庄里可随意进入一些人家，但都不能走正门，而是从墙根爬到房顶上，再从房顶下来，然后由大门走出去。走到法师家时，要远远避开，也从不进法师家的门。当小"於菟"们在各家各户的房顶上爬上爬下，奔跑逃窜的时候，两个大"於菟"则被法师和他的助手们驱赶着，在年都乎村的巷道里边走边跳。在整个跳"於菟"仪式中，他们担当了全部的驱邪除魔的重任，所有的不祥及灾难都由他们在这一天带走。比如，家中有病人的人家，则早早地把病人扶出来，躺在大"於菟"经过的路上，大"於菟"过来时，就在这个病人的身上反复跨越几次，表示把他的病全部带走了。2006年"於菟"经国务院批准被列入第一批国家级非物质文化遗产名录。

三、四合吉独特的祭神

农历六月十七,六月会在一个名叫四合吉的藏族村庄拉开序幕，之后，在青海省黄南州隆务河流域的几十个藏族、土族村庄相继展开。各村祭祀活动的天数也不尽相同，长则五日，短则两日。凡举办六月会祭祀的村庄都有一座神庙，庙内供奉着本村和本地区的保护神。

六月会期间，村民们的服饰十分讲究，舞者必须身着盛装。男子头戴白色或红色高筒毡帽，配藏刀；女子身着色彩艳丽的藏袍，配以自然宝石作为装饰。六月会主要活动有祭神、上口钎、插背钎、跳舞、爬龙杆、打龙鼓，最后是法师开山。六月会中最神奇刺激的莫过于上口钎、插背钎和开山，虔诚的人们奉献自己的肉体和鲜血取悦山神。六月会是青海省黄南藏族自治州同仁县藏族、土族村庄特有的传统文化活动，已流传一千四百多年。每年农历六月，这里的藏族、土族村庄都要举行当地民间祭祀活动。这一原始宗教氛围浓厚、文化形态与文化内涵复杂而丰富的人文现象，是热贡地区藏族、土族共同参加的盛大的祭祀仪式。

（一）热贡六月会的渊源有三种传说

传说一，在很久以前，同仁地区有许多猛兽危害人类，后有大鹏鸟自印度飞来，降伏了这些毒蛇猛兽，藏语把大鹏鸟叫作"夏琼"，为了供奉夏琼神，也为了保佑风调雨顺，五谷丰登，沿隆务河两岸 12 km 内的藏族、土族村庄都会进行盛大的祭祀活动，由村里的法师带领供奉着夏琼神的神轿，进村做法事，大家载歌载舞，场面非常壮观。传说二，唐蕃和解时，为了庆祝和平的到来，守卫当地的吐蕃将军于当年的农历六月十六至二十五向当地的诸守护神叩拜，并隆重祭祀，由此发展成热贡六月会。传说三，元末明朝初年，元朝一支蒙汉混编的军队在隆务河谷接受了明朝的招安，并在当地解甲务农。为了庆祝和平安宁，他们举行了隆重的祭典活动，祈求消灾除难人寿粮丰，热贡六月会由此发展而来。

（二）热贡六月会的祭神特点

在全藏区是独有的，追溯其渊源尚无史料记载。有四个特点：一是有固定的阶段时间——每年农历六月十六至二十五举行，但并不是所有村庄都同时开始；二是在敬神的庙中举行的供奉山神的活动。传说受人们尊敬的山神在这一天到庄中做客，主人要极尽热情好客之道。只有山神高兴，才能保佑村庄的吉祥平安。正式参加者是男子和年轻未婚的少女，其他人只是观赏者；三是节日活动的主持者为村庄中德高望重的长者和本庄的法师。长者代表着民意，而法师则上达民意下传神旨，可预知吉凶祸福、除灾祛病；四是六月会的节日形式多种多样，气氛热烈而庄重。各庄的活动大同小异，各庄都为愉悦神灵极尽能事。

（三）主要活动诵经祈祷以舞娱神、上口钎、上背钎、开山

举行祭祀活动的村庄都有 1～2 名"拉哇"（藏语，意为神人，汉语称为法师或巫师），在祭祀活动中扮演着特殊的角色。"拉哇"被认为是人与神的沟通者，能使神降临附体，代神言事。"拉哇"不是藏传佛教的神职人员，因此，他的生活完全是世俗化的。但祭祀活动开始前几日，"拉哇"必须保持身体洁净，不能接触女性，并要到寺院里接受活佛们的洗礼，举行诵经祈祷仪式。这是一项在六月会祭祀活动开始前的重要仪式，也是热贡六月祭祀活动中的重要特点。一是以舞娱神，六月会祭祀活动中最突出的特点就是"以舞娱神"。六月会从头到尾贯穿歌舞表演，主要分为：拉什则（神舞）、勒什则（龙舞）、莫合则（军舞）三大类歌舞表演。在不同村庄呈现出多样性。

拉什则类似像巴西的桑巴舞，由健壮的青年男子执鼓表演，动作铿锵有力，勇武之中又不乏洒脱；勒什则的舞姿轻盈奔放，向龙神唱赞歌、念颂词、跳舞、上香焚纸，保佑村民人寿年丰；莫合则是一种古代藏族军队舞蹈，它是同仁地区三大舞蹈之一，舞者左手执弓，右手持剑，头戴圆形红顶丝坠帽，身佩红绿彩带，头戴虎豹面具，高喊"喔哈—喔哈—喔哈"的口号，舞出两军交战的场面，表演威武剽悍。这些舞蹈，再现了青藏高原上古老的军事文化和民间文化风貌。二是上口钎，上口钎是指法师以保护神的名义将两根寒光闪闪的铁钎插入自愿上钎者的左右腮帮，也称为"锁口""扣口针""插口钎"，据说此举可防止病从口入，防灾祛病。三是上背钎，上背钎是将10～20根钢针扎在脊背上，舞者赤裸上身，右手持鼓，左手击鼓，边敲边舞。四是开山，法师用刀划破自己的头顶，把鲜血洒向四面八方，这种祭天方式充分表现了藏族人民勇敢、刚强的品格。

四、锅庄舞

舞又称为"果卓""歌庄""卓"等，藏语意为圆圈歌舞，是藏族三大民间舞蹈之一，分布于西藏自治区昌都市、那曲市，四川省阿坝藏族羌族自治州、甘孜藏族自治州，云南省迪庆藏族自治州及青海省、甘肃省的藏族聚居区。锅庄舞是一种无伴奏的集体舞。在迪庆香格里拉，有的地方称锅庄为"擦拉"，在部分地方称锅庄为"卓"。它是随着藏民族生产生活的发展变化而产生变化的，因此，锅庄舞有了打青稞、捻羊毛、喂牲口、酿酒等农耕文化中劳动歌舞，有颂扬英雄的歌舞，有表现藏族风俗习惯、男婚女嫁、新屋落成、迎宾待客等歌舞。

锅庄分为用于大型宗教祭祀活动的"大锅庄"、用于民间传统节日的"中锅庄"和用于亲朋聚会的"小锅庄"等几种，规模和功能各有不同。也有将之区分成"群众锅庄"和"喇嘛锅庄"、城镇锅庄和农牧区锅庄的。

锅庄舞有古旧锅庄和新锅庄之分，古旧锅庄带有祭祀性质，宗教界和老人大都比较喜欢此调，歌词内容和舞步形式等都比较古老，例如《福气财运降此地》《丰收啊丰收》等，跳这种舞时，只能唱专用歌词，不能改动，舞蹈一般都具有缓慢、稳健、古朴、庄重的特点。

在跳锅庄舞时，一般男女各排半圆拉手成圈，由一人领头，分男女一问一答，反复对唱，无乐器伴奏。整个舞蹈由先慢后快的两段舞组成，基本动作有"悠颤跨腿""趋步辗转""跨腿踏步蹲"等，舞者手臂以撩、甩、晃为主变换舞姿。

新锅庄的歌词内容、舞姿都比较灵活，多反映生产劳动，和农牧业生产的发展和经商贸易活动，如《北方大草原》《白瓷碗里聚三色》《在金坝子的上方》等，新锅庄是青年人喜爱的歌舞。锅庄舞的舞步分为"郭卓"和"枯卓"两大类。"郭卓"的步伐是单向的朝左起步，左右两脚共举七步为一节，这样轮回起动，由慢转快，步数不变，舞步比较简单、易学，故人数甚众。"枯卓"的舞姿多样，种类较多，通常有二步半舞、六步舞、八步舞、六步舞加拍、八步舞加拍、猴子舞等。随着悠扬的藏族锅庄舞曲，身着鲜艳民族服饰的藏族妇女跳起了醉人的锅庄。灯光下，她们灵动的舞步显得格外动人。在青海西宁市区的广场、公园等地每天早晚都会看到跳起高原欢腾的锅庄舞，足见这里的人们对藏族锅庄舞表现得特别钟爱。

五、浩门川里赛马会

在青海省门源县，因有名扬天下的浩门马，赛马会便相沿成俗，年年岁岁举办赛马会，这是门源人最喜爱的群体活动。

每年的农历六月到来年的农历二月，迎亲路上，祭山仪式上，村办的、乡办的、县办的赛马会上，此起彼伏，一浪高过一浪，直把门源的大地用蹄声擂成了鼓面，一年的大多时间都是山里人的节日。

在这里，骑手不仅仅是彪悍的汉子、健朗的少年，也有矍铄的老人，英姿焕发的丫头们（丫头，在青海方言中泛指没有出嫁的姑娘）、尕媳妇（尕 gǎ，方言小的意思），他们都练就了驾驭骑乘的马上硬功夫。回族、藏族、蒙古族喜庆的婚礼上都离不开赛马项目的助兴，于是传承下来了跑马叼帽子、捡哈达等的风俗。

相传，赛马的历史起源于天界。帝释天邀请了众神仙，赛了 108 匹白马，奖品是一匹宝驹，神马达娃俄日得了第一名。后来龙王则那仁青邀来水界诸龙王赛了 108 匹水色的马，奖品是龙王王冠上的水晶宝珠，龙马散巴取得了第一名。以后传到地界的岭国，岭国诸部落聚到 1 处，赛了 108 匹红色的马，奖品是岭国王位及王后珠牡，枣红色的格萨尔坐骑得了第一名，英雄的格萨尔获得了岭国的王位。

门源的赛马，分为走马和跑马两种。走马赛的是建立在优美步伐之上的速度，如田径赛上的竞走，步伐一乱就会取消名次。跑马比的是速度与耐力，似田径中的长跑，追求的目标只是快。走马是马中的贵族，它以优美的步伐，平稳如舟的急速行驶让主人荣耀，也使自己身价百倍。

自一千多年前的吐谷浑时代，浩门马就以非凡的灵性，进入了舞蹈家的行列，得"舞马"的美名。从这种基因遗传中，人们发现了它优美舒适的走姿，从而开启了赛走马的先河。有些马自打生下就有这种独特的本能，稍加调教就能踏出极有节奏感的步伐，有的马则像有潜质的体育苗子，经过一段时间的精心训练，便会脱颖而出。

六、西宁贤孝

西宁贤孝发祥于西宁，流传于以西宁为中心的青海东部农业区。远播省内外，脉传谱系比较复杂。以演唱忠臣良将、孝子贤孙等劝善内容为主的说唱曲艺种类。是具有突出的地方特色、浓厚的传统文化成分、重要的社会意义和研究价值的民间文化形式。西宁贤孝的价值不仅表现在民间文学、民间音乐领域，也表现在民俗学甚至社会学领域。它的传承是非家族性的。尤其在 20 世纪 20—50 年代多数西宁贤孝艺人因家境贫寒自身又有眼疾而把它作为一种谋生的手段进行学习。尤其在明清时期西宁就有官办的安置残疾人和鳏寡孤独者的社会场所"养济院"，也称"孤老院"，这里是许多民间艺人栖身之地，也是盲人学艺的最佳场所。学艺者要先请好保人，保人向师傅担保学艺者在学艺期间的病伤意外责任自负等。这种拜师学艺的师承关系较严，是不允许"串门串调"的。徒弟出师要邀请师兄姐妹聚席会餐评唱，合格者由师傅即席宣布，第二天便可转街卖艺。

中华人民共和国成立以来因各种原因，西宁贤孝踪迹难觅，传承人断代。自 20 世纪 70 年代以来，随着社会环境的变化，部分西宁贤孝艺人和西宁贤孝爱好者又重新开始了演唱生涯。

据考证，西宁贤孝形成于明朝中期，是明清时期的"宝卷"流变而来。内容在形成过程中吸取了古代曲艺曲种中流行的"门词""陶真"及盲艺人演唱的"善书"等，曲调承袭了古代曲艺曲种的曲调，还吸收了古代的"小调""小曲"等，经过长期发展和艺人们不断实践、创新，形成了如今西宁贤孝优美动听的曲调。

西宁贤孝曲调传承古老、悠长委婉。除了主要的西宁贤孝调外，在长期发展过程中吸收了古老曲艺曲种、小调、小曲等，如"老弦""官弦""下弦""莲叶儿落"等，除"下弦"调为六字句式（如《林冲买刀》）以外，其余都是以七字句式为基础的上下句结构唱词。西宁贤孝演唱形式十分灵活，演唱时使用的主要乐器是三弦（也有加奏板胡的）；二人结伴演唱时多为女弹三弦，男拉板胡；若一人演唱，则怀抱三弦自弹自唱。而且不受演出环境的局限，可走街串户，在庭院茶舍、田间地头等各种场合随时演唱，也有别人弹三弦伴奏自打碰铃演唱的。经过艺人们的不断实践、创造，使西宁贤孝优美动听的曲艺曲调深受群众喜爱。

在西宁贤孝的演唱中，短篇作品称为"小段儿"，主要有《白猿盗桃》《谭香女苦瓜》《三姐上寿》《芦花记》等五十余篇。长篇作品叫作"大传"，"大传"的作品可连唱七八个夜晚。作品有近百部，如《白鹦哥吊孝》（也称《鹦哥经》）《丑女识宝》《丁郎找父》《四姐下凡》《房四娘》《杜十娘》《梁山伯与祝英台》《油郎与花魁》《七人贤》《白马记》《红灯记》《抛瓦记》《孟姜女哭长城》等。西宁贤孝的特点是说唱间杂，说的部分叫"白板"可长可短，说句可以说到百句以上，讲究"刚口"——抑扬顿挫，是《中国俗文学史》中所讲的名副其实的讲唱文学。这些曲目深刻地表达了古代劳动人民的喜怒哀乐，表现了他们的生活状况以及他们的理想和愿望。

西宁贤孝的有倡导孝顺思想如《杀狗劝妻》《朱秀英孝母》《状元祭塔》《三娘教子》《王祥卧冰》等宣扬孝道的经典曲目，或叙述在母亲的耐心教育下忤逆之子回心转意的故事，或表达儿子见不着母亲的无尽思念，或描述儿子对母亲无微不至的照料，或讲述历尽千辛万苦为卧病在床的母亲寻找药物的艰难，甚至在数九寒冬以自己血肉躯体卧于寒冰之上，融化寒冰为母求鱼的传说，委婉曲折，感人至深。这些曲目，不仅以西宁贤孝的形式广为传唱，而且以眉户、习俗歌等多种形式传唱，家喻户晓，深入人心。

西宁贤孝曲调古老、婉约、优美，为我国曲艺文化研究提供了宝贵资料，从民间的角度反映了青海远古的历史、文化、生活以及人们的理想和愿望，对研究地方历史文化有一定的参考价值。其弃恶扬善、劝化人心的主题思想对当代社会道德和社会文明，构建和谐社会也具有借鉴价值。

七、青海乐都社火

明清时期，有大量汉族迁入包括乐都在内的河湟地区。据史料记载，明王朝初定河湟后，朱元璋对西北边防极为重视，鉴于历史上对河湟的兵家纷争，加强了军事防御力量。但在实施过程中遇到棘手问题，兵马所需粮草由内地辗转而来，费时费力；又因连年战争，造成大片土地荒芜。为了"养兵而不病于农者，莫如屯用"，达到"强兵足食"的目的，朝廷出台了一个"移民实边"的策略，大力推行屯田制度，使移民屯田成为一项基本国策。明朝的屯田规模宏大，范围广泛，历时持久，这是前朝所没有的。大规模的边防军戍守河湟地区，引起了滚滚而来的移民大潮，中原一带和江淮一带的汉族大量迁入河湟地区。清朝时期，全国人口急剧增长，但中原耕地却没有增加，农业劳动人口与可耕地面积之间失调的矛盾日渐严重，"富者田连阡陌，贫者无立锥之地。"为了解决中原人口密度过高的问题，朝廷效法明朝，推行移民屯边策略，于是山西省、陕西省、河南省、甘肃省等大量汉族迁入河湟地区。同时还有中原一带的一些商人自愿来乐都一带的河湟地区经商的。关于明清的"移民"，乐都的许多家谱中也有记载。如王姓"原籍金陵人，前明洪武时以行伍驻防至碾，遂家焉"；高庙王氏由南京珠饰巷（竹子巷、竹丝巷、竹屐巷、珠玑巷）"从戎西征"定居于高庙；马氏"由南京珠玑巷因平戎来青定居卯寨沟河西岸"；李姓"原籍山西省汾州府临县人，清乾隆年间以贸易至碾，遂家焉"；晏氏"于清乾隆年间由兰州来此定居"；高庙的张氏"于清乾隆年间自山西来高庙定居"，等等。由此看来，明清时期移民河湟地区的汉族来源广泛，既来源于以南京为中心的江浙一带，也来源于中原一带。江浙一带和中原一带大量汉族迁居乐都一带，自然将那里的文化、民俗和娱乐形式带到乐都来。恰逢明清时期江浙一带和中原一带均盛行社火，所以乐都正规要社火也应该是从那时开始的。

《四只虎》是乐都社火中一种原始古朴而又独具特色的节目。它是青海省乐都区达拉乡黑沟顶村土族群众驱鬼逐疫、祈求平安的祭神活动。据该村遗老称，这一活动已流传了两百多年。

《四只虎》在当地也叫《耍老虎》，最早只有一只老虎，即由一人装扮老虎进行驱鬼活动，后来逐渐发展成为《四只虎》。由各家各户男人轮流装扮演出，每年更换一次。该活动由村民选出的"社头"负责组织和实施，"社头"任期一般为三年。被选定装扮"老虎"的演员，于正月十五日下午集中在村头山神庙院内，准备装扮。装扮"老虎"之前，一般要由"社头"带领年长的村民到山神庙祭拜山神（山王爷），献上酒肉、馒头、糖果等供品，并进行祷告，说"今年已到正月十五，老虎要给全村每户人家祛除所有鬼祟邪魔，请山王爷一定助一臂之力"云云。祭拜完毕，便由"社头"组织装扮"老虎"。

"老虎"的装扮独具特色，除特制的老虎头具外，还要以胡麻草拧成的草绳在演员头部和全身缠绕缚紧，或直接将缀饰着胡麻草绳的"虎皮"披在身上，在草绳空隙间插上香柱，并在"老虎"头部两侧插上两把香以代表其耳朵，嘴叼红布条代表其舌头。这样装扮完毕，还要给扮虎者灌几口酒，意指这四个用胡麻草缠身的人已成为"虎神"，再也不随便张口说话了。"社头"还要向虎神叮嘱："要认真为全村每户人家驱鬼除邪，保佑全村风调雨顺，平安吉祥。"接着所有的人即向虎神跪拜磕头祷告。继之《四只虎》在山神庙前跪拜山神，此时鞭炮齐鸣，"社头"向虎神献哈达，所有的人高呼"老虎要进村了"就在这众人的呼声中，《四只虎》进村开始了驱鬼逐疫活动。

此时恰逢夜幕降临，四只"老虎"穿梭在村口巷道，只见"老虎"影影绰绰，浑身点燃的香火星星点点，给人以一种神秘朦胧的梦幻般的感觉。

《四只虎》进村，村民们紧随其后。当到达一村民的家门口时，大家便齐声高呼："老虎来了！老虎来了"，这家的老人闻声后迅疾出门迎接，其他家庭成员则穿戴整齐在屋院里跪迎虎神，迎虎神的老人一边燃放鞭炮，将门前摆好的酒肉、糖果之类敬给乡亲们；一边为虎神献给哈达。虎神被迎请进门后到屋院中央转三圈，全家人都要给虎神磕头祷告。接着虎神到每个房间转一圈，表示要把藏在每个角落的鬼祟驱赶尽净。若家中有病人，虎神坐卧于庭院中央或屋檐下，或围绕病者跳跃，并用双手乱扑乱抓，以示除鬼驱邪。驱鬼逐疫仪式结束后，该家主人就在庭院中央摆上油馍、酒肉、糖果之类让虎神享用。之后，众人高呼"老虎走了！老虎走了"时，全家便起身恭送虎神。

按此种程序，四只虎神要挨门逐户为全村几十户人家驱鬼除邪，此仪式完毕后，

"社头"组织众人为虎神送行，一路上燃放鞭炮，村民们高呼："老虎走了！老虎走了！"四只虎神来到村头的十字路口，大家将演员身上的胡麻草"虎皮"脱下来，堆放在一起焚烧，表示根除一切鬼魔邪疫（虎神头具则留下来供第二年再用）。然后大家又磕头跪拜，燃放鞭炮，宣告一年一度的虎神驱邪活动结束。

从《四只虎》的整个活动形式来看，它是一种原始古朴的民间俗神信仰活动。这种文化形态与古代人们的心智水平、生活环境、生产力水平有一定关系。老虎具有凶猛勇敢的天性，人们相信虎神可以驱除一切鬼魔邪疫。古代人们在生活环境恶劣、心智和生产力水平低下的情况下，把生活和人生理想寄托在俗神——虎神的信仰崇拜上，也是很自然的事了。

关于乐都社火的来源，民间也有一些传说，其中最普遍的一种说法是明朝移民从南京带来的。说是六百多年前的明洪武年间的一个元宵节，南京珠玑巷张灯结彩，灯火辉煌；锣鼓阵阵，管弦声声，社火节目五彩纷呈，欢声笑语不绝于耳，观者如潮，热闹非常。社火中有一个"身子"装扮着妇女，妇女怀抱西瓜骑在马上，而她的一双大脚露出裙外，踩着马镫。被民间称为"马大脚"的马皇后看到这个节目后，恼羞成怒，立马催着皇上朱元璋回宫，哭着闹着要朱元璋为她做主，说是装扮那社火"身子"的女人骑着马，暗指她姓马，怀抱西瓜，暗指她是安徽省淮西人云云。闻此言，朱元璋勃然大怒，认为这确实是在讽刺马皇后，讽刺王室，遂下令处死珠玑巷所有居民。可是行刑那天，恰逢天降大雨，监斩官常遇春趁机上奏，说这是上苍可怜珠玑巷百姓，流泪请求宽恕他们。朱元璋乃下令免除他们死罪，全部充军发配到青海省乐都一带。南京珠玑巷人来到乐都一带定居，便把江浙一带包括社火在内的民俗文化带到了这里。

《纲鉴总论》之《广注：明朝篇杀京民》中记述："帝（朱元璋）以元宵灯谜画一妇人，手怀西瓜乘马，而马脚甚大，上曰：彼以皇后为戏谑，盖言淮西妇马后脚大也，乃杀京民之不守本分者。"这一记载虽然与民间传说不一致，但如果我们将这一记载与乐都民间传说、明朝"移民实边"历史事件及有关家谱记载"融为一体"来看，就不能不说乐都社火与明朝移民大有瓜葛了。

在乐都高庙一带还有一种说法，即乐都社火是从山西、陕西一带传来的。清朝时，山西、陕西一带的许多商客来乐都一带做生意，其中部分商客觉得乐都市场前景看好，遂定居乐都高庙、洪水、碾伯、高店一带交通便利的地方。这些人来到乐都，自然将山西、陕西一带的社火等文化、民俗带到了乐都。这一传说也有一定的可信度。首先，如前所述，清朝有大量汉族自山西、陕西一带迁居乐都，这是事实。其次，经查阅，社火中高跷这个节目虽然盛行于全国很多地方，但只有山西、陕西的社火节目中才有真正意义上的高跷，其中山西省芮城、新绛等地的跷腿最高的达一丈六尺。而乐都社火节目中也有真正意义上的高跷，其跷腿高度以八九尺者为多，最高者达一丈五尺。另外，相对来说，社火节目中的亭子在全国盛行的地方不是太多，最盛行的地方也在山西、陕西两省，其中陕西省富平一带的亭子是在全国最有名气的。而乐都社火节目中亭子的艺术特征和风格与山西、陕西的亭子如出一辙。由此可见，乐都社火节目中的高跷、亭子无疑是清朝时从山西、陕西一带传来的。

综上所述，汉族人口大量迁居乐都的历史，就是乐都社火出现和发展的历史。一般来说，凡是有人类生存的地方，就会伴之以相应的娱乐活动。汉朝盛行的百戏其实是最早的（《辞海》中"社火"一条："旧时在节日扮演的各种杂戏"）。据此，我们可以说，最早迁居这里的汉族的娱乐形式（应当有汉朝盛行的百戏的影子）是乐都社火的源头，唐宋时期乐都汉族的娱乐活动有了大的发展，已出现类似狮子舞这种民间舞蹈形式，同时抓蝴蝶、大头和尚等便于学习和掌握的民间小型舞蹈形式也有可能出现，明朝时期在原来民间娱乐形式的基础上已有了正规的社火演出活动，跑旱船、龙舞等明显富有南国色彩的节目极有可能就是那时从南京一带的江浙地区传来的；清朝时期从中原和秦晋地区传来的高跷、亭子等节目不但极大地丰富了乐都社火节目的内容，而且给乐都社火增添了亮丽的色彩，使之闻名遐迩。新中国成立后，乐都社火又有了新的发展，对一些传统节目进行了改革，注入了一些新的内容，彰显出新的时代特色。

八、湟中农民画

农民画是通俗画的一种，多系农民自己制作和自我欣赏的绘画和印画，风格奇特，手法夸张、有东方毕加索之美誉，其范围包括农民自印的纸马、门画、神像以及在炕头、灶头、房屋山墙和檐角绘制的吉祥图画。它是我国绘画艺术长廊里一支鲜艳的民间艺术奇葩。我们可以从农民画中那绚丽的画面上，感受着新农村建设的成就，体察今日农民的生活状况，发现农民的审美情趣……在令人感动的生活画卷，包含了农民们一年四季的劳动场景以及对新生活的努力追求和对未来的梦想。

俄罗斯汉学家阿列克谢耶夫曾针对中国民间绘画感叹道："我不知道世界上有哪一个民族能像中国人一样，用如此朴实无华的图画充分地表现自己。他们巧借色彩构图，表现出对幸福生活的强烈渴望，其内容与他们的全部生活内容紧密相连。它能够被广大民众所认同，甚至被识字不多的农民所理解和青睐，成为一种时尚……"而成长于青海省河湟谷地的湟中农民画，就是绽放在黄土地上的绚丽山花。曾长久地凝视先民们留下的艺术瑰宝，虔诚地揣摩其中的真理。一代又一代的民间艺人，为湟中民间绘画的普及与发展奠定了坚实的基础。说起湟中农民画，不能不与古老的寺院联系起来，早在明清时期就有众多民间艺人活跃于河湟谷地、塔尔寺的周边，他们以汉、藏文化为主又独具艺术特色，常被寺院请去雕梁画栋、泥塑彩绘、修复壁画、修葺寺院，以及在周边的山岩上镂刻石窟岩画等。当时的民间建筑对漆画的应用也十分广泛，大户人家经常将艺人们请到家里，漆画箱柜和寿材。在此基础上，民间艺人们以拜师学艺的形式，将民间绘画手艺一代一代地传承了下来。在青海省各地，农民画的题材取景很直接，都是农民自己的生活场景以及节日活动，具有浓郁的乡土气息。而湟中农民画吸收借鉴了湟中壁画、泥塑、堆绣、剪纸等民间艺术的表现手法，在不断的摸索中，一代代农民画家创作出了具有青海特色的湟中农民画。到了 20 世纪 70 年代初在湟中县的小南川兴起了一股民间绘画热潮，那时，许多人都去争做一个手艺人。1974 年，湟中县土门关乡青峰村自发兴起了农民美术夜校，这是有史以来湟中民间绘画艺人首次自发组织较规范的民间教学活动，为湟中民间绘画的普及和发展奠定了一个基础。慢慢地，"青峰村农民画"在湟中周边产生了一定的影响。有了这样一个民间基础，随着社会的发展，物质生活的不断提高，精神生活也不断丰富，在湟中县渐渐地形成了一支不断壮大的农民画创作队伍。

湟中县民间绘画分类主要有湟中农民画、建筑壁画、民间漆画三种。湟中农民画是其中最主要的一个画种，它继承了民间壁画、漆画的基本画法，同时吸收了唐卡、皮影、刺绣、剪纸等民间艺术的营养，构成了独特的艺术魅力。农民画出自农民之手，面朝黄土背朝天的农民，他们的构思和表现手法不受专业画的局限，其内容主要表现山村、田野以及农民自己的生活、劳动场景，其内容朴实、想象丰富，不求比例、形似，不讲究光影、透视，作品以高原农民淳朴憨厚的感情气质、浓郁的乡土气息、优美的绘画语言、大多带有鲜明的地域特色和浓郁的强有力的民族艺术魅力。

湟中农民画，是湟中的地方文化名片之一，它以独特的视角和艺术风格展示当地文化。从最初的立足乡土，到如今拥抱科技，湟中农民画在一代代画家的笔下创新发展。1983 年 3 月，中国美术馆举办了《青海湟中民族民间绘画艺术展》，当湟中农民画在首都美术馆首次展出时，就受到了国家领导人的高度评价。这次展览开创了中华人民共和国成立以来青海民间艺术登上国家级艺术殿堂的历史。1987 年，青海人民出版社编辑出版了《湟中民族民间绘画艺术集》；2010 年，湟中农民画在上海"世博会"展出；1988 年文化部授予湟中县为"中国现代民间画乡"。

九、土族纳顿节

纳顿节整合了青海省互助地区、大通地区、民和地区、同仁地区土族文化的精华，逐渐成为一个土族的节日，纳顿节是土族人民喜庆丰收的社交游乐节日，也称为"庄稼人会""庆丰收会"等，"纳顿"是土族语言音译，是玩笑、欢乐的意思，意为"娱乐"。

　　纳顿节是青海省民和县三川地区土族人民为祛病消灾、驱邪纳吉、祈福祈愿、酬神还愿而进行傩舞（会首舞）和傩戏（面具舞）表演的庙会，是土族独有的民俗活动。"纳顿"土语原意为"游戏"，关于它的历史渊源，目前，还没有发现文字记载。有学者认为，从纳顿节中傩舞傩戏的内容、形式、服饰等考证，纳顿节当起源于元朝中期，完善于明朝早期。

　　青海三川地区的官亭、中川等7个乡镇的70多个村庄都过纳顿节。各地举行纳顿的顺序按庄稼收割季节的先后排列，从农历七月十二的宋家纳顿开始，三川及其周边地区以土族为主体、少部分藏族和汉族民众参与的以二郎神及其他神灵为祭拜对象的庆典仪式，被土族称为"纳顿"节，被藏族、汉族称为"七月会"。在节庆仪式中，土族以表演"会手舞""庄稼其""五将""三将""关王""五官""杀虢将"等折子，例如，其中"庄稼其"（土族语，意为"庄稼人"）是一部反映庄稼人对待农业观念的舞蹈剧。在演出时，演员们头戴面具，身着土族传统服装，演绎土族先民从游牧生活逐步走向农耕的历程，展现不同民族之间文化的冲突与整合，其内容为劝课农桑，反映了土族人民重视农业生产的传统。

　　"庄稼其"，舞蹈出场的人物由一对老夫妻及其子、媳、另外两人扮牛拉犁，围着场面边走边舞，做动作滑稽，逗人发笑。"也叫教人务农"，"庄稼其"里有一幕内容是儿子不想种田，想去做买卖。老农以"千买卖、万买卖，不如地里翻土块"的道理教育儿子务农，给儿子传授农业技术。老夫妻俩劝说不动，开始从周围观众选请一些老人来帮忙说服儿子。经过众老者的劝说，儿子表示回心转意，愿意务农。随后老农便教导儿子如何驾牛、犁地、播种、收割庄稼的方法，儿子在表演种田，父母旁观过程中。儿子倒架轭，反挂犁，父亲一顿教训之后又手把手地示范。最后父亲把犁，焚化香表，祷告神灵后，犁成"田"字形。其舞蹈主要以转、蹲、跳等动作模仿生产劳动的形态，在鼓锣的配乐中原生态地再现了农业生产。情节质朴，神态诙谐，充满着浓郁的泥土气息。生活气息幽默、淳朴，常常让观众笑声不断。这鲜明体现了土族先民勤劳、朴实的道德品质，反映了"以农为本"的思想意识，表现土族先民把劳动看作幸福之源，致富之本，体现土族先民的历史生活以及历史生活中人与自然关系、人神关系。

　　《杀虢（guó）将》（意为杀虎英雄）是古老的土族民间舞蹈剧情惊险、粗犷，充满神话色彩，主要流传于民和县官亭一带，是土族"纳顿"会上的表演的主要舞蹈之一，为面具舞蹈有翻筋斗、摔跤等动作的类似杂技表演，《杀虢将》的扮演者头戴长角的牛面具，身着站袍，手执长剑，此舞主要反映的是，两只老虎与两只牛相抵摔跤，殊死相搏，此时杀虎将挥舞双剑，搓步前行，与老虎交战。跟随在杀虎将身边的二位勇将亦手执长矛从左右两侧相助。经几个回合的厮杀，最后降服老虎。整个舞蹈伴乐激烈，场面雄壮，动作勇猛，气势磅礴，形象地反映了土族人民战胜兽害，保护人畜，祈求六畜兴旺，国泰民安的良好愿望。藏族、汉族以向神灵献祭，来实现凡俗与神圣的沟通，达到酬神祈福的目的。一村接一村，由下川向中川和上川转移，"纳顿"节形成了"一庙一会"或"两庙一会"的组织形式与水排轮值制度。"纳顿"节调适着乡民生活节律，维系着乡土社会秩序。一直延续到农历九月十五结束，历时六十三天，举行时间可谓超长。

纳顿节分三个阶段进行。首先是筹备，从清明节开始，三川各村即在本村的神庙祭奠二郎神和地方神，并推选出当年七月举办纳顿会的"大牌头"和"小牌头"，他们在节前负责筹集经费，维持本村社会秩序，协调生产管理（如田间用水顺序）等，节日期间则具体负责活动的组织和实施。其次，是小会，节前，村民在会场搭建大型帐篷，以供安放神像和进行祭奠。节前一日大小牌头敲锣打鼓，进行祭典等一系列活动。然后便是纳顿节的正会，它由跳会手、跳面具舞（傩戏）、跳"法拉"（巫）三个部分组成。

土族纳顿节特点十分鲜明，它是一种乡人傩民俗活动，以民间信仰为连接村落的纽带，流传历史久远，每次活动延续时间长，参与广泛等。纳顿节具有严格的组织和程序，其活动与乡村管理和生产时序紧密结合，有明显的社会调适功能。节日期间，活动内容丰富多彩，极富民族地方特色。特别是其中的傩戏傩舞，保存着北方民族萨满文化的残影，同时又吸收了二郎神、关公崇拜等汉文化的内容，既表现了土族的文化个性，又体现了多元文化共生共荣、相互影响、相互交融的民族和谐现象，具有丰富的文化艺术内涵，其音乐、舞蹈、颂词、服饰、仪礼等都富于特色。

纳顿节是人们认识土族历史的"活文献"，它所蕴含的丰富文化信息。2006年5月20日土族纳顿节被批准列入为国家级非物质文化遗产名录。

十、回族宴席曲

宴席曲，又称"家曲""菜曲儿"，是西北地区回族同胞在新婚宴席等喜庆场合演唱的曲调，特别在甘肃临夏地区和青海省民和地区、化隆地区及宁夏回族自治区等地极为盛行。分为表礼、叙事曲、五更曲、打莲花、散曲等五类。宴席曲由元朝回族中流传的"散曲"演变而来。宴席曲含有西域古歌和蒙古族古调的色彩，同时，又吸收了我国西部各民族民间音乐元素，其曲调风格几乎涵盖了西北民间音乐的特点，并且保留着元、明、清时期西北少数民族歌舞小曲的古老风貌，这些宴席曲涵盖了回族群众数百年来生产、生活、爱情、婚姻等方方面面的历史，可以说是全景式表现回族历史的音乐史诗，是研究回族的历史、风俗习惯、语言文学以及文化等的重要资料，是一份非常珍贵的口头民间非物质文化遗产。

在青海省有些回族青年举行婚礼时，提前邀请一些有名的唱把势，前来祝贺助兴。有独唱，有对唱，有合唱，此起彼伏，增加了婚礼的喜庆气氛。

回族宴席曲主要特点，其一，回族把结婚办喜事称为"吃宴席"，专门在婚宴或其他喜庆场合演唱的曲子叫宴席曲，故，也叫"菜曲儿"。演唱宴席运用的是委婉、细腻、活泼、优美等声腔，有时竟至哀婉凄切。演唱时一般不要乐器伴奏，全凭丰富的声音、表情，载歌载舞，伴有舞蹈动作取得感人的效果。宴席曲既长于抒情，又善于叙事，优美朴素，人们参加回族的婚礼，喜庆伊斯兰节日，或在回族同胞家中做客，常常会听到优美的回族宴席曲。其二，宴席曲的曲调大都婉转又而柔和，歌词优美而又动听，节奏欢乐而又轻快，气氛喜庆而又热闹。演唱者边歌边舞，有时唱到动情处不期然间众人会齐声而合，使每个参加婚礼的人都如痴如醉，其乐融融。为新婚典礼锦上添花，喜中加乐。除了欢快、风趣、喜庆的一面，宴席曲的灵魂在于它所携带的浓浓的忧郁。有家里嫑唱《莫奈何》，出门了嫑（biáo，方言表示为"不要"的意思。）唱《祁太福》等的习俗。2008 年 6 月 14 日被列为中国第二批国家级非物质文化遗产名录。

十一、玉树囊谦藏黑陶

囊谦县位于青海省最南部，是历史上的苏毗、多弥二国和吐蕃上午孙波如、宋朝的囊谦小邦以及后来的囊谦千户属下二十五族的统治中心，历史悠久。流传于青海省玉树藏族自治州囊谦县的黑陶制造工艺已有四千多年历史。相传，黑陶工艺系唐朝文成公主进藏远嫁松赞干布，在途经玉树时，将独特的制陶技艺传授给当地的藏族群众，使当地原始的制陶工艺更加完善，这一陶器工艺，极大地改变了藏族人民的生产生活方式，是藏汉文化相融合的结晶。另一种说法是元朝时期，佛教传入玉树地区，形成独特的藏传佛教，使宗教文化艺术随之兴起，能工巧匠应运而生，陶制品被大量使用，出现了专门从事黑陶等陶制品的手工艺人，并在明清两朝演化出了如今的"藏黑陶"。

藏黑陶烧制属于原始手工制作，原材料选用当地纯净细腻的红黏土和黏土石，经手工捣碎成末，后筛选、拉坯、晾晒、修整、压光、绘纹等工艺，而后将坯体封入已烧制成成品的大陶罐中，采用独特的"封罐熏烟渗碳"方法，通过控制烧制过程中的温度和湿度，使陶坯在烟熏碳粒渗入陶坯最后成品的过程。使它具有"黑如碳、硬如瓷"的特点，制造极为原始。据悉，这种陶制品目前主要有五类，有与藏族人民生活息息相关的坛、罐、壶、香炉、酥油灯具等。囊谦藏黑陶是青海省玉树地区藏族文化的一个重要组成部分，是藏汉文化发展的一个历史性缩影。

十二、土族的"波波会"

波波为土族语，意为法师做道场。俗称跳神。"波波会"是土族传统的民俗活动，每逢农历二月二、三月三、四月八等日子，青海省互助县的许多土族乡村都要举行"波波会"，时至今日，每年的"波波会"仍香火旺盛，法鼓不停。青海省互助县土族不仅信仰藏传佛教，而且信仰从汉地直接传入的神祇（"祇"读 qí，"神"指天神，"祇"指地神，"神祇"指天神和地神，泛指神明）。供奉神祇的寺庙每年都要举行酬神祭祀活动，一些地方没有固定寺庙，也要搭起帐篷神庙进行祭祀，届时要请"波"来做道场。"波波会"的主要仪式有竖幡、跳神、招魂、放幡、卜卦等。在神殿前竖高 10 m 的幡杆，埋地 60 cm 深，寓意为三十三天界和十八层地狱。用黄表和彩纸剪贴的云纹、水浪、万字纹、连环套等花样长幡和长线，挂在杆头，垂落于地，幡杆顶端横置两齿叉，叉尖各戳一个大馒头。因幡绳端拴着包有五色粮食、红枣、花生、水果糖、硬币等物的"粮蛋子"。

"波波会"的高潮是最后一天，做道场时把所有供品拿到广场上，煨桑、上香、点灯、磕头祷祝。然后由大法师领班，其余法师随其后，手举法鼓，身穿法衣，头戴法冠，齐敲鼓点，高颂祷词，左旋右转，前移后挪，还做各种动作。法师跳神一般持续二三小时。随后大法师还要做法招魂，把一小瓷瓶勾倒，意为勾来一童男魂酬神。每到"波波会"时节，群众都给男孩佩戴一个装有蒜、五色粮、五色布的小红布袋，以免被勾掉魂。放幡时，众人围观抢"粮蛋子"和杆头馒头，得馒头者生"状元郎"，得"粮蛋子"者可禳灾避祸。人们还撕一点幡纸，作为孩子冲邪时用。

十三、土族的"安召"

"安召"青海省互助地区土语意为"圆圈舞""安召"舞是土族人民在漫长的发展过程中形成的一项民间舞蹈艺术形式。"安召"舞土语称"那腾锦莫热"，意为围着圆圈跳的舞蹈。是土族世代相传的一种歌舞形式。每逢年节、迎宾送客，人们走亲访友，互相祝福，呈现出一片喜庆景象，在这些喜庆祥和的日子里，也是"安召"舞展现其魅力的时刻。"安召"舞动作舒展优美，土族阿吾（土族小伙子称为阿吾）歌声动听悠扬。

"安召"舞是一项集体合作表演的歌舞形式，男女老少皆可参与，是一种集领唱、舞蹈于一体的综合表演形式，领唱者往往由能歌善舞的老者充当。"安召"的舞姿由简单的"左右弓身摆手""上下起伏""下蹲旋转"等动作构成。圆圆的"安召"，蕴含着丰富的艺术情趣。俯首向地，是对大地的膜拜；舒袖朝天，是对苍天的敬仰；双手平托，是对朋友的坦诚；脚步稳健，是对生活的挚爱。舞动双臂，好似无数的彩虹在空中舞动，一片绚烂，充满希望。

"安召"舞是广泛流传于土族地区的一种民间舞蹈，是土族人民歌颂人畜两旺、五谷丰登，祈愿吉祥如意的无伴奏歌舞，也是集诗、歌、舞为一体的民间娱乐形式。作为土族最古老、最具代表性和原生态意义的集体歌舞形式，"安召"向我们展现了土族所特有的民族审美心理和文化个性。在长期的游牧劳作、迁徙征战过程中，土族先民创造了许多富于民族特色的歌舞，"安召"舞就是在土族历史长河中沉淀下的艺术奇葩。在胜利、丰收、婚礼等庆典上，土族先民们围着部落的毡帐或夜幕下燃烧的篝火，把酒言欢，庆祝起舞……就这样从远古翩跹而来，渐渐形成了以圆舞曲和圆形队伍为基本特征的"安召"舞蹈形式。多少年来，"安召"传统一直由土族民众世代相传，直至今天它依旧是土族标志性的民间舞蹈形式。

民间有传说，在远古时代，在土族金子一般的草原上，有个名叫王蟒的恶魔。此魔作恶多端，民众尽遭厄运，官家也束手无策。一位聪明的阿姑（土族姑娘称为阿姑）腊月花和姐妹们为了不让土族百姓遭受王蟒的祸害，毅然揭下官府贴出的榜文，暗中组织村里的姐妹们习武术、练舞蹈，准备刺杀作恶多端的妖魔对付王蟒。一天，她们头戴美丽的"扭达"（一种古老的土族头饰），身着五颜六色的花袖彩衣，腰勒绣花腰带，手抡寒光闪闪的铁环，带着自酿的青稞酒，跳着转，转着唱，就用跳圆圈舞的方法对其进行迷惑，王蟒的魔窟。王蟒听到歌舞之声，便爬出洞来观看，很快就陶醉于这美丽的歌舞之中了。他开始大碗大碗地喝酒，并加入其中狂舞起来。正当他得意忘形之时，勇敢机智的阿姑连喊两声"安召"（土语"杀"的代词），顿时千万只寒光闪闪的铁环，紧紧箍在王蟒的脖子上，众人遂将王蟒砍成肉泥。土族人民就这样消灭了王蟒，官府也兑现了榜文的许诺，封这位勇敢的阿姑为当地土司，百姓们过上了安居乐业的幸福生活。从此，土族人人争学"安召"，这种舞蹈便一直传承下来，并留下了在喜庆吉日跳"安召"舞的习俗，代代传承至今。

十四、青海方言

方言有极大的亲和力、凝聚力，一直受到人们的喜爱和追捧。出门千里之外，突然听到有人讲家乡话，立马会感到格外亲切，顿时拉近与他的距离，俗话讲"老乡见老乡，两眼泪汪汪"，方言成了人们情感交流的纽带，人际融合的润滑剂，在外打拼的人们每当孤独失落时若能遇到一位说家乡话的人，忧郁、郁闷的心情，会顿时感觉云消雾散，从某种意义上讲，这是普通话是做不到这一点的。

青海省，简称青，位于青藏高原东北部，青海地区的汉语，主要以西宁河湟方言语系为主，西宁话流行于全省各地。其语法结构和基本词汇，大致与普通话相同，属于北方语音系的中原官话秦陇片。

青海方言的词汇形象生动、富有魅力，加之发音轻柔，有类关语，形成细腻、委婉、幽默、轻快的风格。现在人们说话时一般用方言加普通话，又产生了一种青海的普通话"青普话"。青海省青海方言，那就是青海话，与普通话差距较大，在西宁虽然普通话非常普及和流行，但要接触真正的青海人，如果不会说青海话恐怕是很难说的。青海话与陕西话有些接近，但却包容了众多方言的成分。至少在考证有陕西话、安徽话、四川话和江苏话以及藏语和土族语的内容了，可谓是包罗万象。究其原因，是因为在青海省的历史上本来就是多民族多省份人员交汇的地方，也是汉文化与藏族、土族、蒙古族等少数民族文化交流交汇的地方，这种文化的交汇反映到语言中便形成了独特的青海方言。而青海方言中内地多省份方言的重叠，表明在自汉朝以后汉族大量移居青海以后，来自江浙、陕山、四川一带的方言大量在青海地区进行融合的结果。

青海省的语言除汉语外，还有藏语、蒙古语、土族语、撒拉语。从现状看，青海省是一个拥有汉族、藏族、回族、土族、蒙古族、撒拉族六个民族为主体的多民族省份，而历史上少数民族活动一直占主导地位。因此，各民族之间文化上的相互影响、语言上的互相交融是不可避免的。特别是表现在语法和语汇方面，青海方言个性突出，呈现出许多既明显不同于其他西北方言，又区别于普通话的特点。而青海方言中最突出的一例"糊嘟"作为副词，是来表示程度的，它在青海方言中口头语被普遍使用。

汉语"青海话"在多语言环境中吸收了当地少数民族语言的许多成分，与汉语其他方言在语音、词汇、语法等方面有一定差异。移居青海省的人员成分的多样性，决定了方言成分的多样性，因此"青海话"里的一些词语是无法用普通话来翻译的。青海方言按照可以分为循化、化隆、民和、乐都、湟中（包括平安、互助）、湟源、大通（包括门源）、西宁等八种，其主要区别在于发音和咬字上。例如哦啥（民和口语"就是"的意思）、哦嘞（门源、祁连口语"就是"的意思）、哦来（大通口语"就是"的意思）、给咋了（意思"太难了"）、"刁难"之意、整上（"吃饭"的意思）、整坏了（太累了之意）、儿洋麻哒或丢儿浪荡（太随便或不认真）、皮犟（胡搅蛮缠、不听话的人、固执）、犟半筋（固执）、电壶（暖瓶）、汤瓶（回族洗手用具）等。

青海省历史上人口迁徙和多民族杂居等原因，使得青海方言中既保留了一些古语词汇，例如干散（干脆、干净、不错、利索、很棒、精干、漂亮）、夜来（昨天）、央及（求饶、拜托、麻烦等）、主腰（棉袄）、花泛（灵活、机灵）、头勾（牲畜）、扁食（饺子）、年时（去年）、孽障（因贫穷疾病可怜）、挣死扒活（很吃力）等。又保留了一些吴越方言，例如，机溜（敏捷、机灵）、脑渐（烦恼）、勤谨（勤快）、眼热或念热（羡慕、眼红）、面色（脸色）、松活（毛笔）、虚话（假话）、对过（对面）、水滚了（水开了）等。同时，还有大量的藏语借词译音，例如，阿来（应答之词）、囊玛（内部）、卡码（恰到好处、规矩）、糊嘟（非常）、糊嘟好（很好、不错）、糊嘟香（特别香）、糊嘟美（特别美或特别好）、阿窝（哥哥）、阿咪（爷爷）、没拉宁或莫拉聂（没本事）、一趟趟（快跑）、骨叉（兀鹫）、阿拉巴拉（一般般、差不多、不好也不坏、马马虎虎、凑凑合合）等，而来自蒙古语的有阿蒙（怎么样）、嘣（吮吸）等。

（1）四字词。儿子娃娃（对男性的夸赞之词，被冠以此称呼，说明该男子勇敢、豪爽、说话算数、讲义气、是个爷们儿）、猛不拉扎（形容很突然地发生一些事）、黑达麻乎（形容光线很暗、看不见）、由马行僵（按照自己的意愿想做什么就做什么）、实话拉家（确确实实、是真的）、疯张冒失（形容慌张、做事不稳重）、皮谎浪荡（撒谎、不说真话）、儿洋麻哒或丢儿浪荡（太随便或不认真）、光面子话（客套话、空话）等。

（2）三字词。搅沫沫（啰嗦、胡搅蛮缠）、阿么聊（留）（怎么了？）、阿扎俩（你在哪？）、阿起俩（去哪里？）、电报鸡（形容刚拿到驾照的司机开车不稳）、晒阳娃（晒太阳）、尕联手（女朋友、对象）、挖不清（不清楚、不明白）、缓一卦或缓会（休息、休憩）、具啥俩（者）（干什么）、钻馆馆（下馆子）、就就就（现在、立刻、马上）、娘老子（父母）、谝闲传（闲聊天）、炮弹娃（乳臭未干还在吃奶的孩子）、打搅洗（河里游泳）、半十天（形容等了很久）等。

（3）两字词。脑们（我们）、家们（他们）、姑舅（表兄、表弟）、丫头（女孩）、尕娃（男孩）、黑饭（晚饭）、卯有（没有）、攒劲（帅气、干净、好）、拉展（赶紧）、欢蛋（美女）、勾蛋（屁股）、挖清（清楚、明白）、浪城（逛街）、拉呼（打呼噜、不干练、拖拉）、挖擦（折磨、折腾、为难人）、难心（伤心、悲伤）、法麻或发玛（很大、厉害）（褒义词）、谝椽（闲聊、不正经）、梢子（指人中优秀者）、心疼（令人疼爱、模样好看，多指小孩和少女）、肘上（同"板上"摆架子）、花帆（热情、灵活）、谩散（哄、夸、嘲讽）、咬巴（固执、死犟）、展板（体貌好看、姿态大方）、奶干（最小儿女）、稀罕（喜欢、珍惜）、鸡窝（布棉鞋）、汗褡（衬衣）、坎肩（也称夹夹、背心，有对门襟，也有斜襟）、喧伴（对话、拉家常）等。

（4）青海童谣。例如，《骨节儿骨节儿当当》："骨节儿骨节儿当当，猫儿跳着（到）缸上。缸把（扒）倒，油倒丢（掉），尕脚阿奶子（的）孩（鞋）泡掉，孩（鞋）来？狼抬（叼走）留（了），狼来（呢）？上山留（了）。山来（呢）？雪盖留（了）。雪来（呢）？化非（水）留（了）。非来（水呢）？和泥留（了）。泥来（呢）？漫墙留（了）。墙来（呢）？猪毁留（了）。猪来（呢）？猪家爷打死留（了）。猪家阿爷来（呢）？吃了十二个馒头，喝了一碗开水胀死留（了）。"

青海方言源远流长，是我国语言宝库中闪闪发光的资源之一，是千锤百炼的语言精华,有根深蒂固的文化底蕴和深厚凝重的文明沉淀。是约定俗成的语言潜规则,必须自觉遵守,不能、也不得不越雷池半步。青海方言词语中有些词可在山野沟坎里说的,但在家里是绝对不允许讲(用),有些词语可在平辈之间讲,但大小辈之间是有禁忌的;有些词语可在同性中讲,但异性之间绝对是避讳的;青海人说话是讲究内外有别、辈分大小的、否则就可能犯了语言的避讳。

在青海省生活的人们,若你说话不讲避讳,人家是会(内心)觉得你"没礼行""没大小""说话没卡码"、被人耻笑、缺乏教养、看不起,且之间会产生隔阂,造成邻里、同事、朋友关系紧张,难以修复,从而影响彼此关系的交流发展以及其自身的生活和工作。这是由青海独特的地域文化环境特征和这里的民众长期对中华传统文化中人伦道德的坚守、一代代人的传承养成的,非哪个人的发明创造。例如,方言中若用与你交谈时要绝对避免这些词汇的使用,若说了会叫人家,脸面无光、发烧、心里发怵,坐不是,走不成,此场景尴尬难堪之至,从而产生纠纷,顿时激化矛盾。在青海讲话特别要避讳,青海人在大小辈、异性之间用词也是要避讳的。青海省互助县是西北知名的"高原酒镇",一直流传着"开坛十里游人醉,驮酒千里一路香"的佳话。这里有四千多年的青稞酒酿造、饮酒史,若远方的客人来互助友人家做客,往往总是茶没来,酒先来了,醉酒是习以为常之事,即使这样,也总是把喝醉了称为"中秀才""中状元""带杯了""酒大了",在青海省互助县威远镇酒乡的人们看来,酒是粮食的精华,是圣物;喝酒是高雅圣洁的生活享受,若在语境中有不恰当的词语,是对酒的污化,是对酒文化的辱没,是对人格的侮辱。

如何做到精准避讳? 一是敬畏,二是学习、三是尊重。在推广、使用普通话的当下,对方言的保护应该引起政府教育部门的重视,当下在家庭中用方言,应该是最好的传承方式。方言是我国语言多样性的具体体现,它承载着丰厚的在地文化遗产,它体现着独特鲜明的地域民风,若方言消失了,留在人们心中的那份记忆乡愁,就会渐渐远去,直至消失,要想再恢复它,就难上加难了;方言不仅仅是地方语言,更是充满凝聚中华民族血脉的一种文化,是当地的一种特色文化,不仅不能丢,而且要持之以恒加以保护、不断发扬光大,但人们要注意方言的使用场合。人们敬畏方言,留住了乡音,就记住乡愁,要让后代知道我们从何而来? 保存好祖先留给我们最生动的语言记忆,使人们明确知道向何处去。我们在实现中国梦的伟大实践中,应深入群众、生活中,久而久之便清楚了"青海方言"的避讳,自然也就明白了如何使用了,例如,平常的生活中人们经常在熟悉的同龄、同辈、同性的男性中,在非正式的生活环境用"整"词,常常把吃饭说"整饭",喝酒说成"整酒";抽烟说成"整烟";而在其他环境中就绝对不行,这避讳词只能在生活中得来,词典中是查不到的。

语言的纯洁、文明、健康，是构建和谐社会的一个重要方面。我们应在推广、使用普通话的同时，以应用促使用，以使用促保护，以保护促传承，不忘传承保护方言，力争做到精准避讳，引领方言的与时俱进，使"青海方言"健康发展、传承方言是历史担当、更是一份责任。

第五节　青海古（镇）村落

一个个历史悠久的传统村落承载着丰富多彩的河湟文化，彰显着五千年来各民族碰撞与交融。古村落是多元文化融合的中华民族传统文化的一个典型缩影。作为文化载体的传统村落，互助土族自治县丹麻镇索卜滩村、化隆回族自治县塔加乡塔加村等河湟地区的传统村落虽然没有江南水乡的灵巧与精致，没有中国北方四合院的严谨与规整，但却凝聚着青海高原人民继承传统、顺应发展、就地取材、因地制宜的无穷智慧。每一个传统村落，都是一段历史、一个故事。

中国传统村落是指村落形成较早，拥有较丰富的文化与自然资源，具有一定历史、文化、科学、艺术、经济、社会价值，应予以保护的村落。中国传统村落是农耕文明的精髓和中华民族的根基，蕴藏着丰富的历史文化信息与自然生态景观资源，是中华农耕文明留下的最大遗产。是我国乡村历史、文化、自然遗产的"活化石"和"博物馆"，是中华传统文化的重要载体和中华民族的精神家园。作为一个拥有悠久农耕文明史的国家，中华大地遍布着众多形态各异、风情各具、历史悠久的传统村落。截至2023年3月，已有8155个具有重要保护价值的村落被列入中国传统村落保护名录，形成了迄今为止世界上规模最大的农耕文明遗产群。保护传承、挖掘利用丰富的传统村落历史文化资源，对于助力乡村文化振兴、推动中华优秀传统文化保护传承、建设中华民族现代文明等具有重要价值。

一、青海传统村落

（一）索卜滩村

互助土族自治县丹麻镇索卜滩村每年的农历三月十八盛大的聚会。这天，参会的土族群众都会穿上最漂亮的民族服饰，特别是年轻的土族妇女，穿上五彩花袖衫，戴上宽边礼帽，礼帽前边插上鲜艳的绢花，绢花中间还安放一面小方镜子。在这个热闹的聚会中，有一个特别的仪式，那就是"撞鸡蛋"，这可不是只属于小孩子的节目，所有的赶会者都会携带熟鸡蛋到庙会场地，互相撞击鸡蛋，蛋破者为输，赢了的剥掉蛋皮吃掉，到庙会结束，剥下的鸡蛋皮撒满会场，白花花一地，故，称"鸡蛋会"。

"鸡蛋会"会场通常设在村西龙王庙前。神殿前竖立高三丈三尺（9.99 m）的幡杆，用彩纸剪贴成云纹、水浪样式的长幡杆，挂在杆头垂落于地，幡杆上端横置两齿叉，叉尖各有一个大馒头，寓意日月同辉。幡杆上端还拴着包有五色粮食、红枣、花生、水果糖及硬币等物的布袋，谓之"梁蛋子"。到了傍晚仪式结束的时候，众人就会围抢这些献品，得馒头者生"状元郎"，得"梁蛋子"者可禳灾避祸，化凶为吉。

"鸡蛋会"源于明朝嘉靖年间，因一次春天的雹灾而举行的，留下庙会打鸡蛋禳灾之俗，迄今已有四百余年历史。说这一天打碎很多鸡蛋，地上铺满白花花的蛋皮，龙王及山神高兴了，这一年就不会降落冰雹，庄稼就会丰收。

索卜滩村是土族的发源地之一，这个土族村落距今已经有七百余年的历史，据记载，元朝时土族的先民就居住在这里。而每年的农历三月十八的"鸡蛋会"便是这个土族村落别具一格的传统习俗，索卜滩的特殊文化现象独树一帜。三月里万物化育，是生命季节，相互敲击鸡蛋这样独特的风俗也寄寓着人们对于生命的敬畏。

索卜滩村有两棵三百多年古杨树。当地人称为"盘龙将军龙爪"树。关于"盘龙将军龙爪树"的来历，索卜滩村流传着这样一个美丽的故事。传说，公元13世纪初的索卜滩村还是一片水草肥美的滩地，一代天骄成吉思汗的部将格日利特带兵到了今互助县境内，最后将生命留在了这里，或许将军不愿离开这片他挚爱的土地，将军与他的妻子化身这一棵夫妻树。树根的龙爪寓意着将军对这片土地的眷恋，他的部下更是为了寄托对将军的追思，便将脚步停留了下来，与当地"霍尔人"通婚繁衍生息（"霍尔"在藏语里指蒙古族）。后人为了纪念格日利特将军，便将它们命名为"盘龙将军龙爪树"。索卜滩村先后入选互助县十大最美乡村、中国少数民族特色村寨等，于2012年第一批被列入中国传统村落名录。

（二）吾屯村

吾屯村位于黄南藏族自治州同仁县隆务河流域，吾屯村分成两个村落，按方位称为上吾屯村和下吾屯村。藏语称"森格雄"，意为狮子滩，而狮子是吾屯唐卡中的一个重要元素。

隆务河流域历史上有蒙古族、藏族、汉族等民族多次来往迁徙，文化交流频繁，吾屯村的村落建筑形态也兼具汉、藏、土族各种特色。

在吾屯，家家都有唐卡画师，热贡唐卡的绘画笔法细致入微，画风华丽铺张，类似中国画里的工笔重彩。早期唐卡的颜料只有五种颜色，即白色、蓝色、绿色、黄色、红色，现在唐卡的颜色已经增加到十余种，乃至二十多种。上等的唐卡画用纯天然的颜料，把红珊瑚、绿松石、玛瑙等带有天然颜色的矿物质磨成粉，然后用泉水和木胶调成合适的颜色给唐卡着色，这样的唐卡经久不褪色，不变色。吾屯分为上庄寺和下庄寺，与年都乎寺、郭麻日寺、卧科寺并称"隆务四寨子寺"，该寺是收藏热贡艺术品最集中、最典型的寺院，许多热贡艺术精品存于该寺。除了唐卡，吾屯人还有一个绝活儿，那就是泥塑。制作方法是在黏土里掺入少许棉花纤维，捣匀后，捏制成各种人物的泥坯，经阴干，涂上底粉，再施彩绘。早在 2006 年，泥塑就被列入第一批国家级非物质文化遗产名录。吾屯村于 2012 年第一批被列入中国传统村落名录。

（三）郭麻日村

位于青海省同仁县年都乎乡，郭麻日古城堡初建于公元 7 世纪，为夯土板筑，城堡墙为夯土板筑而成，是一座镇守边关的军营城，距今有七百余年的历史。古堡呈长方形，东西长约 260 m，宽约 180 m，建筑面积 2 496 m²，有东、南、西三个城门，东门为正门，用红铜铸造。古堡内巷道星罗棋布，郭麻日古堡内除相互贯通的深深巷道外，没有多余的空间，从城门口走入，即是窄小的高墙。最宽 2 m，黄色的夯土墙夹着几乎仅供一人通过的青石板路，如进入迷宫一般。强大的压迫感扑面而来。

郭麻日古寨古朴和神秘，古堡内除了相互贯通的巷道外，没有多余的回旋空间。曾经这里因为土匪马贼经常发生斗争，故，人们建起像迷宫一样曲折迂回的窄巷，堡内的每一个院落就是一个军事防御单元，站在屋顶上可以用墙头当掩体。所以，敌人无论进入哪条巷道，无论往哪里躲藏，都会在村人的防御范围内，颇有几分"一夫当关，万夫莫开"的气魄，而村内的城墙、巷道设计之奇妙，结构之复杂，布局之精巧，令人惊叹。

在郭麻日古堡内最让人忧心的还不是压迫感，而是会不会迷路，找不到出口，因为古堡内没有颜色区分，没有方向指示，走在哪里都觉得差不多，也看不到前方的路是什么样，稍微拐几拐就会晕头转向，置身村内，如果没人引导，感觉整个巷道简直就是一个大迷宫，但这也正是古堡的意义所在。

每一处寨门顶上都设置嘛呢经轮，是古寨建筑独具特色的地方。为改善狭小的寨内空间，当地居民均修建了二层木结构楼房，底层为厨房、储物间和牲口圈房，二层为经堂和寝室；这与青海其他地方的乡村民居、庭院宽敞的特点形成了反差。寨内民居庭院多为四合院式，房屋为土木结构平顶房，一般民居都有飞椽花藻之类。屋内一般以木板作隔扇，室内有护炕木板、护墙木板围墙，并且多雕花草于其上。房屋一般面阔三间，正面以木板隔墙并装上木板条方格小花窗。佛堂设在二楼，佛堂所在的房屋一般都是上房，和佛堂不同向的两边厢房一般做卧室。院落中央一般都有竖挂经幡的旗杆，还设有桑台，具有明显的藏式特点。

据宋朝历史文献对郭麻日记载，尤其是郭麻日出土的马家窑文化与齐家文化的各类陶器考证，人类在郭麻日地区居住的年代可以追溯至五千年前，这座城堡最初出现于特莫科地，在唐末、宋初迁徙至现在的郭麻日至今已有九百余年，是热贡地区年代最早保留最完整的古堡。

除了古堡，郭麻日村最有名气的当数郭麻日寺。郭麻日寺藏语全称"郭麻日噶尔噶丹彭措林"，意为"郭麻日具喜圆满洲"。郭麻日寺最出名的是时轮金刚塔，为安多藏区最大的佛塔，其颜色之艳，建筑风格之特、造型之美、耗资之巨、民族特色之浓，在我国藏区首屈一指。郭麻日古城被誉为中国两千年屯垦戍边史活化石，是青海唯一的国家级历史文化名村，也是同仁地区年代最早乃至国内保留最为完整的古堡之一，于 2012 年第一批被列入中国传统村落名录。

（四）塔加村

传说一千多年以前，吐蕃大将阿米仁青加，赶着 500 峰骆驼，浩浩荡荡开到了一处水草丰茂的地方。从此，扎根这里生儿育女，繁衍生息。这里，便是化隆回族自治县塔加乡。据说，阿米仁青加有三个儿子，分别是今天化隆回族自治县塔加乡塔加、白家拉卡和尕洞的祖先。一千多年以来，这片土地上的人们生生不息、代代相传，让塔加这个古老的村落得以浮现在世人眼前。村庄依山而建，呈梯状递升，民居错落有致，选址讲究，当地人称为"布达拉式"的建筑风格。远观整个村庄呈扇形环山而居，庄廓形状有圆有方，依地势而建，格局紧凑。从底下看层层而上，节节攀升，形状颇为壮观，是典型的藏地建筑群。塔加村历经百年的历史沉淀，至今仍有十四座传统民居。塔加村保存了独特的藏式传统民居，走进一所民居，屋内土木结构的回廊二层四合院颇具特色，俯瞰犹如天井一般。人居于上，货畜置于下。这样的建筑一来可以节约土地，二来塔加村依山而建，洪水多发，二层的建筑可以防止受到洪水的侵袭，最后，采用二层楼建筑模式，阳光充足，采光良好。松木结构的传统二层民居是村民智慧的结晶，也是民族特色的集中体现。

藏历新年一般举行要半个月，藏族民众在除夕当天身着艳丽的民族服饰，戴上面具，举行代表辞旧迎新、驱邪降福的"跳神会"。春节期间，亲友和邻居之间，都要互相拜年，互赠哈达，祝愿新的一年幸福平安，并用青稞酒、酥油茶和糕点等招待客人。每到正午时分，"盛典"如期举行。舞台上不仅有藏族锅庄舞表演，还有土族吟唱、藏歌弹唱、酒曲表演等独具民族特色的文艺演出。周围村庄的村民都会聚到一起，载歌载舞直到月色倾洒这个西北百年藏庄的山坳间。

塔加人世居此地，他们认为这里的每一座高山，每一眼清泉都是造物主的馈赠，因此，千百年来，他们从不滥用和破坏自然万物，人与自然始终处在和谐的状态中这片土地，这里的人们始终坚持着对传统的爱护，带着对大自然最诚挚的膜拜，对传统习俗最大的尊重。塔加村是现在为数不多的，保存相对完整的传统村落之一，于 2016 年第四批被列入中国传统村落名录。

（五）卓木齐村

称多县尕朵乡卓木齐，意为"人多而大的村庄"，通天河畔一个藏族传统古村落，是青海藏区最美的村庄之一。以其神秘的历史文化、神奇的糌粑节以及神秘的传说，吸引了国内外无数的朝觐者、探险者、考古者、旅行者、摄影者等。在卓木齐村，有一座供奉佛祖舍利的千年古寺，这座千年古建筑——格秀拉康，格秀拉康是一座被白塔、嘛呢石墙所环围的经堂，经堂里面的四壁上，绘有色彩斑斓的壁画。这些壁画，除了藏传佛教绘画艺术的风格外，还有明显的蒙古族特征。

每逢春耕时节，卓木齐村的村民们都会将它作为一种传统的春耕祭祀活动来隆重操办。随着时间的推移，不知从何年何月开始，人们确定了每年藏历二月二十二为卓木齐村的糌粑（zān ba）节，这已经传承了千年，历史极其悠久。同时，这项活动也是玉树大地唯一的苯教文化祭祀活动的遗存，（苯教又称"苯波教"，因教徒头裹黑巾，故俗称"黑教"，它是在佛教传入西藏之前，流行于藏区的原始宗教），具有明显的地域性与原创性。一年一度的祈福盛会，虽然不是人山人海，但狂欢至极，热闹非凡。

藏族糌粑节是一种纯民间的农耕民俗活动，每当节日到来，都要举行隆重的仪式。首先由僧人向请来的贵宾敬献洁白的哈达和醇香味美的糌粑，同时进行歌舞表演，请神诵经、祈祷祝福。在卓木齐村的格秀经堂里，供奉着一只神鸟。相传该神鸟是附近尕朵觉悟神山的管家，它的颈项上挂有一串钥匙，据说是开启尕朵觉悟神山财富、智慧、健康、福寿宝库的钥匙。请神仪式由身着传统民族服装的年轻壮汉来操持。壮汉们扛着神鸟，与十三位手持彩箭的男子和十三位手捧糌粑酥油团的年轻女子一起，迎请白色的神鸟来到村子的广场上，祈福的诵经声也随之慢慢响起，把祈福的风马抛向天空，祈福的高呼声响彻天空。祈愿新的一年村庄能够风调雨顺，五谷丰登，和谐安康等诵完经文，撒完风马，便将请来的神鸟护送回格秀经堂里继续供奉。此时，疯狂的"糌粑大战"便正式拉开了帷幕。村民们打破年幼之分、尊长之别，不论你是谁，是什么身份，只要看到的人，都会被糌粑"祝福"。广场上，早就准备好的几袋青稞面粉这时被"参战"的勇士们相互抢夺，抛向空中，这时的广场，只要看到的人，如同被捅破的"马蜂窝"一样，完全乱成了一锅粥，你进攻我，我进攻他，都会被糌粑"祝福"。谁也不让谁，广场的一阵"厮杀"之后，便把"战火"燃烧到了周围兴致勃勃观战的人们，把战场从广场延伸到了村庄里面，开始了相互追逐式的"战斗"。这时候，无论你是远道而来的贵宾、游客，还是卓木齐村的村民，都被纳入这场狂欢当中，当你的脸上、身上粉白一片的时候，你才能平安地站在一边，心满意足地欣赏别人的狂欢。

卓木齐的村民认为，抛撒糌粑是一种吉祥的祈福活动，人们在抛撒的过程中，还会喊出自己心头所有的祈望，如此，来年就会百事顺利，万事顺心。所以，当人们都撒得面目全非的时候，没有人会埋怨，更没有人会生气。不到半个时辰，整个格秀经堂和村落巷道像是落了一层雪花，眼前景象，与四周的雪山草原相呼应，从而在眼前形成了一个圣洁吉祥的美好世界，等待所有的人释放完内心的祈福，历经一个多小时的"糌粑大战"才渐渐落下帷幕，卓木齐村再次恢复了往常的宁静。热闹非凡的"糌粑节"后，村民们期待着春暖花开，开始辛勤的春耕春播。他们在雪域大地上播下了希望，播下了梦想，播下了幸福，于2016年第四批被列入中国传统村落名录。

（六）吾云达村

古村落吾云达位于青海玉树藏族自治州称多县尕朵乡通天河畔，海拔3 700 m，属半农半牧村落，这个由藏式石砌碉楼群组成的古村落，吾云达藏寨民居属于称多县境内传统的石砌碉楼建筑群，集中连片分布，保存较为完整，就地取材，一石到顶，辅之以少量木料为门窗装饰，单体碉楼民居一般分为三层，一楼仓库，二楼居住，三楼佛堂，在砌墙时预留有瞭望孔、射击孔等，楼层与楼层之间以木梯相通，其文化内涵源远流长，这些藏族碉楼民居建筑颇具特色，它们一般都建在较高的台地上或半山腰处，建筑材质则以石块为主，木料为辅，石砌高墙，易守难攻，以保平安，外形厚重、稳固。房屋外檐由枝条编制篱笆墙隔出走廊，廊宽1 m，并在拐角处设有厕所。三层为经堂及库房，外墙设有瞭望口。墙体、门窗、天棚、独木梯均为本色，不刷油漆。建造时由藏族专门的石匠修建，在建筑过程中，不吊线、不绘图，全凭经验，信手砌成。其壁面能达到光滑平整、不留缝隙，有一定的艺术和研究价值。每逢泼水节，当地藏族民众身着盛装自村边溪流取水，互相泼洒，祈福吉祥如意、幸福安康。吾云达村于2016年被列入第四批中国传统村落名录。

据考证，吾云达村的泼水节最早起源于原始农耕时代，时间在藏历四月初，农耕前夕即藏历四月八日举行，全体村民都要参与，他们载歌载舞，虽然与卓木齐村的糌粑节有异曲同工之妙，但吾云达村在活动中却显得低调很多。在原始的农耕时代，吾云达村里的山涧清泉被改为河渠，为农田灌溉之用。每逢灌溉完毕，村里所有人开始休息聊天，村民们一溜儿坐在田埂间，家长里短，有说有笑。这个时候，有好事者便用泉水"偷袭"别人，当然也有村里热恋当中的男女青年，他（她）们向对方泼洒清泉水，以此取乐。谁也没有想到，这么一个小小的举动，后来竟演变成一个祭祀泼水节。也许刚开始觉得好玩，后来就一传十、十传百，慢慢演变为全村人开始相互泼水取乐，阿爸给阿妈泼水、阿爷给阿奶泼水、少的给老的泼水、老的给少的泼水、妻子给丈夫泼水、丈夫为了"报仇"又给妻子泼水……于是，一场"泼水大战"由此拉开了序幕。每当春耕灌溉完毕，全村人便开始互相以泼水活动取乐，直到将对方全身泼湿、泼透为止方肯罢休。吾云达村的泼水节一直流传至今。只要到了藏历四月八日这一天，无论村里人在何方，都会赶回来齐聚吾云达村，与亲朋见面，与老友相聚，最主要的便是泼水娱乐……

吾云达村也有祭祀神鸟的活动，村里至今依旧保存着三只祭祀的神鸟。但和卓木齐不同，吾云达村的这种祭祀并非属于全体村民，仅供主人祭祀神鸟。关于吾云达村祭祀神鸟的来历，还有一个美丽的传说。在很久很久以前，从遥远的西方佛国印度飞来三只大鹏鸟，这三只大鹏鸟在飞到通天河畔一带时，端端儿（正好）落到一户贫困人家的房顶上栖息。这户贫困人家的主人怎么赶也赶不走，即便是一时飞走了，过几天就会又飞回来，还是落在他家房顶上栖息。主人也只好作罢，不再赶它们走，还拿出原本就不多的青稞等粮食来喂它们。日子过得好快，转眼间一年就过去了。但是自打这一年开始，他家里的境况发生了彻底的变化，一改往日贫困落后的面貌，家境也慢慢好了起来。这贫困人家便认为，这一切的转变，都是得益于三只大鹏神鸟带给他们家带来了福气与好运。

后来这三只大鹏鸟一直陪伴着心地善良的主人一生，成为他们家的三个成员，主人也好生相待，就像照顾自己的孩子一样照顾这三只大鹏鸟。

几年后孩子们也慢慢长大了，各自成家立业，经商的老大有收入，种地的老二有收成……总之一切非常顺利。从此，这家人和大鹏鸟和谐相处，儿孙满堂，儿孙孝敬父母，妯娌相处融洽，一家人过着其乐融融的日子。直到有一天，这家的男主人因生老病死离开了这个世界，三只大鹏鸟也跟着男主人一起悲伤地离开了这个世界……

为了纪念这三只大鹏鸟，女主人便把三只大鹏的尸骨原封不动地安放在家里最好的位置，以供奉祭拜。每年四月春播时节，他们一家人便要起个大早，换上净水，口中念念有词、虔诚地祭祀朝拜这三只大鹏神鸟，感恩三只大鹏鸟带给他们家的好运与福报。随着时光的流逝，这种祭祀活动慢慢流传了下来，时至今日还在继续。

吾云达村的选址与格局有其自然属性，选址非常讲究，先民们将住所选在通天河畔避风、朝阳、低洼、缓坡处建房，这样不仅采光好，还能呼吸到通天河畔的清新空气，难怪村里会有那么多长寿老人。吾云达村坐落在通天河拐弯处的半山坡上，依山而建，择水而居，错落有致，位于东南方的原始山谷间，又恰好起到天然挡风的屏障作用。村落这一整体布局，体现出人们对自然条件的顺应和巧妙利用，在防洪、防旱以及农耕、畜牧、狩猎、采捕生活等方面都带来了便利。

（七）慕容古寨

慕容古寨位于湟中区拦隆口镇拦一村金仓岭，以历史悠久的酩馏酒闻名，无须勾兑，慕家村酩馏酒酿造始于晋武帝年间，已有传承一千七百多年的酿酒历史，慕家村酩馏保持着古法酿造工艺，河湟地区的青稞，加以六十余种中草药，使酩馏愈加醇香。这里的酩馏老作坊，因其酿法不同而闻名，经过数十道工序后一滴滴落入粗瓷碗中的酩馏，传承的是数百年来河湟地区的民俗和文化。这里还有古老的榨油坊，青瓦、木架、土坯墙……一副沧桑的模样。慕家村酩馏酒已经被省政府确定为青海省第一批青海老字号，且因数百年历史而成为全省历史最长的老字号。

"二月二，龙抬头"。农历二月二这天，在湟中区，一年一度的慕家村酩馏文化旅游节将如期举行。在这里，你能领略到传统的祭酒典，感受河湟民俗文化的魅力。在这里既可以品尝"青海茅台"酩馏酒，感受鲜卑慕容史、中华酩馏文化、红色文化，还可以参观独特的省级非遗酩馏酒酿酒技艺。经考证，慕容氏确为鲜卑皇族的一支，后迁居各处，而湟中区的"慕家村"为慕容氏后人中一支居住之所，这既是慕容古寨的根，更是慕容古寨的魂。作为鲜卑慕容吐谷浑王西迁时的慕容部，其后裔家人们一直居住于此。整个慕容古寨，无论从城墙风格的廊道、古朴的亭台楼阁、红木造的老宅，都延续着青海慕容的特色。慕家村，是以历史文化旅游为主的乡村文化旅游景区。因有鲜卑慕容后裔聚居群，有千年鲜卑慕容历史和传奇的慕容西迁故事，有悠久的鲜卑慕容中华酩馏非物质文化遗产；1949 年中国人民解放军在青海剿匪时曾宿营过的房屋在这里都完好无损，被完整保留下来了，是集青海省历史文化、文化体验、文化特色等于一体的休闲农业与乡村旅游深度融合村落。

（八）结古镇

"结古"在藏语中是"货物集散地"的意思，长江从它身边流过，它也成了长江流域中第一个人口密集的地方。玉树市辖镇，州、市府的驻地。地处青南高原扎曲（河）谷地，扎曲（河）自西北向东南流经境中汇入通天河（长江）。往西，是作为长江、黄河、澜沧江三江之源的唐古拉山，往北，是大水无边的通天河和终年冰封的巴颜喀拉山脉。

这是唐蕃古道的最后驿站，是千百年来，西藏进入中原的唯一通道。结古镇是唐蕃古道上的交通、军事、贸易重镇，历史悠久，自古以来便是青海西宁，四川康定，西藏拉萨三地之间的贸易重镇。贞观十五年（公元 641 年）正月十五，唐太宗将文成公主下嫁松赞干布，文成公主就是于此踏上和亲之路，开创了唐蕃交好的新时代。结古镇的贝纳沟，是松赞干布接到文成公主后，两人曾休息了一个多月的地方，这也是文成公主入藏过程中停留时间最长的地方，结古镇因此留下了众多与公主有关的遗迹。结古镇的名称来源于当地的结古寺，寺庙位于镇东北方的山上，相较于文成公主庙。这里的寺院宏伟很多，而且文物丰富、寺僧众多。结古寺是省内萨迦派的主寺，九世班禅确吉尼玛圆寂于此。结古寺创建于元朝，寺院的建立曾得到元朝国师八思巴的关照。历史上，结古寺曾经有三个活佛系统，他们对寺院的发展起了很大的作用。其中就有第一世嘉那活佛——丹珠尼夏，他曾经游历印度与中原，正是他，在结古镇，造就了与文成公主遗迹并称的嘛呢文化。

所谓嘛呢文化，自然与嘛呢石（嘛呢石又称为写在大地上的经卷）息息相关。在结古镇，无论是在广袤的草甸上，还是在路边河岸，或者通往寺庙的小径，都可以看到刻满藏文佛经的石头，大的如圆桌、小的似弹丸，一堆堆、一摞摞，遍布各处。传说，嘛呢石的起源与结古镇北的通天河有关。唐僧师徒取经归来，路过通天河，因得罪神龟，经书跌落江中。师徒只好把经书翻开，晒在石上，结果经文印到了上面，成了嘛呢石。

距结古镇的 3 km 的新寨村，有一座世界上最大的玛尼堆，现在玛尼堆东西长 300 m，南北宽 80 m，高 3 m，占地面积 2.4 万 m^2。它已经存在了几百年，在漫长的岁月里，在这布满嘛呢石、佛堂、佛塔、经幡的新寨，每天都有众多的信徒从四面八方来到这里，他们相信，常念"嘛呢"，死后可不入地狱，甚至升至极乐。更有一些藏民，他们口念经文，手转经轮围绕着嘛呢石墙转了一圈又一圈，他们祖祖辈辈生活在嘛呢石堆旁边，用手中的铁钎一代代地刻着六字真言（唵嘛呢叭咪吽）的石块堆在石墙之，这既是在历经苦难、又是在积累功德，一块块嘛呢石上，印下的是他们虔诚的心。最终形成了这个拥有二十五亿多块嘛呢石经文的"石头图书馆"，可称得上是"世界第一石刻图书馆"和"世界第一嘛呢石堆"。据传，新寨村的第一块嘛呢石，便是由第一世嘉那活佛丹珠尼夏发现。当那块光滑的石头感受到丹珠尼夏的时，闪烁发光的六字真言便在石头上显现，人们称为"自显嘛呢石"，而新寨这个石堆也被称为嘉那嘛呢石堆。2005 年，被上海大世界吉尼斯评选为世界上面积最大的嘛呢石堆。

二、古（镇）村落美学价值

（一）保护传统的古（镇）村落

"每座古村落都是一部厚重的书，可是没等我们去认真翻阅它、阅读它，就在城市化和城镇化的大潮中很快消失不见了。"著名作家冯骥才如此评价城镇化大潮中我国传统古村落快速消亡的现状。古村落是中华文明的"基因库"，青海省历史文化悠久，传统古村落分布较为分散，而且大多分布在历史上经济较为落后、交通不便的地区。而在青海省河湟地区的藏式民居，撒拉民居，只有立在院中的照壁，还能看出当年的文化古迹遗址。20 世纪 80 年代起，青海各地大力发展城镇建设，让村民逐渐富裕起来，但也让古村落的自然、人文环境消失或遭到破坏，因此，保护古村落，延续青海传统文化已迫在眉睫。

（二）古（镇）村落美学价值

2013 年 12 月 12—13 日，习近平总书记在中央城镇化工作会议指出，要依托现有山水脉络等独特风光，让城市融入大自然，让居民望得见山、看得见水、记得住乡愁。这既是诗意的表达，更是民意的体现。莫让乡愁变乡痛，当务之急是要把保护古村落与美丽乡村建设和城镇化进程进行统筹整合、一体规划。

首先，留住乡愁就得留住文化。乡土文化是乡愁的重要载体。众所周知，农村文化较城市落后，主要源于城乡分割的二元结构。当下的城镇化建设，要义就是弥合城乡发展鸿沟，带动城乡发展一体化。就乡土文化而言，既要按照农村的人口结构和经济水平来确定文化供应的内容，在"送文化"的基础上，探索如何因地制宜"种文化"，也要大力挖掘和传承积淀了上百年甚至上千年的村落乡土文化。在美丽乡村建设和古村落发展中，就应该提炼乡土文化，尊重乡野环境，从自然中选材、选型和设计，尽量保留乡村原有的自然生态，将自然环境和人工痕迹巧妙融合，达到"虽由人作，宛自天开"。同时，应该从村民需求出发，让乡民真正参与到规划过程中，回归乡村文化，保持乡民生活与生产的本真性。乡土文化复兴既要尊重乡村文化的本体地位，也要考虑现代价值诉求；文化的生成和传承是一个日积月累的缓慢过程。因此，农村要留住乡愁，不仅有待于各级政府在人、财、物的长期投入和规范建设，更需要我们对农村优秀传统文化坚持不懈地发掘和弘扬；而乡村旅游作为乡村文化的吸引和传播载体，成为传承、恢复或振兴乡村文化的有效途径。

其次，留住乡愁就得留住故人。改革开放以来，我国经济高速发展，取得了举世瞩目的成就，与之相伴随的区域之间经济差距也日益明显，社会经济发展出现不平衡，由此带来了社会资源的不平衡。很多人为了生存背井离乡，走进大城市；以快节奏的生产生活方式为主导的现代发展模式，将逐渐取代慢生活、人情化的乡村传统，乡村社会正处于剧烈的嬗变当中。党的十八大以来，精准脱贫政策、美丽乡村建设和古村落保护的实施，让经济落后的乡村重点就是加强村集体经济建设，地区经济取得了良好的发展，越来越多的人不用背井离乡了，"人"的城镇化已经在美丽乡村建设中取得了实效。

再次，留住乡愁就得留住美丽、留住记忆。科学的新型城镇化建设，就是要留住故乡的美。有人说，21 世纪对世界影响最大的有两件事，一是美国高科技产业，二是中国的城市化建设。建设美丽乡村，不再是急功近利地进行水泥和砖块的堆砌，注重的是生态，是传承，是和谐。这三者不是独立的，而是互相包容的发展。生态建设既要有"山水脉络"的传承，又要"天人合一"的和谐；传承文明，既要"顺应自然"的生态传承，又要"记得住乡愁"的文化传承；和谐发展，包括了人、自然、文化的相辅相成，物质文明和精神文明的共同发展。坚持沿着这样的道路推进美丽乡村建设，我们在想念故乡时，一定不会再有迷失和无奈，有的全是"美丽乡愁"。留住自然就能留住游客。留住了上苍、老祖宗馈赠给我们的大自然，我们才能走得更远，步伐才能迈得更快。如今"留住乡愁"已成为青海建设美丽乡村和古村落发展的共识，"望得见山，看得见水"成为城乡建设的共同愿景，越来越多的青海人意识到，自然的山水、传统的街区、独特的民居、传承下来的文化记忆，既是一城一地的鲜明标示，也是未来发展的宝贵财富。

在新型城镇化中的美丽乡村建设背景下，我们需要通过对古村落的研究，吸取其在村落选址规划、生态环境保护，人与自然和谐相处等方面的理念，为新农村建设提供借鉴；通过挖掘和传承其丰富内涵，推动农村精神文明建设和文化建设；通过古村落传统聚落、山水景观的保护开发，带动旅游业的开发，促进农村经济发展，增加农民经济收入，实现古村落保护与美丽乡村建设的和谐发展。

第九章
新中国红色农耕文化

第一节　新中国农业的典型成就

一、"红旗渠"精神

河南省林县（今林州市）位于太行山东麓，历史上属于严重干旱地区。林县受气候、地形及地质条件的影响，林县土薄石厚、水源稀缺。曾十分贫穷，全县山岭起伏，沟壑纵横，土薄石厚，十年九旱。"光岭秃山头，水缺贵如油，豪门逼租债，穷人日夜愁。"昔日林县人民世代挣扎饥寒交迫之中。1944 年林县解放，党和政府给林县极大的关注，先后打了 2 000 余口井，但对一个地域广阔的贫困山区仍是杯水车薪。1957 年中共林县县委提出"重新安排林县河山"的号召，修建了三座小型水库和英雄渠，但仍然摆脱不了干旱的威胁。多年同旱魔抗争的林县领导认识到，要从根本上解决干旱问题，必须采取引蓄相结合的方法，将山西省的漳河水引入到河南省林县，除此别无选择。但要用锤头、铁锹、双手在悬崖绝壁上开挖几千千米渠道及建造几千座附属建筑物并非易事。林县人宁愿苦干不愿苦熬。在三年困难时期的严峻形势下，1960 年 2 月 10 日，中共林县县委召开了"引漳入林"实施大会。2 月 11 日在县委书记杨贵同志的带领下，浩浩荡荡的建渠大军开赴太行山里漳水河畔。37 000 多名干部群众奔赴修渠工地，劈山填谷，开山凿渠。林县人民发扬自力更生的优良传统，艰苦奋斗，战胜种种困难，在万仞壁立的太行山上开山凿渠，把漳河水从山西省引入林县，创造了"愚公移山"的现代奇迹，从此揭开了红旗渠工程的序幕。

红旗渠以浊漳河为源，渠首在山西省平顺县石城镇侯壁断下。总干渠墙高 4.3 m，宽 8 m，长 70.6 km，设计最大流量 23m³/s。到分水岭分为 3 条干渠，南北纵横，贯穿于林州腹地。一干渠长 39.7 km，二干渠长 47.6 km，三干渠长 10.9 km。红旗渠灌区共有干渠、分干渠 10 条，长 304.1 km；支渠 51 条，长 524.1 km，斗渠 290 条，长 697.3 km，合计总长 1 525.6 km，加农渠总长度达 4 013.6 km。沿渠共建有"长藤结瓜"式一、二类水库 48 座，塘堰 345 座，提灌 45 座，共计兴利库容 6 000 m³。利用红旗渠居高临下的自然落差，兴建小型水力发电站 45 座，已成为"引、蓄、提、灌、排、电、景"相结合的大型灌区。

1960 年春，红旗渠首拦河坝工程，95 m 的坝体只剩下 10 m 宽的龙口尚未合龙，河水奔腾咆哮，500 多名共产党员、共青团员跳进冰雪未消、寒气逼人的激流中，排起 3 道人墙，臂挽臂，手挽手，高唱"团结就是力量"，挡住了汹涌的河水。红旗渠被林县人民称为"生命渠""幸福渠"。它的修建不仅从根本上改变了林县人民的生存条件，促进了林县的经济发展，而且孕育产生了红旗渠精神。其内涵是"自力更生、艰苦创业、团结协作、无私奉献"，是在修建红旗渠的过程中形成的。红旗渠动工于 1960 年，勤劳勇敢的 30 万林县人民，苦战 10 个春秋，仅仅靠着一锤，一铲，两只手，在太行山悬崖峭壁上修成了这全长 1 500 km 的红旗渠。工程历时近 10 年。该工程共削平了 1 250 座山头，架设 151 座渡槽，开凿 211 个隧洞，修建各种建筑物 12 408 座，挖砌土石达 2 225 万 m³，红旗渠总干渠全长 70.6 km，"人工天河"——红旗渠，彻底改变了世世代代贫穷缺水的命运。艰苦创业的"红旗渠精神"已经成为中国人民伟大民族精神的象征。结束了十年九旱、水贵如油的苦难历史。1969 年 7 月，全长 1 500 多 km 的红旗渠工程全面建成。太行山的层峦叠嶂间，从此多了彰显中华民族精神奋斗的"人工天河"，奔流至今。红旗渠是毛泽东时代林县人民发扬"自力更生，艰苦创业、自强不息、开拓创新、团结协作、无私奉献"精神创造的一大奇迹，被称为世界水利第八大奇迹，红旗渠宛如一座绵延起伏的"水长城"。1960 年，毛泽东主席多次指示必须大兴水利，给后来林县人民开凿红旗渠奠定了基础。周恩来总理生前对红旗渠的建设倾注了很多心血。他曾自豪地告诉国际友人："新中国有两大奇迹，一个是南京长江大桥，一个是林县红旗渠。"1974 年，新中国参加联合国大会时，放映的第一部电影就是纪录片《红旗渠》。

在红旗渠建设过程中孕育形成的红旗渠精神以独立自主为立足点，以艰苦创业、无私奉献为核心，以敬业为民、踏实奉献、团结协作的集体主义精神，不仅记载了林县人民那段战天斗地的奋斗历程，而且成为我们党和中华民族宝贵的精神财富，至今仍具有重要的时代价值，在历史的新征程上，仍然激励着广大干部群众需要继续奋发进取，开拓创新，不断创造更加辉煌的业绩。这种精神既继承和发展了中华民族勤劳坚韧的优良传统，又体现了当代中国人的理想信念和不懈追求。红旗渠精神依然是鼓舞我们艰苦奋斗、开拓进取的强大精神动力，依然求真务实、真抓实干的宝贵精神财富。激励我们撸起袖子加油干，为实现中华民族伟大复兴的中国梦而不懈奋斗，今天的红旗渠，已不是单纯的一项水利工程，它已成为中华民族精神的一个象征。

红旗渠修建期间，正值我国三年困难时期，林县人民不等不靠不向国家要，埋头苦干，顶住各种压力，依靠自身力量和广大人民群众的集体智慧，凭着自力更生的坚强意志和不向困难屈服的艰苦创业精神，一锤一钎劈开太行山，硬是修成了千里长渠，引来漳河水，解决了吃水问题，充分体现了中华民族艰苦奋斗、自强不息、战天斗地的拼搏精神。事实证明，人民群众的智慧是无穷的，关键是能否激发出来。习近平总书记在党的二十大报告中强调，全党同志务必不忘初心、牢记使命，务必谦虚谨慎、艰苦奋斗，务必敢于斗争、善于斗争，坚定历史自信，增强历史主动，谱写新时代中国特色社会主义更加绚丽的华章。

正如习近平总书记指出，愚公移山精神、焦裕禄精神、红旗渠精神，这些革命创业精神是我们党的性质和宗旨的集中体现，历久弥新，永远不会过时，心有所信，方能行远。在新时代进行伟大斗争、建设伟大工程、推进伟大事业、实现伟大梦想需要我们始终坚定理想信念、矢志拼搏奋斗。习近平总书记指出，坚定理想信念，坚守共产党人精神追求，始终是共产党人安身立命的根本。理想信念就是共产党人精神上的钙，理想信念不坚定，精神上就会缺钙，就会得软骨病。自力更生、艰苦创业是中华民族的传统美德，也是红旗渠精神的重要内涵。习近平总书记强调，自力更生是中华民族自立于世界民族之林的奋斗基点。在实现中华民族伟大复兴的新征程上，必然会有艰巨繁重的任务，必然会有艰难险阻，更加需要我们发扬自力更生、艰苦创业精神。不论我们国家发展到什么水平，不论人民生活改善到什么地步，艰苦奋斗、勤俭节约的思想永远不能丢。

红旗渠精神蕴含着巨大的精神能量，在与时俱进中不断彰显着时代价值，历久弥新、生生不息。红旗渠精神，就是中国共产党人初心和使命的体现。红旗渠精神之所以动人，就是因为它凝结了中国共产党人的初心和使命，当代中国，要实现第二个百年奋斗目标、实现中华民族伟大复兴的中国梦，仍需弘扬红旗渠精神，高扬理想信念旗帜，筑牢信仰之基、补足精神之钙、把稳思想之舵，以坚韧不拔的意志和无私无畏的勇气战胜前进道路上的一切艰难险阻，不断取得新的更大胜利。红旗渠精神是中国共产党人精神谱系的闪亮坐标，是中华民族不可磨灭的历史记忆，永远震撼人心。

二、"大寨"精神

大寨位于山西省晋中市昔阳县境内，地处太行山腹地，依虎头山而建，大寨村属太行山土石山区由于长期风蚀水蚀地域形成了七沟八梁一面坡的地貌，自然环境条件恶劣。中华人民共和国成立前的大寨，其耕地和水资源都极度贫乏，经大寨人祖祖辈辈的辛勤开垦后，拥有了约 47 hm^2 的耕地，大部分的耕地面积小、分布散、位置差，七零八落地分布在山坡上、险沟旁等，人称"七沟八梁一面坡"。农业合作化后，在毛泽东思想的指引下，以陈永贵同志等带头的大寨人决心改变这里落后的面貌。

1964 年 2 月 10 日，全国开展农业学大寨运动，依据的是毛泽东于 1963 年发布的一项指示，工业学大庆，农业学大寨，全国学人民解放军。"农业学大寨"学出的"红旗渠"精神，从而成为当时中国农业的榜样。大寨一度成为中国政治版图上的重要地标。大寨梯田不仅景色美丽，还蕴涵着重要的意义，它是当时大寨村的数百户人家日复一日垦凿、修建出来的，体现了一种"艰苦奋斗，自力更生"的精神。山西省大寨梯田中国人曾经的精神家园；如今大寨梯田虽然大部分退耕还林了，也不再叫梯田，但它曾经的精神我们依然不可忘却。

1964 年 12 月，周恩来总理在《政府工作报告》中对大寨精神的概括是："政治挂帅，思想领先，自力更生，艰苦奋斗，爱国家、爱集体的共产主义风格。"

政治挂帅，思想领先。一方面，中华人民共和国成立后，农业社会主义改造首当其冲，农业集体化道路后来居上。这无疑是来自党中央对农业发展的权威指导。大寨人民在党中央的倡导下，开始走农业集体化道路，正是因为大寨人民有着坚定的政治立场，制定出十年造地规划，解决温饱，改变了大寨的落后面貌；另一方面，大寨大队从贾进才同志到陈永贵同志，形成了具有良好影响力和凝聚力的领导集体；他们作为基层党组织，服从党的领导，敢于进行农业集体化道路，将社会主义革命与农业生产结合起来；同时，也体现了大公无私、甘于奉献、永不服输的优良品质，使大寨成为农业集体化过程中农业生产的典范。

自力更生，艰苦奋斗，是大寨精神的核心内涵。中华人民共和国成立后，党和国家一直在探索如何改善落后的农业生产。从 1953 年开始，大寨村民历经数十年，发挥"愚公移山"般的艰苦奋斗的精神，在艰苦创业的实践中培育出了大寨精神。当大寨村民 1963 年面临洪灾时，他们做到了"三不少"和"三不要"，战胜了自然灾害。在缺乏农业机械设备以及技术人才的情况下，大寨村民却创造出一系列农业生产方法，他们的粮食亩产产量，1952 年为 118.5 kg，1962 年增加到 387 kg，1963 年虽然遭遇很大的水灾，但仍然保持在 350 kg 以上。这也离不开社会主义建设时期涌现以老书记贾进才同志为代表的大寨人民，他们为社会主义建设事业贡献。

爱国家、爱集体的共产主义风格。随着 1953 年"十年造地规划"的制定，大寨村民大力开展农田建设，1953—1964 年，这个 83 户 360 多口人的小山村为国家提供商品粮 1 029 t。他们为国家和集体所做的贡献是显而易见的，得到了毛泽东主席、周恩来总理等国家领导人的高度评价。更重要的是大寨人经常进行集体主义教育活动，他们身上无时无刻不体现出浓厚的爱国主义思想以及为社会主义无私奉献的品质。大寨人民以国家利益为上，热爱集体，勤劳勇敢，弘扬了社会主义无私奉献的高尚道德品质。

大寨精神中国共产党精神谱系，是指以伟大建党精神为源头，建党以来百年征程中，一代代共产党人践行初心使命，为理想、为宗旨在不同历史条件、不同工作岗位上英勇奋斗、不怕牺牲，形成的体现中国共产党性质、宗旨的系列红色精神，包括红船精神、井冈山精神、长征精神、延安精神、大寨精神、大庆精神等。习近平总书记强调，人无精神则不立，国无精神则不强。精神是一个民族赖以长久生存的灵魂，唯有精神上达到一定的高度，这个民族才能在历史的洪流中屹立不倒、奋勇向前。

大寨精神是中华民族"勤劳勇敢、自强不息"的精神，和中国共产党倡导并实践的社会主义、集体主义、爱国主义精神相结合诞生的时代精神。大寨人追求理想的开拓精神、永不言败的苦干精神和甘于付出的奉献精神，永远是激励我们投身中国特色社会主义建设事业的不竭精神动力；大寨精神是一笔宝贵的精神财富，永远不会因为时间的推移和环境的改变而失去其价值。

我们必须继续弘扬大寨精神，切实加强理想信念教育，加强自力更生、艰苦奋斗优良传统教育，加强爱国主义和集体主义教育，形成全民族奋发向上的精神力量和团结和睦的精神纽带，为构建社会主义和谐社会提供精神动力支持。弘扬大寨精神就是要像大寨一样，始终坚持加强农村基层党组织建设，建设一支解放思想、勇于担当的带头人队伍，团结带领广大农民群众继承自力更生、艰苦奋斗传统，与时俱进、创新开拓，致力发展、促进协调，着力民生、共同富裕，才能完成社会主义新农村建设任务。大寨精神是社会主义现代化建设的重要精神支柱、要树立顾全大局，无私奉献，勤俭节约，清正廉洁的良好风尚，现在仍然具有重要的现实意义。

三、"塞罕坝"精神

河北省塞罕坝机械林场位于河北省承德市围场满族蒙古族自治县北部坝上地区，塞罕坝原本是一片广阔的沙漠。塞罕坝机械林场 1962 年由原林业部建立，1968 年划归河北省林业厅管理。已有国家 AAAAA 级旅游区全场总经营面积 9.3 万 hm^2，其中有林地面积达到 7.47 万 hm^2，种了 4.8 亿棵树，按照 1 m 间距排开计算，可以绕地球赤道 12 圈半。森林覆盖率达到 80 %，林木总蓄积量达到 1 012 万 m^3。通过一代代塞罕坝人的坚持、努力和奋斗，造就了塞北的"绿色明珠"。而塞罕坝的每一棵参天大树，都是人工种植的，加上地处高寒，树种结构相对单一，森林生态系统比较脆弱。

经过半个多世纪的奋斗，塞罕坝诞生了世界上面积最大的人工林海，这里的山、树，见证着当地生态环境的变迁。塞罕坝的变化，是中华人民共和国成立以来我国林业变化的一个缩影。塞罕坝精神是在塞罕坝从广袤的沙漠到翻天覆地的绿装的历史变迁中孕育形成的。塞罕坝精神是中国共产党精神谱系的重要组成部分。具体来说，可以概括为牢记使命、艰苦奋斗、绿色发展。绿色发展是塞罕坝精神的基础。环境和发展从来不是对立的。中国绝不会走西方国家的老路，破坏生存环境谋求发展。中国始终坚持绿色发展、创新发展方式、发展中保护环境，努力践行碧水青山是中国生态发展理念的宝贵财富。

塞罕坝精神包括生态环境改善和高质量发展精神。全党全国人民要弘扬这种精神，把绿色经济和生态文明发展好。塞罕坝要对生态文明理念有更深的理解，再接再厉，二次创业，为新征程贡献力量。一代塞罕坝人牢记初衷，践行使命，始终坚持绿色发展，变沙漠为森林，以森林换青山绿水。他们通过坚持青山绿水的精神力量，努力在祖国北方筑起一道坚固的生态安全屏障，用实际行动创造了人类在荒野中的奇迹。

2014 年 4 月，中宣部授予塞罕坝机械林场"时代楷模"称号。2017 年 12 月，获得联合国环境规划署颁发的地球卫士奖。2021 年 2 月 25 日，荣获全国脱贫攻坚楷模荣誉称号。

第二节　农业"八字宪法"

一、农业"八字宪法"由来

农业"八字宪法"，1954 年 9 月，周恩来总理在第一届全国人民代表大会第一次会议上所作的《政府工作报告》中首次提出了建设"现代化的农业"这个概念。毛泽东主席深知科学技术对发展现代农业的重要性，极力提倡选种、改进耕作方式，并提出了农业"八字宪法"，对实现科学种田起了积极的推动作用。

党中央提出的提高农作物产量的农业"八字宪法"，影响当代中国农业二十多年。它在相当程度上促进了农业生产的发展，但是，1958—1960 年，对农业"八字宪法"的歪曲和误解，也出现了虚假浮夸、违背客观经济规律和自然规律的问题。

1958 年，毛泽东主席根据我国当时农村的现状和科学技术，在党的一系列重要会议上提出农业增产的八字措施为土、肥、水、种、密、保、管、工；这八个字概括了农业增产的所有主要措施，是农业科技工作者和广大农民生产经验的权威性的总结，因而被人们形象地奉之为"八字宪法"。

农业"八字宪法"是指内容而言，每一个字都有具体的内容和含义。每个字在发展农业生产中都有其特定的地位和作用。每个字的内容不仅阐明了合理利用自然条件的规律，又提出改造的途径，不但包括一系列技术措施，也包括了各方面的基本建设。

农业"八字宪法"每个字都有极其丰富的内容，每个字不仅有它独特的增产作用，这八个字之间又是相互促进、相互制约，彼此有着密切关系，构成一个有机的统一整体。农业"八字宪法"的内在关系，土壤是基础，肥、水、种是前提，合理密植是中心，保、管、工是基本保证。因此，只有因地制宜，综合运用农业"八字宪法"，才能获得最大增产效果。

二、农业"八字宪法"的内容新解

第一字"土",过去是指深耕、改良土壤、土壤普查和土地规划。由于过去几十年的大量滥用化肥,土壤修复和改良已经是势在必行,而深耕也是促进增产的有效办法,国家也在一直推广。

"民以食为天""土壤是万物之本、生命之源"。土壤是人类赖以生存、兴国安邦、生态文明建设的基础资源,是保障国家粮食安全与生态环境安全的重要物质基础。人类消耗的 80% 的热量、75% 以上的蛋白质及大部分的纤维,都是直接来源于土壤。对于我国这样一个土壤资源紧缺的国家而言,健康的土壤则显得尤为重要。善待土壤,就等于善待自己的生命。

耕地是农业最基本的生产资料。我国是一个人口众多的农业大国,人均耕地数量少,耕地的后备资源不足,为了稳固农业基础,必须切实保护耕地,这是由我国的基本国情所决定的。当前,走可持续发展的道路已经成为世界各国的共同选择。土地作为一种自然资源,它的存在是非人力所能创造的,土地本身的不可移动性、地域性、整体性、有限性是固有的,人类对它的依赖和永续利用程度的增加也是不可逆转的。因此,通过立法强化土地管理,保证对土地的永续利用,以促进社会经济的可持续发展是发展方向。保护耕地的意义是由耕地的重要性所决定的。首先农业是我国国民经济的基础,耕地是农业生产的基础。工业特别是轻工业的原料主要来源于耕地;其次,耕地是社会稳定的基础,耕地为农村人口提供了主要的生活保障,是城市居民生活资料的主要来源。

2022 年 10 月 16 日习近平总书记在中国共产党第二十次全国代表大会上的报告中提出,全方位夯实粮食安全根基,牢牢守住 18 亿亩耕地红线,确保中国人的饭碗牢牢端在自己手中。我国现有耕地 18.3 亿亩,人均耕地面积 1.4 亩,不足世界平均水平的一半。据预测,到 2030 年前后,我国人口将达到 16 亿,到那时,即使仍然有 16 亿亩基本农田,人均也只有 667 m^2。我国耕地后备资源总潜力约为 2 亿亩,但土、水、光、热条件比较好的只占 40%,能开垦成耕地的只有约 533.3 万 hm^2。联合国划定的人均耕地警戒线为 533.36 m^2,但我国 2 000 多个县级城市中,有 666 个县人均耕地低于警戒线,其中 463 个县人均耕地甚至不足 333.35 m^2。从今后长期趋势看,增加粮食播种面积的余地越来越小。这种状况,这种咄咄逼人的人地矛盾,是我们始终不可以忽略的基本国情。以保障粮食安全为目的的耕地安全,已成为国家资源安全保障体系建设的关键。能否做到粮食供求基本平衡,关系到经济持续健康发展,关系到社会稳定。所以,在我国未来经济发展中,必须采取世界上最严格的措施对耕地进行特殊保护。稳定一定的耕地面积,并不断提高耕地质量。我国现代农业生产中存在的土壤问题，长期超量使用化肥、农药盲目投入、造成环境污染；使得土壤板结、土壤养分失衡、次生盐渍化、连作障碍、重金属污染等，从而使土壤健康问题日益凸显，地力下降，高产变中低产，甚至绝产。

根据 2016 年全国土壤污染状况调查结果，我国土壤环境状况总体不容乐观，部分地区土壤污染较重，耕地土壤环境质量堪忧，工矿业废弃地的土壤环境问题突出。全国目前大约有 1 333.3 万 hm² 耕地在利用上存在食品安全、生态安全等问题，其中有 333.3 万 hm² 受到重金属等的中重度污染，有 426.7 万 hm² 是位于 25° 以上的陡坡，有 560 万 hm² 是位于东北、西北地区的林区、草原的范围内，这部分耕地都是需要经过重新修复，需要休养生息，才可能恢复到正常的农业生产当中。面对日益严峻的土壤环境形势，中国加快推进土壤污染防治刻不容缓。这也是近来国家大力支持和提倡发展有机和生物肥替代化肥的一个重要因素。耕地保护，功在当代，利在千秋。要像保护大熊猫那样保护耕地，严守耕地红线，稳步提高粮食综合生产能力，让每一寸耕地都成为丰收的沃土，让中国饭碗端得更稳更牢。

经国务院同意，农业农村部、国家发展和改革委员会、财政部、水利部、科学技术部、中国科学院、国家林业和草原局联合印发《国家黑土地保护工程实施方案（2021—2025 年）》（以下简称《方案》）。黑土地是珍贵的土壤资源，是重要的农业资源和生产要素，是粮食生产的"命根子"。实施黑土地保护工程是贯彻落实习近平总书记关于把黑土地这一"耕地中的大熊猫"保护好、利用好的有力举措。制定《方案》，突出重点区域，全面加强黑土地保护，提升黑土地资源利用、生态环境和生产能力的可持续性，压实黑土地保护责任，形成黑土地保护合力，对于巩固提升粮食综合产能，保障粮食安全、生态安全具有重要意义，这是一部世界上保护黑土地性的第一部法律。

《方案》明确，"十四五"期间将完成 667 万 hm² 黑土地保护利用任务，黑土耕地质量明显提升，土壤有机质含量平均提高 10% 以上。

《方案》强调，实施国家黑土地保护工程要坚持保护优先、用养结合，促进黑土地在利用中保护、在保护中利用；坚持因地制宜、分类施策，实施差异化治理；坚持政策协同、实行综合治理；坚持示范引领、加强技术支撑；坚持政府引导、带动社会参与，形成黑土地保护利用长效机制。

《方案》提出，"十四五"期间完成 667 万 hm² 黑土地保护任务，其中标准化示范面积 120 万 hm²。建设高标准农田 333.3 万 hm²，治理大中型侵蚀沟 7 000 条。实施多种模式保护性耕作，每年 667 万 hm² 全覆盖。有机肥还田 667 万 hm²，每年 133.3 万 hm²。到"十四五"末，耕地质量明显提升，旱地耕作层 30 cm 以上、水田耕作层 20～25 cm，土壤有机质含量平均提高 10% 以上。

《方案》明确了国家黑土地保护工程实施内容和分区实施重点。在内容上，着重实施土壤侵蚀治理，农田基础设施建设，肥沃耕作层培育、耕地质量监测评价等措施，解决黑土耕地出现的"变薄、变瘦、变硬"问题。在区域上，松嫩平原北部的中厚黑土区以保育培肥为主；松嫩平原南部、三江平原、辽河平原的浅薄黑土区以培育增肥为主；大兴安岭东南麓、长白山—辽东丘陵的水土流失区以固土保肥为主；三江平原和松嫩平原西部的障碍土壤区以改良培肥为主。

下一步，七部门将以《方案》为基础，加强顶层设计，建立健全黑土地保护利用技术模式和长效机制。一是强化政策统筹，加强东北四省（区）已有项目统筹、行业内相关资金整合和行业间相关资金统筹的衔接配合。二是强化多方协同，共同推进黑土地保护利用的机制。三是强化规模化示范带动，推进黑土地保护与发展高效农业、品牌农业的有机结合，提高黑土地保护利用综合效益，调动农民积极主动实施相关措施。

第二字"肥"，过去是指合理施肥。有些人认为，想要提高产量就需要用化肥，但这其实是错误的认知，现在国家一直在提倡有机肥替代化肥，就是希望能够改变农民的施肥习惯。

目前，过量化肥施肥问题正受到国家的高度关注。未来施肥将向高效化、液体化、缓效化、全营养化、功能化、生态化六个方向发展。

生物肥料、水溶肥、微生物肥、菌肥等新型肥料诞生推动中国有机肥走向纵深。而从国际上看，发展绿色高效肥料已成为当前全世界肥料行业发展的主流。

有机肥在我国的施用，可以追溯到商朝，但在农业绿色发展、高质量发展的大背景下，有机肥趁着"一控两减""有机肥替代""耕地质量保护"等政策，绿色农业成为我国农业发展的主流趋势，其中，有机肥是我国农业实现绿色化的底层需求、是培肥土壤地力、保护农业生态环境、改善农产品的品质、稳定地提高产量都是非常重要的途径。

第三字"水"，水是农作物生长重要的物质，水是农作物进行光合作用和水合作用的基本元素，是庄稼的"命根子"，水利是农业的命脉，发展农业，水利是基础。"水"是指兴修农业水利工程和合理灌溉。但合理灌溉对于农业来说是永不过时的。

农作物含有大量的水，约占它们自重的80%，蔬菜含水90%～95%，水生植物含水98%以上。水参与着几乎所有的生命功能，它为植物输送养分；参加光合作用，制造有机物。通过蒸发水分，植物使自己保持稳定的温度，不致被太阳灼伤。植物不仅满身是水，而且作物一生都在消耗水。一粒种子下地，万粒归仓，农业的大丰收，水才是最大的功臣。发展农业节水的意义在于，第一，发展农业节水是缓解水资源供需矛盾的根本途径。人多地少、水缺是我国的基本国情。而农业是用水大户，近年来，农业用水约占全国用水总量的62%，部分地区高达90%以上，而且农业用水效率不高，节水潜力很大。第二，发展农业节水是保障国家粮食安全的重要基础。而水土资源短缺对农业发展的约束越来越大。要实现国家新增500亿kg粮食生产能力，关键在水，最根本的出路在于合理灌溉、节水用水。第三，发展农业节水是加快转变经济发展方式的必然要求。党的十八大提出，要节约集约利用资源，推动资源利用方式根本转变，大幅降低能源、水、土地消耗强度。加快推广先进实用农业节水灌溉技术，从而提高水土资源利用率、农业生产资料利用效率和劳动生产率，取得节水、节地、节能、节肥、减排、省工等综合效益，促进农业科学发展。第四，发展农业节水是提高农业防灾抗灾能力的迫切需要。随着极端灾害性天气对农业生产影响加剧、现代农业发展对水的依赖和敏感程度日益显著，加强以节水灌溉为主的农田水利建设显得尤为重要、极为迫切。

"十四五"规划明确提出要建设节水型社会，推广节水灌溉，新增高效节水灌溉面积400万hm²，创建200个节水型灌区，到2025年，全国建成高标准农田7133万hm²。

农业以土而立、以肥而兴、以水而旺。水是农作物的生命之源，肥料为土壤提供充足的养分，是高产增收的重要保障。长久以来，我国农业用水与肥料利用率都处于较低水平，同时，肥料的不合理施用造成了土壤肥力破坏、土壤污染、面源污染等一系列问题，严重影响了农业的可持续发展。

推广节水灌溉，减少化肥使用量，合理施肥，提高水资源与化肥利用率不仅是建设我国现代化农业的必要条件，更是保证国家供水和粮食安全，推进可持续发展的战略要求。随着农业的持续升温，智慧水肥也逐渐成为农业热名词。智慧水肥其实就是指水肥一体化，是一项将灌溉技术与施肥技术相结合的农业新技术。其技术原理是借助压力系统或地形自然落差，将可溶性肥料与灌溉水相融，通过管道系统同时进行灌溉与施肥，能适时、适量地满足农作物对水分和养分的需求，具有省肥节水、省工省力、降低湿度、减轻病害、增产高效的优势，将有效提高水肥利用效率。

第四字"种"，过去是指选育和推广农作物优良种子。很多农民朋友都在呼吁种子安全，其实咱们国家对这是非常重视的。据农业农村部公布数据，中国长期保存作物种质资源已超过51万份、畜禽地方品种560多个、遗传材料96万多份、农业微生物资源10万多份，位居世界前列。

种子是现代农业的基石。种子是农业的芯片，严重依赖进口对我国自身的粮食安全是不利的，必须未雨绸缪，这样才能牢牢把饭碗端在中国人自己手里。一旦种子行业出现种子"芯片"被卡脖子的事件，其危机程度甚至要超过科技行业被卡脖子。中央经济工作会议指出是解决好种子和耕地问题。保障粮食安全，关键在于落实"藏粮于地、藏粮于技"战略。要加强种质资源保护和利用，加强种子库建设。解决好种子和耕地问题成为 2021 年中国经济八大重点任务之一。

第五字"密"，玉米、青稞、小麦、马铃薯、水稻等作物是指根据产量指标合理确定种植密度的，就玉米来说，在一定的范围内玉米的产量随着密度的增大而提高，当密度达到一定值后，增加密度反而使产量下降。因此，现在很多农民种植农作物都是有一套自己的种植密度标准。合理密植可以在一定的空间范围内保持适当的群体，有效地利用光能和地力；力争在一季内获得高产，不仅如此，合理密植还包括根据自然条件和经济条件，因地制宜，合理安排作物，争取全年多收。并且应当运用综合的栽培管理措施，建立一个从苗期到成熟期的各个生育期都是合理的动态群体结构，达到充分利用外界条件获得高产。随着生产条件的改变，采用相应的密度是提高产量的重要措施。

第六字"保"，"保"是保护农作物不受各种害虫、病原体、寄生线虫、病毒、鸟兽、杂草等危害，是保证农作物正常生长发育和获得高产丰收的重要措施。因此，应当及时掌握病、虫等的发生、消长、综合采用农业的、生物的、化学扩散、传播的规律，做好预测预报，运用先进科学技术，消灭或控制；过去是指植物保护，也就是预防和防治作物病虫害。对于农业来说，这是亘古不变的真理，不论是过去，现在还是将来，农业生产都是避免不了这一项的。有机农业在面对病虫害的威胁时，不但不能够使用化学类的制剂，而且在农药的操作使用上也要满足有机农业的特征和要求。因此，在满足老百姓对健康、经济等要求的基础上，为消费者提供质量安全有保障的产品，是有机食品生产的目标。只有把健康、有机放在首位，坚持人与自然的和谐相处，并采用把害虫压低至经济允许水平之下的物理的多种手段，安全、高效地把植物病、虫害等消灭，用可持续植物保护的方式，达到增产增收的目的；这就达到了防治目的，而不是要求把害虫灭绝；才能让病虫害防治走得更加长远。总之，在整个植物的生长和培育过程中，最关键的是病虫害问题，通过可持续植物保护，让健康长久的发展理念在有机农业的种植中得到有效的落实是发展的必然。未来，可持续植物保护理念在有机植物的生长、生态环境及经济增长等各个方面，都将作出其应有的贡献，并产生深远的影响。

第七字"管"，过去是指日常田间管理，包括深翻地、除草、中耕等技术措施。现在这些事情也是农业种植生产必不可少的一项。田间管理就是充分发挥人的能动作用，在掌握作物各个生长发育阶段的规律的基础上，处理好作物环境，个体与群体以及作物自身各器官之间的各种矛盾，给农作物生长发育创造适宜的条件。也就是综合运用各种有利因素，克服不利因素，对作物进行精心加以的管理，充分发挥农作物的最大生产力，提高农产品品质，实现作物的高产、稳产、优质、低成本。

第八字"工"，农机具的研制和改革要从农业生产、农作物的栽培方式，精耕细作的需要出发；同时，采用某种耕作制度和栽培方式时，也要考虑便于实现机械化智能化作业，这样才能加快实现农业机械化智能化的步伐，不断提高农业机械化智能化的水平。过去是指农业耕作、管理、收获和加工所使用的农机具。而现在由于科技发展，农业机械化、智能化已经覆盖方方面面，在播种、收割、耕地等都有机械智能化、无人化并且国家还给发补贴。

现在提出的"现代农业"概念是新时期新的农业理论，讲求的是融入集约化、机械化、信息化、智能化等新技术、新思维和新概念，和原来的现代农业、农业现代化有着很多不同。但是，现代农业与64年前的农业"八字宪法"并不冲突，反而相辅相成。

三、农业"八字宪法"的意义

"土"就是深耕、改良土壤、土壤普查和土地规划；"肥"就是合理施肥，根据地力和基础产量决定施肥量；"水"就是兴修农业水利工程和合理灌溉；"种"指的是选育和推广农作物优良种子；"密"就是根据产量指标合理确定种植密度；"保"指的是植物保护，也就是预防和防治作物病虫害；"管"就是指日常田间管理，包括、深翻地、除草、中耕等技术措施；"工"就是农业耕作、管理、收获和加工所使用的农机具。

因地制宜地采取这些措施，对农作物稳产高产是很有效的。农业"八字宪法"是现代的农业科学理论和传统的农业实践经验的完美结合，作为我国农业科技的母法，它是农业综合技术的高度总结，准确地指明了我国农业生产力的着力点。

诚然，毛泽东主席提出的农业"八字宪法"是在我国处于高度集中的计划经济体制和粗放型经济增长方式的条件下制定的，其中许多具体内容已显陈旧，有待于进一步修改、补充、升华和提高，执行过程中也出现过一些偏差和失误，但其基本精神和辩证思维方式却永远不会过时。毛泽东主席制定的农业"八字宪法"就不是简单的八字信条，而是内容博大精深、措施科学具体的一整套农业技术政策，因而得到了农业技术人员的认同和广大农民的拥护。几十年来，我国的农业生产大体上是遵循这套技术政策前进和发展的。我国农业生产大幅度增长，农业的"八字宪法"功不可没。但农业"八字宪法"的"土、肥、水、种、密、保、管、工"差了一个"时令"字；农业生产要注意季节，不能耽误农时。

党中央当时制定的农业"八字宪法"对于当时的农业生产起到了重要作用，促使中国农业在此后的几十年里逐步奠定了基础，为改革开放和工业化起到了促进作用。

20 世纪 70 年代提出的到 20 世纪末，基本实现农业现代化，也是继承和发扬了 50 年代的农业八字宪法和现代化农业。我国的农业在 80 年代才有一次出现了前所未有的变化。

相信未来的农业一定是种子良种化、种植规范化、施肥有机化、田间管理科学化、生产机械智能化包括大棚、滴灌、通风、施肥、收获、加工储藏等都具有一套完整的设施和方案。从前，国内的农村人口占到全国人口的一半以上，农民靠种田而生，但是"一亩三分田"却无法养活一大家人口，随着经济的发展，城镇人口越来越多，农村人口开始减少，现代农业的机械智能化成为未来发展的必然趋势。农业机械智能化的发展能够减少劳动力的投入，还能提升农业种植的效率，增加最终的产量。农业是一个非常基础的行业，但也是非常重要的行业，美国前国务卿基辛格也曾表示，谁控制了石油就控制了所有的国家，谁控制了粮食，谁就控制了全人类。

习近平总书记 2012 年 12 月，在中央经济工作会议上的讲话，粮食生产根本在耕地，命脉在水利，出路在科技，动力在政策，这些关键点要一个一个抓落实、抓到位，努力在高基点上实现粮食生产新突破。

习近平总书记 2014 年 5 月，在河南省考察时的讲话，对粮食问题，要善于透过现象看本质。在我们这样一个十三亿多人口的大国，粮食多了是问题，少了也是问题，但这是两种不同性质的问题。多了是库存压力，是财政压力；少了是社会压力，是整个大局的压力。对粮食问题，要从战略上看，看得深一点、远一点。

2015 年 7 月，习近平总书记在吉林调研时的讲话，没有农业农村现代化，就没有整个国家现代化，在现代化进程中，如何处理好工农关系、城乡关系，在一定程度上决定着现代化的成败。

习近平总书记 2019 年 3 月，在参加十三届全国人大二次会议河南代表团审议时的讲话，手中有粮，心中不慌。我国有十四亿人口，如果粮食出了问题谁也救不了我们，只有把饭碗牢牢端在自己手中才能保持社会大局稳定。因此，我们绝不能因为连年丰收而对农业有丝毫忽视和放松。习近平总书记为我们今后农业的发展规范了战略方向。

第三节　小高陵梯田的红色农业文化遗产

一、小高陵梯田红色农业文化遗产

位于青海省西宁市湟源县和平乡日月山下药水河畔有一处叫小高陵的村庄，20 世纪 50—60 年代的小高陵村是山穷、地穷、人穷的"三穷"村庄，这里地面植被稀少、水土流失严重、耕地养分匮乏、保水保肥能力差、易旱易涝，因此，在面对这种恶劣高原自然环境，在缺乏机械化设备的情况下，小高陵村民在党支部的带领下治水育林，把坡地全部改修成高产稳产的梯田，这种敢为人先，改造自然环境，为人民谋求幸福生活的忘我牺牲精神是那个时代的主题，经过十几年的艰苦奋斗，把一个原来十年九旱的贫瘠山沟建成"看山山青、看地地平"的社会主义新山区，形成了独具特色的梯田农业。

小高陵梯田作为农业学大寨的典型代表，梯田开垦于 1968 年间，1968 年小高陵响应党的号召，开始在河沟及公路两侧共修梯田约 293 hm^2，在小高陵村的五社、六社、七社内均有分布。每层梯田间相隔约 6 m，流域内水土流失程度大大减轻，流域植被覆盖茂密，实现了山绿水清、鸟语花香的良性生态环境。老一代小高陵人在那段艰苦卓绝而又激情燃烧的岁月里创造着不朽的传奇，现在这里建成了小高陵红色文化旅游基地；这是文化、精神的传承，是以高原农业文化——人造梯田为景观，让人们从内心感悟、思念、激荡，学习先辈们那种"愚公移山""敢教日月换新天"的精神。这种精神就像是山上鲜红舞动的五星红旗永不褪色，穿越时空，代代相传，它给人带来的不只是视觉的享受，更是精神的洗礼。

西安电影制片厂 20 世纪 70 年代拍摄的科教片"治山造林保水土"，真实记录了青海省湟源县小高陵人垦荒造林的事迹。片子的主题曲"小高陵人民多奇志"在青海流传甚广："青海高原风光好，日月山下红旗飘。人如海、歌如潮，挥银锄、志气豪。劳动开创新天地，高山低头河改道，小高陵人民多奇志，荒山秃岭换新貌……"这首曲子，生动描写了当时小高陵人民治理荒山的壮丽场景，刻画出了小高陵人民誓要开创新天地的凌云壮志。即便过去了五十余年，这首曲子字里行间透露出的精神内核，仍旧深深地镌刻在小高陵村每个人的心碑。2013 年这里被省政府公布为省级文物保护单位。

二、小高陵梯田的农业文化遗产的美学价值

"小高陵"这三个字已不仅指代一个地名，更代表着青海省湟源地区诞生的一部红色党史，是一种从中孕育出的精神象征。这股精神源自"敢教日月换新天"的豪迈，源自高原儿女对自然的敬畏，源自一代代中国共产党人带领人民群众勇于开拓进取的胆识，源自世世代代村民为了过上好日子，团结一心、众志成城的心境。

毛泽东曾指出，人是要有一点精神的。20 世纪 50—60 年代，小高岭人在中国共产党的领导下，各族人民以高昂的革命热情和不懈的奋斗意志开始治山的实践，没有工具自己造，没有道路自己修，没有树木自己育，其发展所面临的困难是远远超出大多数地区的，最终以大无畏的英雄气概使昔日的荒山秃岭旧貌换新颜，但在奋斗中所诞生的精神也必定充满无坚不可摧的雄浑力量，他们不仅创造了可贵的物质财富，也

给后人留下了宝贵的精神财富。他们用行动证实了"绿水青山就是金山银山"的真理；作为新时代的人们，小高岭精神是一面永不褪色的旗帜，更是一座时代丰碑，我们在今后生活、工作中就要有开天辟地的勇气、攻坚克难的决心、坚定理想、百折不挠；在困境中不惧艰难、奋勇争先、奋力开创发展新局面。

站在小高岭最高的山坡处，审视层层梯田，让来此的每个人都由衷感悟，那段峥嵘岁月里在中国共产党领导下人民群众走过的艰难历程，就凭借着一双手、一把铁锹，一步一个脚印地开始了垦荒造林，从不向恶劣的自然环境低头英雄气概，心里会受到震撼，并由此产生崇敬之感。小高岭的人的奋斗史就是艰难困苦面前不低头，它是一本最生动、最有说服力的教科书，这种精神代表着我们的党在极其艰辛的岁月里始终把人民利益代表放在第一位，它是中国共产党领导人民进行辉煌奋斗历程的见证，最宝贵的精神财富，这块红色资源是不可再生、不可替代的珍贵资源。她展现了我们的党的梦想和追求、情怀和担当、牺牲和奉献，记录成我们党的红色血脉。这种精神激励人们"志当存高远"，在今后的革命工作中要大胆尝试、勇敢无畏、追寻初心，践行使命。回望过往历程、瞭望前方征途，我们必须始终赓续这种精神，用党的奋斗历程和伟大成就鼓舞斗志，小高岭精神是新时代中国共产党人的精神力量源泉。

毛泽东同志讲过，我们敢想、敢说、敢做、敢为的理论基础是马克思主义。正因为有了马克思主义的指引，我们党才能做到心明眼亮、意志坚定，在关键抉择面前不摇摆，在艰难困苦面前不畏缩，在危机重重面前不消沉，信心百倍走向胜利。邓小平同志说，在我们最困难的时候，共产主义的理想是我们的精神支柱，多少牺牲就是为了实现这个理想。正如习近平总书记在庆祝中国共产党成立95周年大会上的重要论述，一切向前走，都不能忘记走过的路；走得再远、走到再光辉的未来，也不能忘记走过的过去，不能忘记为什么出发。

小高岭作为是中国共产党党史学习教育基地，来访者走到田埂上瞭望层层梯田、漫步在树影下，感悟到小高岭的中国共产党人凭着那么一股革命加拼命的强大精神，这就是要不畏艰难险阻、直面风险挑战、顽强拼搏、不懈奋斗，展现出伟大的历史主动精神，构筑起中国共产党的精神谱系。这种精神财富跨越时空、历久弥新，集中体现了党的优良作风，凝聚着中国共产党人艰苦奋斗、牺牲奉献，开拓进取的伟大品格、深深融入我们党、国家、民族、人民的血脉之中，为我们立党兴党强党提供了丰富的滋养。同时教育人们遇到困难绝不能绕着走，遇到难题绝不能往上交，绝不能缺乏攻坚克难的锐气和斗志，使每位到过这里的人们感觉到先辈们"为有牺牲多壮志、敢教日月换新天"的奋斗精神，始终保持大无畏奋斗精神，鼓起迈进新征程、奋进新时代的精气神。

人无精神则不立，国无精神则不强。小高岭人的这种精神、斗志，是教育人、激励人、塑造人的大学校。并引导每位来访者从心里树立红色理想，努力创造不负革命先辈期望，无愧于历史和人民的新业绩。做到知史爱党、知史爱家乡，把苦难辉煌的过去、日新月异的现在、光明宏大的未来贯穿起来，激发每位来访者为实现中华民族伟大复兴而奋斗的信心和动力。当今中国正处于实现中华民族伟大复兴的关键时期，国家强盛、民族复兴需要物质文明的积累，更需要精神文明的升华。我们绝不能丢掉革命加拼命的精神。我们要准确把握、坚持政治性、思想性，增强传播力、影响力、生动传播红色文化，讲好用好这块红色资源背后的思想内涵。随着时代不断发展进步，人民对美好生活的向往也更加强烈。让青海在我们这一代的手中继续繁荣发展，让青海各族人民过上高质量幸福生活，就需要我们传承这种伟大精神，实践证明，只要党同人民群众结成一块坚硬的钢铁意志，就能把老百姓团结起来，形成万众一心、无坚不摧的磅礴力量，就有了人定胜天、战胜一切艰难险阻的精气神。

第十章
传承农耕文化与建设美丽乡村

第一节 农耕文化的优良传统

一、传统农业是人与自然和谐共生的永续农业

农业因其与自然资源要素天然共生的属性，决定了其发展内涵性地对生态环境和人文社会具有多重"正外部性"，并且是无法计量的，因此不能完全照搬只追求经济利益最大化的工业化发展模式。我国是一个农业人口大国，农业具有"生产、生活、生态"属性，农村具有"共存、共生、共享"的特征。由此，我国农业的可持续发展必须兼顾农民的生计、农村的就业和生态系统的可持续性。

历史上由于铁器工具的普及和石器耕作的结束，农业生产能力得到提高，我国在前汉时期黄河流域逐步脱离撂荒制，曾明文规定了春季和秋季禁火，保护"草木繁盛"。这是我国北方脱离刀耕火种开始固定农业的标志。稍晚，我国南方也逐步向固定农业转变，长江中下游地区刀耕火种在宋代也基本消失。我国的传统农业及在其基础上形成的中华文明不仅延续数千年不断，且一直是生态环境友好、有机和可持续发展的。因此，对中国农业做可持续发展的回归，是在当代生态文明战略转型、"绿色生产方式"的乡村振兴战略的选择；是顺应人民群众追求美好的生活的期待，也是中华民族永续发展的客观要求。

我国传统农业因其精耕细作的耕作方式，是无农药、无化肥、物质循环利用的有机生态的无废弃物农业。新中国成立后，虽逐步建立了一批化肥生产线，但受制于当时的技术条件和经济发展水平，直到 20 世纪 80 年代中期，化肥和农药的产量和使用量并不高，20 世纪 50 年代，土地施用化肥仅 4 kg/hm²，1978 年，中国化肥施用量仅为 884 t，农村依然延续着千百年来传承的有机农业生产方式。

传统农业精耕细作的耕作栽培技术是对病虫害进行最有效的物理防治，完全不使用农药，是环境友好的生态农业。古人采用多种多样的自然生态办法，将资源循环利用，能腐烂的则沤肥还田，不能腐烂的则变成燃料，运用独特的农耕方法，养护土壤，涵养水源，有机质、微生物丰富，数千年一直保有土壤的肥力，人与自然和谐共生，是全世界独一无二的永续农业。

20 世纪 80 年代中后期，中国农业技术发生了颠覆性的转变。一些地区和产业从"低能耗、低污染"的传统有机生产方式部分转向"高能耗、高污染"的化学农业，农药、化肥、除草剂、添加剂、农膜、转基因已经成为六大要素。生物化、化学化、石油化和机械化在技术领域对我国传统农业进行颠覆性的改造。在世界工业文明加速发展的进程中，人类的生产方式和生活方式发生了巨大而深刻的变化。在农业生产领域，无论是发达国家还是发展中国家，都开始了从"传统农业"向"石油农业"的转变。"石油农业"虽然具有见效快、高产出的特点，但因其偏重于石化能源的投入，在一定程度上违反了农业具有自然再生产和经济再生产相结合的本性，因而不可避免地造成了农业资源短缺、农村环境污染严重、农村生态环境恶化等问题，影响了农业的持续发展。这一客观事实的存在，自然而然地引起了人们对农业现代化道路的深刻反省。

随着大城市居民生活节奏的日渐加快，中产阶层的人们开始渴望从喧嚣、污染的城市环境中解脱出来，在空气清新、环境幽静的古镇乡村中享受充满田园情趣的休闲慢生活。通过从事农事活动，了解当地特色和民俗、风土人情，感受和体验乡村生活的审美情趣，享受农耕文化美感。人们在反思"石油农业"的弊端的同时，开始探讨"生态农业"和"有机农业"的模式和构建路径。以精耕细作为特点的中国传统农耕文化，合理内核值得我们继承和弘扬传统农耕文化对于我们今天建设生态农业、促进农业持续发展仍是我们从事农业生产经营活动的行动指南。

二、农耕文化的优良传统

中华农业文明博大精深，源远流长。自人类进入原始社会以来，农业文明便出现了。在经历了采集农业、耒耜农业和锄农业三个阶段之后，便进入了长达两千多年的传统农业社会，形成了以"天地人"三才论的传统农业生态观，以土地整治、田间栽培管理措施、集约化经营和农牧结合为核心的技术经验和知识体系，成为传统农业社会人们从事农业生产经营活动的行动指南，也构成了中国农耕文化的优良传统。

（一）"农为邦本"，重农思想和利农政策相结合

在传统农业社会，农业是国民经济最主要和最重要的生产部门，农业生产决定了国家的富裕和强盛。因此，历代统治者都把"农桑"或"耕织"定为"本业"，推行"崇本抑末""重农抑商"的重农政策。

中国最早的重农思想产生于西周时期，据《国语·周语》记载，西周后期，虢文公为了规劝周宣王行籍田之礼，建言"夫民之大事在农，上帝粢盛于是乎出，民之蕃庶于是乎生，事之供给于是乎在，和协辑睦于是乎兴，财用蕃殖于是乎始，敦庞纯固于是乎成"。这是中国古代最早系统阐述重农思想的开端。到了春秋战国时期，很多思

想家都从立国和治国的角度，强调农业在国民经济中的首要地位和重要作用，主张优先发展农业。例如，商鞅提出："国之所以兴者，农战也。圣人知治国之要，故令民归心于农"，韩非也提出："仓廪之所以实者，耕农之本务也，而綦组、锦绣、刻画为末作者富"，明确以农为本、以工商为末的主张。汉朝统治者基本上沿袭前代的重农抑商思想，认为"农，天下之大本也，民所恃以生也，而民或不务本而事末，故生不遂"。贾谊、晁错、王符等不仅在理论上对重农思想多有阐发，而且提出了很多重农抑商的政策建议。唐宋明清时期，重农思想仍然是我国经济思想史上的主旋律，只不过在不同时期声调高低有所不同。

在重农思想的指导下，我国历代统治者采取了很多安民、惠民和利民的政策，例如，轻徭薄赋、劝课农桑、兴修水利、储粮备荒、安辑流民等。可以说，正是由于历代统治者奉行重农思想和重农政策，才创造出封建社会的繁荣景象。从西汉的"文景之治"到东汉的"光武中兴"，从唐朝的"开元盛世"到清代的"康乾盛世"，无不是重农思想和重农政策结出的硕果。

（二）精耕细作、水旱轮作倒茬

精耕细作是我国历代种植业的优良传统，我国的精耕细作的农业技术奠基于春秋战国时期（公元前770—前211年）。我国精耕细作的特点是，利用有限的资源，投入较大的人力，获得较多的农产品。古代的精耕细作传统主要表现在深耕细锄、粪多力勤、巧用天时地利、维持土壤肥力等。因此，对我国传统农业精华的高度概括，主要是指由种植制度、耕作措施和田间管理技术等构成的综合技术体系。从农作物生长发育的角度来看，精耕细作技术主要是改善农作物生长发育的环境条件，提高农作物自身的生产能力。

在种植制度方面，经过长期的实践探索，形成了以轮作复种、间作套种和多熟种植为主的种植制度。在原始农业时期，人们主要采取撂荒耕作制。西周时期出现了轮荒耕作制（也叫休闲制），实行短期的或定期的轮荒耕作。春秋战国时期，在土地连种制的基础上又发明了轮作复种制，并形成了灵活多样的轮作倒茬和间作套种方法。隋唐宋元时期，水稻与麦类等水旱轮作，或水稻连作的一年两熟的复种制有了初步发展。明清时期，除了多熟种植和间作套种继续发展外，还出现了建立在综合利用土地资源基础上的生态农业雏形。

在耕地措施方面，人们遵循"因地制宜，因时制宜，因物制宜"的原则，创造了多种多样的耕作方法。至魏晋北朝时期，北方旱地形成了"耕、耙、耱、压、锄"相结合的耕作措施技术体系，在防旱保墒方面发挥了重要的作用。宋元时期，南方水田也形成了"耕、耙、耖、耘、耥"相结合的耕作措施。为适应稻麦两熟、水旱轮作的需要，还发明了"开畴作沟，沟沟相通"的整地排水技术，解决小麦根系遭水涝渍的难题。

（三）用养结合，培肥地力

早在春秋战国时期，人们为了合理利用土地的资源，因地制宜发展农业生产，开始对土壤肥力的属性和特点进行研究，把"万物自生"的地称作"土"，把"人所耕而树艺"的地称作"壤"。这种区分的最大意义在于，一是阐明了两类土壤具有不同的肥力属性，即自然土壤只具有自然肥力，农业土壤则是自然肥力和人工肥力的结合；二是阐明了自然土壤和农业土壤之间的转化关系，为人工培肥土壤奠定了理论基础。到了汉朝，人们对地力高低与作物产量的关系有了比较深刻的认识，出现了"人工肥力观"，认为土壤有肥瘠之分，但并不是固定不变的，对于贫瘠土壤，只要"深耕细锄，厚加粪壤"，就会和肥沃的土壤一样长出好庄稼。反之，如果对肥沃土壤只用不养，就会沦为贫瘠之地。这种观点，对后世产生了很大的影响。南宋时期，陈旉在此基础上，提出了"地力常新壮"的理论。在《陈旉农书》中，他驳斥了"凡田土种三五年，其力已乏"的观点，认为"若能时加新沃之土壤，以粪治之，则益精熟肥美，其力当常新壮矣"。这就是说，土壤属于可再生资源，要想保持土壤可持续利用，就要注意补充和培肥地力。其后，《王祯农书》和《知本提纲》等农书，都继承和发展了"地力常新壮"的理论。

我国古人发明了众多培肥地力的好方法。一是施用有机肥，改善土壤的理化特性，增加土壤团粒结构。为此，人们便广开肥源，例如，利用粪肥、绿肥、泥肥、饼肥、骨肥、灰肥、矿肥、杂肥等多种肥源，创造了沤肥、堆肥、熏土等积制肥料的方法，积累各种有机肥料。二是采取豆粮轮作、粮肥轮作复种等生物措施，实行生物养地。正是由于采取了这些方法，我国土地复种指数虽然很高，采用"用养结合"方式培肥地力，使土地越种越肥，产量越种越高，没有出现过普遍的地力衰竭现象。这是中国传统农业区别于西欧中世纪农业的重要特点之一。

（四）因地制宜、以农为主农林牧副渔经营

我国传统农业结构的最大特点是以农为主、农林牧副渔并举。除了生产粮食之外，还要养殖六畜，栽种蔬菜、瓜果和桑麻。这种因地制宜、多种经营的经济结构，能够最大限度地将农业生物资源与土地资源结合起来，形成结构合理、功能健全的农业生态系统。

因地制宜、多种经营的经济结构直到战国时期才从经验层面上升为农学理论。战国时期，孟子认为"五亩之宅，树之以桑，五十者可以衣帛矣；鸡豚狗彘之畜，无失其时，七十者可以食肉矣。百亩之田，勿夺其时，数口之家可以无饥矣"。这不仅为后

世农业经济结构提供了蓝本，在汉朝时期人们对因地制宜、多种经营的认识，已经从农家经营模式发展到区域经济模式，人们按照宜农则农、宜林则林、宜牧则牧、宜渔则渔的原则，全面发展农林牧渔生产，秦汉时期在农业经营思想的指导下就已形成了农牧分区的格局。其后，随着历代中央王朝垦殖政策的实施，农牧业经济出现过此消彼长的变化，但总的格局没有太大的变化。

明清时期还出现了多种经营的生态农业。人们以水土资源的综合利用为基础，利用各种农业生物之间的互养关系，组织起多品种、多层次的生产，形成良性循环的农业生态系统。例如，在江南杭嘉湖地区，实行农牧桑蚕鱼相结合，圩外养鱼，圩上种桑，圩内种稻，通过生物循环方式，实现生态平衡。杭嘉湖的先民在长期实践中积累了十分丰富的有关蚕桑生产的传统知识，值得我们珍惜。在珠江三角洲地区，出现"桑基鱼塘"模式，将洼地挖深，泥复四周为基，中凹下为塘，基六塘四。基种桑，塘养鱼，桑叶饲蚕，蚕粪饲鱼，两利俱全，十倍禾稼。传承至今的桑基鱼塘就是其中的典范，这种"农—牧—桑—鱼"农业生态系统，代表了中国传统农业技术的最高水平，被国外专家喻为"最完善的农牧结合形式"。那里的人们把蚕的粪便抛入池塘喂鱼，鱼塘里的河泥用来给桑地壅肥，桑地上生长着茂盛的桑叶，用来喂蚕，于是形成了一种良好的生物链，是环境保护的范例。当地农民在利用桑树资源方面，也做到了极致，桑叶固然可以喂蚕，而桑枝又成了造纸的原料。桑树上剩下的桑叶还可以用来喂羊，于是又形成了另一条生物链。在防治蚕的病虫害方面，这一带民众中也积累了丰富的知识，值得加以挖掘和总结。

（五）保护自然资源，重视生态平衡

人们对保护自然资源，维持生物资源的再生能力问题早在春秋战国时期就有深刻的认识，《论语》《孟子》《管子》《荀子》《礼记》《逸周书》《吕氏春秋》《淮南子》等文献中均有记载。例如，孔子主张"钓而不纲，弋不射宿"，即不用大网取鱼，不射夜宿之鸟，目的在于保持生物资源持续存在和永续利用。孟子主张"数罟不入洿池，鱼鳖不可胜食也；斧斤以时入山林，材木不可胜用也"。荀子主张"草木荣华滋硕之时，则斧斤不入山林，不夭其生，不绝其长也；鼋鼍、鱼、鳖、鳅、鳝孕别之时，罔罟毒药不入泽，不夭其生，不绝其长也"。《吕氏春秋》中说："竭泽而渔，岂不获得，而明年无渔；焚薮而田，岂不获得，明年无兽"，因为"竭泽""焚薮"是短期行为，势必影响生物资源的持续利用。到了汉朝，人们对保护自然资源再生能力的重要性又作了进一步的阐述，例如，《淮南子》所云"畋不掩群，不取麛夭。不涸泽而渔，不焚林而猎。豺未祭兽，置罘不得布于野；獭未祭鱼，网罟不得入于水；鹰隼未挚，罗网不得张于溪谷；草木未落，斤斧不得入山林，昆虫未蛰，不得以火烧田。孕育不得杀，鷇

卵不得探，鱼不长尺不得取，彘不期年不得食"。其实都是要求人们遵从自然规律，对自然资源采取使用和保护相结合的态度，以期生生不息，永续利用。

中国传统的生态保护思想不仅反映在伦理道德层面，而且向法治领域延伸和扩展，形成了许多保护自然资源的制度和法令。例如，西周《伐崇令》中规定："勿伐树木，勿动六畜，有不如令者，死无赦。"《礼记》规定："五谷不时，果实未熟，不粥于市；木不中伐，不粥于市；禽兽鱼鳖不中杀，不粥于市。"《秦简·田律》规定："春二月，毋敢伐材木山林及雍堤水。不夏月，毋敢夜草为灰，取生荔，麛卵鷇，毋毒鱼鳖，置阱罔，到七月而纵之。"《唐律》中也有"非时烧田野者笞五十"的规定。宋朝关于保护自然资源的法令更是连绵不断。例如，建隆二年（公元961年）二月下诏："属阳春在候，品汇咸亨，鸟兽虫鱼，俾各安于物性，置罟罗网，宜不出于国门，庶无胎卵之伤，用助阴阳之气。其禁民无得采捕虫鱼，弹射飞鸟。仍永为定式，每岁有司具申明之。"北宋太平兴国三年（公元978年）四月宋太宗下诏："方春阳和之时，鸟兽孳育，民或捕取以食，甚伤生理而逆时令。自宜禁民二月至九月无得捕猎，及持竿押弹，探巢摘卵，州县官吏严饬里胥，伺察擒捕，重真其罪。"大中祥符四年（公元1011年）八月下诏："火田之禁，著在《礼经》，山林之间，合顺时令。其或昆虫未蛰，草木犹蕃，辄纵燎原，则伤生类，式遵旧制，以著常科。诸路州县畲田并如乡土旧例外，自余焚烧野草并须十月后方得纵火。"通过这些法令，使人们形成保护自然资源的意识和习惯，从而维持生物资源的再生能力，促进生态良性循环，满足人们对生物资源的永续利用。

古代在农业生产中提出御欲尚俭的节用观的节用思想对今天仍有警示和借鉴的作用。例如，"生之有时，而用之无度，则物力必屈"；"天之生财有限，而人之用物无穷""地力之生物有大数，人力之成物有大限，取之有度，用之有节，则常足；取之无度，用之无节，则常不足"等。古人提倡"节用"，主要目的之一是积粮以备荒。同时也是告诫统治者，对物力的使用不能超越自然和老百姓所能负荷的限度，否则就会出现难以为继的危机。与"节用"相联系的是"御欲"，自然能够满足人类的基本需要，但是满足不了人类的贪欲。

（六）采取多种措施，应对各种自然灾害

在传统农业社会，由于科学技术发展水平较低，人们抗御自然灾害的能力非常有限。尽管如此，人们在抗御各种生物灾害和自然灾害的过程中，创造了很多行之有效的办法和措施。

农业防治古人采取作物轮作倒茬、精耕细作、选育抗病良种来达到防治病虫害的目的。例如，《吕氏春秋》记载："五耕五耨（锄草），必审以尽，其深殖之度，阴土

（滋润的土壤）必得，大草不生，又无螟蜮（害虫）"，就是采用深耕的办法来消灭病虫害。《氾胜之书》《齐民要术》记载有抗虫选种、轮作防病、防治仓库害虫等诸多方法。发明了"以虫治虫""以鸟治虫"的办法，例如，利用黄猄蚁（又名黄柑蚁、红树蚁）防治柑橘害虫，在《周礼·秋官》记载："莽草（今毒八角）熏之""以嘉草（今襄荷）攻之""焚牡菊（今野菊）以灰洒之"的记载。《氾胜之书》记载了用"艾"防治仓储害虫的经验。宋元时期，人们不仅广泛利用苦参、白蔹、芫荽［别名香菜、胡荽（suī）］、百部（别名药虱药、婆妇草等）等植物性药剂，还利用硫磺、石灰和食盐来防治花卉、果树和蔬菜的害虫，甚至发明了用桐油、苏子油、胡麻油等防治害虫的办法。总之，用天然药物治虫是古人利用农业生态系统中生物之间彼此依存和制约的关系，既能够防治病虫害，又不造成任何污染，有利于保护生态环境。

在预防自然灾害方面，从中央到地方都建立了粮食储藏机构——常平仓，遇到灾荒之年，政府支拨仓储粮食救济灾民。常平仓之外，还有民办的社仓和义仓，丰年积谷，灾年赈济。可以说，建仓存储是集农业借贷和救灾养恤为一体的社会制度，它有效地整合了政府和民间的力量，应对各种自然灾害所造成的困境。唐朝根据各地的人口数量和经济水平，储存一定数量的粮食。规定大州县储存粮食 100 万石（唐朝 1 石≈79.32 kg）、中等州县 8 000 石、小州县 6 000 石。此外，在抗灾救灾方面，古代历代统治者在预防救灾采取蠲免、赈济、调粟、借贷、除害、安辑、抚恤等措施，灾荒年间可以帮助灾民渡过难关，恢复农业生产。

三、传统农业是天、地、人三者的和谐统一

我国农耕文化是在以小农经济为基础的传统农业社会形成的，是指导我们祖先从事农业生产实践活动的理论和经验。如今，我国农业正处在从传统农业向现代农业转变的过程中，农业现代化是中国农业发展的必然选择。但是，农业现代化不能以欧美国家现代化为目标指向，要考虑我国人口多、耕地少的国情，既要处理好农业与其他产业之间的关系，又要处理好发展现代农业与保护生态环境之间的关系。为此，我们需要从传统农业文明中汲取有益的养分，走出一条适合中国国情和文化传统的农业现代化之路。

（一）农业是国家自立、社会安定的基础

农业是国民经济的基础，是国家自立、社会安定的基础。第一，从人类的存在和发展来看，农业是国民经济中最主要的物质生产部门，是人类生存和发展的基础。第二，从农业与第二、第三产业的关系看，农业生产活动是人类生产活动的起点，没有农业的发展，就没有第二、第三产业的发展，农业的发展直接制约着工业和第三产业

的发展。第三，从农业与人民、国家的关系上看，农业的发展直接关系着人们的切身利益和社会的安定，关系到国民经济的全局与兴衰以及中国在国际竞争中的地位。因此，农业是国民经济的基础。

在传统农业社会，农业是封建国家政权赖以存在的经济基础，因而得到历代统治者的高度重视。时至今日，农业已经不是国民经济的主导产业，但我国是人口大国，也是粮食消费大国，近年来，粮食消费量达到 5 000 万亿 kg 以上，而且还呈现出平稳增长的趋势。从世界粮食贸易格局看，2022 年 5 月，联合国粮食及农业组织发布《2022全球粮食危机报告》显示，2021 年有 53 个国家或地区约 1.93 亿人经历了粮食危机或粮食不安全程度进一步恶化，比 2020 年增加近 4 000 万人，创历史新高。在这种情况下，如何保障国家粮食安全？是农业现代化进程中需要认真思考的问题。我国国家粮食安全战略是"坚持以我为主，立足国内，确保产能，适度进口，科技支持"，要"确保谷物基本自给，口粮绝对安全"，这是底线。通俗地说，保障粮食安全，端牢中国饭碗。

2021 年 8 月国务院印发了《"十四五"推进农业农村现代化规划》概括以下三点。其一，是要落实好藏粮于地、藏粮于技战略要求，抓好耕地和种子"两个要害"。《规划》着眼耕地数量保护和质量提升，提出坚守 18 亿亩耕地红线，加强耕地用途管制，坚决遏制耕地"非农化"、严格管控"非粮化"。与此同时，《规划》围绕种质资源保护、育种创新攻关、种业基地建设、种业企业培育、强化市场监管等方面，全面实施种业振兴行动，牢牢掌握国家粮食安全主动权。其二，是调动农民务农种粮的积极性和地方政府重农抓粮的积极性。其三，是推进经营创新和机具创制创新，用现代化的手段来确保粮食安全。《规划》把保障粮食等重要农产品有效供给作为推进农业农村现代化的首要任务，提出要稳定面积、提高单产、提升品质，巩固提升粮食产能。

2022 年中央一号文件发布，这是 21 世纪以来第 19 个指导"三农"工作的中央一号文件。文件指出，牢牢守住保障国家粮食安全和不发生规模性返贫两条底线，突出年度性任务、针对性举措、实效性导向，充分发挥农村基层党组织领导作用，扎实有序做好乡村发展、乡村建设、乡村治理重点工作，推动乡村振兴取得新进展、农业农村现代化迈出新步伐。2022 年适当提高稻谷、小麦最低收购价，稳定玉米、大豆生产者补贴和稻谷补贴政策，实现三大粮食作物完全成本保险和种植收入保险主产省产粮大县全覆盖。

2022 年 10 月 16 日习近平总书记在中国共产党第二十次全国代表大会报告中提出，全面推进乡村振兴，坚持农业农村优先发展，巩固拓展脱贫攻坚成果，加快建设农业强国，扎实推动乡村产业、人才、文化、生态、组织振兴。全方位夯实粮食安全根基，牢牢守住 18 亿亩耕地红线，确保中国人的饭碗牢牢端在自己手中。中国式现代化一个重要的本质要求是实现全体人民共同富裕，在这个过程中农业农村起到一个基础作用。

（二）有机农业推广的价值

"民以食为天，食以安为先"。有机农业的兴起是人类对自然规律本质的不断了解，对人与自然关系重新认识的结果，到如今已经历了近一个世纪思索与实践验证，凭借其完全不用人工化学合成肥料、农药、转基因品种等生产规定，和注重自然，注重生态系统保护的生产理念，成为一种符合现代人的健康观念的生产方式和评价标准。此外我国政府也认识到了有机农业推广的价值，认识到有机农业产业有利于提升国家的经济效益，社会效益，生态保护效益，2007—2010 年中央"一号文件"四度提及各地可以适度地发展有机农业，并结合实际生产有机食品。2007 年中央文件首次提出有条件的地方及地区，可以加快发展地方的有机农业产业，2008 年文件指示要积极发展绿色食品、有机食品，2009 年提出要建立健全有机农业产业基地的建设工作，为有机食品、绿色食品创造条件，2010 年再次指出要积极发展绿色食品、有机农产品、无公害产品，可见党中央对于有机产品一直持有高度重视的态度。

对有机农业的概念、特征有两种观点，一是，有机农业在农业生产中主张使用有机肥料，例如，绿肥、矿物肥、牲畜粪肥等增强肥力，并依靠作物轮作倒茬与豆科作物轮种等方式来维持肥力，规避一切现代化学肥料，包括转基因作物及技术，转而采取生态的、物理的方式进行日常维护农业病虫害的主要手段；二是，有机农业就是以保持生物多样性来构建资源循环体系，从而实现了农业生产与自然规律和生态的相适应，用可持续发展式的农业生产手段，努力平衡农业体系中的种植业和养殖业，以生物、环境与自然的最佳结合为生产目标，并最终实现经济、环境和社会的协调发展。

有机农业和传统农业在土壤耕作、种植制度、土壤肥料、病虫害防治等方面具有极大的相似性，传统农业的技术和经验是可以应用到有机农业的生产实践中。两者的区别为时代背景不同、科学基础不同、生产条件不同，因此，有机农业和传统农业在生产方法上具有类似性，但是却在理论水平、技术手段，生产工具等方面超越了传统农业，所发掘和总结传统农业遗留下来的经验技术，对有机农业发展大有裨益。

（三）精耕细作、集约经营、合理地开发利用土地资源

精耕细作是中国古代农业科技的最大特点之一，从广义讲，精耕细作既包括选种、育种、合理耕作、灌溉施肥、旱地保墒、田间管理、植物保护等技术措施，还包括多种经营、农牧结合、利用自然界的物质循环、节能低耗、维持生态平衡、实行农产品综合加工利用等，也包括兴修水利、改良土壤、利用多种能源、进行工具改革等一系列改善生产条件的措施。说到底，就是充分运用各种生产技术，在有限的土地上，获

得较高的单位面积产量。

精耕细作，是我国古代人地关系日趋紧张的社会环境中逐渐形成的，为了满足日益增长的人口对物质生活资料的需要，人们只能在有限的土地进行精耕细作，以期获得最大的经济效益。至今，精耕细作仍然值得我们继承和发扬，这是由我国国情所决定的。目前我国耕地面积是 18.3 亿亩，人均耕地面积不到 1.4 亩。而我国人口数量却在不断增加，据人口学者分析，2030 年我国人口数量将达到 14.5 亿。因此，今后一个时期内，我国人地关系的总趋势是人均耕地面积下降，人地关系越来越恶化。在这种情况下，我们不可能走扩大耕地面积、增加粮食产量的路子，只能通过改良土壤，提高土地利用率，提高单位面积的产量和质量，才能满足越来越多的人口对食物和其他生活资料的需要。中国国情的特点决定了我们应该继续走集约化经营、精耕细作、可持续发展的道路。但这种集约经营不只是劳动力集约，而是劳动力、知识和技术的结合，也是传统技术与现代技术的结合。

（四）利用传统的生物技术措施，减少"无机农业"的危害，促进农业生态系统良性循环

我国传统农业基本上属于"有机农业"或"生态农业"，主要是以农业资源的综合利用为基础，利用农业生态系统中生物之间互利或互抑的关系，促进农作物生长，抑制各种病虫害。例如，为了保持土壤肥力持久不衰，实行用养结合，开辟了粪肥、绿肥、泥肥、饼肥、骨肥、灰肥、矿肥、杂肥等多种肥源，利用了人们在农业生产和生活中的一切可以利用的废弃物，还充分利用豆谷轮作、粮肥轮作复种等措施，实行生物养地，保证了农田生态系统内的物质、能量的循环和高效利用。为了防治病虫害，人们发明了农业防治、天然药物防治、生物防治、人工捕捉等办法，在消灭病虫害的同时，也保护了生态环境。这些措施有助于解决我国目前对耕地的利用重用轻养、重开发轻治理、地力衰竭以及耕地利用中的良性循环尚未形成等诸多问题，如何继承和发扬我国利用生物技术措施的优良传统，减少"无机农业"的危害，促进农业生态系统良性循环，仍然具有借鉴意义。在实现农业现代化的进程中，以前人们过于强调用现代农业代替传统农业，使农业生产由原来依靠生物能源转变为依靠机械、化肥、农药、地膜和除草剂，使农业生产能力有所提高，但却违反了农业自身的自然再生产和经济再生产相结合的规律，因而不可避免地造成了环境污染、水土流失、病虫害抗性增加等问题，影响了农业的可持续发展。2015 年 2 月，农业农村部印发《到 2020 年化肥农药使用量零增长行动方案》，聚合力量，强化措施，全力推进化肥农药减量增效。经过五年的实施，到 2020 年年底，我国化肥农药减量增效已顺利实现预期目标，化肥农药使用量显著减少，利用率明显提升，促进种植业高质量发展。

2022 年 1 月 20 日，国务院新闻办公室举行新闻发布会，我们农业面源污染治理扎实推进，化肥和农药使用量连续五年负增长，农作物秸秆综合利用率、农膜回收率、畜禽粪污综合利用率预计分别超过 88％、80％和 76％，分别比 2021 年提高 0.4 个、1 个和 1 个百分点。

（五）因地制宜、农林牧渔并举，构建和谐人地关系

强调天、地、人三位一体、交互作用的"三才论"，是我国古代宇宙观的基本内核，同样也是我国传统农业哲学的理论依据。早在先秦时期，古人就知道运用"三才"理论解释农业生产活动中各种要素之间的关系。《吕氏春秋·审时》认为，"夫稼，为之者人也，生之者地也，养之者天也"，就高度概括了农业生产中生物有机体（庄稼）与人、环境（天和地）之间的辩证关系。贾思勰在《齐民要术》中提出了"顺天时，量地力，则用力少而成功多，任情返道，劳而无获"的思想，要求人们在农业生产活动中，考虑到各地的自然条件，因地制宜地进行农业生产活动。元朝的《王祯农书》中提出要"顺天之时，因地之宜，存乎其人"，实现天、地、人三者的和谐统一。总之，古人特别重视农业生态系统的和谐统一，把天、地、人、物看成是彼此联结的有机整体，人们既不能随心所欲地开发利用农业资源，更不能破坏要素和要素之间、要素与系统之间、系统与环境之间的关系。这种认识，是完全符合自然规律和经济规律的。从事农业生产，要遵守这些规律，不能违背，否则必然要受到惩罚。中华人民共和国成立后，由于当时人们认识不足、片面强调经济增长，强调"以粮为纲"，对农业自然资源采取的是掠夺式的开发利用，毁坏山林草地，破坏了地表生态系统，导致人地关系日趋恶化，草地和森林面积减少，水土严重流失，土地沙漠化日益严重；直到 20 世纪末我国政府提出可持续发展战略，实行退耕还林、退耕还草，才逐渐扭转了这个局面。今后我们在开发利用农业资源时，要按照宜农则农、宜林则林、宜牧则牧、宜渔则渔的原则，全面发展农林牧渔生产，适度调整农业产业结构，使种植业、养殖业和农产品加工业协调发展，形成农林牧综合经营的农作制度体系。

（六）保护生物资源，维护生物多样性

我国古代遵循"取之有时，用之有节"的"爱物"原则，保持生物资源的持续存在和永续利用。时至今日，尽管我国生物资源品种丰富，但并非取之不尽、用之不竭。

青海省是全球高海拔地区生物多样性、物种多样性、基因多样性、遗传多样性最集中的地区之一，是高寒生物自然物种资源库。2018 年《青海脊椎动物种类与分布》有野生动物 605 种，该保护区辖区内有三江源国家公园、祁连山国家级自然保护区。我们要改变对自然界的传统态度，把人与自然的关系视为一种道德关系，建立起新的道德和价值标准。自然界是一个有机整体，自然界中每一个物种的存在都有其合理性

和利他性。人类必须将人伦道德扩展到整个自然界，确立与自然万物共生共存的大生命观，有意识地维护自然界生物的多样性。只有这样，才能维持人类与自然生态的和谐统一，实现人类与自然的协调发展。

2021年10月12日，国家主席习近平在以视频方式出席在昆明举行的《生物多样性公约》第十五次缔约方大会领导人峰会并发表主旨讲话时指出，生物多样性使地球充满生机，也是生存和发展的基础。保护生物多样性有助于维护地球家园，促进人类可持续发展。昆明《生物多样性公约》第十五次缔约方大会为未来全球生物多样性保护设定目标、明确路径，具有重要意义。宣布中国正式设立三江源、大熊猫、东北虎豹、海南热带雨林、武夷山等第一批国家公园，保护面积达23万 km^2，涵盖近30%的陆域国家重点保护野生动植物种类。建立国家公园的首要任务是保护自然生态系统的原真性和完整性，要坚持生态优先不动摇、坚决维护国家的整体利益和中华民族永续发展的长远利益

第二节　农耕文化的传承途径

中国传统文化、农耕文化最主要的精神和价值是"天人合一""自强不息""和而不同""自我认知、自我反省"的理念。农耕文化的传承包括农作物耕作制度、民俗、信仰、民间建筑、生活习俗、生活方式、生产和经济交流模式等；现代文明却在不知不觉改变人类的生存环境和生活方式，在发展现代农业、新农村建设、推进城镇化进程中，应注意借鉴和汲取农耕文化的理念，大自然为人类提供食源，但人们却不断违背自然规律对自然资源进行掠夺式地开发，来满足人们的日益增长贪欲。

如何传承和弘扬农耕文化、保护文化的源头和母本，留住我们生活的根，目前，应对原生态的农耕风貌、农耕社会的生产方式、传统的生活方式、古老民居、古朴老物件、古老村落、原生态农业文化遗产等进行抢救性地挖掘保护。

一、保护好传统民居和自然村落

乡村独特的建筑布局、生活方式、节庆习俗和农事活动都是农耕文化几千年的积淀，建筑物是最真实的历史记录和有序的文化传承，具有深厚的文化底蕴。人们心中最典型的乡村是山野翠绿、鸡鸭嘶鸣、蛙声一片、炊烟袅袅、小桥流水、渔歌唱晚、农舍隐隐等这些散发着浓厚乡土气息和农耕文化韵味的画面。欣赏山乡没有受任何污染的自然景色，感悟宁静淡泊淳朴平和的心境。但是，随着经济社会快速的发展和城市文明对乡村强大的辐射力；乡村旅游的许多经营者误以为配备上现代化的设备、电器就是现在流行的观光旅游，不但不珍惜、保护和利用原先遗迹的自然资源和传统乡

村特色，反而大兴土木、大拆大建，将传统的青砖土木民居，变成了钢筋水泥建筑，弄成了土不土、洋不洋的"四不像"。这种做法既破坏了乡村原有的自然风貌，浪费了农耕文化资源，也扭曲了发展乡村旅游的本质和目的。

古村落和传统民居是中华文化的重要组成部分，每个村落历史是经过长时间的沉淀和积累的，形成了独特的村落文化景观，有着属于它自己的一段特殊的发展历史，并成了生活在其中的人们的共同记忆，这种历史记忆就是每位中国人刻在骨子里的"乡愁"，文化的"魂""脉""根"；她是增进人们彼此间的情感、族群内部的认同和包容，是每位中国人的历史认同、自豪感和归属感的地方。

当乡土村落与古镇风情将成为遥远的追思、儿时的记忆，人们便开始追寻乡土中理想的"诗意的栖居"，希冀在乡土传统文化中寻求心灵的慰藉。在当今社会，人们长期生活于都市，缺乏对农村、农事和大自然的感知与敬畏；人们渴望清新的田园风光、厚重的农耕文化景观、清淡的乡村饮食、多彩的民俗风情、浓郁的乡村艺术下的生活居住方式，特别是青少年对这充满着向往好奇，这里不仅使他们视野扩展、陶冶情操，在参与农事活动中得到情感的满足。古老的村落是最真实的历史记录和有序的文化传承，具有深厚的文化底蕴；中国传统民居是节能低碳建筑，如徽派民居、北方的窑洞，具有隔热、保温、隔音、透气性好、质量轻等优点；传统民居建筑风格是有生命的、跳跃的生命符号，反映的是人文思考，它承载着历史的沧桑，折射着时代的进步。

传统村落、传统民居是民族的、历史文化的结晶，是孕育生息城市的土壤。将传统的、各具特色的民居，变成了钢筋水泥的统一模式，失去了地方特色和个性。这种做法破坏了乡村原有的自然风貌，失去了发展乡村旅游的优势资源。"建新不能废旧，历史不能复制"。

实践证明，当今中国最具吸引力和最受人们关注的是古老悠久的历史文化名城、古老村落。当今中国好的、独具特色的乡村旅游景点，无一不是生态环境、传统民居和古村落保护好的，如安徽省的西递村、宏村、三河古镇，江苏省的周庄，浙江省的同里、乌镇，江西省的婺源，上海市的朱家角，河南省巩义市康百万庄园，青海省西宁市湟中区慕容古寨、青海省同仁市郭麻日村，等等，这些古村落的自然环境、文化环境、明清、民国建筑、小桥流水、农耕文化都是江南秀美景色、黄土高原独特风格民居建筑的集中体现，都具有独特的观赏价值。古村落的建设都遵循的是中国风水理论，强调天人合一的理想境界和对自然环境的充分尊重，注重物质和精神的双重需求。

二、构建农耕文化展览室

建农耕文化展馆、农耕文化园、农具展示区、农耕体验区、采摘品尝区、景观观赏区、驱牛翻地、耕牛犁地、展示先人勤勉劳作，鞭策后继传人勤奋耕耘。如陕西杨陵的农业历史博物馆、陕西关中民俗博物院、苏州江南农耕文化园、青海互助土族民俗风情园、青海互助生态农业园、青海互助纳顿庄园等，展览不同时期的传统生产农具、生活用具如犁、耙、镢头、石磨、石缸、石臼、犁铧、风匣、水桶、扁担、马镫、背夹、背篓、风车、水车、纺车、耧、锄、铲，织布机，独轮车、榨油机、陶罐、契约等各类传统的农耕用具，配以相关的使用图片和文字，用来讲述和展示各地历史悠久的农耕文明历程。这种方式既可以使农民回味过去、珍惜、保护和传承农耕文化，又可让对农耕文化陌生的城市居民、青少年了解传统的农耕方式和生产习俗，唤醒他们对中华农耕文化的兴趣，已成为传播中华农耕文化、提升文化的自豪感、自信心、民族向心力的热点。

三、走进田间地头 感受"粒粒皆辛苦"

农田、果园、茶园、菜园、牧场等是中华民族生存的家园，这里是人们舒展心里的紧张和阴郁的地方，也是中国人灵魂的栖息地之一。

开展了"知农耕，辨农具，识五谷六畜"，感受"粒粒皆辛苦"的农耕文化主题教育，为人们提供"走进田间，体验农耕辛劳"等项目，在田间、山里体验种马铃薯、种白菜、掰玉米、摘茄子、剪果树、堆肥与沤肥等能让人回归到原始质朴的农耕生活状态，让人们去体验乡土风情，感受传统生活方式，体会已经从小都滚瓜烂熟唐代诗人李绅的《悯农》"锄禾日当午，汗滴禾下土。谁知盘中餐，粒粒皆辛苦"的内涵，感知农民终年辛勤劳动的不易，这才换来平日盘中的"美食"。让人们分五谷，识六畜，亲近大自然，亲身体验农作物生长过程、了解作物不同发育阶段的特征等。如何使用古老水车、石磨、石碾等古老的农用器具，让人们亲身体验这些农具的用途、使用方法等，充分利用本地乡村的饮食文化，让游客品尝具有农家特色的菜肴，了解饭菜背后的历史故事、风俗习惯等，在条件允许的情况下让游客亲自动手参与当地菜肴的制作，故，农耕文化是中国最具特色的旅游资源。

四、注重工业文明与农耕文化的协调发展

当今时代，随着工业化、商业化、城镇化、信息智能化浪潮席卷农村广阔大地，大量农村劳动力向城市的迁移，部分村庄的消失是不争的事实。一些传统村落逐渐消失，这是历史发展的必然。传统农耕文化的根基在农村，传统村落保留着丰富多彩的文化遗产，是承载和体现中华民族传统文明的重要载体。

2015年12月20日，习近平总书记在中央城市工作会议上指出，要坚持工业反哺农业、城市支持农村和多予少取放活方针，推动城乡规划、基础设施、基本公共服务等一体化发展，增强城市对农村的反哺能力、带动能力，形成城乡发展一体化的新

格局。

2022 年 10 月 16 日习近平总书记在中国共产党第二十次全国代表大会上的报告中提出，中国式现代化，是中国共产党领导的社会主义现代化，既有各国现代化的共同特征，更有基于自己国情的中国特色。中国式现代化是人口规模巨大的现代化，是全体人民共同富裕的现代化，是物质文明和精神文明相协调的现代化，是人与自然和谐共生的现代化，是走和平发展道路的现代化。中国式现代化的本质要求是坚持中国共产党领导，坚持中国特色社会主义，实现高质量发展，发展全过程人民民主，丰富人民精神世界，实现全体人民共同富裕，促进人与自然和谐共生，推动构建人类命运共同体，创造人类文明新形态。

农业现代化是中国农业发展的必然趋势和选择，如何使得中国从农耕文明向工业文明转变得更自然、更健康，2022 年中央一号文件回答了这个问题，大力发展县域富民产业。支持大中城市疏解产业向县域延伸，引导产业有序梯度转移。大力发展县域范围内比较优势明显、带动农业农村能力强、就业容量大的产业，推动形成"一县一业"发展格局。加强县域基层创新，强化产业链与创新链融合。加快完善县城产业服务功能，促进产业向园区集中、龙头企业做强做大。引导具备条件的中心镇发展专业化中小微企业集聚区，推动重点村发展乡村作坊、家庭工场。

我国农业在国民经济占有重要中的基础地位，这个角度看，农村永远不会消失。但以机械化、智能化生产为代表的大农业取代传统小农经济是历史的必然。农业跟工业一样采用大规模的集体生产方式，工业为农业提供农业改良需要的更大的投资和更多的物质生产条件，小农经济作为"过了时的生产方式的残余""在不可挽回地走向灭亡"。小农经济已经成为我国现代化建设的关键制约，现实问题和矛盾焦点要求中国传统农村和农业必须转型发展。例如，在互联网 5G 时代发展强劲动力下，电子商务的广泛运用，极大地扩宽了农村的农副产品的销售渠道，农民们尝到在地头就可以把农产品销售出去，这是工业化、商业化、信息化的便利。

另外，传统农耕文化的现代价值，也指导着人们如何发展现代高效绿色有机农产品、利用绿色生态资源循环利用的模式等，古老的农耕文化是打造生态农业的绿色创新、让土地耕作变得食之有味的良方，为此，我们需要如何保护、传承好中华文化之母"农耕文化"、需探讨从中华农耕文化、文明中汲取有益的养分，选择适合中国国情和文化传统的农业现代化之路，为世界提供中国智慧、中国方案。

五、注重农耕文化与传统民俗节庆的衔接

中华民族的传统节日均都起源于农耕时代，这充分体现了中华民族的和谐理念，是自然法则与生活智慧的结晶，是中华文化的有机组成部分。传统节日自身是一个相

互关联、充满生机的生命机体，它既是民族文化的集中体现，又是民族文化传承的载体，更是培植、滋养民族精神的重要方式。在循环往复的中国传统节日，在节日里人们往往进行消遣娱乐、建立和保持某些人际关系，传统民俗节庆可使人们在辛勤地劳作之外，可以定期地、暂时地放松身心，因此，弘扬农耕文化，应首先要传承好我们的传统民俗节庆；让传统节日成为中华民族精神家园的重要构成部分，将传统文化的精髓赋予现代生活的内涵，不仅是传承农耕文化的核心价值，也是弘扬中华文化的有效途径，更是促进乡村旅游的支撑力量。为了乡村旅游健康持续发展，必须传承民俗文化、农耕文化、传统节日三种传统文化，使农家乐、乡村旅游突出人性化、个性化、绿色性传承地方特色、民俗特色、传统特色，以适应体验乡村旅游者的需求。

2018年9月23日，我国迎来第一个中国农民丰收节。习近平总书记代表党中央，向全国亿万农民致以节日的问候和美好的祝愿。习近平总书记指出，设立中国农民丰收节，是党中央研究决定的，进一步彰显了"三农"工作重中之重的基础地位，是一件影响深远的大事。

自2018年起，秋分这一天被设立为"中国农民丰收节"，2021年又将"中国农民丰收节"写入《中华人民共和国乡村振兴促进法》（2021年6月1日起施行）。这是我国历史上第一个从国家和法律层面专门为农民设立的节日，体现了对农民的最高礼遇和隆重敬意，对于传承和弘扬中华农耕文化，坚定文化自信，意义重大而深远。它标志着中华农耕文化的文化自觉走向新的历史纵深，是中华农耕文化从自觉走向复兴的时代表达。以农事节气为基点设立农民节日，既是对农业文化的继承和弘扬，也是"农本"思想的创新发展。国之重者，以农为本。农业，养育了华夏民族；农业文化，孕育了中华文化。在长期的发展过程中，农业文化不仅孕育出了无数个文化支系，生长出枝叶茂盛的中华文化大树，其自身也获得了丰富养分，形成了独具特色、内涵厚重的中华农耕文明。

中国农民丰收节的设立，是对中华农本文化的重新审视与定位。只有认清自己的文化源头，才能实现文化自信，才能充分挖掘农耕文化蕴含的宝贵财富，并使之发扬光大，实现中华文化的真正复兴。

中国农民丰收节的设立，将节气与节日合二为一，既表达了天人合一的哲学思想，又彰显了农耕文明强大的生命力。"天人合一"是中国哲学的核心观念，这一思想的产生也源于农业文化，是人与自然关系长期融合及思想化的结果。这一结果，促使了原始农业的产生。换言之，人与自然关系的起点和主要形式是农业，所以，从本质上说，农业就是人与自然融合不断深化的过程和结果，而二十四节气就是人与自然深度融合的产物。

将秋分设立为中国农民丰收节，既是这种文化特征的体现，又被赋予了新的时代内涵。它不仅延续了中华民族敬畏自然、保护自然、利用自然的优秀传统，丰富发展了中华文化中天人合一的思想，而且丰富了传统节庆内涵。将农民从事农业生产的终极追求——丰收的主题嵌入这个特殊的节日里，使得中华民族有了统一的庆祝丰收的盛典，全国人民的农业成就情感在这里产生了共振，从而赋予这个沉甸甸的节日从物质富足迈向精神富足之重大意义。

中国农民丰收节的设立具有丰富农民精神生活、净化乡风民俗、振兴乡村文化的时代意义。致君尧舜上，再使风俗淳。这是古人对淳朴乡风民俗的理解和向往。这种美好的风俗习惯的形成，是以民间节庆活动为养成渠道和传播载体的。在传统农本思想意识的支配以及民间风俗习惯的娱乐教化作用下，以农为乐是中国农民的一个精神支点。

中国农民丰收节的设立，无疑是为我们的民族文化之根起到了培土固根的作用，意在彰显优秀传统道德的魅力，强化对乡土文化的认同感，丰富广大农民的精神生活，重构全社会对农民的尊重意识，从而形成强大的民族文化凝聚力。

六、注重新农村建设与乡村文化的协调

新农村建设应该以农耕文化价值为切入点，在更深层次上，认识中国广大农村蕴含的丰富文化资源的价值，认识农村居民传统风尚、道德的积极与健康的本质属性；只有从这样的认识出发，才能对农村与农民的伦理道德观念和传统习俗有真正的尊重，才能搞好新农村建设与乡村文化的协调工作。

新农村建设不只是盖房子，更不是搬迁合并，移植。近些年我国县、乡城市化改造建设中采用单一、千篇一律模式，使不同地区原有的建筑风格失去了个性，乡村建筑物失去了文化传承和历史记录的功能，古村落、历史名胜、古迹、古建筑被摧毁和消失，将古建筑统统推倒搞现代建筑，现在各城市都建成了统一模样的高楼大厦，失去了个性和文化，而后又有不少地方斥巨资修建雷同的仿古建筑、仿古一条街。

在推进新农村居民住房建设中，千万不能搞"样板房"、一个模式；应在保护原生态、原村落、传统民俗、传统风格、多样性的前提下进行，重点是先改造基础设施；基础设施和环境搞好了，农民就会自己会遵循乡土建筑经济、实用、美观的原则，选择建造最适宜的、具有地方特色、民族特色、传统风貌的民居。如何在现代文明中找出一条适合中国特色的新农村文化建设发展之路，党的十八大以来在习近平新时代中国特色社会主义思想已经给我们指明了方向。

2013年12月12日，习近平总书记在中央城镇化工作会议上强调，城镇化是城乡协调发展的过程。没有农村发展，城镇化就会缺乏根基。有些地方错误理解城镇化和

城乡一体化，干了一些"以城吞乡、逼民上楼"的事，严重损害了农民利益。城镇化和城乡一体化，绝不是要把农村都变成城市，把农村居民点都变成高楼大厦。

2013年12月23日，习近平总书记在中央农村工作会议上指出，村庄空心化和"三留守"是一个问题的两个侧面。外在表现是村子空了，本质上是人一茬一茬离开农村。农村是我国传统文明的发源地，乡土文化的根不能断，农村不能成为荒芜的农村、留守的农村、记忆中的故园；搞新农村建设要注意生态环境保护，注意乡土味道，体现农村特点，保留乡村风貌，不能照搬照抄城镇建设那一套，搞得城市不像城市、农村不像农村；搞新农村建设，绝不是要把这些乡情美景都弄没了，而是要让它们与现代生活融为一体，所以我说要慎砍树、禁挖山、不填湖、少拆房。

2014年12月13日，习近平总书记在江苏镇江市丹徒区世业镇永茂圩自然村调研时强调，解决好厕所问题在新农村建设中具有标志性意义，要因地制宜做好厕所下水道管网建设和农村污水处理，不断提高农民生活质量。习近平总书记还叮嘱当地干部要深化城乡统筹，扎实推进城乡一体化发展，让农村成为安居乐业的美丽家园。

2015年1月20日，习近平总书记在云南大理白族自治州大理市湾桥镇古生村调研时指出，新农村建设一定要走符合农村实际的路子，遵循乡村自身发展规律，充分体现农村特点，注意乡土味道，保留乡村风貌，留得住青山绿水，记得住乡愁。

2016年4月25日，习近平总书记在安徽省凤阳县小岗村召开农村改革座谈会时强调，要推动乡村文化振兴，加强农村思想道德建设和公共文化建设，以社会主义核心价值观为引领，深入挖掘优秀传统农耕文化蕴含的思想观念、人文精神、道德规范，培育挖掘乡土文化人才，弘扬主旋律和社会正气，培育文明乡风、良好家风、淳朴民风，改善农民精神风貌，提高乡村社会文明程度，焕发乡村文明新气象。

2022年10月16日，习近平总书记在中国共产党第二十次全国代表大会上的工作报告中提出，我们要推进美丽中国建设，坚持山水林田湖草沙一体化保护和系统治理，统筹产业结构调整、污染治理、生态保护、应对气候变化，协同推进降碳、减污、扩绿、增长，推进生态优先、节约集约、绿色低碳发展。我们要加快发展方式绿色转型，实施全面节约战略，发展绿色低碳产业，倡导绿色消费，推动形成绿色低碳的生产方式和生活方式。深入推进环境污染防治，持续深入打好蓝天、碧水、净土保卫战，基本消除重污染天气，基本消除城市黑臭水体，加强土壤污染源头防控，提升环境基础设施建设水平，推进城乡人居环境整治。提升生态系统多样性、稳定性、持续性，加快实施重要生态系统保护和修复重大工程，实施生物多样性保护重大工程，推行草原森林河流湖泊湿地休养生息，实施好长江十年禁渔，健全耕地休耕轮作制度，防治外来物种侵害。积极稳妥推进碳达峰碳中和，立足我国能源资源禀赋，坚持先立后破，有计划分步骤实施碳达峰行动，深入推进能源革命，加强煤炭清洁高效利用，加快规划建设新型能源体系，积极参与应对气候变化全球治理。

第三节　农耕文化与建设美丽乡村

美丽乡村建设如火如荼、美丽乡村星罗棋布，城乡面貌发生深刻变化。一方面我们感叹美丽乡村建设成就的同时，另一方面也深深感觉到大量的城市元素渗入乡村，乡村建设千人一面，舶来文化正在改造和解构着乡村社会的文化价值，冲击着农民的精神世界，乡风民俗流失。美丽乡村正在面临着乡土文化日趋消解、式微的尴尬。

美丽乡村既要塑形，也要铸魂。美丽乡村就是把农村建设得更像农村。迫切需要从农民群众喜闻乐见，有强烈认同的农耕文化中去挖掘宝藏，释放活力，通过其有形的行为和包容的精神，发挥凝聚人心、教化群众、淳化民风的作用，为乡村注入尊重自然、勤俭持家、质朴醇厚、守望相助、尊老爱幼、慎终追远的文化传统，增添具有浓郁乡土气息、有农具、磨盘，土墙等记忆的乡土符号。

一、建设美丽乡村农耕文化不可缺席

2022年10月16日习近平总书记在中国共产党第二十次全国代表大会上的报告中提出，全面建设社会主义现代化国家，必须坚持中国特色社会主义文化发展道路，增强文化自信，围绕举旗帜、聚民心、育新人、兴文化、展形象建设社会主义文化强国，发展面向现代化、面向世界、面向未来的，民族的科学的大众的社会主义文化，激发全民族文化创新创造活力，增强实现中华民族伟大复兴的精神力量。我们要坚持马克思主义在意识形态领域指导地位的根本制度，坚持为人民服务、为社会主义服务，坚持百花齐放、百家争鸣，坚持创造性转化、创新性发展，以社会主义核心价值观为引领，发展社会主义先进文化，弘扬革命文化，传承中华优秀传统文化，满足人民日益增长的精神文化需求，巩固全党全国各族人民团结奋斗的共同思想基础，不断提升国家文化软实力和中华文化影响力。

建设美丽乡村是党中央作出的重大决策部署。"中国要强，农业必须强；中国要美，农村必须美；中国要富，农民必须富"。美丽乡村建设，以多功能产业为支撑的农村更具有可持续发展的活力，以优良的生态环境为依托的农村重新凝聚起新时代农民守护宜居乡村生活的愿望，以耕读文化传家实现文明的更新，融入现代化的进程。耕读文明是我们的软实力，美丽乡村建设，传统文化不能缺席，农耕文化更不能被抛弃。文化是美丽乡村建设的灵魂，如果传统农耕文化的缺席，乡村就不成其为乡村等于是城镇的机械复制，建设美丽乡村，尤其要挖掘和继承本土的优良传统培育有时代特点、

本地特色的农耕文化。什么是农耕文化？二十四节气、民谣农业谚语、农民艺术、传统手工绝活是农耕文化；标志性民俗活动、有地方特色的农事礼仪、农业文化遗产是农耕文化；祠堂古村、古镇也是农耕文化。他们记载着农耕年代的辉煌，也见证着乡村的没落与寂寞。美丽乡村建设，还要弘扬民俗文化。民俗文化是中华传统文化的重要组成部分，具有深厚的群众根基，是乡愁的精髓。美丽乡村既有传统村落的古朴风骨，也有现代农村的文明气息让美丽乡村具有生态之美、装满童年味道而又承载浓浓乡愁。村落是中华民族最古老的家园。难以计数的物质的、非物质的文化遗产都在村落里。那些蕴含着丰富农耕元素的古村落，有着数百年、上千年，甚至更长时间，见证着中国农业文化、古代建筑和民俗、民风的演变与发展历史却在快速推进的城镇化建设中顷刻崩溃于推土机下。乡村振兴不仅是物质的振兴，更是精神的振兴。

古往今来，村庄是中国人群居的基础单元。人们在有组织的生产生活过程中产生了语言，戏剧，民歌，风俗及各类祭祀活动等，形成了自己独特文化内容和特征，不断总结和创造产生了农耕文化。乡村与城市的居民楼不一样，乡村有更多的历史厚重感，承载着千年历史，乡村每幢建筑都有内涵，都有故事，都与鲜活的有名有姓的人的悲欢离合休戚相关。在不同的时代背景下，每一个乡村都有不一样的故事，不一样的经纬。注定村庄不仅是农耕文化不同内涵的始作俑者，也是农耕文化繁衍传承的重要载体。我们常讲，一个地方最能够打动人心、嵌入记忆的符号就是文化。

农耕文化的根在农村，生命力在农村。要使农耕文化得到有效传承还在于能否将农耕文化有机地融入现代乡村发展中。实际上，一个乡村之所以谓之乡村，不仅仅在于其是生产生活的基础，而且还在于其所具有的文化内涵。乡村是否具有丰富的文化内涵，决定了乡村是否具有良好的发展前景。乡村文化的根脉是农耕文化，乡村文化内涵取决于是否有效传承了农耕文化成果，所以注重对农耕文化的传承，将农耕文化融入现代乡村发展中是重中之重。现实中，要注重将传统村落布局与传统乡村建筑体现在乡村建设中，要在形式上给人一种浓浓的乡村味道；要注重将农耕文化元素积极融入乡村文化建设中，做到现代文化与传统文化的有机结合，传统农耕文化借助现代元素实现升华，通过新的形式得到展现，从而实现内容与形式的共同提升。

今天，我们建设美丽村庄，就是要挖掘和传承弘扬乡村中所孕育的故事、传统，就是当地的文化符号"农耕文化"。农耕文化是乡村的灵魂，是乡村可持续发展的源泉，也是连接乡村传统生活与都市现代生活的纽带。农耕文明是美丽乡村之魂、之韵，对美丽乡村建设具有重要作用。"千里不同风、百里不同俗"的美丽农村，最大区别源于文化。沿袭几千年的农耕文化往往蕴含许多有趣的风俗和故事，能为美丽乡村建设添活力、聚人气。传承弘扬农耕文化才能留住我们生活的"根"，守住了我们的"魂"，记住"乡愁"，经营好"未来"，才能给所有人一个"望得见青山、看得见绿水、记得住乡愁"的美丽乡村。

文化在美丽乡村建设中发挥着重要作用，文化建设是经济、生态、旅游等建设的重中之重。只有农村地区文化建设水平提高了，人民的综合素质才能得到提高，才能创造出更加美丽的中国。现阶段，对于农村文化的建设，要从最根本入手，我国自古就是农业大国，在长期的农业生产和农村生活中形成了一种独特的风俗文化，称为农耕文化，其是为农业和为农民自身娱乐服务的。农耕文化集儒家文化及各类宗教文化于一体，形成了自己独特的文化内容和特征。在美丽乡村建设过程中，发掘和弘扬农耕文化，可以丰富休闲农业，是乡村旅游升级的必然选择。

二、保护生态环境是建设美丽乡村的基础

中国是农业的国度，农耕文化是中华文化的母文化；实现中华民族伟大复兴，必然伴随着中华农耕文化的自觉与复兴。农耕文化是我国农业的宝贵财富，是中华文化的重要组成部分，不仅不能丢，而且要不断发扬光大。保护与传承农耕文化，对美丽乡村建设具有重要意义。

保护生态环境是建设美丽乡村的基础，农耕文化最主要的精神就是"天人合一"，促进人与自然的和谐共生。传承农耕文化是发展现代高效生态农业的需要。改革开放以来，我国的农业虽然有了长足的发展，但是，农业发展中的生态环境恶化、农产品质量安全、可持续发展问题也随之突出。在我国农业发展的资源约束条件日益趋紧的状况下，继续靠增加资源和化学品投入来增加产出的余地越来越小，自然环境承载能力的压力越来越大，以对资源的掠夺性使用和对生态环境的严重污染为特点的农业增长方式将难以为继。要实现农业的可持续发展，保障农产品质量安全，必须树立和落实科学发展观，并借鉴和吸纳中国传统农业生产的精华，遵循自然规律，重视生态环境的保护，逐步减少化学品对生态环境恶化的影响美丽乡村建设中要治理和改善农村的环境状况，其中农耕文化中的一些环境理念值得我们借鉴。对农村生活垃圾进行分类处理，建成生活污水处理厂、垃圾压缩站，改善农村的环境状况。例如，青海省西宁市湟中区的卡阳村，这里已成为美丽乡村建设的样板，实现了农民"喝干净水、用清洁灶、上卫生厕、住整洁房"的总体目标，成为"柳树成荫、环境优美，生态协调、自然和谐"的新农村。实现了垃圾"村收集—镇运转—集中处理"的方式。垃圾压缩站和污水处理厂的运行，彻底改变了"垃圾靠风刮，污水靠蒸发"的落后面貌。

三、繁荣农村文化是建设美丽乡村的源泉

农耕文化是乡村的灵魂，是农民的精神命脉。保护农耕文化有利于传承文化基因、

保持文化特性、发挥文化潜力、增强文化自信。在实践中必须坚持依法保护、科学保护、系统保护，积极探索保护与传承的有效形式和多种途径。美丽乡村，不仅美在山川、美在田园、美在村落上，更美在文化上。但是，作为一种农耕文化现象一旦消失失传，与其相互依存的独特珍稀物种、生产技术、生态环境、思想理念和文化资源也将随之消亡。人们创造一种文化时往往处于自觉或不自觉的状态，但文化的保护传承却需要全社会的共同参与。保护农耕文化就是保护各民族赖以生存、发展和走向未来的文化根基。

现今，我国正处于经济发展方式转变、社会结构转型的重要时期，应深入挖掘农耕文化的内涵及其现代价值，在保护中发展、在发展中保护，不能让农耕文化的优秀传统在我们这一代消亡。建设美丽乡村需要从各自的传统历史、人文积淀、资源禀赋、地形地貌等特色出发，同时也可以运用文化创意，点石成金、转化资源、彰显乡土特色。在建设美丽乡村时，应牢牢把握传统文化的特点和内在规律，在推陈出新中实现两者的有机结合。只有这样，建设的美丽乡村才具地方特色又能保持长久的生命力，未来的乡村应该是一种"隐形城市化"的状态，既有生态良好的生态环境，又有传统的历史文化底蕴，更有现代化生活的宜居、宜业的乡村。

四、美丽乡村生态环境对来访者身心健康的影响

人因自然而生，人与自然是生命共同体，人类对大自然的伤害最终会伤及人类自身；生态环境没有替代品，用之不觉，失之难存。

乡村旅游活动的最终目的是通过观光娱乐活动等使游客放松身心，增进健康，陶冶情操，获得知识，增长智慧等，同时，改善睡眠、缓解压力、增加幸福感、减少负面情绪、促进积极的社会交往，甚至有助于让人感受生活的意义、体会大自然的审美乐趣。若自然生态环境遭到破坏，就会导致人们的生理、心理失调，引起各种心理健康疾病问题，比如，人们长时间生活在狭小的空间、情绪上又处于压抑状态，心理健康就会产生有负面情绪，严重的导致精神疾病，而美丽的乡村生态环境就可释放、缓解这种情绪，对治愈人们生理、心理疾病能起到的促进作用。

第十一章 河湟文化

第一节 河湟地区

一、河湟的概念

河湟中的河是指黄河，湟是指湟水河。河湟常被统称为"河湟地区""河湟流域"和"河湟谷地"，其范围涵盖黄河上游、湟水流域、大通河流域，古称"三河间"。河湟的最早记载出自《汉书》："至春，省甲士卒，循河湟漕谷至临羌，以视羌虏，扬威武，传世折冲之具。"《后汉书·西羌传》有"乃渡河湟，筑令居塞"的记载。《新唐书·吐蕃传下》载："湟水出蒙谷，抵龙泉与河合……故世举谓西戎地曰河湟。"

河湟既是一个地理概念，又是一个历史概念，更是一个文化概念。河湟文化是发源于河湟流域的典型地域文化，是黄河文化的重要组成部分，是黄河文明的重要发源地之一，这一地区是古时候来自中原的汉文化能够到达的西界。来自中原的汉文化，来自西域和蒙古高原的游牧文化与来自青藏高原的藏文化，在这里交融碰撞，交汇融合。

河湟文化是在古羌戎文化的历史演进中，以中原文明为主干，不断吸收融合游牧文明的、西域文明形成的包容并举、多元一体的文化形态。

二、河湟的地理区域

河湟地处祁连山以南，日月山以东，甘南草原和青海省黄南牧区以北，是黄河水系与湟水河水系在祁连山、大阪山与积石山三山之间冲击而成的河谷谷地，在这片区域内，两大河系和三山将河谷分割成许多山岭、关隘，使得河湟成为一个相对独立的地理单元。

河湟谷地是指沿岸适宜农耕的谷地，黄河和湟水河相拥流经、孕育两岸肥沃土地，范围是从湟水河汇入黄河的河口算起向西季风能作用到的地区。这片区域最东部部分在甘肃省，但大部分在青海省，东部季风区是青海省最富饶的地区。就自然区域而言，青海省是中国西北干旱区、东部季风区、青藏高原区三大自然区的缩影，在一省之内有三区是其他省区所不具有的。

　　就地理区域来说，河湟地区有狭义和广义之分。狭义的河湟地区主要包括青海省海东市、西宁市的全部和海北藏族自治州、海南藏族自治州、黄南藏族自治州的农业地区。广义的河湟地区除了青海省之外，还包括甘肃省兰州市的红古区、临夏回族自治州的部分地区。其实，"洮岷"是历史上洮州和岷州的简称，洮岷地区大致包括现在以甘肃省临潭县、卓尼县和岷县为中心的甘南藏族自治州和定西市大部分地区。现在是卓尼县和岷县，也属于河湟文化的延伸地段。这里自古就是各民族交往交流交融的重要舞台，在民间留存至今的诏令、碑刻、族谱、契约文书、"莎木"唱词等文献，为我们考察相关历史、铸牢中华民族共同体意识、推进中华民族共同体建设提供了重要资料。

　　1929 年青海建省之后，河湟文化区的范畴相应地变小，同时河湟内部的文化特征也发生了一系列的变化，目前河湟就是狭义的河湟地区。河湟地区面积约 3.5 万 km^2，人口占青海省的 80%。海东市是河湟文化的重要发祥地、核心区和承载区。

　　河湟走廊在地理环境上属于过渡区域，地处青藏高原、黄土高原和蒙古高原交界地带，正好位于胡焕庸线与 400 mm 等降水量线上，是农耕区与游牧区交错地区。河湟地区被费孝通称为"中原同青藏高原的流通孔道"。这里也是黄土高原和青藏高原的过渡地带，我国青藏高寒区、东部季风区和西北干旱内陆区三大地理区的交会地带，内流区与外流区的分界线；也是农耕文明与游牧文明的交会地带，历史上羌藏民族与中原汉族生产生活的地理边界与文化边界，因而，河湟地区具有典型的过渡地带、交会地带的地理空间特征。多元生计方式和多元文化在这里并存。

　　从城市的政治、市场功能与影响力角度看，它是以甘肃省兰州市、临夏回族自治州临夏市和青海省西宁市三个城市为犄角构成区域的核心区域；它是历史上茶马互市的重要区域，是今日中国西部铁路、航空运输和商品流通的重要枢纽，是改革开放以来西北地区人口流动最频繁、经济发展最快、最有活力的地方之一，也是开发青藏高原的最前沿、沟通内地与新疆的重要桥梁；为推进中华民族共同体建设提供了重要资料。

第二节　河湟文化的历史渊源

一、河湟走廊

　　河湟走廊是我国重要的多元文化交流汇聚之地。它是丝绸之路的必经之地，起着承北接南、东进西出的枢纽作用。河湟走廊处于我国三个文化圈——蒙古高原游牧文化圈、青藏高原游牧文化圈和中原农耕文化圈的交会地带，是南北民族迁徙、东西文化交流的十字路口，也是理解中华民族多元一体格局的重要窗口。

今天的河湟走廊，总面积约 8 万 km²，总人口逾 1 000 万，约占甘青两省总人口的 33 %，其中少数民族人口近 300 万。人们的生计方式，以农、牧、商结合，形成了农、牧、商相互依存、互补发展的经济类型。体现在民族生计方式的选择上，汉族、土族以农业经济为主，藏族、蒙古族以游牧经济为主，回族、东乡族、撒拉族、保安族等务农重商，同时发展手工业。这种多元的适应策略选择，促进了彼此经济上的相互补充。

河湟走廊是中国民族自治最集中的地区之一，民族成份众多，改革开放以来，这里的各民族人口流动更为频繁，民族成份更加多样；这里是我国省级民族自治地方的连接地带，东北边是宁夏回族自治区，北边是内蒙古自治区，西边是新疆维吾尔自治区，南边是西藏自治区；这里语言多样，主要语系是汉藏语系和阿尔泰语系，但最突出的语言特征是大家都掌握国家通用语言文字，在社会交往中普遍使用国家通用语言文字；河湟走廊宗教文化多元并存，和而不同。

二、西北民族走廊

1982 年 5 月费孝通先生首次提出"西北民族走廊"的概念，在西北民族走廊中，除了河西走廊之外，主体部分是河湟走廊（其中包括洮岷走廊）。走廊的意义在于多元文化的汇集，河湟走廊中呈现出多民族、多语言、多宗教并存与多元文化共生的状态。河湟文化在多元的基础上形成了多元一体的格局，是构建和铸牢中华民族共同体意识的理论模型，也是民族团结的典范所在。丝绸之路的南线穿越河湟地区，这一段被称为"高原丝绸之路"，又叫"青海道"。一方面，当丝绸之路河西走廊段不畅通时，商队改道河湟地区；另一方面，河湟地区有着丰富的物产，特别是游牧产品，具有重要的商业意义。丝绸之路的贯通，促进了历史上河湟地区多民族之间的交流、交融。

所谓民族走廊，是指一定的民族或族群长期沿着一定的自然环境如河流或山脉向外迁徙或流动的路线。在这条走廊中必然保留着该民族或族群众多的历史与文化的沉淀。费孝通先生提出中国三大民族走廊包括南岭走廊、藏彝走廊、河西走廊，是中华民族多元一体格局理论的重要组成部分。"费孝通理论"从当代民族分布而论，与地理分界基本吻合；地理特征是经济发展的基础，从而直接影响了民族、族群的形成和发展。

河西走廊历代均为中国东部通往西域的咽喉要道。汉唐朝以来，成为"丝绸之路"一部分。东起乌鞘岭，西至古玉门关，南北介于南山（祁连山和阿尔金山）和北山（马鬃山、合黎山和龙首山）间，长约 900 km，宽数千米至近百千米，为西北—东南走向的狭长平地，形如走廊，称甘肃走廊。因位于黄河以西，又称河西走廊。主要城市有武威、张掖、敦煌等历史文化名城。

河西走廊的历史文化源远流长，名胜古迹灿若星河。20 世纪中国四大文献古奇观是故宫明清档案、安阳甲骨文、敦煌遗书、居延汉简，后两者都与河西走廊有关；1969 年 10 月出土于甘肃省武威市雷台汉墓出土的"马踏飞燕"，被定为中国旅游标志，它造型矫健精美，显示了勇往直前的壮志豪情，成为中华民族伟大气质的重要象征。这一地区依旧保留着华夏民族的农耕文明。

三、河湟文化的渊源

自古以来，我国从华夏到汉唐，乃至元明清时期，都将黄河流域看作是中华民族的摇篮，是中华文明的发祥地。"君不见黄河之水天上来"，古人心中的黄河源头圣洁而又遥远。黄河从巴颜喀喇山北麓的各姿各雅山下的卡日曲河谷和约古宗列盆地源出汇合，在其支流湟水河、大通河之间形成了史称"三河间"的广阔地域。河湟文化便发源于此，构成黄河文明的重要分支。汉族、藏族、回族、土族、撒拉族等多个民族在这里交融共生，形成了灿烂的河湟文化。

河湟文化作为黄河文明，在人类迈入文明门槛的时候，以其鲜明的风格和较高的水准兴起，并在中国早期文化史上写下了浓重的一笔。河湟文化五千年孕育了千姿百态的传统村落，它不仅传递着丰富的历史文化信息，也是古老文明留下的宝贵遗产。河湟文化作为中原文化与周边文化、域内文明与域外文明双向交流扩散、荟萃传播的桥梁，多彩的民族色彩是其最明显的特征，是多元文化融合的中华民族传统文化的一个典型缩影。

河湟谷地自古以来，汉族、藏族、回族、土族、撒拉族等各民族长期进行文化交往、交流、交融共生，孕育了花儿、河湟皮影和"青绣"等优秀传统艺术文化。"青绣"是青海藏绣、土族盘绣、湟中堆绣、河湟刺绣、撒拉族刺绣、蒙古族刺绣等民间传统刺绣的总称。"指尖上的青绣"成为河湟文化的金名片。如今成了非物质文化遗产代表性项目，成了青海着力打造的文旅品牌。

原始社会末期，在河湟谷地形成了著名的卡约文化。1923 年首次发现于湟中县云谷川的卡约村而得名。卡约文化充分显示了当时人们农牧兼营，过着相对稳定的定居生活。卡约文化的陶器制作更加丰富，有双耳罐、四耳罐、杯、瓮、豆、鬲等，彩绘以赭色为主（赭色即中国传统色彩名词，红色、赤红色、深红色、红褐色等），花纹中有羊、鹿、狗等动物图纹。从新石器时代的马家窑文化，到铜石并用的齐家文化、青铜器时代的卡约文化和辛店文化，见证河湟地区的悠久历史和灿烂文化。例如，柳湾遗址出土的四千六百年前的彩陶上的纹饰符号是中国最早的象形文字，比甲骨文还要早一千多年。柳湾遗址是中国黄河上游迄今为止规模最大的原始社会部落聚集区遗址，出土彩陶文物 6 万余件，占中国出土彩陶数量的 80%，被称为"彩陶故里"。柳湾彩陶的发现被列为 20 世纪我国一百项重大考古发现之一。这些，都印证了河湟文化的厚重历史。众多古老文化的交替出现，使河湟谷地的历史文化显得古老而灿烂。

作为历史概念的河湟文化其早期为羌戎文化，它早期所体现的文化属性带有明显的原始部落文化色彩，其社会组织形式兼有父系氏族社会形态和母系氏族社会形态。随着汉民族的迁入，带来了先进的中原文化，出现了农耕文化与畜牧文化相并存的格局，文化特征则表现出了强烈的地方性。在历史上，作为文化边界的河湟走廊是不断移动的，它是移民的大走廊。在汉朝，河湟地区主要指渭水上游之天水一带，这里是汉、羌文化交汇的地区。到魏晋南北朝时期，河湟地区主要指羌、汉、吐谷浑、氐、鲜卑等众多民族交融之地是文明交流的大通道。从唐朝开始，吐蕃王朝的兴起与统一，改变了青藏高原的格局。至元朝大统一，伴随民族的大迁徙，民族的迁徙与分化整合沿此线向东、南、西、北等不同方向展开，再次极大地改变了这里的民族分布格局。直至明清时期，河湟走廊进一步西移到黄河上游积石山—循化—隆务河一线；河湟走廊由此也具有了包容性的文化品质。

"河湟文化"片区涵盖甘青两省交接的黄河流域，这里主要是指青海省的河湟地区，覆盖十八个县、区，面积约 3.6 万 km²。在黄河流域生态保护和高质量发展、高质量共建"一带一路"、黄河国家文化公园及兰西城市群建设大背景下，青海省作为黄河源头区域，河湟文化作为黄河文明体系中四大最具代表性的文化类型之一，迎来了前所未有的发展机遇。

第三节　河湟文化的保护、传承与发展

习近平总书记指出，在我国五千多年文明史上，黄河流域有三千多年是全国政治、经济、文化中心，孕育了河湟文化、河洛文化、关中文化、齐鲁文化等。河湟文化是指萌生、传承、发展于河湟流域的典型地域文化，是黄河文化的重要组成部分，是黄河文明的重要发源地之一，代表了中华文化内部的边陲文化，是一种连接地带中介型、交汇型文化。河湟文化历史悠久，源远流长，文化多元，农牧兼具，博采众长，包容互补，散发着和美、交融、共荣的独特魅力。

一、河湟文化的特征

文化是人与自然、社会、自我联结的纽带。不同历史时期，不同民族在河湟这个独特的生态环境中共同创造了多元一体的文化基因图谱，河湟文化特征主要体现在以下方面。

（一）根源性

黄河地区一直被视为华夏文明的发祥地，中华历史文化河流的源头。纵观河湟文化在黄河流域古文明中的地位，乃是中华文明的摇篮之一。河湟地区是青藏高原和黄土高原的交会地带，人们从这里可踏入青藏高原。河湟地区是人们探察黄河源流以及不断迁徙往返极为频繁的地区。此外，河湟地区作为早期黄河流域人类活动的主要区域之一，早在新石器时代，就出现了较为发达的原始文明。当地发掘的马厂类型、马家窑文化、辛店文化、齐家文化等 1 730 余座墓葬，跨越了新石器时代到青铜器时代，出土文物 37 925 余件，其中出土的彩陶器文物有近 2 0000 件之多，其数量之广、制作技术之先进，堪称远古文化之翘首。河湟文化从史前社会一直延续至今，并与中原文化一脉相通，铸就了黄河流域文明的文化内核之一，推进了黄河流域文化不断向前发展。

（二）地域性

河湟谷地作为青海省最适宜的农业生产区，是全省最大的农业基地，孕育了独具魅力的生态立体性高原农耕文化。相对于青海省整体的海拔高、多山地、降水少、植物覆盖率低、气候干燥、多风缺氧的地理气候特点来说，河湟谷地海拔 1 500 ～ 2 000 m，气候条件适宜耕牧，土壤肥沃，适宜灌溉，为先民们提供了良好的生存条件。汉族、蒙古族、藏族、土族、回族、撒拉族等民族在各自的文化发展中，发挥着独具特色的生存智慧，在长期的历史演变与生存实践中，渐渐融合成了以东部的河湟地区为地域中心，以其所衍生的生存生活状态为精神内涵的河湟文化。从地域文化角度看，多民族风俗习惯、民间工艺、建筑、戏曲、绘画雕塑、传统节庆、服饰饮食在此地共存、交流、融汇，形成了特质鲜明的河湟文化景观，具有鲜明地域特征的建筑文化和饮食文化构成了河湟地区独具特色的高原河谷文化。

（三）多元性

河湟地区是黄土高原、青藏高原与蒙古高原的交汇处，具有三大高原文化融合的人文特征。这里世居民族有汉族、藏族、土族、回族、蒙古族、撒拉族、裕固族、东乡族、保安族。各民族在物质文化、观念文化方面都存在着明显的差异，保存着各自的文化特色。河湟地区是中国文化多元一体格局的缩影，在历史演进过程中，一度是羌、鲜卑、吐蕃等古代先民繁衍生息的地方。湟水谷地以汉族文化、回族文化、土族文化为主；由临夏到西宁市一线，以回族文化、东乡族文化、保安族文化、撒拉族文化、土族文化、藏族文化在此共存；而祁连山、海北一带以藏族文化、回族文化、土族文化、裕固族文化并存相依。它是中原农耕经济文化区与高原游牧经济文化区的重要过渡区域，融合了农耕民族与游牧民族的文化气质。其中土族、撒拉族自治县属全国唯一，使得这一地区成为多民族交往、交流、交融的典型地区。因此，其文化隐性结构是以多元民族文化为载体的多元宗教文化，佛教（汉传、藏传）、道教、伊斯兰教、基督教以及丰富多彩的民间信仰彼此影响，夯实了河湟地区多元民族宗教文化和而不同的文化根基。

河湟地区有儒家文化、藏传佛教文化、伊斯兰教文化在此汇集交流，多种宗教文化并存、共生。塔尔寺、佑宁寺、东关清真大寺、洪水泉清真寺、北山天主教堂、教场街基督教堂、湟源城隍庙、大通城关城隍庙、西宁市南禅寺、西宁市北禅寺（北山土楼观）、海东市乐都昆仑道观等宗教建筑或宗教设施是承载不同宗教文化的重要载体。其中，西宁市北禅寺（北山土楼观）和海东市乐都区的瞿昙寺等宗教建筑是多元宗教相互尊重包容、和谐共生诸多内涵的承载和符号象征。

河湟地区文化丰富多彩，以农耕民族与游牧民族为代表的多民族文化交流于此，形成了文化内涵的多元性。河湟文化是草原文化与农耕文化结合而成的文化瑰宝。农耕文化以其独特的文化底蕴及先进的文化，影响着其他民族文化。青海历史上的吐谷浑人以畜牧业为主，兼及农业；青海东部的几个世居民族深受农耕文化的影响，也由原本的畜牧业转变为农业。河湟地区独特的民族多元化造就了文化的多元性，从语言、宗教信仰、衣食住行、婚丧嫁娶都有自己的习俗、特色和风格。

黄河上游、环湖地区和大通河流域脑山地区，以藏族、裕固族、蒙古族为代表的少数民族从事着传统的畜牧业生产，其文化呈现出游牧文化的特点；在黄河沿岸低海拔地区和湟水谷地的宜农地区，汉族、回族、土族等从事农业生产，他们的文化是农耕文化；遍布河湟各地的部分回族则继承了其民族善商的传统，从事着商品贸易活动。例如黄河沿岸的化隆群科、贵德河阴等古渡，湟水流域的丹噶尔、多巴等贸易重镇等，由此形成的商业文化也是河湟文化的表现形态，也因此创造了十分丰富的商业文化。保安族、东乡族及回族、藏族擅长手工业，保安、东乡族很早就有织褐、制毡、打铁、油坊、磨坊、银器加工等方面的传统手艺，形成了本民族特有的手工业文化。以物质资料的生产方式来划分河湟地区形成游牧、农耕、商业和手工业共存的文化类型，多民族文化成分共同反映出河湟地区的文化具有明显的多元性特征。

（四）融合性和包容性

汉朝起，西汉名将赵充国的屯田，使河湟加快了民族融合的步伐。汉族作为移民大规模进入河湟流域，与当地民族进行了生产生活的交流，而东部通道的开通，使河湟成为连接东西的重要交接点。小月氏、匈奴、鲜卑文化作为新的文化在此扩散、交流、融合，成为河湟文化的又一鼎盛时期。它是中国历史上重要的民族走廊，北接河西走廊，南连藏彝走廊，是沟通东西方的丝绸之路的必经之地，具有开放包容的特点；河湟文化体现出交融与和谐，呈现出渗透性和包容性特征。河湟地区的民族交往史证明，不同地区的文化模式、价值观念、宗教信仰等相互交流与影响，形成了相互的认同和理解，与此同时，通过民族间的交往凝成的不同民族共同的国家意识和对中原文化的情感，又维系着历史上国家与外域的关系，维系着逐渐发展起来的内地与高原的联系，维系着国家的统一。因此，不难理解，所谓渗透是指河湟地区文化精神的渗透；所谓包容就是指河湟文化在民族融合过程中所表现出的海纳百川般的气度，以及它对各种文化的吸收与接纳。

多元性的文化有助于社会稳定。河湟地区从来没有发生过大规模的民族文化冲突，根本原因就在于文化本身的多元性。对多元性的宽容是河湟地区的一个历史传统，这有利于社会稳定，因为任何试图否定文化的多元性、建立单一文化模式的努力都会打破平衡，造成民族间的对立冲突，社会的动荡。另外，多元性文化的存在彼此也具有制约作用。三大文化系统形成了一种特殊的稳定平衡机制，无论是汉族、藏族、回族或其他民族，都有办事的底线，就是不去触怒别的民族的禁忌，不做不利于民族团结的事。在这样的心理状态背后就是对几种文化各具实力的认同，在客观上维护了各民族间的正常关系。

（五）创新性

河湟人民是富有创造活力的人民，在昆仑神话中，已迸发着勃勃创造活力，那绚丽夺目的岩画、彩陶、壁画、彩绘等艺术形式，更是河湟文化充满创造力的象征。汉族的社火（西北地区也称为射虎），土族的安召舞，回族的宴席曲，藏族的热巴舞、酥油花、热贡唐卡、热贡绘画雕塑、射箭，蒙古族的赛马、摔跤、那达慕，等等，无不体现着河湟人民丰富的创造力。或许，正是这种创造精神，才使河湟文化代代相传、绵延不绝，才使河湟文化独具特色。

文化是社会历史发展的产物，社会历史的不断发展会促使文化的形式及内涵不断更新变化，表现出它的创新性。改革开放四十多年来，河湟文化与时俱进，其创新性与延续性得到蓬勃发展。主要表现在载体形式上，新兴的城市文化、社区文化、机关文化、企业文化、校园文化、乡村文化、网络文化、广播文化、军营文化等日新月异；表现内容上，歌咏、曲艺、图书、绘画、影视、动漫、舞蹈、戏剧等丰富多彩；产业发展上，河湟文化这个"无烟工业"的不断发展，不仅满足着河湟人民日益增长的物质文化需求，也对河湟地区经济社会发展起着重要的推动作用。

（六）传承性

明清时期中国汉文化圈在长期扩疆拓土和域内空间分异缩小的过程中趋于定型，作为地域文化的河湟文化在保持自己特色的同时，更多地表现出文化的趋同性，文化模式、价值观念形成了普遍的认同，此时域内文化的交流扩大了河湟文化的丰富性，但整体已趋稳定，与周边文化的吸引力缩小，开始表现为河湟文化的封闭性，河湟文化完全定型。

在华夏文化发展以汉文化圈形成的漫长历史过程中，河湟文化始终伴随汉文化的扩散吸引而趋同；又因人口流动、民族迁移、统一与分裂的波动而趋异。河湟文化处西藏与内地之间，依赖地域之便，东面与中原文化唇齿相依，使汉文化得以流传发展，又因地处中西要道，使得东西方文化在此碰撞、交流和融合。可见，河湟作为中原与周边政治、经济、文化力量伸缩进退、相互消长的中间地带，而成为中原文化与周边文化、域内文明与域外文明双向交流扩散、荟萃传播的桥梁。与藏文化相比较，它具有更多汉文化的特征，与中原文化相比较，它又具有更多少数民族的文化成分。河湟文化既是联系双方桥梁但又自成体系，一旦具备适宜文化发展的空间，各种文化类型都可能在这里发展，这种文化优势，既促进了河湟文化的发展，又为民族文化的交融提供源源不断的新鲜血液。所以河湟文化带有复杂的民族色彩和过渡性特征，成为多元文化融合的中华民族传统文化的一个典型缩影。

河湟地区拥有"开创传承"的红色文化基因，河湟红色文化是主流文化的重要组成部分，对当前补足信仰缺乏，提供精神之源，激发人们在工作中百折不挠、奋发进取精神。青海省河湟流域红色文化有着诸多实物载体，例如西宁中国工农红军西路军纪念馆、青海原子城国家级爱国主义示范教育基地、海东市循化县查汗都斯乡红光村的西路军红军纪念馆等。这些实物载体不仅是传播宣传红色文化基因，赓续精神谱系，教育党政干部、科技工作者接受党性洗礼、坚定理想信念的重要平台，而且也是河湟各族干部群众了解革命先辈坚定的共产主义信念的重要窗口，也是不断筑牢中华民族共同体意识的精神高地。

河湟文化在不断发展过程中，秉承传统，不断创新发展与丰富其内涵，并不断拓展外延。几千年来，青海各族人民形成了吃苦、耐劳、勤奋、坚韧的宝贵精神，特别是在青海省革命、建设、改革开放和现代化建设新时期，孕育并弘扬了"忠诚理想、坚定信念、顾全大局、服从命令、生命不息、战斗到底、顽强不屈、忍辱负重"的西路军精神；"艰苦创业、无私奉献、勇于创新、团结奋进、科学务实"的柴达木精神；"热爱祖国、无私奉献、自力更生、艰苦奋斗、大力协同、勇于攀登"的"两弹一星"精神；"挑战极限、勇创一流"的青藏铁路精神，"五个特别"的青藏高原精神等。这些崇高精神，具有鲜明的时代特征和地域特点，是社会主义核心价值体系在青海省河湟地区的生动体现，将始终激励着青海省各族人民励精图治、开拓创新，彰显其强大的生命力和创造力。

二、河湟文化的意义

（一）黄河源头人类文明化进程的重要标志

黄河流域是中华民族的摇篮，是中华文明的发祥地，纵观河湟文化在黄河流域古文明中的地位，将黄河流域分为四大优秀的传统文化，即河湟文化，河套文化，中原文化和齐鲁文化。河湟文化是黄河流域四大传统文化中的源头文明化的重要标志。河湟文化与河套文化、中原文化、齐鲁文化共同铸就了黄河流域文明化进程中的中华民族传统文化的早期文化内涵；河套文化以草原文化走廊即游牧之路的文化为主；中原文化以农耕文化走廊即丝绸之路的文化为主；齐鲁文化以海陆文化即蓬莱神话的文化为主，河湟文化则将草原文化和农耕文化两大走廊的文化兼而有之。黄河、长江和澜沧江都发源于青海省三江源地区。所以，做好"大河源头"文化品牌，对研究河湟文化在黄河流域文明中的地位价值，具有重要的意义。

（二）草原文化与农耕文化结合的瑰宝

河湟地区是农耕文化走廊的地区又是草原文化走廊。我国北方各民族先民依托所生存地区的自然环境，宜耕则耕，宜牧则牧，很多地区耕牧相间，农牧业生产相得益彰。青海省历史上的吐谷浑人以畜牧业为主，兼及农业；而南凉国属民则以农业为主，兼及牧业；青海省东部地区的几个世居民族，从原先的畜牧业转入农业者，如土族、东部藏族。而河湟地区民间"少年"，就具备游牧民族和农耕民族文化的双重特点。

河湟地区，农耕民族和游牧民族之间的交往形成了河湟文化内涵的多元性。有许多文化现象并非某一个民族所独有，如自古以来的羊图腾崇拜，至今农牧业区多民族所共有，藏族仍有"长寿羊"，汉族称"神羊"，即一群羊中留一只羯羊，终其生而不宰杀，这种习俗与古"羌人事奉羱羝"即盘羊的习俗一脉相承。河湟地区有句名言"西宁的赋子，兰州的鼓子"；"西宁的赋子"是平弦坐唱艺术的主调，幽雅婉转而又悠远，给人以余音绕梁之感；平弦坐唱艺术还有"十八杂腔"之说，唱调多以历史典故为主，是典型的农耕文化的产物。兰州鼓子词的演唱，音调苍凉而悲壮，深沉而高亢，显然有北方大漠草原文化的风韵；兰州以北是草原文化走廊之地，西宁以东是农耕文化走廊之地；西宁赋子词与兰州鼓子词，就在时代的演进中保留了下来，成为河湟文化的典型代表。

（三）多民族文化交融并存的必然结果

河湟谷地至今保存完好的 1840 年以前的寺庙塔窟，都是先民们留给后人的文化遗产，如瞿昙寺、隆务寺、塔尔寺、平安洪水泉寺、西宁东关清真大寺等。元明清时期河湟地区随着手工业作坊的兴起，民间曲艺节目中《宫门挂带》《孙膑上寿》等，从其遣词造句，喻古颂今的描写手法看，是历史上河湟地区的文人所为，河湟文化是多民族文化交融并存的必然结果。

青海省海东市平安区洪水泉回族乡洪水村的洪水泉清真寺，始建于明代，距西宁市 30 多千米。洪水泉清真寺在建筑风格上，大量融合了汉回藏等民族的建筑艺术，整体建筑为典型的中国传统汉式建筑风格，与伊斯兰教早期传统建筑的异域式样有显著不同。该寺以独特的风格和精湛的雕刻工艺及建筑艺术而闻名遐迩，因地处深山、地形窄偏、故布局紧凑、设计独特。寺中主要景观有照壁、山门、唤醒楼，礼拜殿其砖雕、木雕图案繁多，工艺高超、建筑奇特，是一部古代民间民俗吉祥图案的宝典。其建筑均按照中国古典汉藏寺遍形制而建，设计奇特，在建筑上融合汉族的建筑艺术，尤以砖雕、木雕图案最为优美，所雕图案大部分为"二龙戏珠""龙凤呈祥""麒麟送子""猎跃蝶舞""吉祥八宝""万蝠图"等以及大量南方景色。

三、河湟文化的保护、传承与发展

（一）河湟文化的保护

2021年8月26日，青海省海东市《海东市河湟文化保护条例》实施，是全省首部为保护传承弘扬黄河文化制定的法律规范，充分体现了依法对保护传承弘扬河湟文化的有力践行。标志着青海省海东市河湟文化保护工作进入了法治化、长效化轨道。是以法治方式、认真贯彻践行习近平总书记关于推进黄河流域生态保护和高质量发展重要讲话精神，坚定做到"两个维护"具体的、现实的体现。实施好《海东市河湟文化保护条例》是打造河湟文化新高地的法治路径，也是让河湟文化始终保持生机活力、确保文化育民惠民、提高文化软实力最稳定、最可靠的路径。实施好《海东市河湟文化保护条例》是弘扬海东精神的法治动能，对于保护好、传承好、利用好河湟文化，进一步延续历史文脉、坚定文化自信具有重要意义。同时制定河湟文化保护名录，建立河湟文化数据库，开展河湟文化遗产遗址的整体性保护、抢救性保护和预防性保护工作，建立立体化、全方位、体系化、个性化的河湟文化综合展示体系。促进了河湟文化艺术节、抢渡黄河极限挑战赛、沿黄河马拉松、环湖赛等活动与河湟文化的融合度，让河湟文化成为强大的精神力量。

（二）河湟文化的传承

河湟文化是口承或手传的且缺乏完整的系统的文字记载，形式上面临现代文化的冲击，如何传承、发展河湟文化。藏族文化的精华在宗教寺院，但仅靠寺院的力量能否把现代科技与传统艺术完美地结合起来？"花儿"艺术如何在不失原有艺术魅力的情况下得到发展，民间文艺、手工艺、建筑艺术以及藏医、回医等形态的河湟文化怎样挖掘、传承河湟文化是现在人们要做的工作，否则此文化将会继续衰落甚至消亡，它们的消失要比饮食文化、节日文化等容易得多。面对上述情况既要开发和主动迎接生存竞争的挑战，又要保护这一地区的文化多元性。保护的目的是本地区、本民族更长远、更持续的发展。

河湟非遗资源的挖掘、传承人培养，非遗进校园、进景区力度，推进非遗保护传承与活化利用。河湟文化中极具代表性的"花儿"、黄南藏戏、唐卡、刺绣、金银铜器制作、藏医药制作等是河湟文化中最具代表性的品牌，已入选人类非物质文化遗产代表作名录。非遗保护与发展已成为河湟文化旅游建设的新亮点，在促进精准扶贫和乡村振兴战略中发挥着重要的作用。例如，河湟皮影戏又称"青海皮影戏"，在当地称为"影子"或"皮影儿"，主要流传于青海省东部地区，少数民族自治州的汉族聚居地也有少量皮影戏班。河湟皮影戏约有两百年的历史，在长期的发展过程中形成了一些固有的特征。它有独立、成熟的板腔体声腔体系，有专用的弦索音乐曲牌和打击乐曲牌，其唱腔音乐与其他地方剧种不能通用。河湟皮影人物造型设计独特，形象丰富逼真，它由 11 个部件组成，主要分稍子（头）和身子两大部分，稍子和头饰连在一起，身躯四肢和服饰连在一起。河湟皮影戏很少有文字剧本，演出全凭艺人口头传承，在此过程中逐渐形成了一套特殊的记忆方法，多数艺人有即兴创作的本领。皮影戏班由五人组成，把式一人操纵生、旦、净、丑等角色并兼任说唱，其他四人为乐手，负责文武场的全部音乐伴奏。

河湟皮影戏最晚也是从明末清初传入青海省河湟地区，在长期的发展过程中形成与河湟当地的方言、习俗、审美文化等相结合，形成了一些固有的特征，它有独立、成熟的板腔体声腔体系，有专用的弦索音乐曲牌和打击乐曲牌，其唱腔音乐与其他地方剧种不能通用，具有河湟地方文化特色的河湟皮影戏。"文化大革命"期间，由于破"四旧"，河湟皮影戏一些明清时期皮影戏箱被毁，皮影艺人也遭受严重打击。河湟皮影戏的传统唱词和诗篇分"通用"和"专用"两大类。艺人从中华民族的道德标准和民众的好恶出发，把忠君、爱民、孝廉、勤劳等的思想感情渗透到各种人物的唱词和诗篇之中，既有共性，又有个性。河湟皮影艺人在长期的艺术实践中，在继承传统造型特征的同时，对影人脸谱、服饰及道具，在造型、图案纹样装饰以及敷彩等方面，吸收了青海民间美术的表现手法和装饰特色，逐步形成了深厚、强烈、质朴、粗犷的艺术风格。由于青海省地处高原，交通相对闭塞，受外来文化冲击和影响较少，故而，河湟皮影戏皮影造型仍保持了原有的古朴风貌。河湟皮影戏融民间美术、音乐、戏曲、文学为一体，是河湟民众表达村落信仰、实现族群教化的重要方式和途径，也是河湟民众文化生活的重要组成部分，具有酬神还愿、娱神悦己的民俗文化功能。

20 世纪 90 年代以后，河湟皮影戏逐渐衰落，戏班锐减，已不足原来的五分之一，活动空间也从中心地区退向边远山区，河湟皮影戏濒临消亡，急需抢救。2006 年 11 月 24 日，青海省传统戏剧皮影戏（河湟皮影戏）经青海省人民政府列入第一批青海省省级非物质文化遗产名录；2008 年 6 月 7 日，皮影戏（河湟皮影戏）经中华人民共和国国务院批准列入第二批国家级非物质文化遗产名录。

河湟文化是一个大的概念，其内容涵盖方方面面。因此，传承河湟文化是一项系统工程。多点发力推动文化产业高质量发展，如打造青海省少数民族传统体育运动会、互助土族故土园、喇家遗址、瞿昙寺等"王牌"景区内涵。

总之，河湟文化兼有游牧文化与农耕文化，是黄河源头文明化的重要标志，是黄河文化的内核和缩影，是青海省高质量发展的动力源泉。

（三）河湟文化的发展

习近平总书记在 2019 年 9 月 18 日黄河流域生态保护和高质量发展座谈会上指出，黄河生态系统是一个有机整体，要充分考虑上中下游的差异。上游要以三江源、祁连山、甘南黄河上游水源涵养区等为重点，推进实施一批重大生态保护修复和建设工程，提升水源涵养能力。

2016 年 3 月，习近平总书记参加全国人大青海代表团审议时，首次明确了"三个最大"省情定位，即"青海最大的价值在生态、最大的责任在生态、最大的潜力也在生态"。实现经济效益、社会效益、生态效益相统一，保护好青藏高原的生态，就应该加强河湟地区的生态保护，因为河湟地区是确保"一江清水向东流"的关键地区。

"河湟文化"保护传承与利用，要与青海省"一带一路"布局一致，让老祖宗留给我们的宝贵文化遗产发扬光大。"一带一路"倡议，将从根本上改变中国西部的对外开放格局，对延续和发展中华文明、促进人类文明进步，发挥着重要作用。青海省委提出把青海打造成"一带一路"的战略通道、商贸物流枢纽、重要产业和人文交流基地的战略构想，推动青海省全面融入"一带一路"体系建设。丝绸之路的南线穿越河湟地区，这一段被称为"高原丝绸之路"，又叫"青海道"。所以，"河湟文化"保护传承与利用，要与青海省"一带一路"布局一致，让老祖宗留给我们的宝贵文化遗产发扬光大。

青海省拥有以热贡文化、格萨尔文化（果洛）以及藏族文化（玉树）三大国家级文化生态保护试验区，故而提出建设"国家公园省"的目标，并在此基础上进行河湟文化区域资源的发掘；规划实施了三江源国家公园、祁连山国家公园、青海湖国家公园、昆仑山国家公园，以及长城国家文化公园（青海段）、长征国家文化公园（青海段）、黄河国家文化公园（青海段）的方案，这对"河湟文化"提出了新的挑战和使命，包括如何重新认识与发展沿黄地区，特别是突出国家公园示范省的引领作用；以及如何融入"三区三州"旅游扶贫等，科学统筹、打造"生态保护 + 文化传承 + 全域旅游"发展之路，努力实现"文化名省"和"旅游名省"目标。

"河湟文化"区域泛指甘青两省交接的黄河流域，西宁市和兰州市是黄河流域内的重要城市，兰西城市群是支撑国土和生态安全格局、维护西北地区繁荣稳定的重要城市群，其建设是我国立足西北内陆，面向中亚西亚的重要举措。随着兰西城市群建设逐步深化，区域内经济社会将得到持续发展，文化传播与交流进一步加强，生态环境治理水平将有效提升，同时也为区域内特别是西宁—海东都市群体系下黄河文化的保护、传承、弘扬提供良好的契机。做好分级分类建设中的河湟文化博物馆、河湟文化馆、河湟历史陈列馆、展览馆等，形成特色突出、互为补充的综合展示体系。因地制宜开展宣传教育，开展河湟区域非物质文化遗产主题展示活动，利用历史遗存、革命文物、爱国主义教育基地等，讲好黄河故事，讲述黄河文明史，讲活河湟历史和当代故事，深化全社会对河湟文化的认知，开展实践教育体验活动，大力推动河湟文化走出去。

借助"世界大河文化旅游联盟""沿黄九省（区）旅游宣传联盟""黄河国家文化公园"创建等平台，以及"一带一路""兰西城市群建设"等机遇，使河湟文化成为黄河文化的"青"字招牌，彰显黄河上游之"河湟文化"IP，加强对外合作与交流，为"大美青海　旅游净地"形象增光添彩。

第十二章
青海农耕美食文化

第一节 河湟地区美食文化的源泉与特色

一、青海美食文化的源泉

在当今社会，对于饮食的概念，已经不再是我们祖先刚刚脱离"茹毛饮血，活剥生吞"的时代，变生食为熟食的简单生活了，它已成为一种可观可赏的饮食文化审美。2020年4月青海省广播电视局、青海省商务厅、中央电视台拍摄了关于四集美食的纪录片"家乡至味"（青海美食），在中央电视台科教频道（CCTV-10）"探索·发现"栏目播出。节目以美食为载体，以青海独特的地域文化、历史、人文关怀、技艺传承为内核，以故事化叙事为主要呈现手法，突出表现青海美食背后丰富的传统文化。游一方山川，品一方美食。青海省是一个多民族聚居的地方，长期以来，居住在这里的汉族、蒙古族、藏族、回族、土族、撒拉族等民族，青海省先民利用本地的土特产品做原料加工制作而成，创造了独具特色的地方饮食文化。

《汉书》中说："冬至阳气起，君道长，故贺。"人们认为过了冬至，白昼一天比一天长，阳气回升，是一个节气循环的开始，也是一个吉日，应该庆贺。所以冬至节气正是人们大补的时候。因为受旧时条件的限制，在青海省冬至最大的进补食材就是羊肉。在青海省有民谣"过冬至，宰聋子"。"聋子"就是羊。羊之所以被称为"聋子"，是源于谚语"放屁，羊（一说为佯）装不知"。青海省民俗学者朱世奎说："冬至这日，只要有条件的人家都会宰羊庆祝。因为羊肉性温热，冬天吃可以起到温阳作用，帮助机体驱寒，还有温养脏腑之作用。的确，在冬天应适当多吃些温热性的食物，例如大葱、韭菜、牛羊肉等动物类食物，有助于温阳保暖，利于养生。"除此之外，冬至节气最健康的养生方法莫过于运动。西宁民俗专家杨文盛说："我们小时候既没有电脑，也没有网络，大冷天蜷缩在炕上又觉得无趣，故运动则成了最好的活动。而滑溜儿就成了男孩子们最喜爱的运动，而女孩子们更喜欢踢毽子。""那时候条件差，家里只有炕和火盆才能取暖，每个孩子冻得流清涕，但是生病的概率却很小。现在条件变好了，家中有暖气，但是人动不动就感冒。青海冬至过后天气越变越冷，当然也会有人生病，最多的就是感冒。但旧时并没有更多的药品，家中老人多会用一些古方或是偏方。用得最多的就是四和汤。做法是先找一块土坷垃，最好是老墙或是崖头的土坷垃，将它放在火上烧红，然后放入碗中，然后将准备的荆芥、薄荷、有毛根的葱白和红糖放在土坷垃上面，稍等片刻便在上面浇上茶水，再稍加熬制便可以喝了。除了喝四和汤，治感冒的方法还有出汗，感冒了就在热炕上盖厚实被子发汗，感冒也就好了。"

除此之外，冬至节气后生冻疮也是旧时最易发生的疾病。家里的老人总是有治冻疮的小偏方。首先是辣椒水泡手脚上的冻疮，经常用辣椒水洗一洗手脚，能起到很好的防冻作用。其次就是用麻浮水洗冻疮，冬至过后河水就会慢慢结冰，河里有雪水、小冰粒的水就被称为麻浮水。还有用童子尿泡雀儿屎的水来洗冻疮一说。在青海，雀儿屎曾是大家"美容"的佳品，据说将雀儿屎抹在皮肤上，只需一晚的时间，人脸上和手上的皴皮和垢甲就会掉落，皮肤会变得很光滑白嫩。

从冬至这天起就算进"九"了，伴随着寒冷的天气，再加上越来越少的户外运动，人们的情绪也会受到影响，变得比较容易悲观失望，不愿与人打交道，抑郁症等心理疾病就会高发。如今有很多的娱乐活动可以调整心态，旧时人们也有这类活动，被称为"消寒会"。消寒会期间大家都是其乐融融，畅饮美酒，即席赋诗，高兴不已。据青海省民俗学者朱世奎先生所著《西海雪鸿集》记载，消寒会是文人们从冬至节这天开始举行的诗酒会，有点像现在的文艺沙龙。会上有点梅、咏诗、祝寿东坡、送别等项目。因为冬至是"一九"第一天，所以，是第一次消寒会，"二九"第一天为第二次，以此类推，轮流做东。参加者由东家邀请。

二、青海美食文化的地域与民族特色

在青海省黄河流域非遗名录中，饮食类非遗项目日渐丰富，例如撒拉家宴、湟源陈醋、土族"背口袋"（土语称"哈力海"，汉语叫荨麻卷饼，是土族最具代表性的饮食，因形状像口袋又俗称"背口袋"）、青海老八盘、尖扎藏式餐饮"达顿宴"等青海美食在列，那些历经岁月淘洗的美食，留存了一代又一代青海人的饮食文化记忆。一道道传统美食，不仅让食客们感受到各族群众对传统美食的那一份坚守，更成为一座城市的美食名片。青海省非遗名录内申请成功的饮食类项目大多与技艺有关。青海手工技艺烹制的菜肴、面点、小吃、宴席等，体现了美食的本土性、影响性、传承性等主要特征。另外，这些饮食也体现了当地人的一种生活风貌。例如，青海省黄南州尖扎县的"达顿宴"，是国家级非物质文化遗产。"达顿"系藏语，意为"箭宴"之意，是安多藏区一项特有的、隆重的、庆祝箭赛的活动，是尖扎地区在举行群众性射箭活动时，双方箭手们在紧张激烈的箭技比赛后，为达到和睦相处、友谊长存之目的而举行的一种宴会。尖扎"达顿"自成体系，极具地域、民族特色，是一个以民间射箭和对唱情歌为主要载体，将切磋箭技、表演歌舞、说唱艺术、美酒佳肴融为一体的藏族综合性文体娱乐活动。"达顿"一般由门歌、问候、敬酒、对歌等节目组成。首先，"喜哇仓"（接待方）的姑娘们对"夏尼仓"（客方）提出演唱"门歌"的要求；其次，"喜哇仓"向"夏尼仓"问候，然后由"夏尼仓"演唱开场歌，紧接着"喜哇仓"的姑娘们和"夏尼仓"的箭手开始对唱；此后对方表演则柔，并进行"说箭"，最后，双方箭手和"喜哇仓"的姑娘呈饭吉祥。"达顿"往往在迎接客方箭手清脆悦耳的歌声中开场，在象征祈祷风调雨顺、五谷丰登、和睦相处、吉祥如意的"扎西"（吉祥颂）声中落下帷幕。"达顿宴"主要由奶茶、土烧馍、锟锅馍馍、藏式鸡蛋饼、蕨麻米饭、肉肠、血肠、面肠、羊肚油包肝、手抓羊肉、牛肉、包子、藏式烤肉饼、烩菜、肉粥、酸奶等组成，丰富的食材满满当当地摆放了一桌子。"达顿宴"是彰显"五彩神箭"文化和藏文化的主要表现形式之一，宴会期间，还有藏族文艺表演。"达顿宴"具有浓郁的地域和民族特色，蕴含着尖扎地区厚重的民族文化，是现代和传统的融合，是刚性与柔美的情结，是尖扎地区民族传统射箭文化的一部分，也是尖扎地区独具特色的饮食文化。

湟源丹噶尔古城是一个藏族气息和汉族风情交融的地方，也是一个草原文化与农耕文化交流的地方，这里的美食处处体现着融合的特色。青海省区域草多，羊也多，羊肉是当地最主要的肉食。羊肉的做法很多，最出名的西宁的炖羊肉。柴火上的大铁锅咕嘟咕嘟地沸腾着，羊肉都是很大块的，还有骨髓满满的羊棒骨，正宗的炖羊肉一般采用最传统的做法，调料也是家里常见的几种，就是为了保留羊肉的原汁原味。湟源县是当年晋陕人走西藏的必经之路，于是山西省的面食文化也在此生根，奶茶就是代表之一。冷风飕飕的秋末，一碗奶茶足以让食客感受到通体的温暖。民俗文化，依附着民众的生活、情感与信仰，是一方土地的血脉和灵魂，也是民族精神和民族品格的重要体现。湟源，这片曾经是西王母巡游牧驻的热土，在千年的风雨沧桑中孕育和积淀了厚重而独特的地域民俗文化。这里是黄土高原与青藏高原接合部，农耕文化与草原游牧文化在这里相交。昆仑文化、农耕文化、草原文化等多元文化的融合之地，形成了湟源独具特色的民俗文化。湟源县是宗教圣地。湟源境内分布有二十余座寺院和七十余座庙宇，这些寺院庙宇也是各种文化交融的产物。诸多的寺院庙宇将儒、道、佛为核心的汉文化，藏传佛教为核心的蒙古族文化、藏族文化和伊斯兰教为核心的回族文化，高度融合。这就是湟源县城因独特的地域区位所承载的饮食文化而构成的区域特色，这也是古老的丹噶尔古城最可贵饮食文化的舌尖上品味。

第二节　青海农耕饮食文化

一、青海老八盘

"老八盘"，即青海省地方风味宴席，是青海高原河湟谷地独特的上乘宴席菜肴，作为一种独具青海符号的特色美食，它以特有的菜品和韵味以及历史文化在青海河湟谷地享有盛誉，它的每一道菜都是青海菜系的经典之作和代表。独树一帜，在青海高原河湟谷地享有盛誉。青海老八盘的菜系在食材选料上讲究、刀工精细、配料巧妙、烹调方法多样、调味丰富地道、装盘上讲究盛装造型等。尤其擅长对青海老八盘菜品"后四碗"（四碗烩菜，根据时令和宴席要求，因情而定）的制作，主菜有八凉八热，以热菜为主，它以炖、烧、炒、蒸、煮、熘、炸为主的烹饪技术菜品形成了青海高原河湟谷地多种的菜馔佳肴。青海老八盘有"素八盘"和"肉八盘"之分，后来又增加了有海参、鱿鱼的"海八盘"这种菜系的变迁；也充分体现了青海人海纳百川、博采众长、与时代共进的豪爽气质。

青海老八盘的吃法也非常讲究，一桌坐八位，客人七位东家一位。年轻人要坐在下席位置，上席是长辈的，东家只能站着或坐在长辈对面的位置上。"全盘"里的鸡蛋是要让给坐在上席的长辈们吃的，长辈们吃了鸡蛋之后才算正式开席，充分体现了敬老爱幼。"河湟飨宴"的青海老八盘曾是达官显贵、家境殷实人家红白喜事首选的宴席规格，贫穷百姓只闻其名，难得一品。改革开放极大地丰富了人们的物质生活，20世纪90年代，对于普通的西宁百姓来说"老八盘"已不再陌生，青海老八盘也已走入寻常百姓家，成为河湟饮食文化的一份标志性"套餐"。"老八盘"算得上是青海人在家中待客的高规格宴席，八个热菜，量多肉足，足见青海人的好客与热情。

在上八盘之前，先上茶水、糖果、干果和手碟；入席后先上"全盘"和油、醋（一般装入大碗上放香菜，由入席者分别盛给坐席者），然后上八个凉菜，八个热菜依次上桌（席间配上青稞美酒）。在盘子中间放上煮熟的菠菜、熟豆芽、粉丝等，然后在上面码放整齐切好的牛肉片、白水猪肉片、午餐肉、黄瓜片，然后在最上面摆放一个切成四瓣的熟鸡蛋，最后再放上羊肝、发菜、鹿角菜、柳花菜等。最后在菜顶部放上一个切成四瓣的熟鸡蛋做点缀。这个凉菜拼盘被称作"全盘"。但不算在"老八盘"内。因为"全盘"菜太过丰盛，一般人家里都是有一个专门的大盘子用来做"全盘"。一般的说法是，全盘要足够大才能表达出主人家的诚意和热情。这里人们调侃说，老八盘是分两天吃完，头一天吃"全盘"和"八个凉菜"；第二天吃"八个热菜"（因青海人好客，爱喝青稞酒，"全盘"一上开始喝酒、吃凉菜，没等热菜上来就喝醉了，所以热菜只能第二天吃）。

　　传统的青海"老八盘"是极讲究上菜顺序的。第一道是酸辣里脊，寓意吉庆吉祥；接着是二道菜由羊筋、肉丸子、红烧大肉块组合而成的"三烧儿"，这时候必须同时上一盘菜包子附配辣汤，用小碗盛汤，名曰上汤，青海三烧寓意天时地利人和，日月星辰；三道菜为扒全肘，寓意勤劳致富、生活富裕；四道菜为糊羊肉，寓意洋运灿烂、阳刚之气，有大补温肾之功；五道菜为青海独有的红烧湟鱼，寓意年年有余、鱼跃龙门，生活更上一层楼，多取材于青海湖湟鱼，（青海湖禁渔后这道菜被其他鱼种替换）；六道菜为炸成金黄色，咬一口便香甜四溢的酥合丸，配以西宁人俗称"糖饺儿"的糖包子；七道菜为高香汤（多为醪糟汤加水果块），名为菜，实为汤，以上三样寓意"亲情、爱情、友情"三甜；第八道菜以鸡肉为主料，或清炖或红烧或爆炒，讨口彩必上，也可上整鸡。有些经济条件较好的人家，最后还要上后四碗蒸菜或土火锅（内容主要是油炸土豆、白菜、粉条、肉排骨、丸子等菜类）。青海老八盘中"后四碗"并不在必上之列，只是一些条件较好的人家，为了让客人们吃得饱饱的，于是在"老八盘"的大菜上完后，会给宾客们另外烹制四样诸如炒辣椒、炒蒜薹、炒青菜等时令菜肴，用碗盛装后最后上桌。而条件不太好的家庭则将"后四碗"省掉。于是，在民间就有了对该走而不走，或没有眼色的人有了"那你还在等'后四碗'着吗？"的打趣笑话。

　　"老八盘"还有"严格"的入席礼仪。年轻人要坐在下席位置，把上席的位置留给长辈们，且晚辈们很尊敬地将"全盘"里的鸡蛋让给坐在上席的长辈们吃，长辈们吃了鸡蛋之后才算正式开席。这时，执事（或东家）要双手高举酒碟从老者或按辈分大小开始敬酒，敬酒毕后猜拳行令，以"官拳"为令，每拳四个字，如一品当朝、四季发财、六六大顺、八仙福寿等都为祝福内容，搊一字拳为不敬……

　　"老八盘"是青海人的年味，是盐的味道，山的味道，风的味道，阳光的味道，也是时间的味道，人情的味道。品美食"老八盘"，要品美味佳肴舌尖上的味道，更要品其背后所蕴藏的、独具地域特色的文化特质。这些味道充满了青海人对美好日子的祈愿，在漫长的时光和故土、乡亲、念旧、执着、坚忍等情感和信念混合在一起，才下舌尖，又上心间。年节里的"老八盘"是亲友间的温情，是对客人的热情，更是对这片故土的亲情。青海"老八盘"带着其特有的菜品和韵味，蕴藏在河湟谷地一代又一代人们的记忆里，悄然传播着河湟古老丰富的民间文化。2016年，青海老八盘制作技艺被列入西宁市第二批市级非物质文化遗产保护名录，2018年9月，被评为"中国菜"之青海主题名宴。

（一）茶水、干果盘

　　一般是四盘，也有条件好的六盘的。

1. 茶水

一般是盖碗茶或茯砖茶（熬茶）。

2. 果盘

糖、瓜子、花生、红枣。

（二）凉菜

1. 全盘

全盘是老八盘最重要的菜品组成，现在吃酒席宴好多都没有全盘这道菜，就感觉没吃酒席宴一样（只不过炒了几个菜的感觉）；好的全盘自始至终都在吃花样多，盘子超大分量多。

2. 八个凉菜

（三）热菜

（1）酸辣里脊（糖醋里脊很少）。

（2）青海三烧。

此菜上完后，上包子（用鲜肉、胡萝卜、菠菜、粉条等做馅）和羊肉酸汤。

（3）扣肉（或肘子）。

（4）糊羊肉。

（5）红烧湟鱼（现在湟鱼买不到，用鲤鱼或其他鱼代替）。

（6）瓢米（或酥合丸，或现在的八宝饭）和醪糟汤糖饺儿（糖包）。

（7）红烧（清炖）牛肉（或其他菜代替，或以鸡肉为主料或清炖或红烧或爆炒，讨口彩必上，也可上整鸡）。

（8）蘑菇炒肉片等时令菜，或肉炒笋片，或其他菜代替。

（9）后四碗（或土火锅）。

有关吃青海老八盘在民间还有许多故事呢。因为吃"八盘"是很有讲究的，首先要上一个大全盘。大全盘讲究的是盘子要大，分量要足，要大得"发码"，才能赢得宾客的好评。关于吃鸡蛋的事情，民间有个关于"搛蛋"（青海方言中形容狡猾的人为"奸蛋"）的笑话。在开席时，年轻人为了调节气氛，在请长辈们吃了鸡蛋时，会说"上席的阿爷们'搛蛋'呐！"意思是利用谐音，诙谐幽默地开老者的玩笑，上席的老者听了这句话后，也会很幽默地回一句"大家'搛蛋'"。于是，在哈哈的笑声中，"老八盘"筵席正式开席了。

青海"老八盘"几百年来在饮食文化传承中具有独特价值，纷纷加以保护和开发，深受人们的欢迎。有识之士也认为，青海"老八盘"留给后世的不仅是参席礼仪、对菜品文化的回味，更是添加了一种优美的民俗、浓浓的乡愁。

二、青海的地方饮食

（一）烤全羊

"烤全羊"是选择羯羊或两岁左右的肥羊为主要原料。羊宰杀后，去蹄及内脏，用精面粉、盐水、姜黄、胡椒粉和孜然等调成糊状，均匀地抹在羊的全身，然后用钉有铁钉的木棍，从头穿到尾，放在特制的炉灶上，并要不断地翻滚、抹料，约 3 h 即成。烤全羊外表金黄油亮，外部肉焦黄发脆，内部肉绵软鲜嫩，羊肉味清香扑鼻，颇为适口，别具一格。

（二）酸奶

"酸奶"是高原上的奶制冷饮，深受本地各民族群众的喜爱。它色白似雪糕、质洁如凝脂，不仅玉肌冰心，而且乳香扑鼻，酸中带甜，是旅游休闲解乏的最佳食品。

（三）马奶酒

奶酒一般以鲜奶为原料，尤以马奶酒居多，将鲜奶盛装在皮囊或木桶等容器中，用特制的木棒反复搅动，使奶在剧烈的动荡撞击中温度不断升高，最后发酵并产生分离，便成了清香诱人的奶酒。马奶酒具有润肺养胃提神强身之功效，是名副其实的绿色保健饮品。饮用马奶酒不会伤脾胃，还有驱寒、活血、舒筋、补肾、强骨的功能。

（四）牦牛排

"牦牛"生长在平均海拔 4 000 m 以上的高原，高原牦牛"喝的是矿泉水，吃的是冬虫草"，这代表着它的纯天然和无污染。牦牛肉肉质鲜嫩、细致，是高原独特的肉类美食，精选优质牦牛排骨，炖制、焖烧的牦牛排色泽鲜黄、爽滑入口、味美独特。

（五）手抓羊肉

"手抓羊肉"是高原最有名气的小吃，吃时一手持刀切割，一手抓肉入口。做法十分简单，先将新鲜羊肉用水煮熟，再加盐或蘸盐即可食用。经过烹制的羊肉熟而不烂，肉味鲜美。原为牧民在游牧过程中的一种简便的进餐方法，现已成为富有地方和民族特色的风味食品之一。

（六）曲拉

"曲拉"是将取出奶皮的牛奶盛于桶内发酵，用布袋装起吊晾，用马尾或细线切成片状，置木板上晾晒数日即成。曲拉是糌粑的最佳伴侣，也可单吃。研究发现它的维生素和钙含量非常高，是本地群众最为喜爱的食品。

（七）奶茶

"奶茶"用铜壶熬煮茯茶煮沸翻滚成赤红色时，用特制的漏勺掠去茶叶末，加入盐和牛奶煮开即成。饮用奶茶可使人醒脑提神，消困解乏，生津止渴。在寒冷干燥的环境下，更有滋润咽喉，消食化腻的效果。

（八）酿皮

"酿皮"是青海具有地方特色的小吃之一，金黄透亮滑嫩爽口，油红晶亮的调料酸辣醇香，既可作主食充饥，也可当下酒冷盘，冷热均宜，四季可食。

（九）杂碎汤

"杂碎汤"是青海颇有名气的大众早点。"杂碎品种全，清汤酽，抗旱保暖益寿延年"。"蹄筋"柔，"口条"嫩，"头肉"烂，"肚子"脆，"肠子"细软，可以根据自己的爱好，任意搭配食用。

（十）炕羊排

"炕羊排"是在炕锅中先炕一层土豆片，待土豆快熟时加入熟羊排、洋葱、青红辣椒等，再依次放入佐料后，少顷即可食用。另外，还有高原美食"烤羊肉"，是将羊肉切成小片，串在铁钎上，放在特制的长方形火炉上焙烤，在烤的过程中在羊肉上抹上酱油、精盐、辣椒面、胡椒粉等佐料，并不停翻动。其肉嫩味鲜，营养丰富。

（十一）麦仁

"麦仁"是青海烤羊肉摊上一种经常食用的小吃，也是当地人在腊八节的传统食品。主要是在煮过羊肉的汤中，放入麦仁和小块羊肉，再加入佐料，烧沸即可食用。

（十二）熬饭

"熬饭"是在煮过肉的汤中（羊肉汤最好），放白萝卜片、熟洋芋块、小块羊肉、油豆腐、青红椒块、黑木耳、西红柿、凉粉等，再依次加入盐、花椒粉、姜粉、五香粉等调料，烧沸即可食用。

（十三）大闸蟹

青海省海西蒙古族藏族自治州可鲁克湖出产的螃蟹个体大、味鲜、壳薄、肉嫩、色亮、无污染，是消费者喜爱的绿色食品。其鲜美可口，营养丰富，蛋白质、脂肪、碳水化合物含量极高，尤其是体内的维生素 A 和核黄素的含量，在食品中首屈一指。

（十四）高原草鱼、鲤鱼

高原草鱼、鲤鱼是生长在海拔 2 800 m 以上的淡水湖泊中，因湖中泥质肥厚，芦苇、蒲草、轻藻和各类浮游植物大量生长，为鱼类生存提供了优良条件，其中的草鱼和鲢鱼以营养丰富、天然无污染而深受当地居民的喜爱。草鱼以草为食，草鱼背部的颜色为黑褐色，鳞片边缘为深褐色，胸、腹鳍为灰黄色，侧线平直，肉白嫩，骨刺少。

草鱼与豆腐同食，具有补中调胃、利水消肿的功效；对心肌及儿童骨骼生长有特殊作用，可作为冠心病、血脂较高、小儿发育不良、水肿、肺结核、产后乳少等患者的食疗菜肴。鲤鱼体态肥壮艳丽，肉质细嫩鲜美，有健脾开胃、利尿消肿、止咳平喘、安胎通乳、清热解毒等功能。逢年过节时，还有"年年有余""鱼跃龙门"之意。

（十五）尕面片

尕面片是青海省最为普遍的一种地方小吃，它是用手揪出来的，所以也称"揪面片"。其特点是面片形似指甲盖，白洁鲜嫩，柔韧爽滑，清香可口。

（十六）羊肠面

是青海省回族同胞制作的一种地方风味小吃，天热可凉吃，天冷可热吃。面条柔润金黄、悠长爽口，羊肠细嫩脆软、白洁鲜香，实属风味独特的一种地方名吃。

（十七）灌血肠

血肠是在羊肠里灌进羊血再用线扎起来，把羊肠投入沸水锅里略微煮一下即可上桌，吃时用刀子切割，蘸花椒盐吃。

（十八）酥油茶

制作酥油茶时，先将茶叶或砖茶用水久熬成浓汁，再把茶水倒入藏语称"董莫或称多穆"（即酥油茶桶），再放入酥油（牦牛的黄油）和食盐，用"甲洛"（搅拌棒）上下来回抽几十下，搅得油茶交融，然后倒进锅里加热，便成了喷香可口的酥油茶了。它既可暖身御寒，又能补充营养。

（十九）炮仗面

采用先煮后炒，因形似炮仗，故称为炮仗面，炮仗面筋道弹韧，辅菜香辣爽口，是青海省经典的面食。和的面要比拉条子的面稍硬一些，但和的面要柔软而不粘脱，直揉的面光滑而筋道，然后醒面 20 min。将醒好的面压扁薄厚度如面饼为宜，然后切成条状，下锅时拉成粗细均匀的面条，等面条煮熟时，迅速捞出并放在备好的凉水里，这样做出的面条口感才能光滑而细腻。炒菜则需要新鲜的牛肉、青红椒、卷心菜、豆腐、粉条等原料。在热油里放上葱花炒出香味，然后放上肉末，随即放上青红椒、菜瓜等烩炒，将面条沥干水分，放入热锅中，用锅铲边炒边断，长短类似爆竹一样，加入适量的盐、胡椒粉、花椒粉等，随即将粉条、豆腐干放入锅里进行翻炒，就做出了一碗炮仗面。

（二十）狗浇尿，又称狗浇尿油饼

青海省较流行的一种面食，用菜籽油煎的薄饼，只加一点酵子的"半死面"和不加酵子的"死面"两种。在白面饼上撒好香豆粉（用香豆叶磨成）、花椒粉、食盐等调料，烙时用尖嘴油壶盘旋式浇油其上，状如狗撒尿。初来青海之人，一听"狗浇尿"还真弄不清到底是指什么，只知道这是一种薄饼，而不知道为何会有如此"不雅"的一个名字。青海省因受青藏高原地理条件和气候的影响，粮食作物以小麦和青稞为主，因此，当地人的饮食也多以面食为主，"狗浇尿"便是其中之一。"狗浇尿"虽说名字不雅，但却丝毫不影响它在当地受欢迎的程度。要知道，它可是家喻户晓的美食。为什么一张薄饼会叫做"狗浇尿"呢？有一种说法是由它的特殊制作方法得来的。烙制"狗浇尿"时，要边烙边沿锅的四周浇少许青油（青海省当地产菜籽油，青海人亲切地称为"清油"），而且要反复地浇油，这一动作就酷似狗在撒尿一般，所以就有人戏称这是"狗浇尿"。

在土族人家中，勤快的主人们往往不一会儿工夫就端上黄澄澄的狗浇尿，让你吃一口饼，品一口醇香的奶茶。很多餐厅招待客人都会隆重地推荐狗浇尿，一是，由于饼色金黄美观、甜香柔软，二是，能满足宾客一探究竟的猎奇心理，在满足好奇心的同时体验青海的美食。在2010年世博会时，狗浇尿作为青海风味小吃参加世博会，因名字不雅而改为"青海甘蓝饼"。说起狗浇尿的来历，还和一名土族阿姑有关。从前有一个新媳妇过门，按照传统，第二天早餐时都要露一手，但是有个新媳妇却忘了从娘家带来美食，只得匆匆忙忙进了厨房。她将面和油准备好，放在灶台上的面板上，刚准备和面，一只小狗跳上灶台，一脚就把油壶踢翻了，清油在案板上流得到处都是。怎么办？新媳妇急中生智，连忙将面粉倒在案板上将油吸干。然后和成油面，撒上香豆粉，浇少许清油抹匀，卷成长卷，再顺面卷方向制作成螺丝状，切成小段，擀成薄薄的饼。在烧热的锅中倒上约半两清油，将饼放入，沿锅边浇上一圈清油，并不停转动薄饼，使颜色均匀。待饼上了火色，赶紧翻过来，再沿锅边浇一圈清油，并不断转动饼子，煎熟后出锅。热腾腾的饼子端上桌，大家品尝后，都说特别香，就问新媳妇是怎么制作的，新媳妇不好把狗踢翻油壶的事情说出来，就说是狗把尿浇在上面的缘故。于是，人们就把这种薄饼叫做"狗浇尿"。也有人说，新媳妇在做这种饼的时候，一只脚踏在灶台上，然后拿着一个小油壶一边浇油，一边烙饼子。被旁边的邻居看见了，戏称她像狗撒尿一样，所以把她烙出来的饼叫做狗浇尿。当然，最有说服力的一种解释是，由于那时候油特别珍贵，人们舍不得多用油，烙饼时用小油壶沿锅边浇油的动作，犹如狗在墙根撒尿的姿势，故称"狗浇尿"。

第三节　青海饮食文化的谚语

一、青海饮食文化的独特民俗色彩

每个地区都有自己独特的食物。这些食物不仅风味独特，而且包含地方文化，深受人们的喜爱。青海省也不例外。由于少数民族饮食习惯的影响，青海文化中的饮食习惯涵盖了许多少数民族的文化特色。青海省是一个多民族聚居的地方，生活在青海的汉、藏、回、土、撒拉等民族各有独特的美食。在不断地交流和共同的发展中，各民族饮食相互交融，使青海逐渐形成了独具特色的饮食文化。

"内地人的菜，青海人的馍"这则谚语准确地概括了青海人与内地人在饮食习惯上的区别，这里的人们饮食以面食为主，一日三餐，早、中两顿都习惯于喝茶吃馍馍（馒头花卷等的总称），青海人的馍馍不仅花样多，而且味道香，颜色美。青藏高原气候干燥，高寒缺氧，因而当地民众的膳食结构也有具体的应对性，尤其藏族人民的膳食更具有其独特的民族特色和地域特色，他们的食品包括糌粑、酥油、酥油茶、牛羊肉、奶渣（曲拉）、青稞酒等，这些食物能产生很高的热量，有很好的御寒作用。在饮食搭配上，他们形成了独特的饮食习俗和传统，"肉和糌粑同吃，有茶有酒同喝"（岗巴）正是这方面的反映；经常饮茶能去腥除腻，帮助消化，这对常吃牛羊肉的牧民尤为重要，"腥肉之食，非茶不消；青稞之热，非茶不解"（藏族，海南州）便道出了其中的真谛。谚语中包含了大量的当地饮食习俗内容，在谜语中同样也有反映，"海上有雪山，五个精灵雪中舞（谜底：拌糌粑）"。谜语绘声绘色地描绘了人们拌糌粑的情景。"肉床上的木床，木床上的海洋，海洋上的花香（谜底：喝酥油茶）"。手掌（肉床）木碗（木床），碗盛茶水（海洋），茶水飘出一股诱人的酥油香味（花香），"酥油是牧人生活中的美味佳品，不仅用酥油冲酥油茶、拌炒面，还常溶化的酥油炸面食"。

"好马相随千里，好茶相伴终身""宁可三日无粮，不可一日无茶"这两条谚语则是青海省茶文化的反映。当然这里的茶和内地的茶是不一样的，它不是内地的绿茶，而主要是砖茶、茯茶，喝之前要进行熬制，而且在里面是要加盐的，有些人家还会加花椒、薄荷或者是荆芥，当地人称为熬茶；也有些人家会把熬制好的熬茶与牛奶兑在一起成为奶茶，还有些人会在奶茶里头放上一层酥油，这就成了远近闻名的酥油茶。

二、青海方言中面食的歇后语

语言"忠实地反映了一个民族的全部历史、文化，忠实地反映各种游戏和娱乐"，每一种语言都无一例外地保存了使用这种语言的民族所创造的文化成果，我们可以透过一个地区、一个民族所使用的语言系统去再现其文化。青海谚语作为青海方言的重要组成部分，自然也不例外，我们很容易通过这种语言材料了解到当地的特色文化现象。

青海汉语方言、谚语是老百姓生产实践经验的总结，有着很强的地方文化特色。别具特色的青海农业文化、牧业文化和饮食文化。青海汉语方言中的谚语从语法结构上来看，体现为以复句为主，即使单句型的谚语，其中也有大部分是由复句紧缩而成的。从语义上来说，既有意合性谚语，也有深层语义谚语、偏义复合语义谚语和直接组合性谚语。青藏地区的饮食附着了大量的文化色彩，形成了独特的饮食民俗。不同地方的不同饮食种类和饮食方法与当地的物产资源、自然环境等因素有很大关系。青藏高原东部农业区盛产洋芋（马铃薯），是当地人们的主食之一，几乎每顿饭都缺不了，故有"洋芋是个宝，顿顿离不了"（湟源）的谚语。

青海方言中面食歇后语都与当地方方面面的文化相关联，在青海方言中常用面食形象地比喻人生：三升麦子打着九盘磨上了——不够黏；油炸麻花——干脆；青稞面打浆糊——不黏；迎风吃炒面——张不开嘴；吃炒面没水——干丢；阿卡拌炒面——自有拌（办）法；粉条炒豆芽——里勾外连。买卖人种田——改行；要馍馍的借算盘——穷打算；抬油饼——农民对城里人的贬称，意为只会享受，不劳动，没力气；半夜吃饺子——好饭不怕晚；端午节吃饺子——与众不同；光吃饺子不拜年——装傻；发面馒头送闺女——实心实意；新娘子咬生馒头——人生面不熟；馒头做枕头——不愁吃；矮子不吃馒头——想高（糕）；隔年的馒头——早发的；黄泥儿做馍馍——土包子；拿根面条，去上吊——死不了人。

第十三章
农耕教育

第一节 农耕教育的背景及意义

一、农耕教育的背景

农业是我国经济发展的根本，民以食为天；农业稳，天下稳；农民安，天下安。2021 年中央一号文件《中共中央　国务院关于全面推进乡村振兴加快农业农村现代化的意见》指出，工作重心转为推进农业绿色发展、推进现代农业经营体系建设，坚持农业农村优先发展，坚持农业现代化与农村现代化。同时，也指出了要加大涉农高校、涉农学科专业建设力度。农业高等教育有利于农业人才培养实施乡村振兴战略需要，农业高层次人才将成为农业中智力投资的重要形式，为国家实现乡村振兴战略发挥影响力和推动力。加快推进农业农村的现代化建设，保障粮食和重要农产品供给保障能力，围绕打好种业翻身仗、全球粮食安全及治理、推动"脱贫攻坚"与"乡村振兴"政策衔接等方面，农业高等教育在人才培养方面肩负着重任。而新农科建设所面对的主体是未来从事农业各项活动的人才，如何培养"知农爱农为农"的新农科人才，树立广大青年从事农业生产活动的自信心和自豪感，耕读教育成为农林类高校培养新时代农科人才的重要组成部分。

改革开放以来，尤其是党的十八大以来，我国农业发展水平，农业生产的集约化规模仍然很低，我们正从传统农业逐步走向现代农业过渡，但是，农业生产依然艰辛。对学生进行农耕文化体验式教育，能让大学生体验稼穑之艰，滋养恤农情结，更能让学生懂得粮食得来不易，生活的艰辛，对自觉履行节约粮食更有教育意义和价值。

2019 年，国家对农业高等院校的新农科建设进行了系统研究和整体部署，就要致力于促进农业产业体系、生产体系、经营体系转型升级，优化学科专业结构，重塑农业教育链、拓展农业产业链、提升农业价值链，推动我国由农业大国向农业强国跨越。高等农业教育到了需要解决深层次问题，这就迫切需要中国高等农业教育承担历史的责任和使命。高等农业教育的人才培养方案迫切需要提升，促进"三农"发展的贡献率。同时深化高等农业教育综合改革的路径，即深化人才培养方案，落实立德树人；优化师资队伍建设、致力协同育人；强化培养环境质量，助推区域发展，就是要求加快建设新农科。

2020年9月8日，在"中国农民丰收节"上袁隆平院士寄语年轻人："我希望更多青年从事现代农业。现代农业是高科技的农业，不是过去面朝黄土背朝天的农业，都是机械化、智能化的农业。希望广大知识青年投身农业研究。"正如袁隆平院士所言，将青春与热血都奉献给农业，需要一份爱农情怀。

中国特色社会主义现代化是物质文明和精神文明相协调的现代化，教育离不开文化的浸润和滋养，文化也离不开教育的传承和创新，必须发挥教育在培育和践行社会主义核心价值观中的重要作用，坚定文化自信，以文化人、以文育人，提升全社会文明程度，为建设社会主义文化强国作出教育贡献。

农耕文化教育推动了中华传统文化的传承、保护。农耕文化流传千百年的资源，若不及时加以整理收集保护，随着一些村庄的变迁或消失，也会有失传的风险。

农耕文化教育就是要将中华传统农耕文化中蕴含的生态智慧，即其顺天应时、遵循自然规律、种养结合、因地制宜、有机循环、善待自然、敬畏自然、感恩自然等理念和实践传授给人们，在传统饮食文化中有"天人合一、药食同源"的理念，我们日常吃的中药、天然食物均来源于自然界。我们的传统饮食结构，不仅是由中国的传统农耕文明所决定，同时也是中华民族几千年生活实践以及食疗保健经验积淀的结晶。把这些宝贵的中国智慧、经验提供给全人类，对未来世界农业的发展仍具有重要的借鉴意义和现实指导价值。从而增强作为中国人的骄傲、增强文化的自信心、认同感、自豪感。因此，农耕文化教育显得尤为重要。

经党中央批准、国务院批复自2018年起，将每年秋分日设立为"中国农民丰收节"。这是第一个在国家层面专门为农民设立的节日，将极大调动起亿万农民的积极性、主动性、创造性，提升亿万农民的荣誉感、幸福感、获得感。在"中国农民丰收节"上各地都展示当地农村改革发展的巨大成就，同时也展现了中国自古以来以农为本的传统。

"中国农民丰收节"，蕴含着鲜明的文化符号和新的时代内涵，有助于唤醒人们对农耕文化的记忆，推动传统文化和现代文明的融合。农耕文化实践教育对青少年健康成长具有不可或缺的作用。"中国农民丰收节"既是农民的节日，也是全国人民的节日。"中国农民丰收节"已成为农耕文化教育的常态化实践载体，让青少年在学习中体验农事、崇尚自然，田间动手实践、在劳作中出力流汗，不仅可以培养青少年良好的劳动品质，还能让他们在潜移默化中热爱劳动、尊重劳动者，不断培养勤俭、奋斗、创新、奉献的劳动精神。中国式现代化离不开农业农村现代化，科技、人才是基础，起着引领作用，未来农村是充满希望创业的舞台，我国高等农业教育应以立德树人为根本，以强农兴农为己任，培养更多知农爱农新型人才，为推进农业农村现代化、确保国家粮食安全、从而提高农民生活水平和思想道德素质。为推进乡村全面振兴作出自己的贡献。

二、农耕教育的意义

2019 年，习近平总书记在给全国涉农高校的书记校长和专家代表的回信中指出，新时代，农村是充满希望的田野，是干事创业的广阔舞台，我国高等农林教育大有可为。农耕文化的核心价值就是能够影响个体行为的逻辑取向、提供社会整合的共同价值、凝聚面向未来的社会力量，为人民的幸福、汇集民族复兴的中国力量。

（一）农耕教育是一堂必修课

农耕教育，不仅让学生增长农业知识，还能培养一份爱农情怀，让更多的青少年在学习中、实践中感受我国农耕文化之博大精深，以至爱上农业、从事农业，发展农业，让农业生机勃勃。但是由于长期以来家庭教育和社会压力的不断增加，加之城镇化脚步的加快，教育的主体学生脱离了农村、缺失了参与农事活动的机会；另一方面，由于父母过度担忧孩子的安全问题，扼杀了孩子独立接近自然的机会，与自然的连接缺失，这种缺失会导致孩子们产生敏感、怯弱等一系列行为和心理上的问题。家庭作为孩子的第一启蒙环境，要树立崇尚劳动的良好家风，利用衣食住行等生活中的劳动实践机会，强化孩子的劳动意识。这就是为什么农耕体验式活动受到一致好评，因为它是一种非常积极且行之有效的自然教育。2020 年，中共中央、国务院发布《关于全面加强新时代大中小学劳动教育的意见》，在大中小学设立劳动教育必修课，坚持"五育"并举，强化德育、智育、体育、美育和劳动教育的应有地位。劳动教育不管是在家庭还是学校，都是严重缺失的一"育"，必须尽快补齐这一教育短板。

农耕体验式教育具有"温情"的天然属性。教育就不再是强硬的"灌输式"，而"感染式"教育方式会使学生带着好奇靠近，带着怀旧重温心理状况。在此情境感染下学生们更想看见嫩芽破土时的坚韧、感受作物种子播下后幼苗茁壮成长；收获季节一片金黄色的麦田呈现眼前顿时成就感无法言表，在此过程中体会施肥、浇水的艰辛，从中体会农业谚语中"收麦如救火，抢回一颗是一颗""麦黄农忙，秀女出房"是古人总结的麦子收种规律，也是朴实的农民"爱麦如命""惜粮"观念的真实写照；开展农耕教育，让学生从体验式的农耕文化教育中绽放新活力、得到乐趣，又将农耕文化潜入大学生心灵中。

（二）全面提升学生的劳动素养

通过农耕劳动实践活动，全面提升学生的劳动素养，着力培养学生勤俭、节约、奋斗、创新、奉献的劳动精神。这项活动能够让学生们真正走出课堂，体验劳动的艰辛与光荣，收获和锻炼健全人格的激情与快乐。在实践中体验播种、育苗、插秧、除草、割麦、收稻、脱粒、晒谷……亲身参与小麦、玉米、马铃薯、青稞等作物的生长发育全过程，体会一粥一饭，当思来之不易。通过实践活动，让同学们在亲近自然、收获知识、发展能力、体验古老农耕文明的同时，唤起了大家对自然的热爱，对食物的珍惜，对劳动的尊重，并逐步学习与自然和谐相处的人生道理。大学要重视劳动教育、农耕教育，在麦、稻田野中从事农业种植、生产等实践教学活动。为学生实践能力的多元化培养提供农耕研学、劳动教育等平台，让学生与泥土、大自然零距离地接触，从而充分获得对劳动价值的认知，使学生感悟大自然的生命真谛。

（三）提升对绿色农业、生态文明建设的理解

党的十八大以来，关于生态文明建设的思想不断丰富和完善，在"五位一体"总体布局中，生态文明建设是其中一位。习近平总书记多次强调，绿水青山就是金山银山。生态文明建设是关系中华民族永续发展的根本大计，生态兴则文明兴，生态衰则文明衰。只有把生态文明教育融入育人全过程中，才能为未来培养具有生态文明价值观和实践能力的建设者和接班人。随着我国全面实施乡村振兴战略，乡村社会的生态文明内涵是农业的绿色生产方式及其多功能价值被重新认识，这意味着教育要调整以适应生态文明建设，将农耕文化作为生态文明教育的重要组成部分。在新时代生态文明建设的背景下，"农业"正在发生翻天覆地的变化。单纯追求效率的工业化农业所存在的一些问题也逐步凸显，例如，造成农业投资和农业产品的大量过剩，从而带来食品质量安全问题、为了追求效率而造成大面积水土资源污染和环境破坏，农业转型升级迫在眉睫。农业的生态化转型是生态文明建设的重要组成部分，农业不再限于单一的第一产业。在生态文明理念与绿色发展的要求下，农业、工业和服务业构成了三大绿色产业体系，促进传统三大产业的转型升级。

"生态文明"首次在中国共产党第十七次全国代表大会中作为实现全面建成小康社会奋斗目标提出来的，"生态文明"在推动乡村社会的农业生产、文化、教育的生态可持续转型，人们在实践和理论中重新认识农业对于城乡社会、生态环境、生命健康、文化教育的多重价值。我国作为一个农业大国，农业教育不仅仅是农林院校的"专利"。乡村学校、城镇学校的教育工作者，应加强对农业与生态文明的关系的认识教育。

中华民族是以农耕文化为主体的文明形态，源远流长的农耕文化蕴藏着中华民族绵延不断的深层奥秘。我们的先辈以勤劳和智慧积累创造了适应农业生产、生活需要的国家制度、礼俗制度、文化教育等物质文化和精神文化的智慧结晶。中华农耕文化

凝聚着先辈与国家的历史记忆和思想表达。其蕴含了"应时、取宜、守则、和谐"等方面的思想智慧内涵。其特征是体现了农业社会的价值取向和自强不息的人文精神与思想观念。凸显了实现中华民族伟大复兴中国梦的坚实自信基础，体现着中华民族文化的伟大基因与巨大软实力。这样的历史、经验和文化理当被一代代传承下去。

第二节　农耕教育的必要性

2017 年，习近平总书记在中国共产党第十九次全国代表大会上的报告中指出，要加快一流大学和一流学科建设，实现高等教育内涵式发展；作为培养未来农业人才的院校，如何把传统农耕文化思想融入政治教育之中，首先迫切需要解决的问题，就是厘清和挖掘农耕文化的当代价值。农耕文化是中华民族长久农耕社会文化内在价值的凝结，对其时代价值的解析，需要从文化、文明的功能性视角突破，思考其中华农耕文化的时代意义。

一、农耕文化"以和为贵"的精神

"以和为贵、自强不息"的民族精神既具有独立的刚性，又具有包容的柔性，刚柔辩证统一的民族精神是传统文化的宝贵结晶。农耕文明为主轴，草原游牧文明与山林农牧文明为两翼的多种民族文化交融产生的"以和为贵、自强不息"的民族精神，为中华传统文化注入了强大生命力，是中华传统文化长盛不衰的重要原因之一。这一民族精神是千百年来华夏儿女团结奋进的力量源泉。弘扬这一优秀的民族精神有助于培养高度的文化自信，更好地传承优秀传统文化。这种精神历经了一代又一代的中华儿女的检验并延续至今，承受住了历史大浪淘沙的考验。这种一脉相承延续至今的民族精神是中华民族集体智慧的结晶，是不能被抛弃的中国魂，有着宝贵的历史文化价值。这种精神它是传统文化一脉相承的根，中华民族始终坚持守护的传统文化的真理性内核，是自古至今中华文化不断传承和发展的主旋律，是中华传统文化的内核发光点。这种精神根植于千千万万的中国人心中，是文化自信的要求，是丰富传统文化的营养内涵和宝贵结晶，是传承优秀传统文化的必然要求。

我们不可否认，农耕文化是与农耕劳作的社会系统相互适应的。农耕劳作与传统的集体意识往往相互适应。在生产力不够发达的农耕社会，无论是播种插秧还是育种选苗，不论是采摘加工还是开发水利，都需要统一的决策与部署，需要全体单位社区（中国古代常是农村乡土）的共同劳作。因而在社区集体内部形成了公共的集体意识，从而影响和约束社会个体的各种行为，一方面，促使个体依附于集体运作，服从集体的决策，形成高度的自我克制意识；另一方面，促使集体根据现实资源（如农作物收成）做到统一与尽可能地公正分配，同时给予个人必要的利益需求、归属感与安全感。再如，稻作耕作受到各种客观条件的诸多限制，人们为了提高单产，往往开发蓄水、灌溉、排水等工程措施条件来解决这一问题，来缓解一部分的自然因素影响。这些工程，仅凭农民、村落个人来实现跨区域的规模化工程显得无力。必须寻求对外的有效协作与协调，进而形成"以和为贵"的精神内涵，不但适应于天地人的三才三合，同样也适用于社区主体之间的协调共处，自然极易成为具有巨大社会感召力的一种"共同价值"。

二、农耕文化的核心价值

（一）为社会整合提供共同的社会价值

2018 年，习近平总书记在全国教育大会中指出，坚持把立德树人作为根本任务，坚持扎根中国大地办教育，那立什么德，树怎样的人，即培养什么人、怎样培养人、为谁培养人的问题自然是我们大学教育，乃至现代职业教育必须思考的问题。数千年来，中华民族能够延绵不绝、发展壮大，最重要的原因就是强大的爱国主义精神，爱国主义是农耕文化最具有代表性的核心价值。强大的统一的民族离不开农业的兴盛，而农业的每一次进步，凝聚起了一种血脉认同，进而为统一、滋养爱国情怀。至今，这种由血脉认同带来的民族凝聚力，自然能够为社会整合提供强大的共同价值。2007 年，以爱国主义为核心的民族精神被纳入社会主义核心价值系统；2012 年，"爱国"成为社会主义核心价值观极为重要的组成部分，习近平总书记同时指出，在社会主义核心价值观中，最深层、最根本、最永恒的是爱国主义，这都说明"中国是农业大国，有着悠久农耕历史和灿烂农耕文化"，农耕文化时代传承下来的核心价值能够为解答"立德树人"的根本问题提供有效的借鉴，进而为社会整合提供强大共同的社会价值。

（二）凝聚着面向未来的民族精神

习近平总书记指出，教育是国之大计、党之大计。教育是民族振兴、社会进步的重要基石，对增强中华民族创新创造活力、实现中华民族伟大复兴具有决定性意义。《淮南子》说："上因天时、下尽地财，中用人力"，"天地人"三才，以人为本；《荀子·富国》有云："今是土之生五谷也，人善治之，则亩益数盆"，表现人的实践性与主观能动性；《管子》曰："明王志务，在于强本务，去无用，然后可使民富"，讲的是农本与民本的一致性，讲的是国之强与民之幸福的辩证关系。中国共产党第十九次全国代表大会上的报告中指出，中国共产党人的初心和使命，就是为中国人民谋幸福，为中华民族谋复兴。总之，"以人为本"的精神与国家、民族、人民的追求具有天然的一致性，这正是一种面向未来的社会力量。弘扬传统农耕文化的"以德为先""做事先做人";弘扬传统农耕文化的"务实创新";弘扬传统农耕文化的"协调节用"。因此,中华农耕文化就是凝聚着面向未来的民族精神。

现代大学教育需要培育具有现代化、科学化行为价值取向的人,需要让我们的培育对象拥有适应未来发展的奋斗精神、生态意识、创新思想等,这都离不开传统农耕文化价值观的延续性与延展效应。因此,农耕文化的内在价值在新时代,新的历史站位下,是同样能够影响个体的行为取向,指导个人社会实践的。

现代大学教育,是要培育具有现代大学生综合素养、技能的复合型人才,这就需要对培育对象的现代化和社会化过程进行有效干预。在我国,人员的分布是基于血缘关系建立起了村庄或是氏族。但是,随着个体承担的氏族外部性活动的增多,氏族的个体能够通过个体行为获得自身的社会资源,或者满足自身的集体性需求。氏族的个人自由性表达也会越来越多,自然会对集体所要求的行为感到束缚。甚至会影响到自己的行为目标获得感。

同样,在现代社会中这样的行为也发生在竞争关系之中。商业社会的竞争中人们基于市场规则进行竞争,相较于农耕社会,社会生产是单一性的,现代社会对个体的竞争性能力与排他性位置的追求提供了新的诉求,也带来了文化价值的变迁。尤其在工业生产中,知识壁垒、资本壁垒、技术壁垒取代了单向共享与统一分配的社会格局,传统的农耕价值是难以满足现代社会系统的需求。因此,农耕文化中的部分传统价值观是难以与现实社会相适应,然而,这并不意味着农耕文化就失去了与现实社会的适应性匹配机会。而传统农耕文化中的文化价值观,是能够通过对人格系统、社会系统和有机体系统的重新调整,进而实现一种新的社会整合模式。

第三节　农耕教育的方式

传承农耕文化,加强中华农耕文化教育是新农科建设的应有之义,也是涉农高校培养知农爱农新型人才的迫切要求。把农耕教育和思政教育、劳动教育有机融合,积极探索引导学生砥砺求索、知行合一、厚德载物的人生品格。

一、农耕教育融入大学生劳动教育

"劳动创造了世界,劳动创造了人类",辛勤劳动是中华民族引以为傲的优秀品格,美德也在劳动中产生。从某种意义上来说,一切乐境,都可由劳动得来;一切苦境,都可由劳动解脱。《孟子》中就有"后稷教民稼穑,树艺五谷;五谷熟而民人育"的记载。古人把教子务农、耕读传家,看成是修身齐家的重要内容。也将勤勉劳作视为家庭生活之本,将辛勤劳动视为中华民族的传统美德,世代相传,历久弥新。劳动是创造物质文明的动力，也是促进精神文明的源泉，人世间的一切幸福都需要依靠辛勤劳动来创造。"春夏耕耘，秋冬收藏；昏晨力作，夜以继日。"古代先贤认为，辛勤劳动是一件值得自豪的事情，有了劳动成果的滋润，任何事物都会因此而变得伟大，而劳动者也会变成最幸福的人。习近平总书记在关于劳动教育的系列重要论述中，强调要重视大中小学劳动教育的开展，着重强调要培养大学生积极的劳动态度、优良的劳动品德、必备的劳动技能，树立正确的劳动价值观，为劳动素养的全面提升打好基础。随着党和国家以及社会大众对劳动教育的不断重视，劳动教育成为新时代高校教育关注的重要环节之一。从宏观层面看，党和国家十分重视劳动教育，将劳动教育与德育、智育、体育和美育等并列对待，称为"五育融合"，并将之上升为党和国家的教育方针，即由培养"德智体美全面发展的社会主义建设者和接班人"转变为培养"德智体美劳全面发展的社会主义建设者和接班人"；从微观层面看，加强劳动教育，是对马克思关于人的全面发展学说的再次强调，也是教育与生产劳动相结合的根本途径。为此，党中央、国务院、教育部等相关部门颁布系列文件，为新时代大中小学开展劳动教育提供了政策依据。

应试教育是将劳动教育片面地等同于体育教育，将其与德育、智育和美育等割裂开来。将劳动教育等同于学生参与社会公益活动，劳动教育未能真正发挥劳动教育的功能。高等院校的劳动教育必须建立在准确理解劳动教育的本质内涵上来，才能把握劳动教育与德育、智育、体育、美育之间的相互内在关系，才能为劳动教育的有效推进提供有针对性的建议和方案，将劳动教育贯穿在享受劳动的过程中，树立劳动最光荣的理念。

（一）大学生劳动教育中的农耕文化传承

肩负着时代使命和历史责任的青年人，对劳动精神的深入理解是十分有必要的。教师是学生的领路人，就应该引导学生热爱劳动、尊重劳动、树立劳动意识、养成良好的劳动品质；并不断地将中华传统农耕文化进行弘扬，使学生从中领悟"劳动最光荣"的真正含义。将传统农耕文化与劳动教育精神进行有机结合，能促进大学生思想道德、文化综合素质的提升；对大学生开展劳动教育不仅仅是促使当代大学生有效地掌握相应的劳动技能以及相关的劳动知识，更重要的是弘扬、培养这种劳动精神，首先树立劳动观念，进而使其热爱劳动、崇尚劳动及尊重劳动。开展多样化的教育活动，可帮助学生充分理解劳动的内涵，并树立良好劳动观，同时，达到增智、树德的教育目标；由于高等教育的特殊性，大学生的综合素质的提升已成教育工作者的重要工作。

农耕文化是在中国古代漫长的农耕时代中继承并发展的宝贵精神财富，当下开展农业工作所应用到的农业生产工具、二十四节气以及农业谚语都是我国农耕文化的载体，其文化意义在我国的劳动体系当中是无法被取代的，因此，将农耕文化和学生劳动教育进行有机结合是行之有效的。将我国传统的农耕文化所蕴含的奋斗精神、生态智慧以及创新精神贯穿在当代大学生的劳动教育过程中，能够有效实现当代大学生劳动精神的培养，进而使我国传统农耕文化得到传承，使劳动教育也变得更加具有实际意义。

（二）大学生劳动教育中农耕文化的融入价值

在新的时代背景下，大学生劳动教育中农耕文化的融入价值主要体现在培养青年大学生的诚信品质、奋斗精神以及创造能力三个方面。

1. 培养青年大学生的诚信品质

诚信是中华民族的传统美德，是每个劳动者都必须具有的品质之一，人生梦想的实现离不开辛勤的劳动付出，也离不开诚实劳动。劳动必定会产生相应的劳动价值，但是劳动价值有大有小，一旦部分人为了获得相应的荣誉或者利益而对自身的劳动价值进行造假，其摧毁的不仅仅是自己的道德底线，更会导致违法犯罪。因此，如果不是诚实劳动，即便可以创造出更多的劳动价值，它们也都是无效的，甚至是对自身有害的。从某种意义上来说，只有保证劳动的诚实性才能实现劳动的真正意义。因此，对大学生进行劳动教育过程中就要明确诚实劳动的重要性，培育大学生的诚信优秀品质，使其在未来工作中，能够和谐地创造其相应的劳动价值，进而实现自己的理想和目标。

2. 培养青年大学生的奋斗精神

劳动最光荣，尊重劳动、尊重劳动人民是大学生最基本的素养，也是在接受教育时必须具备的基本意识，在学习过程中大学生应当意识到劳动的本质就是生产物质生活，进而明确社会是通过劳动来创造的，历史也是被劳动者所创造的，劳动才能创造人生的价值、辛勤劳动才能创造人生的美好未来。因此，在开展劳动教育工作的过程中，教育工作者就应当告诫大学生，实干才能兴邦，伟大的中国梦是与每位中国人辛勤劳动付出分不开的。诚实劳动与自身的幸福生活存在必然因果关系，从而激发大学生的奋斗精神，让青年人懂得劳动最光荣的真正含义，只有坚持不懈地奋斗才能实现每个人理想和民族的复兴。

3. 提高青年大学生的创造能力

社会要发展，就要不断地创新，只有通过创新才能推动我国经济、科技发展，科技进步需要创新意识来加以驱动。在规划国家发展方略的过程中提出了建设创新型国家的战略。这就要求教育工作者加大培养大学生的创造能力，为国家未来的发展提供动力支撑。

（三）大学生劳动教育中农耕文化的融入途径

概括起来，大学生劳动教育中农耕文化的融入途径可以围绕课堂教学、校园文化、社会实践三个方面展开。

1. 融入课堂教学

如何将农耕文化有效融入课堂教学中，需要每位教育工作自身要不断学习"中华农耕文化"，掌握其内涵，提高其自身综合文化素质，才能更好地开展教学工作，才能将传统的农耕文化与劳动观有效融合，并用传统农耕文化对大学生劳动观念引导、要充分发挥农耕文化的价值，使当代大学生尊重别人的劳动成果、崇尚劳动是人生的精神追求。

2. 融入校园文化

校园是大学生生活和学习知识的场所，在教学活动之外，参与校园文化活动是一种农耕文化教育的有效方式。例如，开展农耕文化知识、传统的农耕技术掌握、传统农机具的用途、识别等竞赛活动，培养大学生的劳动创造精神，从而起到农耕文化的教育作用。

随着现代信息化技术的发展教育方式、教育内容更加多元化，通过互联网等众多平台，对农耕文化进行宣传教育起到了积极作用，有效调动大学生深入了解、研究我国的传统农耕文化的积极性，对我国农耕文化的发展起到了推动作用。

3. 融入社会实践

农耕文化源于农业生产活动，开展体验农耕生活、识别农具、器具、服饰等，从中感悟中华农耕文化的博大精深，思考为何中华农耕文化能经久不衰？

二、农耕教育与实践活动的结合

（一）农耕实践教育常态化

农办市〔2020〕13号《农业农村部办公厅 教育部办公厅关于开展中国农民丰收节农耕文化教育主题活动的通知》。通知指出，力争用3～5年，打造一批中国农民丰收节农耕文化实践教育基地，形成一批实践教育品牌。

劳动教育对农耕文化劳动价值的时代跃迁。习近平总书记强调，把劳动素养和劳动观念、劳动精神、劳动能力和劳动态度、品质培养放在重要位置。勤劳勇敢是民族精神的主要内涵，"撸起袖子加油干"成为劳动创造美好幸福生活的生动诠释，勤劳勇敢的民族精神和中华民族伟大复兴中国梦贯穿起来。"锄禾日当午，汗滴禾下土；谁知盘中餐，粒粒皆辛苦。"唐代诗人李绅这首《悯农》，每位中国人都能熟背，"锄禾日当午，汗滴禾下土""力尽不知热，但惜夏日长"，不仅是悯农爱农的真实写照，也是对劳动场景的热情歌颂。但在劳动实践中的真谛体验，方能理解其内涵才会有深刻的认识。社会要治理，国家要管理，青年是这一责任的承担者；不识农耕、不懂农村，未来又如何了解国情、参与新农村建设？

2019年，中共中央、国务院印发了《关于深化教育教学改革全面提高义务教育质量的意见》，提出创建一批劳动教育实验区，农村地区要安排相应田地、山林、草场等作为学农实践基地，城镇地区要为学生参加农业生产、工业体验、商业和服务业实践等提供保障。以基地为重要依托，推动实践教育资源共享和区域合作。这无疑拓展与活化了劳动教育尤其是农耕文化教育教学资源，有利于推动农耕文化实践教育走向常态化。

（二）生态教育与科普教育

作物为人类提供衣食住行，其所依附的环境为土地，为不可再生资源，近年来，由于对土地资源过度开发和污染，土地的可持续化利用能力降低。随着农业生产技术的不断提高，人类对生活必需的粮食供给和绿色有机产品的需求逐渐增多，土地的可持续利用也逐渐被人们所关注。有机农业、绿色农业、生态农业成为时代发展的产物。因而农村成为生态教育和文化传承的良好基地。

生态教育与科普教育是乡村旅游发展的一个重要方面。因此，在发展乡村振兴过程中一定要根据自然环境和资源特点，寻找适应自然、保护自然的有效途径。鼓励大家走出去，走进乡村、感受乡村气息、感受大自然的壮观。古往今来，吃饭始终是人的第一件大事。古有刘邦、项羽逐鹿天下，在双方争夺荥阳成皋的粮仓时，书生郦食其向刘邦献策时说了"民以食为天"这句流传千古的经典名言；今有伟人毛泽东主席在1959年针对粮食问题，做《手里有粮》四言诗："手里有粮，心里不慌，脚踏实地，喜气洋洋。"2013年，时任国务院副总理李克强提出："做好'广积粮、积好粮、好积粮'三篇文章。"自古至今，人类为了得到食物，在艰难中探索农耕与渔猎，不但保证了人类的生存和繁衍，同时也孕育出灿烂的人类文明以及包括饮食文化、酒文化、茶文化等诸多内容的农耕系列文化。

古人云："耕，可事稼穑，丰五谷，养家糊口，以立性命，是为生存之本；读，可知诗书，达礼义，修身养性，以立高德，是为教化之路。"大、中、小学在校学生，从课堂走进田间地头、家庭农场或农耕科普教育基地，进行农产品采摘、畜禽鱼养殖等劳作体验，让学生在山水之间燃篝火、野炊，感受大自然生活，经历一次体验，感受一次成功，尝试一次创新。在享受农耕乐趣，了解农耕活动的历史变迁，懂得"春种一粒粟，秋收万颗子""谁知盘中餐，粒粒皆辛苦"的道理，从中感悟科学种田的魅力，激发孩子们的学习兴趣和热情，增加他们对大自然的感恩。

三、农耕教育融入高等院校课堂

2019 年 3 月 18 日习近平总书记在全国思想政治课教师座谈会中指出,思想政治理论课是落实立德树人根本任务的关键课程。青少年处在人生的"拔节孕穗期",需要精心的引导和栽培。中华民族在五千年的发展历史长河中,形成了博大精深的优秀传统文化,也形成了五千年的农业文明,为思政课建设提供深厚力量。古老的传统农耕技术在精耕细作、用养结合等模式下养育着中华民族的各族儿女。

(一)农耕文化中蕴含的思政元素

中国有着悠久的农耕历史和灿烂的农耕文化,传承和扬弃中华民族农耕文化的智慧和精华,对于培育个人职业素养、提升公民价值底蕴,促进人类文明进步都具有深远的意义。农耕文化教育是提升专业认同的必要方式。让学生从实践中来到实践中去,走进农村大地、从事农业生产、融入农耕生活,从中体验寒暑、从时令中体会"耕耘"之深意和"收获"之喜悦的憧憬,将所学理念知识深扎田野沃土,感悟中华农耕文化中蕴含的深刻思想观念和人文精神。

在农耕文明中,田地不仅生长收获食源,且蕴藏着伦理观念和中国人的归属。"农耕"中"农民""耕地或耕作"展现了人与自然的一种活动模式,农民在经历了辛勤的劳动付出后,耕地给予了农民丰厚的粮食,蕴含了有付出,就有回报的价值理念。先辈们在从事季节性强烈的农业生产劳动中不断总结出了农业生产的自然法则——"春种、夏长、秋收、冬藏",形成了对节气、物候、气象等的认识,构建出"天人合一"的人与自然和谐相处的思想理念。并将此上升到人与社会、人与国家等方面,形成了"和衷共济""农为邦本"的治国思想观,"取之有时,用之有节"的生态资源保护观,天、地、人三者统一整体"三才观""重义轻利"的价值观等,这些都是中华文化的精华值得我们子孙后代传承和学习。

祖先在从事农业生产活动的过程中,不断完善总结形成了"勤劳勇敢""坚韧不拔""向上向善""重义守信""邻里相帮""耕读传家"等中华人文精神。那就是"勤俭节约""团结合作"的文化品格;悟出了"吃苦耐劳"的家国情怀,尤其是"君子以自强不息""爱国主义"精神为核心价值的人文精神一直贯穿于中华民族血液中得以流传千秋。

古人在经历了农业生产过程得出"一分耕耘,一分收获""天道酬勤"的劳动真谛,"重义轻利""父慈子孝""兄友弟恭""遵守公德""尊老爱幼""诚信重礼"的道德规范,以及"温良恭俭让""仁义礼智信""舍利取义""诚实守信""善良质朴"的义利观等在他们的农业生产劳动中逐渐被总结,使他们在处理家国关系中得以规范遵守,维持中华民族千年生生不息。

（二）农耕文化融入高等院校课堂的重要意义

1. 培育大学生劳动观

随着社会的不断发展，工业化和城镇化的发展速度不断加快，农村人口逐步向城镇迁移，子孙后代脱离了先辈们曾经生长的环境，农民与耕地的关系逐渐疏远，进而造成后人对农耕文化认识的逐渐缺失，不能深切感受劳动人民的辛勤劳作。在日常生活中逐渐养成了不爱惜粮食、不懂得感恩等陋习，而这部分的缺失可以通过劳动教育的方式弥补，让后辈们在劳动中体会粮食的来之不易，体会劳动的辛苦。教育引导学生崇尚劳动，尊重劳动，懂得劳动最光荣、最崇高、最伟大、最美丽的道理，树立热爱劳动的价值观。

2. 培育大学生文化自信观

中华农耕文化是我国民族传统文化的重要组成部分，是体现民族自信的基础，是教育培养学生文化自信的重要内容。中华农耕文明的发展历史，展现了我国农业文明的精华，蕴含了先辈们的生产和生活智慧与道德伦理。在课堂专业知识讲授的过程中融入先辈们从事农业生产活动中的历史故事和感人事迹，有助于培养学生的文化自信，帮助学生厚植爱国主义情怀，提升品格修养。例如，南宋末元初黄道婆是勤劳肯干、无私分享的杰出代表，深受后世的爱戴。是中国卓越的纺织专家，把自己从黎族妇女那里学习的棉纺织技术带到了松江府地区，促进了纺织业和棉花种植业迅速发展从而造福一方百姓，不仅提高了棉纺织工具的可操作性，还大大加强了布料花纹的可观赏性，所织的布花纹生动鲜艳。又如"共和国勋章"获得者、"杂交水稻之父"袁隆平院士，是我国杂交水稻研究领域的开创者和领头人。辛劳一辈子，将一生都投入于杂交水稻事业，不仅让我国十几亿人口吃上饱饭，更为世界的粮食安全作出卓越的贡献，是大学生们学习的榜样与楷模。

3. 培育社会主义核心价值观

在学生培养方面，践行社会主义核心价值观是高等学校思政教育的主要目标之一。社会主义核心价值观内容与中华农耕文化的"和谐、爱国、敬业、诚信、友善"等内容具有相同的价值观念，这是千百年传承下来道德传统及价值诉求在今天发扬光大。中华农耕文化的理念已成为学生社会主义核心价值观培育的深厚的沃土。作为承担育人任务的高校教师，应深植中华农耕文化博大内涵，深入学习中华农耕文化，带领学生吮吸中华农耕文化的营养和精髓。将农耕文化中的应时、取宜、守则、和谐等与社会主义核心价值观进行有机融合，化成民族精神符号与标志理念，增加大学生内心深处感受认知，唤醒内心的文化自觉意识，自觉地将个人发展与国家需要、民族命运统一起来，同时增强对农耕文化价值观的认同感。

（三）农耕教育融入高等院校课堂的途径

农耕文化是中华优秀传统文化的根基，应时、取宜、守则、和谐等理念深入人心，艰苦奋斗、勤俭持家、重义守信等品质融入血脉，滋养着中华民族的精神家园。各地各民族传统农事节庆具有很高的历史、文化、社会等价值，她是接地气的实践教育资源。因此，中华农耕文化精髓、传统农事节庆是农耕文化传承发展提升、探索思政育人的重要载体、途径。

1. 农耕文化融入课堂

课堂作为思政教学的主要场所，是融入农耕文化最基本、最重要、最稳定的阵地。作为教师应该充分把握好课堂教学主阵地，并在立足教材基础上，将先辈们在千年的实践基础上所养成的良好品行传授给学生，在教学过程中，教育学生明白"一粥一饭，当思来之不易"的道理，让学生养成尊重劳动成果、勤俭节约的优秀品质。以我们五千年的农业文明和发展史，教育学生树立起文化自信、文化认同感，并开启学生守望相助等道德智慧。主动履行农耕文化传承使命，从多个角度诠释中华农耕文化的内涵，做中华农耕文化的积极传播者。用节气与农时、饮食识五谷、古代农具等体验式活动，带领学生领略中华农业文明，感悟中华农耕文化的博大精深。引导学生树立正确劳动观，形成崇尚劳动、热爱劳动的良好习惯。这种"学农、知农、爱农"活动，既传播了中华民族文化价值取向，又弘扬了新时代的工匠精神，又传授了中华民族勤劳、自立民族品格，有助于培育大学生社会主义核心价值观。

2. 传统节日融入课堂

我国传统节日都有着重要的历史意义和人文精神，将传统节日融入课堂教学可推动中华农耕传统文化和现代农业文明有机融合，这对培养文化底蕴深厚的时代新人更接地气、更实效，因而将此融入课堂思政教学是很好的素材。

清明节是中华民族传统的重大春祭节日，扫墓祭祀、缅怀祖先、革命先烈，是中华民族自古以来的优良传统，不仅有利于弘扬孝道亲情、唤醒家族共同记忆，还可促进家族成员乃至民族的凝聚力和认同感。清明节融汇自然节气与人文风俗两大内涵于一体，是天时地利人和的合一，充分体现了中华民族先祖们追求"天、地、人"的和谐合一，讲究顺应天时地利、遵循自然规律的思想。

"五月五（农历），过端午。"端午节是中华民族的传统节日。屈原故里端午民俗是中国上古楚文化和端午礼俗等的活态见证，具有人生观、价值观、历史学、心理学、人类学等多方面的研究价值。它宣扬和传播了中国文人杰出代表之一的屈原之精神品格和中国文化传统精神，把传统的祖先崇拜和英雄崇拜人性化和娱乐化，增强了民族的凝聚力和文化认同感。

"七夕节"，又称七巧节，是中国民间的传统节日。七夕节由星宿崇拜演化而来，为传统意义上的七姐诞，因拜祭"七姐"活动在七月七晚上举行，故名"七夕"。拜七姐，祈福许愿、乞求巧艺、坐看牵牛织女星、祈祷姻缘、储七夕水等，是七夕的传统习俗。经历史发展，牛郎织女天文星象被赋予了人格化的美丽传说，以及民间女性向织女星乞巧智慧、祈祷姻缘等丰富的人文内涵。因七夕赋予了与爱情有关的内涵，从而被认为是中国最具浪漫色彩、象征爱情的节日，这天牛郎织女于天上的鹊桥相会，在当代更是产生了"中国情人节"的文化含义。

"中秋节"，又称祭月节、团圆节等，是中国民间的传统节日。中秋节源自天象崇拜，由上古时代秋夕祭月演变而来。中秋节自古便有祭月、赏月、吃月饼、看花灯、赏桂花、饮桂花酒等民俗，流传至今，经久不息。中秋节是秋季时令习俗的综合，其所包含的节俗因素，大都有古老的渊源。中秋节以月之圆兆人之团圆，为寄托思念故乡，思念亲人之情，祈盼丰收、幸福，成为丰富多彩、弥足珍贵的文化遗产。

"重阳节"，是中国民间传统节日，节期在每年农历九月初九。"九"数在《易经》中为阳数，"九九"两阳数相重，故曰"重阳"；因日与月皆逢九，故又称为"重九"。九九归真，一元肇始，古人认为九九重阳是吉祥的日子。古人在九月农作物丰收之时祭天地、祭祖，以谢天地、祖先恩德的活动，这是重阳节作为秋季丰收祭祀活动而存在的原始形式。古时民间在重阳节有登高祈福、拜神祭祖及饮宴祈寿等习俗。重阳节在历史发展演变中杂糅多种民俗于一体，承载了丰富的文化内涵。在民俗观念中"九"在数字中是最大数，有长久长寿的寓意，寄托着人们对老人健康长寿的祝福。在"重阳节"这天，不少家庭的晚辈也会搀扶年老的长辈登山秋游，交流感情，锻炼身体，是一个值得庆贺的吉利日子。2006 年 5 月 20 日，重阳节被国务院列入首批国家级非物质文化遗产名录。2012 年全国人大常委会修订通过的《中华人民共和国老年人权益保障法》规定每年农历九月初九为老年节。

2020 年农业农村部、教育部决定开展中国农民丰收节农耕文化教育主题活动，充分发挥农事节庆教育价值，为青少年农耕文化教育提供实践课堂，教育部要求高等院校在中国农民丰收节前后对学生进行爱农及乡村振兴教育，培养学生热爱农耕劳动、要有尊重劳动人民，感恩自然情感，教育学生不忘农民的伟大创造和艰辛付出。

中国农民丰收节作为新时代党中央设立的重大节日，影响力、号召力、凝聚力不断增强，逐渐成为乡村振兴战略的文化符号，是青少年农耕文化教育的重要实践形式。依托中国农民丰收节，通过开展丰富多彩的主题教育，让青少年感知民俗、追寻历史、体验农事、崇尚自然，对于树立文化自信、厚植爱国情怀、提升品格修养、培养奋斗精神等具有重要意义。

3. 构建网络学习平台

随着网络信息化的不断发展，高等院校教育的信息化和智慧化，为课程思政教育构建了广阔的学习平台。可将优秀的农耕文化制作成专题讲座、以微信、电子邮件、搜索引擎等多种信息平台，展现优秀农耕文化的内容，随时进行信息交换，进行教与学、问与答的交互协作，实现基于网络的探索式、协作式教学，充分激发学生主动探索和创新的意识，最终弥补传统教育模式之不足；做到时间上开放，即任何时间都可以利用网络进行学习。网络学习具有信息容量大、速度快、范围广、师生可双向交互等特点。网络教学内容丰富多彩，学习者可按需选择学习内容，使整个网络学习的过程成为学习者自我驱动、自我主导、自我控制、自我测试、自我评价的过程，有效地通过网络构建自己的知识结构、扩大知识领域、改进知识结构、形成合理的知识结构、成为适应事业发展需要的复合型人才。可用知识竞赛、课件点播、网上答疑、在线讨论、网上搜索等模式，进行其此类平台构建，让学生领略中华农耕文化的博大精深。

改革开放以来，工业化、城镇化快速发展、人工智能技术日新月异；但人们对中华农耕文化的记忆逐渐淡化，党的十九届六中全会审议通过的《中共中央关于党的百年奋斗重大成就和历史经验的决议》指出，习近平新时代中国特色社会主义思想是当代中国马克思主义、21世纪马克思主义，是中华文化和中国精神的时代精华，实现了马克思主义中国化新的飞跃。党的十九届六中全会"两个确立"意义重大，就农耕文化而言，其铺筑了中华文化的基本底色，塑造了中国精神的根脉灵魂。开设《中华农耕文化》课程学习平台将有助于唤醒人们对农耕文化的记忆，推动传统文化和现代文明的融合，增强文化自信心和民族自豪感。高等农业院校是培养新时代具有专业技能的农业人才，就更应加强学生树立"爱农"情怀的培养。

主要参考文献

柏芸，2015．中国古代农业．北京：中国商业出版社．

蔡恒，2019．传承优秀农耕文化　守好乡村振兴之魂．农村工作通讯（21）：42–43．

陈恒力，1983．补农书校释．北京：中国农业出版社．

陈望衡，2013．迈入文明的大门：龙山文化的审美解读．武汉科技大学学报（社会科学版），15（6）：677–682．

崔永红，1991．清雍正年间青海额色尔泽、哈尔海图屯田述略．青海师范大学学报（哲学社会科学版）（3）：120–124，128．

崔永红，张得祖，杜常顺，1999．青海通史．西宁：青海人民出版社．

丁季华，1988．河姆渡文化新探．探索与争鸣（4）：45–47．

范晔，1973．后汉书．北京：中华书局．

费孝通，1985．乡土中国．北京：三联书店．

冯天瑜，何晓明，周积明，2007．中华文化史（下）．上海：上海人民出版社．

高志伟，2005．青海地区古代农业的起源与发展．青海民族研究，16（3）：108–112．

郭文韬，2001．中国传统农业思想研究．北京：中国农业科学技术出版社．

何盛明，1990．财经大辞典．北京：中国财政经济出版社．

华锐·东智，2011．安多藏区民间多神崇拜文化读解．西藏艺术研究（1）：77–85．

贾思勰，1982．齐民要术校释．缪启愉，校释．北京：中国农业出版社．

尖扎县人民政府，2014-04-23［2014-04-23］．箭乡盛宴：达顿宴．尖扎新闻网．

寇荣，2017-06-09［2017-06-09］．难忘青海"老八盘"："寻找记忆中的河湟味道"系列之一．青海日报．https://www.qhlingwang.com/xinwen/qinghai/2017-06-09/99519.html．

李新，李群，2009．我国古代的养禽技术．中国家禽（9）：43–45．

良渚博物院，2020．良渚．长沙：东南大学出版社．

刘兴林，2004．史前农业的发展与文明的起源．农业考古（3）：70–73．

罗卜桑却丹，1981．蒙古风俗鉴．呼和浩特：内蒙古人民出版社．

骆世明，2017. 农业生态学. 3版. 北京：中国农业出版社.

闵庆文，2007. 关于"全球重要农业文化遗产"的中文名称及其他. 古今农业（3）：116-120.

闵庆文，钟秋毫，2006. 农业文化遗产保护的多方参与机制："稻鱼共生系统"全球重要农业文化遗产保护多方参与机制研讨会文集. 北京：中国环境科学出版社.

农业农村部国际文化交流服务中心，2022. 中国全球重要农业文化遗产保护与利用助力脱贫攻坚和农民增收成果报告. 北京：中国农业出版社.

农业农村部种植业管理司，2017. 农事旬历指导手册（西南地区）. 3版. 南京：江苏凤凰科学技术出版社.

欧阳修，1975. 新唐书. 北京：中华书局.

庞世明，孙业红，魏云洁，等，2015. 农业文化遗产动态保护途径的经济学分析：以云南省哈尼梯田为例. 世界农业（11）：101-106.

彭金山，2011. 农耕文化的内涵及对现代农业之意义. 西北民族研究（1）：145-150.

青海省人民政府，2019-08-12［2019-08-12］.《海东市河湟文化保护条例》9月1日起正式实施是我省第一部为保护传承弘扬黄河文化制定的法律规范. 青海日报. http://www.qinghai.gov.cn/zwgk/system/2021/08/12/010390528.shtml.

任继周，2015. 中国农业伦理学史料汇编. 南京：江苏凤凰科学技术出版社.

睡虎地秦墓竹简整理小组，1990. 睡虎地秦墓竹简. 北京：文物出版社.

万国鼎，1957. 氾胜之书辑释. 北京：中华书局.

万国鼎，1965. 陈旉农书校注. 北京：中国农业出版社.

王沪宁，1991. 当代中国村落家族文化. 上海：上海人民出版社.

王龙俊，丁艳锋，郭文善，等，2017. 农事实用旬历手册. 3版. 南京：江苏凤凰科学技术出版社.

王思明，2018. 外来作物如何影响中国人的生活. 中国农业（2）：3-14.

王思明，李明，2016. 中国农业文化遗产名录. 北京：中国农业科学技术出版社.

王毓瑚，1957. 秦晋农言. 北京：中华书局.

王云才，2003. 现代乡村景观旅游规划设计. 青岛：青岛出版社.

吴恩培，2007."长三角"文化的远古溯源：远古时期"长三角"文化研究综述. 苏州科技大学学报（社会科学版），24（3）：101-106.

习近平，2022-10-28［2022-10-28］. 殷墟我向往已久. 中国新闻网. https://www.chinanews.com.cn/gn/2022/10-28/9882241.shtml.

习近平，2022. 高举中国特色社会主义伟大旗帜　为全面建设社会主义现代化国家而团结奋斗：在中国共产党第二十次全国代表大会上的报告．北京：人民出版社．

习近平，2022．论"三农"工作．北京：中央文献出版社．

习近平，2023．习近平著作选读：第一卷．北京：人民出版社．

徐嵩龄，2005．第三国策：论中国文化与自然遗产保护．北京：科学出版社．

徐旺生，闵庆文，2008．农业文化遗产与"三农"．北京：中国环境科学出版社．

余达忠，2010．农耕社会与原生态文化的特征．农业考古（4）：1-6．

袁行霈，2003．中国文学史．北京：高等教育出版社．

苑利，2006．农业文化遗产保护与我们所需注意的几个问题．农业考古（6）：168-175．

张娓，2021-06-06［2021-06-11］．推动新时代乡村文化振兴．中国社会科学网 – 中国社会科学报．https://baijiahao.baidu.com/s?id=1702232349218669966&wfr=spider&for=pc．

张娓，2021-06-11．推动新时代乡村文化振兴．中国社会科学网，人民资讯．

张之恒，2010．中国考古通论．南京：南京大学出版社．

赵宗福，马成俊，2004．民俗大系·青海民俗．兰州：甘肃人民出版社．

郑天挺，谭其骧，2010．中国历史大辞典．上海：上海辞书出版社．

中国农民丰收节农耕文化教育主题活动的通知：农办市［2020］13号．http://www.moa.gov.cn/nybgb/2020/202010/202012/t20201201_6357361.htm．

中华人民共和国农业农村部，（2014-05-21）［2014-06-27］．农业部办公厅关于印发《中国重要农业文化遗产管理办法（试行）》的通知．http://www.moa.gov.cn/nybgb/2014/dliuq/201712/t20171219_6111689.htm．

中华人民共和国农业农村部，（2020-09-09）［2020-09-17］．农业农村部办公厅关于公布2020年中国美丽休闲乡村的通知：农办产［2020］11号．http://www.moa.gov.cn/govpublic/XZQYJ/202009/t20200917_6352287.htm．

中华人民共和国文化和旅游部，（2019-02-14）［2019-02-14］．文化和旅游部命名175个中国民间文化艺术之乡．https://www.mct.gov.cn/preview/whzx/whyw/201902/t20190214_837304.htm．

中华人民共和国中央人民政府，（2019-06-23）［2019-07-08］．中共中央　国务院关于深化教育教学改革全面提高义务教育质量的意见．https://www.gov.cn/zhengce/2019-07/08/content_5407361.htm．

中华人民共和国中央人民政府，（2020-02-11）［2020-02-11］．农业农村部负责人解读《国务院办公厅关于加强农业种质资源保护与利用的意见》．https://www.gov.cn/

zhengce/2020–02/11/content_5477449.htm.

中华人民共和国中央人民政府,(2021–07–30)[2021–07–30]. 七部门联合印发《国家黑土地保护工程实施方案（2021–2025 年）》"十四五"期间将完成 1 亿亩黑土地保护利用任务. https://www.gov.cn/xinwen/2021–07/30/content_5628527.htm.

中华人民共和国中央人民政府,(2021–11–12)[2022–02–11]. 国务院关于印发《"十四五"推进农业农村现代化规划》的通知：国发［2021］25 号. https://www.gov.cn/zhengce/content/2022–02/11/content_5673082.htm.

中华人民共和国住房和城乡建设部, 中华人民共和国文化部, 国家文物局, 等,(2016–12–09)[2016–12–22]. 住房城乡建设部等部门关于公布第四批列入中国传统村落名录的村落名单的通知：建村［2016］278 号. https://www.mohurd.gov.cn/gongkai/zhengce/zhengcefilelib/201612/20161222_230060.html.

中华人民共和国住房和城乡建设部, 中华人民共和国文化部, 中华人民共和国财政部,(2012–12–17)[2012–12–20]. 住房城乡建设部　文化部　财政部关于公布第一批列入中国传统村落名录村落名单的通知：建村［2012］189 号. https://www.gov.cn/zwgk/2012–12/20/content_2294327.htm.

朱乃诚, 2002. 考古学. 北京：中国大百科全书出版社.

朱万峰, 2020–09–15［2020–09–15］. 大力推动青海河湟文化的保护与发展. 光明网. https://m.gmw.cn/baijia/2020–09/15/34189496.html.

PARVIZ K, MARYJAN D C, 沈海滨, 2011. 全球重要农业文化遗产的保护与适应性管理. 世界环境（1）：12–13.